LA LOIRE, LA GUERRE ET LES HOMMES
HISTOIRE GÉOPOLITIQUE ET MILITAIRE D'UN FLEUVE

Ce colloque n'aurait pu avoir lieu sans le soutien des institutions suivantes enquêtes & documents

CENTRE DE RECHERCHES
EN HISTOIRE INTERNATIONALE ET ATLANTIQUE

Universités de Nantes et de La Rochelle

– 46 –

LA LOIRE, LA GUERRE ET LES HOMMES. HISTOIRE GÉOPOLITIQUE ET MILITAIRE D'UN FLEUVE

Textes réunis par
Jean-Pierre Bois

Actes du colloque tenu au musée du Génie
Angers, 22 mars 2012

PRESSES UNIVERSITAIRES DE RENNES
RÉSEAU DES UNIVERSITÉS DE L'OUEST ATLANTIQUE

Publié avec le soutien des universités de Nantes et de La Rochelle

Mise en page : Benoît Fleurance pour le compte des PUR

UHB Rennes 2 – Campus de La Harpe
2, rue du doyen Denis-Leroy
35044 Rennes Cedex
www.pur-editions.fr
Imprimé en France
Dépôt légal : 1er semestre 2013
ISBN 978-2-7535-2636-5
ISSN 1775-2981

Sommaire

■ Jean-Pierre Bois
Présentation 9

■ Pierre Garnier de Labareyre
Le nouveau musée du Génie 13

■ Maxime Mortreau
Paix romaine, guerres gauloises : traces de la conquête césarienne dans la vallée de la Loire à Angers (Maine-et-Loire) 17

■ Annie Dumont
Les ponts de la Loire à l'époque gallo-romaine 43

■ Louis Barrault, Monique Clavreul, Denis Mercier
Le siège de La Roche-aux-Moines en 1214 63

■ François Comte
La défense d'Angers sur la Maine (XIIIe-XVe siècle) 75

■ Bertrand Boquien
Le rôle des châteaux forts de la vallée de la Loire à la charnière des XVIe et XVIIe siècles 97

■ Olivier Bouzy
La bataille des Tourelles, 7 mai 1429 111

■ Patrick Villiers
Les mariniers de la Loire, marins du roi pendant la guerre d'Indépendance. La généralisation du système des classes aux paroisses fluviales, l'exemple d'Orléans, 1778-1783 119

■ Michel Biard
Les représentants du peuple en mission et la Loire (1793-1795) 131

■ Claude Petitfrère
La Loire et la guerre de Vendée, 1793 155

■ Jacques Boislève
Passer la Loire : « La Vendée pouvait tout, exceptée cette enjambée » 165

■ Anne Rolland-Boulestreau
La Loire : une frontière et un lieu de pacification (juin 1794 - février 1795) 175

■ Francine Fellrath-Bacart
Tours et la Loire : un spectacle éblouissant pour les officiers prussiens (1870-1871) 183

■ Philippe Cayla
La Loire arsenal du XVIIe au XXe siècle 197

■ David Plouviez
La Loire et son bassin dans la stratégie d'armement naval de la France, XVIIIe-XIXe siècles 213

■ Florent Godelaine
Du Maine à l'océan ; l'approvisionnement en bois de marine des arsenaux du Ponant. Une aire, un fret, un mode de voiture (XVIIe-XVIIIe siècles) 229

■ Alain Jacobzone
Le val de Loire au péril américain 261

■ Jean-Pierre Bois
Nantes et l'armée, XIXe-XXIe siècle 271

■ Jacques Maillard
Conclusion 285

Résumés 289

Abstracts 295

Les auteurs 301

Présentation

Accueilli le 22 mars 2012 par l'École du génie d'Angers commandée par le général Francis Autran qui doit en être vivement remercié, et ouvert au public le plus large, le colloque *La Loire, la guerre et les hommes* s'inscrit dans les missions de l'Association du musée du Génie d'Angers, présidée par le général Michel Vautravers, accompagné par son comité scientifique. Un colloque ne se fait pas seul, ni sans soutien. L'Association du musée du Génie a été en relations actives avec l'université d'Angers, l'Université catholique de l'Ouest et le Centre de Recherches en Histoire Internationale et Atlantique qui consacre un numéro spécial de sa revue à la publication des actes. Le musée a également bénéficié du soutien de la Fondation nationale du génie, de l'Association régionale des auditeurs de l'Institut des hautes études de Défense nationale des Pays de la Loire, et de l'Association des Chiens-Guides d'aveugles d'Angers. Qu'ils en soient sincèrement remerciés – sans ces soutiens, rien n'aurait pu être fait.

Ce colloque répond à la volonté de diversifier les formes traditionnelles de la présence dans la ville d'un musée qui ne se contente pas d'être un objet militaire. Différent d'une traditionnelle exposition temporaire qui aurait pu en être le préalable ou qui pourrait en être une prolongation, ce colloque, à vocation ligérienne et non angevine, n'est pas une conversation de spécialistes pointus ou feutrés. Il s'est naturellement ouvert aux universitaires et aux représentants des sociétés d'histoire locale, aux musées et aux archéologues, aux militaires eux-mêmes, bien évidemment. De là, une originalité sensible. Les intervenants sont de tous les horizons du monde de l'histoire spécialisée et grand public, de la géographie, de la littérature et de l'archéologie, du patrimoine et de l'armée, qui ne se rencontrent pas si souvent qu'on le croit mais dont le croisement des regards et la diversité des formes d'expression, donc la diversité presque structurelle des communications ici réunies, sont un enrichissement réciproque toujours considérable.

L'objectif du colloque *La Loire, la guerre et les hommes*, sous-titré *Histoire géopolitique et militaire d'un fleuve*, est ambitieux : offrir l'occasion d'une prise de conscience des dimensions souvent peu connues de la culture et du patrimoine ligérien et permettre de porter un autre regard sur ce fleuve majeur.

Souvent présenté de manière convenue, comme la Loire aimable, douce et nonchalante, celle des rois, des châteaux, du jardin de la France, ce fleuve est devenu aujourd'hui le vecteur d'une activité essentiellement touristique où évolue une marine à voile aux aspects folkloriques, sympathiques et populaires qui ne font pas oublier deux millénaires d'histoire et d'activité civile et militaire intense. La Loire marinière, ce « chemin qui marche », fut pendant de longs siècles, un outil de travail important et vital, axe majeur de l'économie locale et nationale, animé par les sociétés ligériennes établies sur ses rives. Comme tous les grands fleuves, la Loire est à la fois trait d'union, carrefour, voie de passage et frontière – cette frontière symbolique entre France du nord et France du sud, axe vital d'une région et axe de fixation des hommes, ruban de civilisations prospères, lieu de commerce et de pouvoir qui induit une organisation du territoire. En même temps qu'obstacle à franchir, lieu d'attaque et de défense, elle est aussi voie de pénétration offerte aux envahisseurs, souvent objet d'enjeux politiques et stratégiques conséquents et lieu singulier d'affrontements nombreux et violents espace à vocation militaire. Avec des entrées variées, il s'agit ici de replacer dans leurs réalités géographiques et aborder les différentes facettes de l'histoire d'un fleuve depuis la conquête romaine jusqu'aux événements de la Seconde Guerre mondiale, donc sur les quatre périodes – antique, médiévale, moderne et contemporaine – sans privilégier l'histoire de l'événement par rapport à l'histoire culturelle, architecturale, ou économique, mais en la rapportant constamment au fait militaire, étroitement inséré dans les autres facettes de l'histoire.

Tous les intervenants ont eu en commun le souci de prendre place dans les grands axes actuels de la recherche historique, et chacun d'eux occupe une place dans un panorama qui peut se développer très largement.

Le point de départ a été le temps des guerres gauloises et de la paix romaine. Angers n'oublie pas que Dumnorix, ou Dumnacus, est sans doute le plus ancien, sinon le seul, des Angevins – Andégaves – à pouvoir être désigné par son nom. Le guerrier gaulois regarde toujours la ville depuis l'ancien pont de la Loire. Tout au long de son cours, le fleuve porte trace de nombreux ponts antiques, car un fleuve est fait pour être franchi. Mais ses villes se gardent. Angers au Moyen Âge classique est une ville enfermée dans son enceinte, en même temps posée sur les deux rives de la Maine, dominée à partir du XIIIe siècle par le formidable château de Saint Louis. À portée de la ville, le champ de bataille de La Roche-aux-Moines rappelle aussi qu'on était alors aux frontières du royaume, et il n'est jamais indifférent de se souvenir que, parfois, les Français ont vaincu les Anglais. Mais la frontière de cette France intermédiaire était surtout celle de la Bretagne, une voisine fière et belliqueuse. La guerre de Cent Ans voit un théâtre ligérien d'opérations militaires, parcouru par Jeanne d'Arc, de Chinon à Orléans, avant que sous Louis XI la vallée ne devienne celle des Valois qui la sèment de châteaux devenus résidences politiques ou civiles. Après la tragédie des guerres religieuses, la vallée semble se démilitariser, tout en conservant une activité économique en partie tournée vers le fait militaire. La valorisation du bassin de la Loire répond alors, pendant trois siècles, à des impératifs logistiques : des bois de marine du Forez aux cordages et toiles à voile d'Angers, des forges du Nivernais aux arsenaux de Nantes, les activités des hommes restent marquées par le service de la guerre. En même temps que les mariniers de la Loire, inscrits maritimes, fournissent des hommes que l'on retrouve sur les vaisseaux du roi et acteurs de la guerre océane.

Front idéologique entre pays républicain bleu et pays blanc catholique et monarchique au temps de la Révolution, front fluvial de guerre civile, contrôlé par la flotte des chalands et chaloupes canonnières, la Loire redevient lieu de guerre, des escarmouches aux grands combats, de la traversée de la Loire à Saint-Florent-le-Vieil à l'extermination de Savenay, aux événements du siège de Nantes et de la répression politique, dont les trop fameuses noyades. Il était inévitable que l'on revisite une fois encore les guerres de Vendée, ici sur la Loire – bref et violent, l'événement n'est pas si ancien qu'on l'ait oublié, et les comptes n'ont pas été réglés par l'histoire. Le fleuve, comme les hommes, a de la mémoire.

La Loire est à nouveau champ de guerre en 1870-1871, donne même son nom à l'armée de Chanzy, pendant que Prussiens et Bavarois en descendent le cours, d'Orléans à Tours, ici redécouverte sous le regard des vainqueurs, éblouis par cette belle France. En même temps, au XIXe siècle, la région accueille écoles (Saumur depuis le XVIIIe siècle pour la cavalerie, Tours pour le train, Angers pour le génie, et l'on ne doit pas oublier le Prytanée national de La Flèche) et régiments – les fameux pontonniers, par exemple, mais aussi les régiments d'infanterie de ligne devenus légendaires en chaque ville, le 135e de ligne et le 6e génie à Angers, le 65e de ligne à Nantes, qui partent à l'est et au nord en 1914. La Loire devient en 1917 l'un des axes logistiques de la victoire avec l'arrivée des Américains à Saint-Nazaire, puis un nouveau front de guerre pendant la Seconde Guerre mondiale. Circonstances purement militaires, par exemple la défense des cadets de Saumur, que nous n'évoquons pas ici, et dont le combat rappelle que la France de 1940 n'a pas partout jeté ses armes ; mais aussi un pôle de la Résistance – jusqu'à mériter à la ville de Nantes le titre de Compagnon de la Libération.

La Loire est-elle encore militaire ? Si Nantes, ville commerçante, ville d'affaires, ville universitaire, tournée désormais vers l'Europe mais en ayant pris position au cœur de l'arc atlantique reste au moins dépositaire d'un patrimoine, dont la valorisation est d'autant plus précieuse que la présence militaire elle-même y est désormais presque inexistante, celle-ci reste forte à Angers ou Saumur, plus qu'à Blois où la caserne Maurice de Saxe a disparu, ou à Orléans, dont la proximité de Patay n'évoque plus guère de souvenirs dans la mémoire des écoliers…

C'est dire que le champ des communications est largement ouvert. Il pouvait être étendu bien au-delà de l'horizon des communications ici réunies.

La Loire ne s'arrête pas à Orléans, et bien des circonstances auraient pu susciter d'autres regards. En reprenant le fil chronologique, voici la Loire du haut Moyen Âge, de la christianisation, des premières abbayes, des invasions nautiques, des Saxons, des Scandinaves qui apportent guerre, pillages, commerce, bateaux et techniques navales, ou la Loire de la réorganisation médiévale, celle des principautés féodales, des abbayes et de Foulque Nerra, la Loire fortifiée et défendue de péages en forteresses, Oudon place forte du duc de Bretagne faisant face à celle de Champtoceaux. Puis le temps de châteaux de la Renaissance, innombrables sur cette « riviera » royale bientôt marquée par la tragédie des guerres de religion, et par la pacification qui porte toujours le nom du fameux édit de Nantes, rédigé à Angers. Puis la Loire royale des siècles modernes, encore agitée et lieu de guerre au temps de la Fronde, et dans la seconde moitié du XVIIe siècle ouverte au monde atlantique, reliée à l'océan Indien, enrichie au XVIIIe siècle par la traite, qui fait de Nantes une capitale du sucre et une productrice d'indiennes, en même temps qu'Angers, Laval, Cholet fournissent des toiles, de la quincaillerie, de la verroterie, des armes – un authentique géosystème fluvial militaire et proto-industriel, valorisation des ressources de l'ensemble du bassin fluvial, voulue par Colbert et ses successeurs, développement des chantiers navals ainsi à Nantes – où le lancement des navires est resté un spectacle jusqu'au milieu du XXe siècle.

Le XIXe siècle fait entrer la Loire dans la paix et dans un second âge de la prospérité. Au XXe siècle, la désaffection civile et militaire de la Loire marinière fait porter un nouveau regard sur la Loire et les hommes, qui doivent bien continuer à vivre ensemble. Dans une vallée inscrite désormais dans le patrimoine mondial, et que peuvent de nos jours remonter les cyclistes, jusqu'au-delà de ses sources, jusqu'à la Suisse, jusqu'au Danube.

Il y a de la place pour d'autres colloques sur la Loire... Toujours en partenariat avec le Centre de Recherche en Histoire Internationale et Atlantique de l'université de Nantes, le musée du Génie d'Angers ne l'oublie pas.

Jean-Pierre BOIS
Professeur émérite de l'université de Nantes
et vice-président de l'Association du musée du Génie d'Angers

Le nouveau musée du Génie

L'École du génie dispose depuis l'été 2009 d'un nouveau musée de plus de 900 m^2 de surface. Implanté dans un bâtiment accessible par l'extérieur de l'École, il propose au visiteur une présentation de l'histoire du génie et de ses techniques.

Fruit de plus de dix ans de travail et de persévérance, ce nouvel outil pédagogique est un atout important pour la formation des stagiaires, un vecteur de communication majeur vers la population civile et un centre de rayonnement de l'arme du génie. Il a été financé pour moitié par l'État (ministère de la Défense) et par les collectivités locales et territoriales (Angers, Cholet, Maine-et-Loire, Pays de la Loire). Il est géré par l'Association du musée du Génie qui a passé un marché public de service culturel avec l'École du génie.

LE MUSÉE

Le musée est divisé en deux grandes parties : une partie chronologique et une partie thématique.

La première partie présente l'histoire du génie à travers l'histoire de France. Pour cela, une frise chronologique partant de l'Antiquité jusqu'à nos jours permet de replacer les actions du génie dans un contexte plus global. Sous cette frise, des photographies, des cartes, des schémas, des textes et des objets illustrent des épisodes marquant de l'histoire du génie. Ce parcours est accompagné de moniteurs présentant des films spécialement créés pour le musée : réalisations de Vauban, la guerre des mines (1915), la ligne Maginot, le génie dans la Seconde Guerre mondiale. Des pièces remarquables ponctuent cette galerie historique comme le premier traité en français de fortification bastionnée écrit par Jean Errard en 1604, un portrait du maréchal de Vauban d'époque XVIIe siècle, le manteau du maréchal Joffre, des décorations, des armes, des plans...

La seconde partie explique les trois grandes missions du génie : combattre, construire, secourir. Cet espace présente les missions tant passées qu'actuelles du génie par des maquettes, des documents d'époque et des films. Le musée expose le plan-relief de la ville de Landrecies au début du XVIIIe siècle, animé par un son et lumière mettant en scène les principes architecturaux de la fortification bastionnée. Un spectaculaire fusil de rempart du début du XVIIIe siècle mesurant 3,34 mètres complète les moyens de défense des fortifications bastionnées. Des plans en relief, dits « relief Arnold », sont présentés pour la première fois. Il s'agit d'une visualisation en relief du front occidental durant la Première Guerre mondiale à l'échelle 1/20 000. Un espace est consacré au déminage et à la dépollution. Un autre présente le franchissement des rivières (maquettes de ponts, film, tableaux). La séquence Secourir est illustrée par des uniformes et casques montrant l'évolution du matériel et la présentation des unités spécialisées aux secours vers les populations (la brigade de Sapeurs-pompiers de Paris et les régiments de la Sécurité civile).

La fin du parcours est consacrée au génie contemporain avec une présentation des unités du génie, leurs localisations et leurs rôles dans les interventions extérieures.

L'ACTION PÉDAGOGIQUE

Une convention a été signée avec l'Inspection académique. Un professeur référent a été désigné pour établir des fiches pédagogiques adaptant le contenu du musée au programme des différents niveaux scolaires. Ainsi, des classes peuvent, sous la conduite de leur professeur, visiter le musée et illustrer des cours d'histoire, de géographie voire même de construction. En 2011, le musée a accueilli plus de 1 200 scolaires et étudiants.

Des livrets adaptés aux plus jeunes (de 7 à 10 ans) sont proposés aux familles visitant le musée. Un parcours-jeu sous forme de questions a été installé dans la partie chronologique pour l'été 2012.

Le musée propose périodiquement des expositions temporaires. Quatre expositions ont été présentées en 2010 : la guerre d'Indochine, une rétrospective sur les unités du génie dissoutes en 2010, Blaye ou le verrou de l'estuaire de la Gironde (en collaboration avec la Cité de l'Architecture de Paris) et une exposition de photographies sur l'engagement français en Afghanistan. En 2011, quatre autres, notamment sur les As de la Première Guerre mondiale (en partenariat avec le Musée régional de l'air de Marcé) et une présentation de l'œuvre du peintre aux armées Florent Maussion. En 2012, deux expositions ont été proposées sur les Ingénieurs militaires de l'infrastructure et sur la bataille de Bir Hakeim en 1942. Une exposition sur les coiffures militaires est programmée pour 2013.

Le musée, sous l'égide de l'association de soutien, organise des conférences ou des journées d'étude comme celle sur *La Loire, la guerre et les hommes*, dont les actes sont publiés dans ce volume.

Le musée recherche des partenariats avec les entreprises pour accroître sa notoriété et augmenter les ressources financières de l'association en vue de l'amélioration des présentations, de la présentation d'expositions temporaires d'envergure et du financement de publications à caractère historique.

L'enrichissement du patrimoine doit se poursuivre en orientant les acquisitions, par dons ou par achats, vers les domaines manquants ou faiblement pourvus tout en homogénéisant la collection.

Lieutenant-colonel Pierre Garnier de Labareyre
Conservateur

Paix romaine, guerres gauloises : traces de la conquête césarienne dans la vallée de la Loire, à Angers (Maine-et-Loire)

Pendant l'Antiquité, les régions traversées par la Loire se sont trouvées mêlées à de nombreux conflits opposant leurs habitants entre eux ou à des envahisseurs venus de contrées étrangères.

De la guerre des Gaules (52 av. J.-C.) jusqu'à l'histoire des Francs (VIe siècle), une historiographie abondante nous relate ces péripéties guerrières. Si la mémoire collective a gardé, via les noms de lieux, certaines traces de ces affrontements, la réalité même de leur existence, au vu des vestiges archéologiques découverts à ce jour, demeure difficile à établir.

En effet, les découvertes de pièces archéologiques (*militaria*) sont peu nombreuses, difficiles à identifier et parfois sujettes à caution.

Nous évoquerons les textes en les confrontant aux découvertes et ferons le tour des problématiques actuelles touchant la conquête romaine et son impact sur une petite tribu établie à la double confluence de la Loire et de la Maine et ses affluents : les Andes. Nous montrerons que leur capitale située à Angers, ville atypique, participe pleinement au territoire ligérien.

LA LOIRE : UN LONG FLEUVE TRANQUILLE ?

La Loire : un axe majeur du commerce dans l'Antiquité

Le texte du géographe Strabon est cité par tous ceux qui s'intéressent un peu à la navigation sur la Loire. Dans son ouvrage célèbre, rédigé un peu avant sa mort, vers 23 ap. J.-C., l'auteur insiste sur la navigabilité des fleuves gaulois et notamment de la Loire[1]. C'est par ce même fleuve reliant l'Atlantique à la Méditerranée qu'étaient acheminés l'étain et le sel d'Armorique[2].

Les preuves de ces échanges entre la Gaule interne et la Méditerranée nous sont fournies par la cartographie des importations étrusques ou italiques antérieures à la conquête. Nous pouvons citer localement les découvertes anciennes sur la commune de Sainte-Gemmes-sur-Loire du protomé de griffon gréco-italique daté aux environs de 600 av. J.-C. découvert « en labourant » à Port-Thibault[3] et l'applique d'anse de bassin étrusque de Bernay daté vers 350 av. J.-C.[4] Leur chronologie différentielle montre une continuité des échanges sur des lieux à l'occupation humaine bien établie. On propose de voir, dans ces objets de prestige importés, des dépôts funéraires provenant de sépultures princières[5].

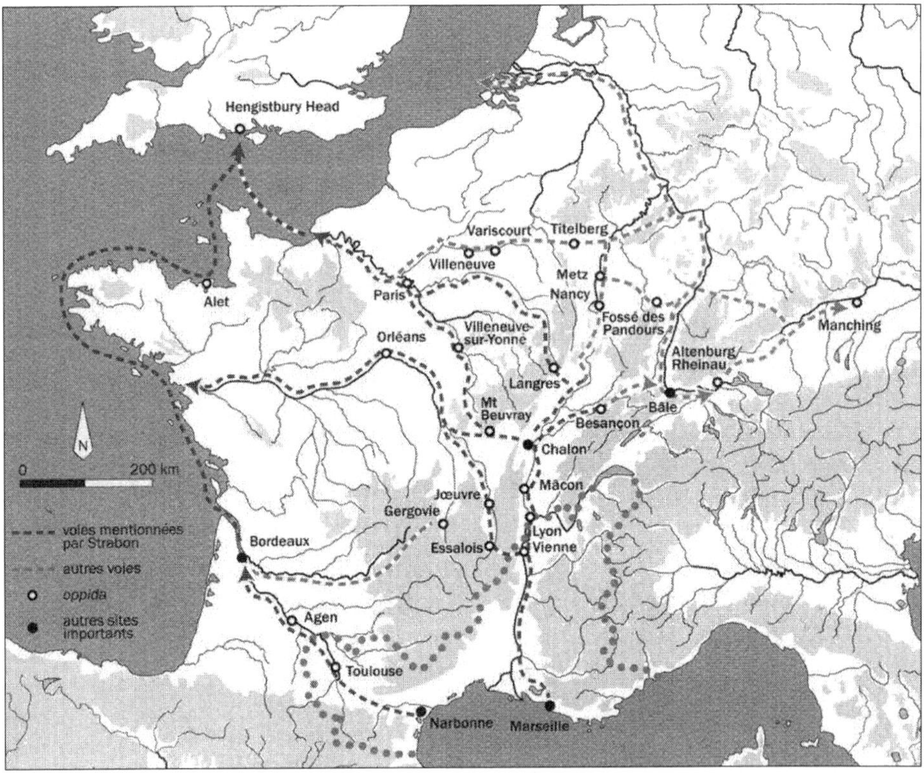

1. Principales routes du commerce à l'époque de l'indépendance (d'après FICHTL S., *La ville celtique : les oppida de 150 av. J.-C. à 15 ap. J.-C.*, 2e éd. revue et augmentée, Errance, Paris, 2005, 238 p.).

Pour une période plus récente, Guilhem Landreau dresse la carte des importations de vaisselle métallique dans le Centre-Ouest de la Gaule aux IIe et Ier siècles av. J.-C.[6] Il constate qu'entre Loire et Dordogne, ces importations sont rares ou fragmentaires et se rattachent aux pratiques libatoires des banquets (cruches de type Kelheim, bassins, poêlons, *simpula*, gobelet de type Idria et surtout passoires). Les éléments les mieux conservés proviennent de sépultures bituriges datées au plus tôt de La Tène D2b (années 50-40 à 30-20 av. J.-C.).

L'exemple du commerce du vin gréco-italique et italique est encore plus explicite sur ces contacts et ce commerce entre le monde méditerranéen et la Gaule entre le IIIe et Ier siècle av. J.-C. Notre documentation est là encore largement tributaire des fouilles préventives. Localement, le site du village ouvert des Pichelots, aux Alleuds [7], dans le sud du Maine-et-Loire, fouillé par le docteur Gruet à partir des années 1974 à 1993, peut aussi par la méthodologie employée et le caractère d'urgence de ses interventions rentrer dans ce cadre. Il constitue avec le site du château d'Angers l'un des principaux gisements d'amphores de la région. Les établissements ruraux d'Hélouine et du Deffroux, à Marcé [8] et celui des Natteries près de Cholet, fouillée avant la réalisation de l'autoroute A87 [9] viennent compléter cet échantillonnage mais il faut reconnaître que ces sites font figures d'exception par la richesse de leurs dépôts.

L'étude de la dispersion des restes amphoriques montre une distribution principale le long de la Loire sur des sites majeurs. Ces concentrations semblent correspondre à des centres de redistribution, comptoirs ou des sites de consommation privilégiés liés à une élite se faisant enterrer avec ses biens les plus précieux comme à Saint-Georges-les-Baillargeaux [10] ou pouvant offrir de somptueux banquets, festins dont Matthieu Poux a souligné l'importance religieuse dans son ouvrage [11].

Ainsi, la cité d'Orléans (*Cénabum*) était connue comme un comptoir commercial où résidaient des citoyens romains qui se livraient à des activités marchandes [12]. Une des principales activités était sans doute le commerce du vin en amphores. L'étude récente des monnaies découvertes à Orléans fournit une preuve de ces transactions, avec la présence d'espèces monétaires peu communes, révélatrices de ces échanges [13].

À l'intérieur des terres, seuls les sites aristocratiques – que l'on pourrait peut-être associer au terme d'*aedificia* qu'emploie César – comme les fermes d'Hélouine ou du Deffroux à Marcé près d'Angers, Les Natteries près de Cholet ou Les Genâts près de Fontenay-le-Comte ont livré des quantités appréciables d'amphores vinaires italiques [14]. Le cadre des sanctuaires implique également des rituels liés à la consommation de boisson où le vin tient une grande part [15].

Mais c'est sous le règne d'Auguste que ces importations connaissent un essor sans précédent et que des changements majeurs s'opèrent dans le domaine de la céramique ou de la construction. La pénétration des modèles romains est accélérée par une plus grande facilité de transport et de déplacement.

En effet, le réseau viaire initialement présent en Gaule est développé par *Agrippa* dans les années 20-19 av. J.-C. [16] avec pour origine cette fois la nouvelle capitale Lyon (*Lugdunum*). Après les guerres civiles, on peut compter alors sur une abondante main-d'œuvre qualifiée et disponible : l'armée romaine.

C'est sans doute également à celle-ci qu'il faut attribuer la construction des ponts de cette période comme le montre la chronologie de construction des différents franchissements de la Loire à Candes-Saint-Martin : un premier pont est daté de 14 av. J.-C., un second pont après 10 ap. J.-C. [17]

La Loire : un fleuve navigable

L'épisode de la guerre contre les Vénètes relaté par César dans le *Bellum Gallicum*, est riche d'informations. Même si la localisation exacte du chantier de construction navale de la flotte césarienne prête encore à discussions, il reste que César indique bien que cette opération s'est déroulée près de la Loire[18]. La localisation du chantier découle évidemment du lieu proche où stationnaient alors les hommes de la 7e légion de *Publius Crassus*, main-d'œuvre qualifiée, mais ce n'était sans doute pas la seule raison. Cela suppose bien sûr d'avoir à sa disposition des ressources suffisantes en bois de charpente provenant de forêts bien gérées. Le savoir-faire des Gaulois est maintenant bien reconnu dans ce domaine[19].

Peu d'embarcations de cette période nous sont parvenues intactes, on citera pour mémoire la pirogue monoxyle de l'Île-Neuve à Oudon, seule épave bien datée de la période gauloise trouvée en Loire[20], mais d'après le texte de César, la maîtrise des techniques de construction navale ne fait pas de doute. Ce dernier relate qu'il fait construire des bateaux de guerre/galères (*naves longas*) sur la Loire et fait venir de la Province des rameurs et des pilotes. Il reste qu'un problème de taille subsiste : comment acheminer les bateaux construits jusqu'à leur destination sur une Loire qui si elle est navigable ne l'est certainement pas toute l'année ? En effet, l'étiage de la Loire durait plusieurs mois rendant impossible toute navigation. L'opération de descente des bateaux par la Loire jusqu'au golfe des Vénètes avait donc manifestement été préparée.

La Loire : une limite naturelle, ethnique et culturelle ?

La présence de cette frontière naturelle explique la physionomie de la voirie antique. On constate que presque toutes les voies romaines actuellement reconnues affectent une direction parallèle à la Loire. Les voies transversales ne semblent pas exister dans l'intervalle compris entre Rezé et Tours. La seule voie nord-sud attestée se dirige de Poitiers en direction de Tours, ville où sont documentés au moins trois franchissements antiques de la Loire se succédant dans le temps[21]. On notera que ce n'est pas le cas à Angers où l'archéologie peine à montrer l'existence de franchissement de la Maine antérieurement au XIe siècle[22]. En termes de flux de commerce et de circulation, on conçoit aisément les implications. Les produits transportés par la Loire descendent de l'amont vers l'embouchure du fleuve.

L'analyse du monnayage des différents peuples dans la partie aval de la Loire met en évidence une série monétaire dite « à l'aigrette ». Sa dispersion localisée sur un tout petit secteur constitue un argument solide pour envisager l'existence d'une peuplade située aux confins des Andes, Turons, Namnètes et Pictons : les Ambilatres[23]. Ce petit territoire a peut-être déduit et redonné aux Pictons par Auguste pour bons et loyaux services rendus durant la guerre des Gaules.

De la même façon, la carte de répartition des monnaies Andes plus tardives (post-conquête) frappées à la légende ANDICAVA dessine un territoire centré autour d'un grand axe de communication et de commerce, la Loire, mais sans l'outrepasser. L'hypothèse du numismate Guy Collin est de considérer cette frappe particulière comme une monnaie destinée à une communauté de bateliers ou à une corporation de commerçants contrôlant le trafic ligérien[24].

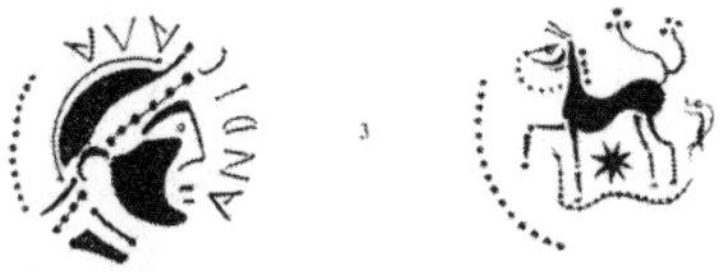

2. Une monnaie de naute Ande ? (d'après Collin G., 1995).

Cette limite ethnique ou culturelle est vérifiable à l'époque antique : on observe une nette concentration au nord-ouest de la Loire des dédicaces au dieu *Mars Mullo*, Notre-Dame-du-Marillais constituant sans doute l'exception[25].

La carte de la division provinciale de la Gaule d'après la description du géographe Strabon traduit sur un fond moderne indique qu'à peu près à cet endroit chez les Andes ou les Turons correspond la démarcation entre la Gaule Belgique, l'Aquitaine et la Lyonnaise[26].

Un des arguments pour souligner ce caractère de frontière ou de barrière nous est donné par la rareté des ponts gaulois connus : à cette lacune, on oppose souvent l'existence de gué ou de passage à sec comme à Angers[27]. Si on passe en revue l'ensemble des franchissements de la Loire bien datés, on constate que seuls un petit nombre d'entre eux est vraiment daté de la période gauloise : en face Chênehutte-les-Tuffeaux, à Saint-Martin-de-la-Place, on a relevé les traces d'un appontement daté des années 40 ap. J.-C.[28] ; à Candes Saint-Martin, un premier pont a été construit en 14 av. J.-C. et un second lui succède en 10 ap. J.-C. ; en amont de Tours, où sont attestés plusieurs ouvrages gallo-romains, le pont de Blois est daté de 145 après J.-C.[29] Mais de fait, rien n'exclut la probabilité d'ouvrages plus anciens. Pour preuve, le texte de César nous apprend que c'est bien en tentant de gagner un pont non localisé sur la Loire que le chef gaulois *Dumnacus* est battu par les légions romaines[30].

Il reste que le contrôle de ces points de passage a dû fortement impacter la localisation même des *oppida* ou de tout autre type de fortification de cette période.

LA GUERRE DES GAULES : UN ACCÉLÉRATEUR DE LA ROMANISATION EN COURS

La conquête césarienne représente un événement majeur dans l'histoire antique de la région des Pays de la Loire. La documentation essentielle est constituée par le récit de César rédigé sans doute à Bibracte où il séjournait au cours de l'hiver 52-51 av. J.-C. La relation de la dernière campagne de l'année 51 av. J.-C. fut confiée à son lieutenant *Hirtius*. Il convient de confronter ce document fondamental avec les données de terrain fournies par l'archéologie préventive ces trente dernières années pour mesurer l'impact de la guerre des Gaules sur la population ligérienne.

Une Gaule prospère en voie rapide d'urbanisation

L'image qui se dégage actuellement de la lecture de l'abondante documentation archéologique disponible est celle d'une Gaule prospère en voie rapide d'urbanisation.

Sur les bords de la Loire, les villages ouverts connus comme ceux des Pichelots, aux Alleuds (Maine-et-Loire) ou de Clocheville, à Tours (Indre-et-Loire) connaissent une désaffection au profit d'une nouvelle forme d'occupation du sol : les *oppida*. Établis sur des hauteurs ou en plaine, dotés d'une enceinte monumentale à caractère ostentatoire, ces centres proto-urbains rassemblent des fonctions économiques, politiques et religieuses. Ce phénomène de mise en place des *oppida* affecte une temporalité différente selon les régions. En 1998, pour Anne Colin, l'image qui se dégage de l'ouest gaulois est celle d'une région un peu à la traîne[31].

Ce constat doit être toutefois amendé par des découvertes récentes. Il existe bel et bien des *oppida* dans l'ouest avec des tailles tout à fait comparables à celles connues dans le reste du monde celtique. La fouille récente conduite sur le site de Moulay, en Mayenne par Elven Le Goff en est la preuve éclatante[32]. En Bretagne, le site de Paule qui fait depuis de longues années l'objet d'une fouille programmée par Yves Menez nous fait connaître cette riche aristocratie terrienne capable d'ériger des résidences à caractère monumental facilitant la naissance d'une véritable agglomération[33]. L'exemple de Moulay montre que la fin de l'indépendance connaît un phénomène de réduction de la superficie des surfaces encloses des *oppida* : on passe ainsi de 135 hectares à seulement 12 hectares[34].

Sans ce réseau d'*oppida*, véritables protovilles, sur lequel César a pu s'appuyer, pour se ravitailler ou bien faire hiverner ses légions, la conquête aurait sans doute été plus difficile.

Un réseau viaire développé

Le déplacement des troupes romaines ainsi que leur relative rapidité d'intervention ne peut s'expliquer que par l'existence d'un réseau viaire déjà bien développé. Depuis longtemps, les « viographes » supposaient la préexistence d'un réseau bien établi reliant entre elles les principales localités mais sans véritables preuves archéologiques. La fouille du franchissement de la Visseiche a permis d'étudier l'un de ces axes majeurs qui reliait Angers à Rennes[35]. La mise en œuvre d'un tel franchissement suppose un pouvoir local suffisamment fort et disposant de ressources. Un autre de ces grands axes gaulois reliant Le Mans à Rennes a été reconnu récemment sur une fouille de grande ampleur menée à la Carie, près d'Entrammes en Mayenne[36]. Enfin, on notera que le chemin médiéval, la célèbre « *via andegavensis* » empruntant la vallée de l'Authion suit un itinéraire qui passe par des localités où des traces gauloises ont été mises au jour : Andard, Beaufort-en-Vallée et Allonnes[37].

L'impact du séjour des légions romaines sur la Gaule

Il convient à présent de s'interroger sur la place que l'armée romaine a pu jouer dans le phénomène de romanisation de la Gaule. Le séjour de plusieurs légions sur le territoire gaulois n'a pas été sans impact sur les modes de vie et de pensée.

La source littéraire unique dont nous disposons est *La guerre des Gaules* (*Bellum Gallicum*), texte rédigé par César, où il signale à plusieurs reprises des séjours de légions dans différentes tribus gauloises durant le temps de sa campagne. La réalité de ces stationnements a souvent été difficile à mettre en évidence d'un point de vue archéologique. La recherche historique et archéologique du XIXe siècle a voulu reconnaître un camp romain dans tout ce qui ressemblait de près ou de loin à une fortification ancienne fossoyée ou talutée. De plus, tous les sites de plus faible importance laissant moins de traces au sol n'ont pas été reconnus.

Une des trouvailles majeures de l'archéologie préventive de cette dernière décennie est sans doute celle du fortin tardo-républicain d'Actiparc près d'Arras[38] auquel était annexé un dépôt de vivres.

Au XIXe siècle, seuls des sites emblématiques comme Alésia ont fait l'objet de fouilles de grande ampleur qui étaient mises au service des desseins nationalistes de Napoléon III. Elles ont fourni un abondant matériel militaire où se mêlaient armes gauloises ou romaines. Mais tous ces marqueurs chronologiques et/ou sociaux que constituent les objets liés à la sphère militaire n'ont fait que récemment l'objet de définitions ou de validations. L'étude des *militaria* qui s'est développée ces vingt dernières années tient une place essentielle dans ce renouveau des connaissances sur la période de la conquête césarienne. Le colloque tenu à Bibracte sur les *militaria* romains en Gaule interne a permis de mettre en évidence deux types de marqueurs pour identifier la présence de militaires romains sur un site[39]. Les marqueurs primaires concernent en premier lieu les armes offensives ou défensives. Les marqueurs secondaires regroupent les accessoires vestimentaires (boucle de ceinturon militaire/*cingulum*, fibules, chaussures cloutées type *caligae*), l'*instrumentum*, le monnayage, la céramique (amphores/denrées, vaisselier), la faune (grand bœuf) et les outils particuliers liés à la construction comme les *dolabra* (hache-pioche).

3. Carte des opérations militaires en Gaule (d'après GOLDWORTHY A., *Les guerres romaines 281 av. J.-C. - 476 ap. J.-C., Atlas des Guerres*, Paris, Autrement, 2001, 224 p.).

Les amphores constituent également un outil d'appréciation indispensable pour mesurer l'impact de la romanisation. En effet, le déplacement des légions s'a ccompagnait de la présence des marchands et autres fournisseurs vvriers. La forte consommation de vin italique et d'huile d'olive est révélatrice de ces populations méditerranéennes.

À Angers, l'étude menée sur deux lots amphoriques recueillis sur le site du Logis Barrault[40] et de la rue des Filles-Dieu[41] montre une dispersion préférentielle des lèvres d'amphores du type Dressel 1B présentes dans les épaves coulées entre 80 et 60 av. J.-C., juste avant la conquête césarienne. L'une d'entre elle, à la hauteur du bord avoisinant les 8 cm doit être classée comme Dressel 1C. De plus, l'examen des timbres amphoriques d'Angers montre un grand nombre de timbres datés de La Tène D2b et particulièrement les années 50 avant notre ère[42].

Plus révélateur, l'identification récente d'un type d'amphore servant au transport de l'alun à Angers, rue des Filles-Dieu (fouilles Martin Pithon, Inrap, étude Maxime Mortreau à paraître) montre qu'aux alentours de la conquête un produit spécifique à usage artisanal est importé à Angers. L'alun sous forme de cristaux collectés sur les îles Lipari au large de la Sicile était en effet utilisé comme mordant pour teindre les tissus[43]. La présence de telles amphores de type liparote 1a est extrêmement rare en Gaule interne. « Chronologiquement, les amphores de Lipari arrivent dans la région à partir du troisième quart du Ier siècle avant notre ère sur l'oppidum de Villeneuve Saint-Germain (Aisne)[44]. »

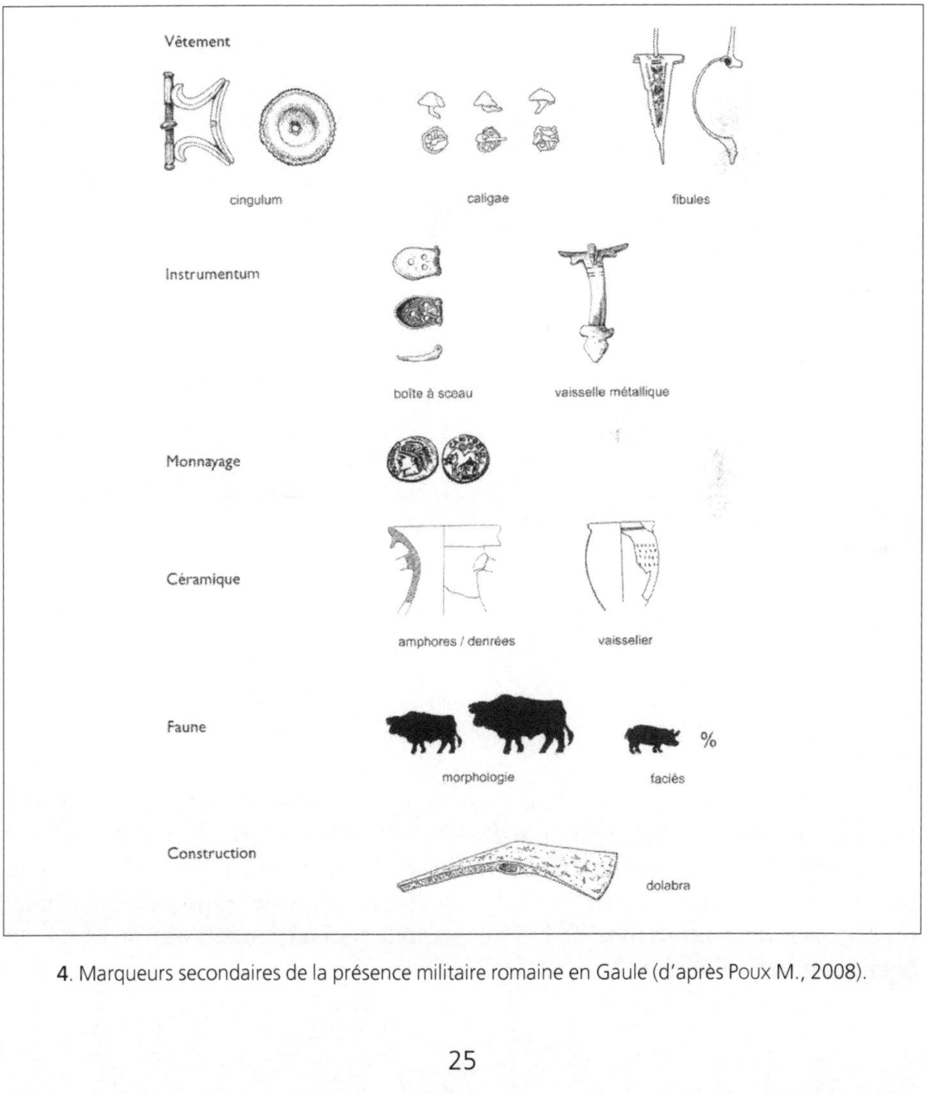

4. Marqueurs secondaires de la présence militaire romaine en Gaule (d'après Poux M., 2008).

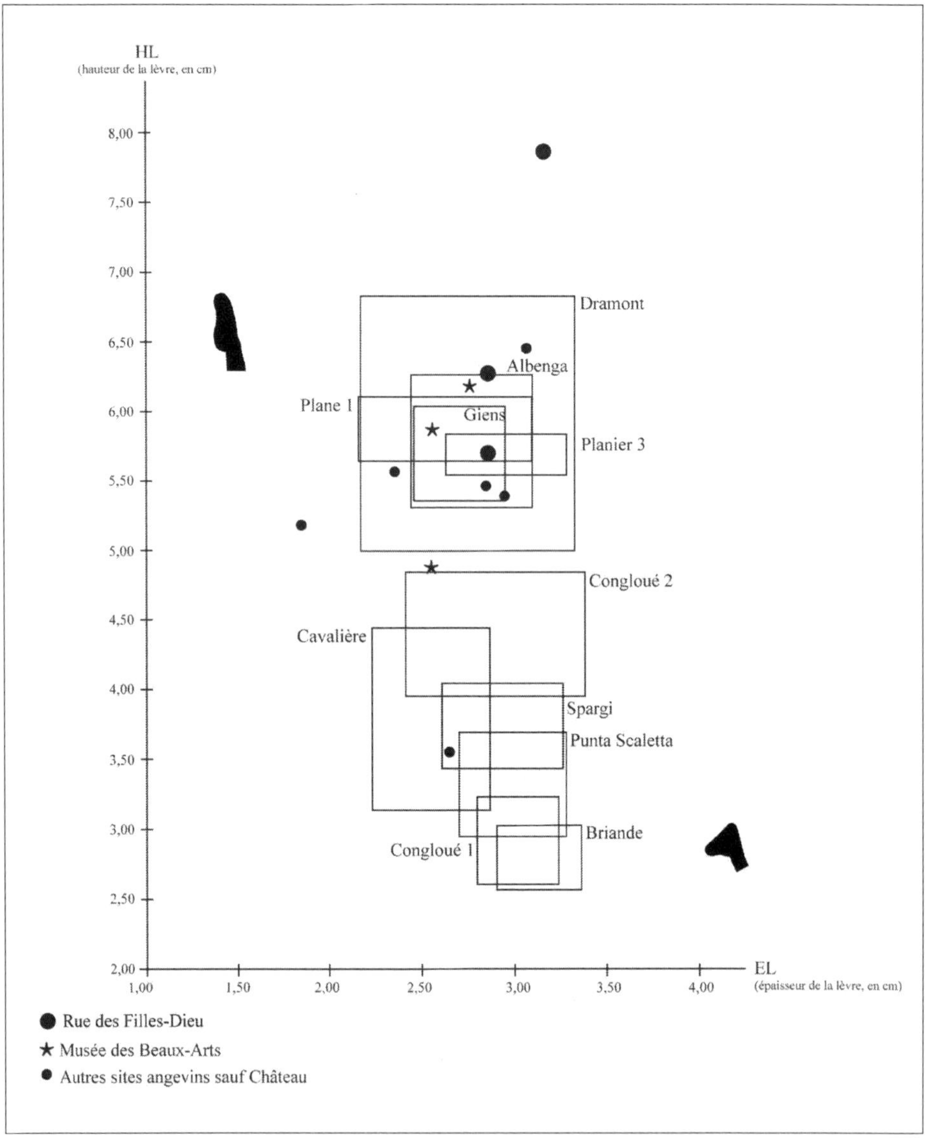

5. Dispersion des lèvres d'amphores recueillies à Angers
par rapport à divers lots d'épaves (indice HL/EL) (réalisation Maxime Mortreau).

De même, la partie supérieure d'une amphore mise au jour lors du relevé d'une coupe stratigraphique sur le chantier de la Maison du Tourisme en 1980 et identifiée tout d'abord comme provenant de Brindes en Apulie[45] se révèle encore plus significatrice : il s'agit en fait d'une très rare amphore Dressel 20 précoce servant à transporter l'huile d'Andalousie attestée pour nos régions occidentales[46].

Ces éléments et la présence de luminaire spécifique (lampes de type Dressel 2)[47] utilisant l'huile d'olive de Bétique comme combustible pour son fonctionnement montre une romanisation très poussée des modes de vie et de consommation. Il est difficile à cette période de mettre ces éléments sur le compte d'une aristocratie gagnée au goût romain si on admet un certain retard de l'ouest de la Gaule dans ce processus. L'explication que l'on peut alors produire est la présence sur place de consommateurs italiens ou romains.

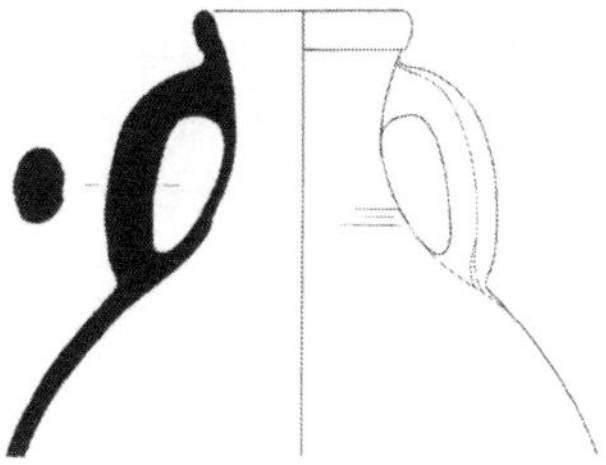

6. Amphore à huile militaire (?) Dressel 20 précoce (d'après Mortreau M., 2008).

Un séjour ou des séjours ?

Il faut maintenant se confronter à une autre temporalité. Les mouvements des troupes sont fluctuants. Les traces laissées ne sont pas toujours clairement identifiables car elles correspondent à des séjours parfois brefs ou bien plus longs mais dans des installations provisoires en matériaux périssables dont les traces sont peu lisibles sans fouille de grande envergure.

Cette temporalité difficile à percevoir prend plus de sens encore quand on confronte les données précises issues de la lecture des textes et celles relevant de l'exploration archéologique : d'un point de vue strictement matériel, il est difficile de faire la différence entre des niveaux stratigraphiques datés des années 57-56 av. J.-C. et ceux datés des années 51 av. J.-C.

Si l'on examine la carte de répartition des fermes gauloises autour d'Angers, l'impression qui se dégage est celle d'une forte densité[48]. Cette cartographie est à mettre en relation avec l'activité économique dans l'agglomération de cette ville, les grandes surfaces étant plus propices aux installations industrielles et de fait touchant des zones en périphérie. Si notre analyse se porte sur la distribution chronologique, cette impression de densité forte disparaît lorsque l'on approche des alentours de la conquête. En effet, on n'observe peu ou pas d'occupation reconnue de ces fermes pour La Tène D2b. Cette absence ou rareté est difficile à expliquer. Le regroupement des unités de production dispersée ou l'épuisement des sols sont des explications qui viennent d'abord à l'esprit mais on peut aussi arguer de la méconnaissance des artefacts de cette période en milieu rural. L'étude de l'*instrumentum* recueilli sur les établissements ruraux de Marcé près d'Angers montre le caractère essentiellement agricole de ces fermes. La céréaliculture semble constituer l'activité principale, attestée en l'occurrence par la présence d'un soc d'araire[49] et de fragments de matériel de mouture[50]. L'élevage est par contre plus difficile à mettre en évidence.

En analysant la documentation archéologique, il semble que le séjour attesté des troupes romaines chez les Andes ou les Turons n'a eu dans les faits que peu d'impact sur les établissements ruraux environnants. En effet, aucun élément de *militaria* romain n'a jamais été signalé à ce jour.

Le cas de la tribu des Andes où les textes mentionnent un hivernage est typique : il s'agit là d'un séjour temporaire qui n'acquiert pas un statut définitif. Ainsi s'explique la rébellion qui a suivi de quelques années le départ des troupes romaines. Les *militaria* romains découverts à Angers seraient à rapporter à cette période de l'après conquête, suite à la révolte avortée de *Dumnacus*.

Les camps romains dans la région : stationnements liés à la guerre des Gaules ?

Un article récent de Jacques Santrot traitant de la stèle funéraire du cavalier auxiliaire namnète *Argiotalus* faisait état de la découverte d'un certain nombre de structures fossoyées de forme quadrangulaire, occasionnée par des survols aériens dans les départements de Maine-et-Loire et de Loire-Atlantique. Il proposait d'identifier ces traces comme les restes de camps de marche temporaires de cohorte ou d'aile de cavalerie liés à la répression de la révolte de 21 dans l'Ouest[51] mais sans écarter vraiment la possibilité d'une datation plus précoce reliée aux opérations de la conquête césarienne[52]. Une prospection pédestre menée sur l'un de ces sites, aux Vordeaux, près de Cholet n'a pas livré d'éléments plus probants[53].

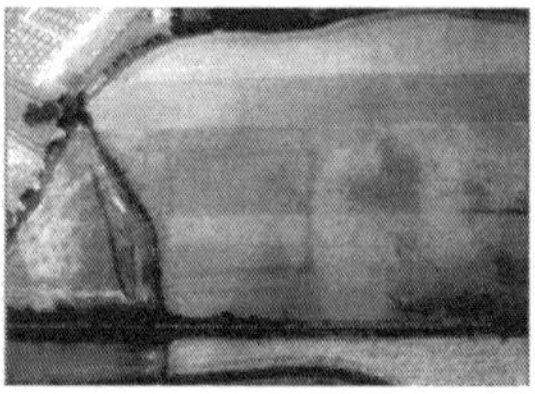

7. Le camp romain (?) des Vordeaux, à Cholet (cl. Gilles Leroux *in* SANTROT J., 2008).

La découverte récente du camp tardo-républicain à Actiparc, près d'Arras vient étayer le dossier de ces stationnements de tailles variables décrits par César mais dont la preuve tangible faisait cruellement défaut. Le fortin avec son dépôt de vivres couvre une superficie d'environ un hectare.

Cette fortification modeste nous permet de prendre la mesure de tels cantonnements ainsi que les annexes nécessaires à leur bon fonctionnement. La recherche de subsides destinés à alimenter une légion entière qui hivernait en 57-56 av. J.-C. chez les Andes a conduit à une confrontation directe avec les Vénètes et leurs alliés à qui l'on imposait ses prélèvements[54].

LES HOMMES DANS LA GUERRE

Des Gaulois querelleurs

La guerre est-elle un phénomène endémique chez les peuples gaulois ? Les auteurs classiques nous ont laissé l'image de Gaulois toujours prompts à la querelle et va-t-en-guerre perpétuel. Si les luttes et conflits sont courants chez les Gaulois, cela tient sans doute à une société fondée sur l'honneur et le respect de la parole donnée. Ces comportements exacerbés se multiplient aux IIe et Ier siècles av. J.-C. Joutes, défis et contre-défis prennent la forme « de joutes oratoires, de compétitions de dépenses ostentatoires et de meurtres, razzias et massacres[55] ».

L'absence d'unité politique est sans doute un des traits qui caractérise la Gaule indépendante. On observe une variété de situation dans le mode de gouvernement des tribus. Pour l'ouest de la Gaule, on trouve à la tête des tribus un sénat ou un individu isolé (roi ou chef de guerre ?)[56]. La société rurale apparaît comme autarcique.

D'un point de vue économique, la Gaule elle-même n'est pas univoque : on peut distinguer une Gaule du sud-ouest, centre et surtout du centre-est qui en jouant la carte de l'ouverture vers la Méditerranée connaît ainsi un stade de développement plus avancé que le reste du territoire. Dans ces régions, la royauté héréditaire a cédé la place à un système administratif et des institutions contrôlées par une oligarchie toute-puissante. À la fin du IIe siècle av. J.-C., les Eduens sont même traités de « frères du peuple romain[57] » et leur monnaie est alignée sur le denier romain.

L'épisode de Dumnacus, chef des Andes : révélateur des conflits internes à la Gaule

Parmi les nombreuses confrontations dont notre région a été le témoin, l'aventure malheureuse de *Dumnacus* apparaît comme symbolique. Au-delà du combat qu'il est difficile de résumer sans tomber dans l'anachronisme comme la confrontation entre le résistant à l'oppression romaine et le collaborateur, cet épisode de la guerre des Gaules pose la question d'antagonismes existant entre tribus, antérieurs à la conquête et que la venue de César a exacerbés. En effet, comment expliquer la raison pour laquelle *Dumnacus* a mis le siège devant l'*oppidum* des Pictons, *Lemonum*, qui ne présente a priori aucun intérêt stratégique sinon pour vider une ancienne querelle avec son voisin picton[58]...

Ces tensions se sont cristallisées sans doute autour de l'accès à la Loire et au commerce qui y transitait. Le contrôle de cette partie était peut-être aux mains du petit peuple des Ambiliatres, qui ne devait son existence qu'à cette position géographique particulière. L'étude de Stephan Fichtl sur les peuples gaulois met en évidence une tendance au rétrécissement de la taille de leur territoire à mesure que l'on progresse vers l'ouest, découpage issu sans doute d'une histoire très ancienne[59]. Peuple cité par César comme armoricain, allié des Vénètes[60], les Ambilatres apparaissent dans la liste des peuples cités par Pline l'ancien, à la fin du Ier siècle ap. J.-C., comme faisant alors partie de l'Aquitaine[61].

8. Statue du chef Ande, Dumnacus (cl. Éric Jabol).

Le peuple des Pictons s'est vu ainsi offrir un accès à la Loire avec la création du port de Rezé en récompense de ses bons et loyaux services rendus au conquérant romain : fourniture en 56 av. J.-C. de bateaux de charge à la flotte de *Decimus Brutus* lors de la guerre contre les Vénètes puis engagement au côté romain du chef picton *Duratius* en 51 av. J.-C.[62]

Angers, une capitale de cité qui succède à un oppidum : un cas unique dans la vallée de la Loire

En effet, cette situation apparaît assez exceptionnelle dans la vallée de la Loire. Ainsi Orléans qui, à partir d'une occupation agricole et artisanale ancienne (vers 180-150 av. J.-C.), acquiert progressivement un tissu proto-urbain qui se densifie vers 130-110 sans changement jusqu'aux années 30-10 av. J.-C.[63]. Sa vocation économique ne la conduit toutefois pas à être choisie comme capitale de cité à l'époque romaine.

Tours, quant à elle, est considérée comme une ville de création augustéenne, avec un statut de cité libre connue au moins dès la période claudienne par une dédicace[64]. Si une installation préromaine a bien été détectée dans sa périphérie à Clocheville, la chronologie haute (entre 180 et 120 av. J.-C.) et la nature de son occupation (agglomération de plaine)[65] font qu'elle n'offre pas de solution de continuité avec la future *caput civitatis*.

9. Territoire de la tribu des Andes à La Tène finale (d'après Bouvet et *al.*, 2003).

Les découvertes sur le site d'Amboise, *oppidum* comportant des niveaux de La Tène D2b comme à Angers et Chênehutte-les-Tuffeaux, fournissent de bons arguments pour y reconnaître la capitale du peuple des Turons jusqu'à la fin de la période augustéenne[66].

Chez les Andes ou les Turons, à côté d'un *oppidum* principal, il existe toute une série de sites de hauteurs secondaires comme Chênehutte-les-Tuffeaux, entre Angers et Saumur, dominant la Loire et présentant le même faciès céramique qu'à Angers et Amboise[67].

L'analyse de la répartition du monnayage gaulois du type potin « à la tête diabolique » montre une aire de diffusion centrée sur les territoires andécave, turon et aulerques[68]. L'hypothèse d'une union informelle d'origine familiale à caractère commercial (?) a été formulée récemment par Murielle Troubady sur la base de cette étude[69]. À l'appui de cette hypothèse, cette dernière convoque le travail de Sandrine Riquier sur la céramique de cette période. La partition observée entre les gobelets tonneaux et les vases bobines semble valider cette observation[70]. Les Andes et Turons partagent de fait de nombreux points communs : ces deux peuples gaulois ont accueilli sur leur territoire l'hivernage de légions, puis les deux cités gallo-romaines ont participé à la révolte de 21 ap. J.-C., enfin elles montrent chacune un faciès céramique très proche.

Une tradition historiographique plaçait aux Châtelliers de Frémur à Sainte-Gemmes le lieu de l'hivernage de la 7e légion de Crassus. Mais il faut dire que les preuves archéologiques manquent toujours actuellement pour étayer cette hypothèse. Les trouvailles de mobiliers archéologiques (essentiellement des monnaies) ne sont pas encore suivies de découvertes de structures concrètes. Les survols aériens n'ont pas livré d'indices probants de fossés délimitant le ou les camps d'hivernage de la 7e légion. La vaisselle amphorique est rare ainsi que l'*instrumentum*. L'accessibilité aux terrains est peut-être également une des raisons de notre méconnaissance du site. Plus que la céramique, ce sont les *militaria* qui fourniraient une preuve indéniable de cette présence et particulièrement les marqueurs primaires que représentent les armes offensives ou défensives.

Les fouilles préventives récentes motivées par un projet de modification de présentation de la tenture de l'Apocalypse dans l'enceinte du château d'Angers ont apporté des éléments concluants d'une occupation protohistorique sur le promontoire dominant la Maine, dont la nature reste encore à déterminer[71].

Le monnayage recueilli ne permet pas de conclure par lui-même à une présence militaire : en effet, on ne rencontre pas les frappes républicaines liées à la solde des troupes romaines (notamment les deniers d'argent), la pénurie de monnaies pouvant toutefois expliquer le recours aux espèces gauloises en circulation à l'époque.

Pourtant, plusieurs fragments de lampes à huile tardo-républicaines de type Dressel 2 à grenetis ont bien été découverts. Ce mode d'éclairage est attesté sur les sites d'*oppida* et les sites précocement romanisés. En effet, l'utilisation d'un éclairage à la romaine suppose la fourniture d'un combustible (l'huile de Bétique en l'occurrence) qu'on ne peut se procurer que par l'intermédiaire des marchands romains. Des gobelets à boire de production italique sont également présents associés à une vaisselle de type méditerranéenne.

Les clous de *caligae*, sandales à semelle cloutée utilisées par les légionnaires ou auxiliaires constituent un marqueur sûr de cette présence militaire. Il est admis que ce type d'équipement n'est utilisé dans les premiers temps de la conquête que par cette catégorie bien particulière de population[72]. La carte de distribution de ces artefacts est sans appel. Même si ce mobilier métallique particulier n'a pas encore fait l'objet de soins ni d'étude poussée (un nettoyage des éléments en question permettrait de vérifier la présence de marque de fabrique typique de l'armée romaine) sa présence est révélatrice.

Le second indice probant est fourni par ce qui a été identifié comme un piquet de tente par Jean-Paul Guillaumet lors d'un examen visuel au laboratoire régional de restauration Arc'antique à Nantes en 1999. Même si le contexte de trouvaille apparaît comme légèrement postérieur (période augustéenne), la typologie de l'objet le rattache à des séries connues à l'époque tardo-républicaine[73].

10. Piquet de tente césarien découvert au château d'Angers (cl. Maxime Mortreau).

Des inhumations sans corps

Si l'on s'éloigne d'Angers, entre la vallée de la Loire et de l'Authion, on peut trouver des traces de cette présence militaire romaine. Les sépultures découvertes sur le site des « Hauts-Champs » à Beaufort-en-Vallée pourraient bien être interprétées comme des tombes d'auxiliaires gaulois. Elles s'en distinguent toutefois par l'absence de corps et la rareté du mobilier déposé. Si les dépôts métalliques font défaut dans les tombes, ils sont toutefois présents dans un vaste épandage qui leur est lié[74]. On trouve ainsi réunies une épée et une faucille, association qui trouve un écho avec le dépôt d'une épée et d'une serpe dans la tombe de Dun-sur-Auron[75] fouillée au XIXe siècle. La datation de La Tène D2b s'impose à l'examen du mobilier : assiette imitant la forme Lamboglia 5/7 en *terra nigra* précoce des ateliers de Gaule centrale, et pot proche du type Santrot 294 en *terra nigra* précoce des centres potiers d'Aquitaine. Ces dépôts funéraires céramiques offrent une grande ressemblance avec ceux découverts sur le site d'Esvres-sur-Indre « Vaugrignon » dans la sépulture F.139 où ils sont associés à un mobilier métallique caractéristique (pointe de lance)[76] des tombes à armes distinguées comme appartenant au groupe du site éponyme de Fléré-la-Rivière[77]. Autre similitude troublante, tout comme dans l'exemple précité, un *graffito* non déchiffré a également été relevé sur la panse du pot Santrot 294 provenant de la sépulture 31[78]. Ces marques de propriété, rédigées à l'aide de caractères romains (ou grecs ?), affirmation de son identité propre, semblent se développer après la conquête, à La Tène D2b[79].

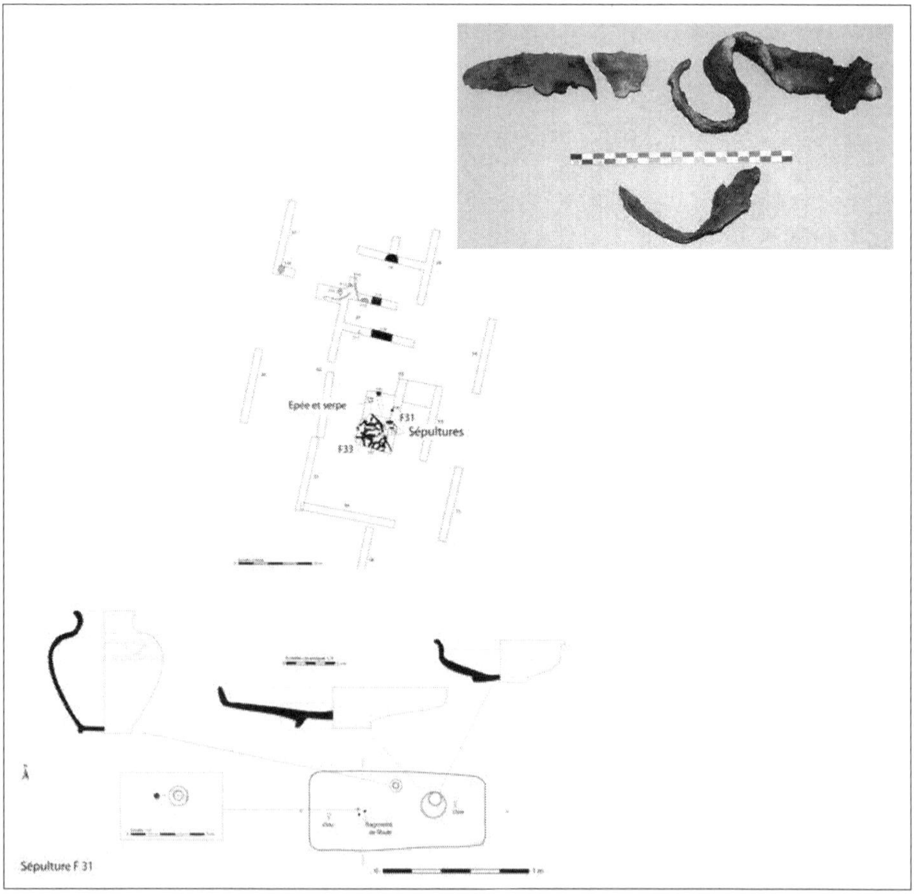

11. Sépultures d'auxiliaires gaulois de Beaufort-en-Vallée
(d'après VILLARD-LE-TIEC A., GOMEZ DE SOTO J., et BOUVET J.-P., 2011).

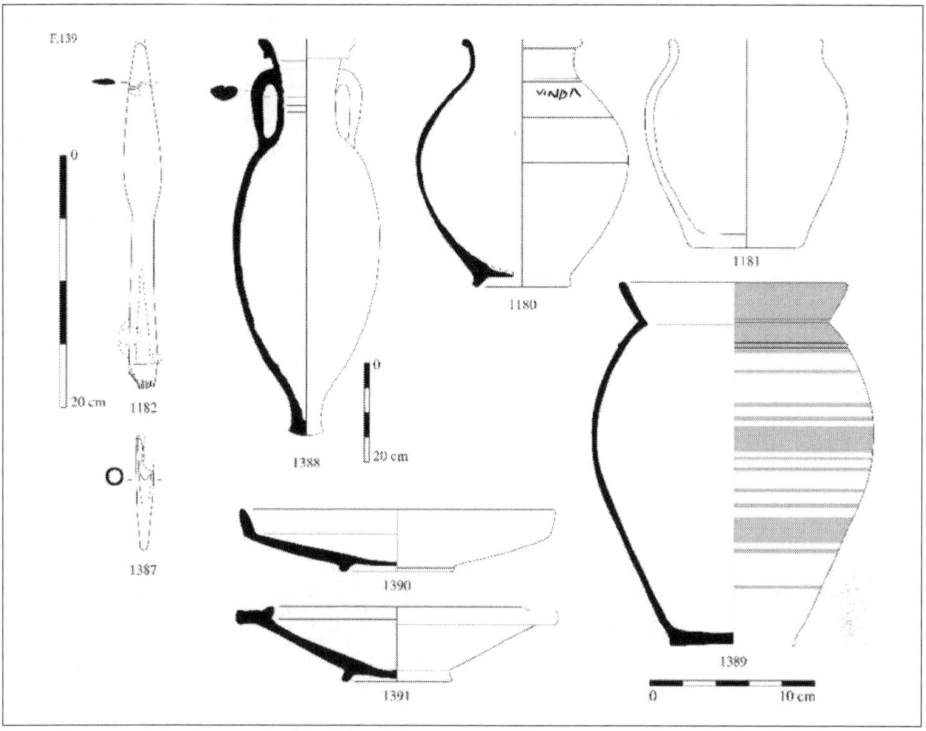

12. Sépulture d'auxiliaire gaulois à Esvres-sur-Indre (d'après Riquier S., 2004).

Une présence militaire romaine durable à Angers

Comme on a pu le voir précédemment, les données issues de l'archéologie et des textes s'accordent pour montrer une présence militaire romaine sur le site d'Angers même autour de la conquête.

Pour que cette présence acquière un caractère durable, il faut qu'une décision politique entérine cet état de fait. Nous pensons que les voyages d'Auguste en Gaule dans les années 16 et 13 av. J.-C. dont fait état Dion Cassius[80] ont été l'occasion de confirmer dans leur statut de chef-lieu de cités un certain nombre de villes. De fait, le territoire des nouvelles cités gallo-romaines reprend sans modification majeure celui des anciennes tribus gauloises.

À l'origine de nombreuses cités, l'élément militaire est présent : on peut évoquer à titre d'exemple les villes de Lutèce[81] ou bien d'Autun[82].

À Angers, cette présence militaire effective s'observe à l'époque augustéenne et pendant tout le Haut Empire[83]. Les traces objectives de cette présence cette fois-ci durable sont des fragments d'équipements individuels (ceinturons, pendentifs de tabliers) mais également des armes (lances, javelots, glaive, cuirasses articulées) et de l'équipement lié à la cavalerie (phalères, pendeloques décoratives de harnais). La mission essentielle dévolue aux forces auxiliaires et légionnaires est d'assurer la sécurité des campagnes et des villes à des fins purement économiques. Il s'agit de garantir le prélèvement de l'impôt qu'une administration fiscale impériale à demeure est chargée de lever dans la Gaule de l'ouest. La position de contrôle d'Angers sur l'Armorique en faisait un centre de commandement militaire et fiscal, comme l'avait peut-être déjà pensé César en faisant hiverner ces légions à cet endroit.

Au lendemain de la conquête, César laisse en Gaule un certain nombre de légions pour y assurer l'ordre public.

Si le séjour des légions est attesté à plusieurs reprises sur le sol de la tribu des Andes, il ressort que la documentation archéologique fait apparaître une présence militaire romaine postérieurement à la Conquête et cette fois-ci sans que les textes écrits n'en parlent.

Pour nous, il convient de mettre cette présence en rapport avec la révolte avortée du chef Ande *Dumnacus* qui a profité de l'absence de troupes romaines dans la région après l'épisode ponctuel de l'hivernage de la 7e légion en 57-56 av. J.-C.

Il est clair que, pour ne pas répéter la même erreur, un petit contingent de soldats (légionnaires ou auxiliaires) a été laissé à Angers pour surveiller une population un peu remuante. Sur les bases d'une première installation gauloise tardive, ont été jetées les prémices d'un futur chef-lieu de cité, choix entériné par les visites d'Auguste en Gaule en 16 et 13 av. J.-C.

Ainsi, Angers devrait sa fondation à une position naturelle privilégiée, au débouché d'un bassin hydrographique et à sa situation stratégique de commandement aux marges de la Bretagne. Elle participe à cette dynamique des villes « ligériennes » tout en étant en retrait par rapport à la Loire.

Ainsi qu'on a tenté de le montrer, la conquête césarienne a affecté de façon différente les régions traversées par une Loire encore peu aménagée mais propice au commerce dont le contrôle est source de tension. Si la chronologie exacte des opérations militaires est difficile à mettre en évidence d'un point de vue archéologique, les progrès menés ces dernières années dans le domaine des mobiliers céramiques et de l'*instrumentum* aident à mieux cerner cette période de la conquête. Le territoire de la future cité des Andes présente une intéressante étude de cas. Participant du mouvement de création des *oppida*, il voit le séjour d'une légion romaine et connaît les derniers affrontements entre les belligérants du conflit. Réoccupé, le chef-lieu de la cité, « Andicava », pour des raisons stratégiques et économiques (siège d'une administration fiscale), acquiert le statut de capitale de cité à l'époque augustéenne, période d'intense activité d'aménagements liés à l'organisation de la conquête, montrant une rare continuité de lieu de pouvoir dans la vallée de la Loire, au sens large du terme.

Maxime Mortreau
Inrap/UMR 6566-Lara-Polen Nantes

13. Dessin manuscrit par Jacques-André Berthe
de la stèle funéraire disparue d'Inventarvser, mentionnant des militaires romains,
découverte à Angers en 1813 (cl. Fabrice Pédrono) (d'après MORTREAU M., 2008).

NOTES

Pour leurs conseils et l'ingrat travail de relecture et de correction, je tiens à remercier Jean-Philippe Bouvet, conservateur du Patrimoine au Service régional de l'Archéologie des Pays de la Loire et François Comte, archéologue municipal de la ville d'Angers.

1. STRABON, *Géographie*, 14, 1.
2. ANDRÉ J., « Introduction à l'étude des relations commerciales des Vénètes d'Armorique avec le Centre de la Gaule romaine », *Revue archéologique du Centre de la France*, t. 1, fasc. 1, 1962, p. 60-63.
3. LESSEUR C., « N° 144 : Protomé de griffon gréco-italique », *in* SANTROT J. et SANTROT M.-H., *Nos ancêtres les Gaulois aux marges de l'Armorique*, musée Dobrée, Nantes, 1999, p. 80-81.
4. PROVOST M., « Une anse de chaudron étrusque à Sainte-Gemmes-sur-Loire (Maine-et-Loire) », *Gallia*, 41, fasc. 2, 1983, p. 209-215 ; LESSEUR C., « Bernier-Sainte-Gemmes (Maine-et-Loire) : Applique d'anse de bassin étrusque », *in* BERTRAND I. et MAGUER P., *De pierre et de terre. Les Gaulois entre Loire et Dordogne*, Association des Publications Chauvinoises, Mémoire XXX, 2007, p. 268.

5. Bouvet J.-P., *L'Âge du fer en Maine-et-Loire*, mémoire de maîtrise, Université de Paris I, UER d'art et archéologie, 1987, vol. 1, p. 208 ; Jannot J.-R., « L'axe ligérien voie des contacts entre Méditerranée et Gaule de l'ouest ? », *in* Frère D. (dir.), *De la Méditerranée vers l'Atlantique, Aspects des relations entre la Méditerranée et la Gaule centrale et occidentale*, PUR, Rennes, 2006, p. 81. Dans le même volume, Pierre Milcent ne remet pas en cause l'authenticité de ces trouvailles anciennes : Milcent P.-Y., « Examen critique des importations méditerranéennes en Gaule centrale et occidentale, Attributions douteuses, erronées ou falsifiées », *op. cit.*, 2006, p. 117-133.
6. Landreau G., « Vaisselle métallique et céramique d'importation aux IIe et Ier siècles av. J.-C. dans le Centre-Ouest de la Gaule », *in* Bertrand I. et Maguer P., *De pierre et de terre. Les Gaulois entre Loire et Dordogne*, Association des Publications Chauvinoises, Mémoire XXX, 2007, p. 159-162.
7. Colin A., *Chronologie des oppida de la Gaule non méditerranéenne*, Paris, Maison des Sciences de l'Homme, 1998, *Documents d'Archéologie française*, 71, p. 155.
8. Nillesse O., « Les établissements ruraux gaulois de Marcé (Maine-et-Loire) et la hiérarchisation des *aedificia* », *in* Mandy B. et De Saulce A. (éd.), *Les marges de l'Armorique à l'âge du fer*, Actes du XXIIIe colloque de l'Association française pour l'étude de l'âge du fer, Nantes, 13-16 mai 1999, *Revue archéologique de l'Ouest*, suppl. 10, 2003, p. 149-172.
9. Lemaître S. et Sanchez C., « Importations italiques dans le Centre-Ouest de la Gaule à l'époque laténienne », *in* Bertrand I., Duval A., Gomez De Soto J. et Maguer P. (dir.), *Les Gaulois entre Loire et Dordogne*, t. I, Actes du XXXIe colloque de l'AFEAF, 17-20 mai 2007, Chauvigny (Vienne), Association des Publications Chauvinoises, Mémoire XXXIV, Chauvigny, 2009, p. 341-370.
10. Petorin N., « Une sépulture de La Tène finale à Saint-Georges-les-Baillargeaux (Vienne) », *in* Bertrand I. et Maguer P., *De pierre et de terre. Les Gaulois entre Loire et Dordogne*, Association des Publications Chauvinoises, Mémoire XXX, 2007, p. 152-154.
11. Poux M., *L'Âge du vin. Rites de boisson, festins et libations en Gaule indépendante*, Éditions Monique Mergoil, Montagnac, coll. « Protohistoire européenne », 8, 2004, 637 p.
12. « Quand arrive le jour convenu, les Carnutes, entraînés par Cotuatos et Conconnétodumnos, hommes dont on ne pouvait rien attendre que des folies, se jettent, à un signal donné, dans Cénabum, massacrent les citoyens romains qui s'y étaient établis pour faire du commerce, mettent leurs biens au pillage ; parmi eux était Caïus Fufius Cita, honorable chevalier romain, que César avait chargé de l'intendance des vivres » (*Bellum Gallicum*, VII, 3).
13. Gruel K., Charnotet P. et Troubady M., « Comparaison des faciès monétaires d'Orléans (Loiret), Levroux (Indre) et Châteaumeillant (Cher) », *in* Buchsenschutz O., Chardenoux M.-B., Krausz S. et Ralston I. (éd.), *L'Âge du fer dans la boucle de la Loire. Les Gaulois sont dans la ville*, suppl. à la RACF n° 35, FÉRACF/AFEAF, Paris, 2009, Actes du XXXIIe colloque de l'Association française pour l'étude de l'âge du fer, Bourges, 2008, p. 121-134 (à nuancer toutefois).
14. Lemaître S. et Sanchez C., *op. cit.*, 2009, fig. 1 p. 342 ; Nillesse O., *op. cit.*, 2003.
15. Poux M. et Nillesse O., « Le vin, le sang et le fer : un passage de Polybe (II, 19) et le rôle du vin importé dans les cultes indigènes de la fin de l'âge du fer », *in* Mandy B. et De Saulce A. (éd.), *Les marges de l'Armorique à l'âge du fer*, Actes du XXIIIe colloque de l'Association française pour l'étude de l'âge du fer, Nantes, 13-16 mai 1999, *Revue archéologique de l'Ouest*, suppl. 10, 2003, p. 293-308.
16. Grenier A., *Manuel d'Archéologie préhistorique, celtique et gallo-romaine*, VI, Archéologie gallo-romaine, 2e partie, « L'archéologie du sol », « Les routes », Paris, Picard, 1934, p. 43.
17. Dumont A., Mariotti J.-F., Lemaître S. et Lavier C., « Un pont et un aménagement de berge gallo-romains découverts dans le lit de la Vienne, à la confluence avec la Loire (commune de Candes-Saint-Martin) », *Aestuaria*, Archéologies en Loire, Actualités de la recherche dans les régions Centre et Pays de la Loire, 2007, 12, p. 201.
18. « *naves interim longas aedificari in flumine Ligeri (jubet)* », *Bellum Gallicum*, III, 9.
19. Malrain F., « Un peuple des bois ? », *in* Malvain F. et Poux M., *Qui étaient les Gaulois ?*, Universcience Éditions, La Martinière, 2012, p. 37-41.
20. Creis G., Devals C., et De Saulce A., « La batellerie monoxyle de la Loire et ses affluents dans les régions Centre et Pays de la Loire », *Aestuaria*, 2007, 12, p. 60 fig. 15.
21. Seigne J. et Neury P., « 77. Les ponts antiques sur la Loire », *Tours antique et médiéval, lieux de vie. Temps de la ville*, *Revue archéologique du Centre de la France*, suppl. 30, 2007, p. 232-238.

22. COMTE F., « Du Grand et du Petit pont au pont de Verdun », *in* BIGUET O. et LETELLIER D. (dir.), *Les ponts d'Angers*, coll. « Cahiers du patrimoine », n° 49, Paris, Éditions du Patrimoine, 1998, p. 48. Un pont est toutefois mentionné par Grégoire de Tours en 590 (*Histoire des Francs*, t. II, p. 273).
23. AUBIN G., « Les monnaies gauloises », *in* MORIN E. (dir.), *Émergence, Archéologie et Histoire du Choletais*, Musée de Cholet, Cholet, 2010, p. 46-47.
24. COLLIN G., « Les Andes ont-ils émis des monnaies au nom de leur cité ? », *Bulletin de la Société des Études Scientifiques de l'Anjou*, 1995, 15, p. 152.
25. BERARD F., GABORY O. et MONTEIL M., avec la coll. de LEBOULAIRE C. et SAGET Y., « Une nouvelle mention du dieu Mars Mullo : un graffite sur vase à Notre-Dame-du-Marillais (Le Marillais, Maine-et-Loire) », *Revue archéologique de l'Ouest*, 25, 2008, p. 261-268.
26. REDDE M., « Organisation de l'espace et définition des frontières en Gaule. Le rôle de l'armée romaine », *Archéopages, Limites et territoires*, 21, avril 2008, p. 30-37 et fig. 1.
27. PROVOST M., *Carte Archéologique de la Gaule : le Maine-et-Loire (49)*, Académie des inscriptions et belles-lettres, Paris, 1988, p. 93 n° 8. L'opération archéologique menée par François Comte en 1989 n'a toutefois pas permis de valider la thèse d'un gué à l'endroit précité (COMTE F., *op. cit.*, 1998, p. 47-48).
28. POUSIN J., « 1989, Saint-Martin-de-la-Place, Ouvrage d'art et embarcation », Étude réalisée à l'automne 1989 dans le cadre des activités de l'ADIA par un groupe de bénévoles, 1989, 20 p., 10 photos, 1 annexe ; CADOU Y. et DEROU F., « Le paysage martinien avant l'an mil selon les restes de son pont en bois », *Bulletin de la Société des Études Scientifiques de l'Anjou*, 16, p. 31-44 (date d'abattage la plus récente 42 ap. J.-C.).
29. AUBOURG V., GRAPPY T., JOSSET D., « Franchissement de la Loire à Blois : ponts antique et médiéval », *Aestuaria*, Archéologies en Loire Actualités de la recherche dans les régions Centre et Pays de la Loire, 2007, 12, p. 172.
30. « Il [Dumnacus] se hâta de se retirer avec ses troupes, et ne se crut point en sûreté qu'il ne les eût conduites au-delà de la Loire, qu'il fallait passer sur un pont, à cause de la largeur du fleuve » (*Bellum Gallicum*, VIII, 27).
31. COLIN A., *op. cit.*, 1998, p. 120.
32. LE GOFF E., « Moulay, un oppidum de l'ouest de la Gaule revisité », *Archéopages*, Nouveaux champs de la recherche archéologique, hors série, Inrap 10 ans, janvier 2012, p. 252-259.
33. MENEZ Y. et ARRAMOND J.-C., « L'habitat aristocratique fortifié de Paule (Côtes-d'Armor) », *Gallia*, t. 54, 1997, p. 119-155, et en dernier lieu : MENEZ Y., « Die Entstehung staädtischer Siedlungen bei befestigen Adelssitzen der jüngeren Eisenzeit in Gallien : Das Beispiel von Paule (Côtes-d'Armor) », *in* SIEVERS S. et SCHÖNFELDER M. (éd.), *Die Frage der Protourbanisation in der Eisenzeit. La question de la proto-urbanisation à l'âge du fer*, Akten des 34. internationalen Kolloquiums der AFEAF vom 13.-16. Mai 2010 in Aschaffenburg. Koll. Vor- u. Frühgesch. 16, Bonn, 2012, p. 301.
34. NAVEAU J., « Le site fortifié de Moulay (Mayenne) », *in* SANTROT J. et SANTROT M.-H. (dir.), *Nos ancêtres les Gaulois aux marges de l'Armorique*, musée Dobrée, Nantes, 1999, p. 25.
35. LEROUX G. et *al.*, « Le franchissement de la Seiche par la voie antique Rennes (Condate) - Angers (Juliomagus). Fouille, datation et typologie du Pont-Long de la Basse-Chaussée à Visseiche (Ille-et-Vilaine) », *Revue archéologique de l'Ouest*, 19, 2002, p. 129-170. La mise en place de ce franchissement a été datée au plus tôt du IIe siècle av. J.-C. Vers les années 20 av. J.-C., il connaît un léger remaniement, *ibid.*, p. 158.
36. GUILLIER G., *Commune d'Entrammes (Mayenne), « La Carie II »*, Rapport d'opération de fouille préventive, INRAP Grand-Ouest, SRA des Pays de la Loire, septembre 2006, vol. 1, 168 p., 36 fig., vol. 2, 71 pl., 75 photographies et annexes.
37. DELESTRE X., *Andard gallo-romain, Archéologie de la vallée de l'Authion*, Éditions Hérault, Maulévrier, 1992, 109 p.
38. JACQUES A. et PRILAUX G., « L'occupation romaine », *in* JACQUES A. et PRILAUX G. (dir.), *Dans le sillage de César. Traces de romanisation d'un territoire, les fouilles d'Actiparc à Arras*, cat. exp., musée des Beaux-Arts (27 septembre 2003 - 4 janvier 2004), Arras, 2003, p. 21-23.
39. POUX M. (dir.), *Militaria tardo-républicains en contexte gaulois*, Actes de la table ronde du 17 octobre 2002, Glux-en-Glenne, Centre archéologique européen, 2008, Bibracte, 14, p. 303-304.
40. CHEVET P. et MORTREAU M., « Aux origines de la ville, La fin de l'âge du fer et l'époque augustéenne », *in* CHEVET P. (dir.), *Un quartier d'Angers de la fin de l'âge du fer à la fin du Moyen Âge,*

Les fouilles du musée des Beaux-Arts (1999-2001), Archéologie et Culture, PUR, Rennes, 2010, fig. 38 p. 59.
41. Mortreau M., « Les éléments de datation », *in* Pithon M., *Commune d'Angers (Maine-et-Loire) 49007, 12, rue des Filles-Dieu*, Rapport de diagnostic archéologique, SRA/INRAP, Angers, 2007, fig. 16.
42. Nous remercions Jean Siraudeau, grand spécialiste des amphores d'Angers, pour les informations qu'il nous a communiquées à ce sujet. Également : Benquet L., Lemaître S. et Mortreau M., *Entre Volques Tectosages et Pictons : la diffusion des amphores vinaires aux IIe et Ier siècles av. notre ère à partir des témoignages épigraphiques*, SFECAG, Actes du congrès de Poitiers, Marseille, à paraître.
43. Laubenheimer F. et Marliere E., *Échanges et vie économique dans le Nord-Ouest des Gaules. Le témoignage des amphores du IIe siècle avant J.-C. au IVe siècle après J.-C.*, vol. I, Presses universitaires de Franche-Comté, Besançon, 2010, p. 73.
44. Laubenheimer F. et Marliere E., *ibid.*, 2010, p. 73.
45. Siraudeau J., « Amphores romaines des sites angevins et leur contexte archéologique », *Corpus des amphores découvertes dans l'ouest de la France*, vol. 2, Bouchemaine, chez l'auteur, 1988, fig. 5 p. 67 et pl. 41 n° 13.6.
46. Mortreau M., « Indices de la présence de militaires romains à Angers/Juliomagus (Ier siècle av. J.-C. - IIIe siècle ap. J.-C.) », *Archives d'Anjou, Mélanges d'histoire et d'archéologie angevines*, numéro spécial, L'Anjou militaire, n° 12, 2008, p. 22 fig. 11.
47. Bouvet J.-P., Brodeur J., Chevet P., Mortreau M. et Siraudeau J., « Un oppidum au château d'Angers (Maine-et-Loire) », *in* Mandy B. et De Saulce A. (éd.), *Les marges de l'Armorique à l'âge du fer*, Actes du XXIIIe colloque de l'Association française pour l'étude de l'âge du fer, Nantes, 13-16 mai 1999, *Revue archéologique de l'Ouest*, suppl. 10, 2003, p. 184 fig. 8, n° 4093.
48. Bouvet J.-P., Brodeur J., Levillayer A., Mortreau M., Simon-Millot R. et Siraudeau J., avec la collaboration de Pithon M., « La problématique de l'occupation de l'âge du fer à Angers (Maine-et-Loire) », *in* Buchsenschutz O., Chardenoux M.-B., Krausz S. et Ralston I. (éd.), *L'Âge du fer dans la boucle de la Loire. Les Gaulois sont dans la ville*, suppl. à la RACF 35, FÉRACF/AFEAF, Paris, 2009, Actes du XXXIIe colloque de l'Association française pour l'étude de l'âge du fer, Bourges 2008, fig. 24 p. 436.
49. Nillesse O., « Les établissements ruraux gaulois de Marcé (Maine-et-Loire) et la hiérarchisation des *aedificia* », *in* Mandy B. et De Saulce A. (éd.), *Les marges de l'Armorique à l'âge du fer*, Actes du XXIIIe colloque de l'Association française pour l'étude de l'âge du fer, Nantes, 13-16 mai 1999, *Revue archéologique de l'Ouest*, suppl. 10, 2003, p. 163 et fig. 18, n° 510.
50. Nillesse O., *ibid.*, 2003, p. 163 et fig. 18, nos 550 et 552.
51. Santrot J., Morin A. et Grünewald M., « Argiotalus, fils de Smertulitanus, cavalier namnète à Worms (Allemagne) sous Tibère », *Revue archéologique de l'Ouest*, 25, 2008, p. 187-208.
52. Santrot J., « Au temps d'Argiotalus, Nantes, Rezé et le port des Namnètes », *Annales de Bretagne et des Pays de l'Ouest*, t. 115, n° 1, 2008, p. 61.
53. Monteil M., « Rome bâtit un nouveau monde », *in* Morin E. (dir.), *Émergence*, *op. cit.*, p. 64.
54. « Le jeune P. Crassus hivernait avec la septième légion, près de l'Océan, chez les Andes. Comme il manquait de blé dans ce pays, il envoya des préfets et plusieurs tribuns militaires chez les peuples voisins, pour demander des subsistances ; T. Terrasidius, entre autres, fut délégué chez les Esuvii ; M. Trébius Gallus chez les Coriosolites ; Q. Vélanius avec T. Sillius chez les Vénètes » (*Bellum Gallicum*, III, 7).
55. Verger S., « Une société primitive ? », *in* Malvain F. et Poux M., *Qui étaient les Gaulois ?*, *op. cit.*, p. 162-165.
56. Colin A., *op. cit.*, 1998, p. 120.
57. César, *Bellum Gallicum*, I, 35.
58. « Cependant le lieutenant C. Caninius, informé par Duratios qui était toujours resté attaché aux Romains, malgré la défection d'une partie de sa nation, qu'un grand nombre d'ennemis s'étaient rassemblés sur les frontières des Pictons, se dirigea vers la place de Lémonum » (*Bellum Gallicum*, VIII, 26).
59. Fichtl S., *Les peuples gaulois. IIIe-Ier siècles av. J.-C.*, Paris, Errance, 2004, 168 p
60. « Ils [les Vénètes] s'assurent pour cette guerre l'alliance des Osismes, des Lexovii, des Namnètes, des Ambiliates, des Morins, des Diablintes, des Ménapes » (*Bellum Gallicum*, III, 9, 10).
61. Pline l'ancien, *Histoire Naturelle*, IV, 23.

62. Hiernard J. et Simon-Hiernard D., *Carte Archéologique de la Gaule : les Deux-Sèvres (79)*, Académie des inscriptions et belles-lettres, 1996, 399 p.
63. Jesset S., Joyeux P., Lusson D., Massat T., Miejac E., Riquier S., Robert G. et Troubady M., « Orléans gaulois : état des connaissances », *in* Buchsenschutz O., Chardenoux M.-B., Krausz S. et Ralston I. (éd.), *L'Âge du fer dans la boucle de la Loire. Les Gaulois sont dans la ville*, suppl. à la RACF n° 35, FÉRACF/AFEAF, Paris, 2009, Actes du XXXIIe colloque de l'Association française pour l'étude de l'âge du fer, Bourges, 2008, p. 251.
64. Ferdiere A., « 122. Libre cité des Turons, *Civitas Turonorum libera* », *Tours antique et médiéval, lieux de vie. Temps de la ville, Revue archéologique du Centre de la France*, suppl. 30, 2007, p. 339-340.
65. Laruaz J.-M., « Les formes de l'habitat en territoire turon à la fin de l'âge du fer », *in* Buchsenschutz O., Chardenoux M.-B., Krausz S. et Ralston I. (éd.), *L'Âge du fer dans la boucle de la Loire. Les Gaulois sont dans la ville*, *op. cit.*, p. 97.
66. Laruaz J.-M., *op. cit.*, 2009, p. 99-100.
67. Bouvet J.-P., *op. cit.*, 1987, 2 vol.
68. Gruel K., Charnotet P. et Troubady M., « La circulation monétaire dans la boucle de la Loire au second âge du fer », *Archéologia*, mars-avril 2008, p. 34.
69. Communication inédite de Murielle Troubady au Séminaire archéologique de la Région Centre, tenu à la médiathèque d'Orléans le 23 mars 2012.
70. Riquier S., « À chacun son gobelet : tonnelet chez les Carnutes, bobine chez les Turons », *in* Tuffreau-Libre M. (dir.), Céramiques antiques en val de Loire, Saint-Laurent Blangny, Imprimerie Sensey, 2005, p. 16.
71. Sur la question d'un rempart et de sa datation, voir Bouvet et *al.*, 2009, *op. cit.*, p. 435.
72. Poux M., « L'empreinte du militaire tardo-républicain sur les faciès mobiliers de La Tène finale », *in* Poux M. (dir.), *Militaria tardo-républicains en contexte gaulois*, Actes de la table ronde du 17 octobre 2002, Glux-en-Glenne, Centre archéologique européen, 2008, 463 p., Bibracte, 14, p. 376-377.
73. Poux M., *ibid.*, 2008, p. 392 fig. 392 (exemplaire de Bibracte).
74. Villard-Le Tiec A., Gomez De Soto J. et Bouvet J.-P. (coord.), « Pratiques funéraires du second âge du fer en Gaule de l'Ouest (Bretagne, Pays de la Loire, Poitou-Charentes) », *in* Barral P., Dedet B., Delrieu F., Giraud P., Le Goff I., Marion S. et Villard-Le Tiec A. (dir.), *Gestes funéraires en Gaule au second âge du fer*, Annales littéraires, n° 883 ; Série « Environnement, sociétés et archéologie », n° 14, Actes du XXXIIIe colloque international de l'AFEAF, Caen, 20-24 mai 2009, Besançon, Presses universitaires de Franche-Comté, 2011, p. 97.
75. Villard-Le Tiec A., « Les tombes des derniers aristocrates celtes en Berry », *in* Krausz S., *L'Âge du fer dans la boucle de la Loire*, Archea Éditions, 2008, p. 42.
76. Riquier S., « La nécropole gauloise de "Vaugrignon" à Esvres-sur-Indre (Indre-et-Loire) », *Revue archéologique du Centre de la France*, 43, 2004, p. 48 fig. 31.
77. Ferdiere A. et Villard A., « La tombe augustéenne de Fléré-la-Rivière (Indre) et les sépultures aristocratiques de la cité des Bituriges », *Mémoire 2 du musée d'Argentomagus/Revue archéologique du Centre de la France*, suppl. 7, Saint-Marcel, 1993, 320 p.
78. Mortreau M., « Le mobilier de la tombe F31 », *in* Dubillot X., *Beaufort-en-Vallée, Lotissement des Hauts Champs*, Rapport de diagnostic archéologique, INRAP/SRA des Pays de la Loire, 2004, p. 19 fig. 15 et p. 23.
79. Bats M., « Les Gaulois et l'écriture aux IIe et Ier siècles av. J.-C. », *in* Mandy B. et De Saulces A., *Les marges de l'Armorique à l'âge du fer*, Actes du XXIIIe colloque de l'Association française pour l'étude de l'âge du fer, Nantes, 13-16 mai 1999, *Revue archéologique de l'Ouest*, suppl. 10, 2003, p. 369-380.
80. Dion Cassius, *Histoire romaine*, livre LIV, 19 à 25.
81. Poux M. et Robin S., « Les origines de Lutèce : acquis chronologiques. Nouveaux indices d'une présence militaire à Paris, rive gauche », *Gallia*, 57, 2000, p. 181-226.
82. Fort B. et Labaune Y., « Les *militaria* datés du début du Haut-Empire à Autun Augustodunum et dans les collections du musée Rolin », *in* Poux M. (dir.), *Militaria* tardo-républicains en contexte gaulois, Actes de la table ronde du 17 octobre 2002, Glux-en-Glenne, Centre archéologique européen, 2008, Bibracte, 14, p. 143-157.
83. Mortreau M., « Indices de la présence de militaires romains à Angers/Juliomagus (Ier siècle av. J.-C. - IIIe siècle ap. J.-C.) », *Archives d'Anjou, Mélanges d'histoire et d'archéologie angevines*, numéro spécial, L'Anjou militaire, 12, 2008, p. 9-39.

Les ponts de la Loire à l'époque gallo-romaine

LE PONT : UN OUVRAGE STRATÉGIQUE ÉCONOMIQUE ET MILITAIRE...

Dans tous les manuels de stratégie militaire du XIXe siècle et du début du XXe, alors que l'armée se déplaçait encore à pied et à cheval, il est clairement mentionné que

> « la traversée directe des cours d'eau à gué, sur la glace ou à la nage, ne peut être considérée que comme un moyen exceptionnel et précaire de passage, car les gués peuvent disparaître par l'effet même du passage ou d'une crue, le dégel peut rompre la glace, le passage à la nage ne peut être tenté que par la cavalerie ou de petits détachements d'hommes choisis et dans des circonstances tout à fait spéciales [1] ».

On ne peut évidemment transposer directement les textes modernes à l'Antiquité, mais il est probable que c'est au sein de l'armée romaine que les techniques permettant de construire les ponts en bois ont été formalisées et développées. Le pont est un ouvrage stratégique, indispensable si l'on veut étendre son pouvoir à un vaste territoire en l'unifiant par un maillage de voies utilisables en tout temps. Pour l'époque romaine, le nom du général et homme politique Agrippa (Ier siècle av. J.-C.), est resté à jamais lié à la mise en place du premier réseau de voies en Gaule.

...ET UN SYMBOLE DE LA PUISSANCE DE ROME

Les ponts représentent plus qu'un simple moyen de traverser les cours d'eau : ces constructions doivent également être considérées en tant qu'éléments de propagande, symboles de puissance d'un État capable d'établir des relations ininterrompues sur de très longues distances, expressions de la supériorité du génie humain sur la nature, défis aux éléments et intrusions dans le domaine du sacré.

Le pont marque les esprits par la difficulté que sa construction sous-entend et rappelle au peuple la puissance du pouvoir qui a su maîtriser les éléments. À ce titre, il a été un symbole de la puissance de Rome, particulièrement sur les fleuves qui marquaient une frontière[2]. Dans *La guerre des Gaules*, le célèbre épisode de construction d'un pont sur le Rhin est souvent cité pour rappeler qu'il correspond davantage à une manifestation de supériorité de Rome sur les barbares qu'à une réelle manœuvre indispensable pour l'avancée des troupes : « César avait décidé de passer le Rhin, mais les bateaux lui semblaient un moyen trop peu sûr *et qui convenait mal à sa dignité*[3]. » Dans ce cas précis, l'intérêt stratégique n'est donc pas mis en avant alors qu'il a été décisif dans nombre de conflits, tout au long de la période romaine.

La célèbre colonne Trajane, érigée au IIe siècle ap. J.-C., pour immortaliser les campagnes de l'empereur Trajan contre les Daces, montre une seule traversée à gué et plusieurs scènes de constructions de ponts, faisant appel à des techniques variées, bien maîtrisées par l'armée romaine : pont de bateaux, pont en charpente de bois, ponts mixtes en bois et en pierre[4]. Ce monument a assuré à travers les siècles la renommée du fameux pont édifié par Trajan sur le Danube, ouvrage qui a marqué les esprits à tel point que Buffon, dans *Les preuves de la théorie de la Terre*, le mentionne :

> « Un des exemples les plus remarquables de la conservation des bois sous l'eau, est celui d'un des pieux qui avaient servi à la construction du pont bâti par Trajan, sur le Danube, que l'empereur d'Autriche fit retirer pour examiner l'état dans lequel se trouvait le bois qu'on supposait avoir été pétrifié par les eaux du Danube[5]. »

LE PONT : UN ÉLÉMENT FONDAMENTAL DE DATATION DES ITINÉRAIRES ANTIQUES

Les ponts, points de passage obligés attestent, de façon certaine, l'existence et le tracé d'une voie. De plus, les vestiges de ces constructions sont susceptibles de livrer des éléments de datation fiables car ils consistent souvent en des bois de fondation en chêne, essence pouvant être datée par la dendrochronologie (méthode fondée sur l'analyse des cernes de croissance des arbres). Les propriétés du chêne, systématiquement employé dans les ouvrages découverts, sont connues dès l'Antiquité : il est imputrescible dans l'eau et très résistant lorsqu'il est exposé à l'air. Dans le traité moderne de Gautier, il est rappelé que lorsque le chêne est destiné à être dehors, on enlève l'aubier, alors qu'on doit le laisser quand il va rester dans l'eau. Ce principe a visiblement été appliqué par les constructeurs romains. L'étude systématique de ces pieux conservés en position primaire permet donc de dater la mise en place d'un axe et, lorsque plusieurs bois sont analysés, sa durée de fonctionnement, parfois rendue évidente par les différentes phases de réparation. Elle débouche également sur une meilleure connaissance des points de rupture de charge, lieux où les trafics fluvial et routier se rencontraient, permettant une alternance et une complémentarité entre les deux modes de transport.

1. Un pieu de fondation extrait de l'aménagement de berge d'Avrilly. Le chêne est très bien conservé et l'analyse dendrochronologique effectuée par C. Lavier a montré que cet arbre a été coupé entre l'automne de l'année 54 av. J.-C. et le printemps 53 av. J.-C. (cl. P. Moyat).

Strabon, en expliquant que « la Loire offre toutes facilités : elle coule des Cémmènes jusqu'à l'Océan[6] », rappelait que ce fleuve majeur de notre territoire représentait un des principaux itinéraires entre la Méditerranée et l'océan Atlantique, via le Bassin rhodanien. Sa position géographique et son étendue en faisaient un obstacle incontournable pour tous les itinéraires reliant le sud au nord de la Gaule. Cependant, lorsque l'on consulte la carte archéologique qui répertorie tous les vestiges, on constate la rareté des ponts gallo-romains attestés, et la quasi-absence des ponts d'époque gauloise. Pourtant, dans *La guerre des Gaules*, César en cite deux sur ce fleuve, à Orléans[7], et aux Ponts-de-Cé ou Saumur[8], et plusieurs sur un des principaux affluents, l'Allier[9]. Pour l'instant, les seuls éléments de datation se rapportant au second âge du fer proviennent d'Orléans, où un pieu, probable reste d'un pont, a été daté par analyse dendrochronologique de 159 av. J.-C.[10] (Miéjac 2007), et d'Avrilly, où un aménagement de berge a été daté de l'an 53 av. J.-C. (fig. 1). Sur tout le cours de la Loire (soit 1 020 km !), et pour les quatre siècles correspondant à la période gallo-romaine, seuls onze ponts romains sont aujourd'hui connus, depuis l'aval vers l'amont : Saint-Martin-de-la-Place [11], Candes-Saint-Martin (sur la Vienne, à proximité de la confluence avec la Loire) [12], Fondettes, Tours (deux ponts) [13], Blois [14], Cosne-sur-Loire [15], Saint-Satur (deux ponts) [16], Chassenard [17], et probablement Avrilly [18]. Sur ces onze ouvrages, un se trouve en réalité sur un affluent (Candes), un est daté par du mobilier découvert lors d'une fouille terrestre sur la berge et non par l'analyse d'un bois (Tours, pont de l'île Saint-Jacques), et un reste à vérifier (aménagement de berge ou pont à Avrilly). Ce chiffre n'est pas représentatif de la réalité historique mais résulte d'un état de la recherche sur ce type de vestiges en particulier. On pourrait, à titre d'exemple, citer les deux ponts de Saint-Satur (fig. 2), dont un plan relativement précis, sur lequel les bois sont qualifiés de restes de ponts romains, avait été dressé par deux ingénieurs des Ponts et Chaussées au début du XXe siècle. Par la suite, et jusqu'en 2003, soit cent ans plus tard, malgré de nombreuses citations de ces vestiges dans la littérature archéologique, aucun relevé complet ni analyse radiocarbone n'avaient jamais été réalisés afin d'en confirmer la datation. Il faut reconnaître que les recherches dans les lits fluviaux sont récentes et que les prospections subaquatiques dans le chenal actif de la Loire présentent des difficultés. Ce fleuve, réputé pour son inconstance, ses changements de tracé et la violence de ses crues, ne présentait pas, *a priori*, des conditions idéales de conservation.

2. Vue aérienne des deux ponts romains de Saint-Satur au moment des basses eaux (cl. A. Bouthier).

Malgré tout, l'augmentation du corpus de ponts antiques au cours de ces dernières années prouve que le lit de la Loire recèle un important potentiel, encore méconnu et susceptible de renouveler, dans les années à venir, les schémas habituellement reconnus pour les axes de circulation dans cette vallée.

Il est important de préciser que ces découvertes ne résultent pas de prospections systématiques du cours du fleuve, mais seulement de reconnaissances sur des lieux où des bois avaient déjà été signalés dans l'abondante bibliographie concernant les anciens itinéraires, ou par des prospecteurs bénévoles. Aussi, l'inventaire des ponts romains doit être considéré comme très incomplet et susceptible d'être modifié en fonction des vérifications qui seront effectuées dans les années à venir, car ces recherches sont loin d'être achevées. Pour ne citer que la portion de Loire comprise entre la Bourgogne et l'Auvergne, des points stratégiques comme Nevers, Decize, Diou ou Iguerande, plus en amont, n'ont pas encore été prospectés.

Chaque pont a fait l'objet de campagnes de terrain de courte durée (de une à trois semaines maximum), au cours desquelles on a invariablement procédé de la manière suivante : reconnaissance et étiquetage de tous les bois visibles, réalisation d'un premier plan à vue, puis topographie avec un théodolite mis en station sur la berge. Après étude du plan, un premier prélèvement pour analyse radiocarbone a été effectué afin de déterminer la période à laquelle se rattachaient les vestiges, car ils pouvaient également être médiévaux ou modernes. Une fois menée à bien cette première collecte d'informations, tous les sites n'ont pas été traités de la même façon. Des sondages à la pelle mécanique ont été pratiqués à Cosne, à Saint-Satur, et à Avrilly, à chaque fois sur une seule berge, afin de vérifier la présence de bois qui pouvaient être préservés sous les plages. De telles interventions ne sont pas toujours possibles, et sont vite limitées par la proximité de l'eau qui recouvre très rapidement les vestiges décapés, rendant le relevé et les observations difficiles. Tous les sites ne sont par ailleurs pas datés avec le même degré de précision car parfois, les parties accessibles des bois sont souvent très érodées et ne présentent pas les qualités requises pour procéder à une analyse dendrochronologique satisfaisante : bois éclaté par l'alternance de périodes sèches et d'immersions, entraînant la disparition d'une bonne partie des cernes (les plus proches de la date d'abattage).

LES DIFFÉRENTS TYPES DE PONTS DÉCOUVERTS DANS LE LIT DE LA LOIRE

Les ponts en bois

Malgré le faible nombre de plans de ponts en bois datés, il est possible de distinguer différents types de constructions, tout en gardant à l'esprit que de futures découvertes seront susceptibles de remettre en question cet essai. En effet, tous les traités et les études concernant cette catégorie d'ouvrages rappellent que le bois est un matériau « permettant des assemblages dont la variété va à l'infini[19] ». Ainsi, chaque nouvelle structure en bois antique découverte pourra différer des modèles déjà reconnus, car la souplesse et la qualité du matériau, ainsi que les compétences et les habitudes de construction des charpentiers, ont probablement primé sur des règles de construction préétablies et que l'on pourrait supposer, à tort, immuables.

Il existait des ponts à travées simples constituées d'une seule rangée de pieux, représentés sur la Loire par celui de Candes-Saint-Martin, à la confluence de la Vienne, où un bois, qui avait conservé son aubier complet, a livré une date d'abattage en 14 av. J.-C. (fig. 3).

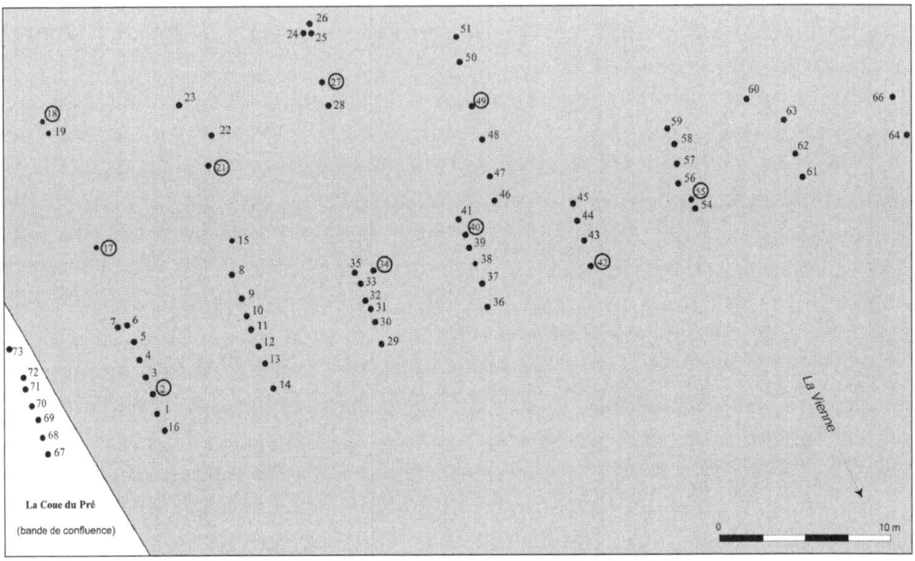

3. Plan des pieux de fondation du pont de Candes-Saint-Martin, situé à la confluence de la Vienne et de la Loire. Les pieux entourés d'un cercle ont été datés. L'un de ces bois, dont l'aubier était entièrement conservé a été abattu en 14 av. J.-C. (relevé A. Dumont, J.-F. Mariotti).

À Saint-Satur, sur la Loire, le pont en bois construit en 110-120 ap. J.-C. présente un plan plus complexe de piles quadrangulaires constituées de trois rangées de pieux et de contreventements amont et aval destinés à contrebalancer les poussées. Un dispositif similaire existait probablement à Cosne, où les photographies prises par les riverains avant la destruction partielle des vestiges montrent des pieux inclinés, ainsi que sur le pont de l'île Saint-Jacques à Tours[20].

À Saint-Satur, l'écart entre les piles du pont en bois n'est pas régulier et varie de 16 à 23 mètres. De telles portées pourraient a priori surprendre mais dans les traités modernes, on trouve des descriptions de ponts en bois dont les piles sont espacées de plusieurs dizaines de mètres :

> « Il existe sur l'Isère un pont construit de cette manière dont les travées avaient plus de 24 m d'ouverture. Le pied des contrefiches étant exposé au choc des glaces, on l'avait couvert de madriers. Le plus grand inconvénient des ponts de cette espèce est effectivement la facilité avec laquelle ils sont détruits et emportés par les glaces [21]. »

Émiland Gauthey cite également une arche de 40 m d'ouverture et d'autres exemples avec des cintres de 29 m (sur la Saône à Lyon) ou de 35 m sur la Durance.

L'analyse du plan du pont en bois de Saint-Satur montre des rangées de pieux supplémentaires en certains points de l'ouvrage, notamment au milieu du chenal, là où le courant était le plus violent. Elles correspondent très probablement à des phases de consolidation ou de réparation, que seuls des prélèvements exhaustifs pour datation dendrochronologique permettraient de confirmer.

Tous les ponts de charpente ont été l'objet de multiples réparations au cours de leur utilisation. Dès qu'ils ne sont plus entretenus, ils sont ruinés et disparaissent très rapidement. Ainsi, à Boulleret/Cosne, la datation de seulement onze pieux a révélé trois phases de construction et/ou de réparation (1 av. J.-C.-33 ap. J.-C. ; 60-72 ap. J.-C. ; 154-175 ap. J.-C.). Dans ce cas, le faible nombre de prélèvements disponibles et la destruction partielle de l'ouvrage par des dragages en limitent l'interprétation et ne permettent pas, pour le moment, d'en restituer un historique plus précis.

L'absence de superstructures conservées ne permet pas de dire si les ponts en bois étaient couverts, comme cela était fréquent aux époques postérieures, en raison de la fragilité du matériau et de son exposition à des conditions atmosphériques extrêmes.

À Saint-Satur, le pont charpenté entièrement en bois a précédé un pont mixte à piles en pierre. Cependant, on ne peut déduire de ces rares observations que les ponts entièrement construits en bois sont systématiquement plus anciens que les ponts intégrant de la pierre. En effet, des ouvrages en bois sont construits pendant tout le Moyen Âge et perdurent jusqu'à l'époque moderne. À titre d'exemple, un projet de pont entièrement en charpente reposant sur des palées de trois files de pieux est proposé à Moulins en 1712[22].

Un type intermédiaire ? Les ponts à caissons de bois assemblés

Le pont de Fondettes, près de Tours, présente des éléments de bois horizontaux correspondant probablement à un type de construction que l'on pourrait qualifier d'intermédiaire, d'un point de vue technique et non chronologique, entre le pont de bois et le pont mixte[23]. Il ressemble au pont de Pontoux, sur le Doubs, dont les piles sont constituées de caissons en madriers de bois horizontaux assemblés, maintenus en place par des pieux verticaux[24]. L'ensemble était rempli de pierres non taillées, ainsi que de tuiles et de cols d'amphores utilisés comme matériaux de remblais. Deux autres ponts romains pourraient appartenir à cette catégorie : celui de Mayence, construit sur le Rhin en 71 ap. J.-C., et celui de Stepperg, dans le Danube, en Bavière, daté des années 145-165 ap. J.-C.[25]

Les quelques comparaisons et datations disponibles ne permettent pas de replacer ce mode de construction dans une évolution chronologique linéaire. Cette remarque est renforcée par la découverte en Angleterre, à Hemington, sur la Trent, d'un pont à caissons en bois remplis de pierres, daté du XIe siècle (Brown 2009). Le pont Saint-Vincent, construit sur la Saône à Lyon en 1637, était muni de piles du même modèle. On peut également citer le pont de la Clapière d'Embrun, mis en projet vers 1639, et dont les piles sont formées de caisses de bois[26]. Ces exemples montrent que la technique de piles à caissons de bois mise en œuvre à Fondettes, à l'époque gallo-romaine, a perduré jusqu'au XVIIe siècle. Elle ne constitue donc pas un jalon entre le pont entièrement en bois et le pont à piles de pierre maçonnées, mais plutôt une adaptation à la configuration des rivières franchies et aux moyens matériels et humains disponibles. Il était sans doute plus facile de disposer de charpentiers sachant assembler les bois que de tailleurs de pierres. Le bois est également un matériau que l'on trouve sur la majeure partie du territoire. Les caissons en bois remplis de pierres, dont la forme était calquée sur les piles construites en pierres de taille, formaient un édifice plus résistant qu'un simple pont de charpente tout en nécessitant un investissement moindre.

D'autres ponts, dont on ne possède que des plans incomplets, pourraient également appartenir à cette catégorie d'ouvrages. C'est le cas notamment de Chassenard, où on dispose d'un plan de piles terminées par un avant-bec triangulaire, et où aucune pierre de taille n'a été découverte dans le chenal. Le degré d'érosion de ce site est trop avancé pour avoir permis la conservation d'éléments de bois horizontaux mais, si des pierres taillées avaient été employées, une partie d'entre elles seraient encore forcément visibles dans le lit du fleuve, comme c'est le cas par exemple à Saint-Satur. On peut donc légitimement se demander si un de ses états de construction ne consistait pas en des caisses de bois remplies de blocailles et de remblai. Par rapport à un assemblage charpenté, les caissons offraient sans doute une meilleure résistance au courant de la Loire, qui soumettait les ponts de bois à de très fortes contraintes.

Les ponts mixtes : Chalon-sur-Saône et Saint-Satur

On connaît sur la Loire un exemple de pont mixte, celui de Saint-Satur (fig. 4). Deux ponts de ce type ont fait l'objet de fouilles archéologiques : celui de Trèves, sur la Moselle[27], et celui de Chalon-sur-Saône[28]. Un pont mixte est constitué de piles en pierres de taille supportant un tablier en bois. La proposition de restitution a été formulée à Trèves sur la base de l'existence d'une console longitudinale présente sur les deux côtés des piles, dont l'élévation était conservée sur 12 m. Le tablier en bois reposait sur des étais qui prenaient appui sur la console. À Saint-Satur, il ne subsiste aucun élément témoignant de façon certaine de l'existence d'un dispositif similaire. Cependant, l'écart et les dimensions des piles rendent l'existence d'un tablier en bois plus probable que celle d'arches en pierre.

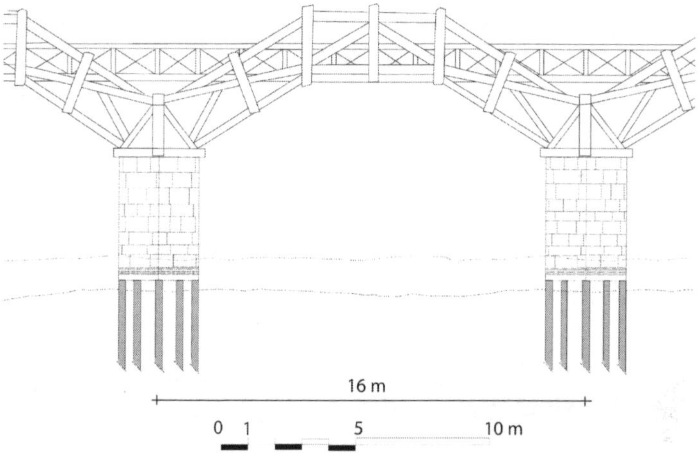

4. Proposition de restitution du pont mixte de Saint-Satur (C. Lefèvre).

Le pont de Trèves est posé directement sur un seuil rocheux, choix technique judicieux puisque cet ouvrage est encore en usage. Le pont de Saint-Satur est fondé sur des pieux en chêne. À Trèves, les fondations ont été construites à l'intérieur de doubles bâtardeaux en bois, étanchéifiés par un remplissage d'argile imperméable et fortement damée. À Saint-Satur, l'érosion du site ne permet malheureusement pas de connaître la technique employée.

Le grès a été privilégié sur la Loire, alors que sur la Moselle, les piles 1 et 6 sont en calcaire, les piles 2, 5, 7 ainsi que la tête de pont ouest sont en basalte, et les piles 8, 9 ainsi que la tête de pont est sont en grès. Cette variété montre la grande capacité d'adaptation des constructeurs aux matériaux disponibles, et nous incite à rester prudents quant à la composition de l'ensemble des piles de Saint-Satur, où on ne dispose plus que de blocs épars dans le chenal.

Le pont mixte de Saint-Satur, construit vers 160-170 ap. J.-C., a succédé à un pont en bois. On retrouve cette évolution à Trèves, où on construit un premier pont en bois en 17 av. J.-C., puis un pont à piles en pierre sur pilotis de bois en 71 ap. J.-C. et enfin un pont à piles en pierre posé sur le rocher, en 144 ap. J.-C., qui est toujours utilisé[29]. Dans tous les cas, cette évolution du pont en bois au pont mixte est probablement liée à la volonté de pérenniser un passage important par la construction d'un pont plus résistant. Gauthey explique que la destruction d'un pont intervient toujours avec la ruine des palées et non des arches, et conseille, quand cela est possible, de construire des piles de maçonnerie.

Les ingénieurs romains devaient savoir que les piles en pierre étaient plus résistantes, et on peut penser que ces structures correspondaient à la volonté de développer ou de renforcer un itinéraire en disposant d'un pont plus large. La longueur des piles, qui détermine la largeur du tablier, était de 9 m à Chalon-sur-Saône et à Saint-Satur (contre 5 m environ pour le pont en bois), et de 20 m à Trèves.

On peut également s'interroger sur la part d'ostentation et le souci d'illustration d'une puissance politique dont pouvait témoigner un tel édifice. Cüppers concluait son étude du pont de Trèves en rappelant que, « par ses proportions, le pont romain reste sous les rapports art et esthétique une œuvre parfaitement réussie, dépassant le pur point de vue utilitaire ».

POUR UNE MEILLEURE CONNAISSANCE DES TECHNIQUES DE CONSTRUCTIONS : LE RECOURS AUX TRAITÉS D'ÉPOQUE MODERNE

Deux références : Gautier et Gauthey

L'analyse de documents récents peut sembler anachronique pour appréhender les modes de construction des ponts antiques. Cependant, en l'absence de descriptifs de l'époque romaine, les traités de construction publiés au XVIIIe siècle et au début du XIXe, avant la mutation technologique majeure du XIXe siècle, constituent une aide précieuse pour l'étude des ponts anciens. Deux ouvrages essentiels font référence : le *Traité des ponts* de Henri Gautier (1765) et le *Traité de la construction des ponts* de Émiland-Marie Gauthey (1843), publié pour la première fois en 1809[30]. Ils présentent les modes de construction des ponts avant la mécanisation et l'emploi de nouveaux matériaux, comme le fer et le béton. Rédigés par des ingénieurs spécialistes de la construction des ponts, ils recensent les expériences, analysent les causes de leur réussite ou de leur échec, détaillent le vocabulaire spécifique lié aux ponts de charpente ou de maçonnerie et exposent toutes les méthodes et techniques employées pour l'édification, depuis le choix du lieu d'implantation jusqu'à la finition de l'espace de circulation (« l'aire du pont »). Gautier résume la difficulté de ce travail considérable en affirmant que pour construire un pont, « on doit être universel ». Il précise également qu'

> « un architecte, un inspecteur des Ponts et Chaussées, ou un ingénieur chargé du projet d'un pont, est obligé de se conformer aux dispositions des terreins, et des rivières qu'il veut traverser. Autant de différens endroits dans une même rivière, autant de projets différens, dont les uns sont plus ou moins difficiles, et plus ou moins dispendieux ; c'est au génie, fécondé de l'expérience, qu'il faut avoir recours pour surmonter toutes les difficultés qui se rencontrent[31] ».

Lorsque l'on analyse les données disponibles concernant les ponts romains, on se rend compte que les bâtisseurs de cette période ont agi comme le préconise Gautier au XVIIIe siècle : il existe manifestement une grande variété de techniques mises en œuvre, adaptées au régime des différents cours d'eau et sans doute aux matériaux disponibles. La rareté des ponts fouillés restreint cependant cette approche et il est probable que les découvertes futures permettront d'appréhender de nouvelles configurations.

Des fondations à l'élévation du pont : quelques éléments de compréhension

Ces traités font ressortir la complexité et la somme de techniques qui devaient être maîtrisées, ainsi que les nombreux paramètres à prendre en considération, avant, pendant et après la construction d'un pont. Il n'est pas question ici de tous les énumérer, mais seulement de fournir quelques exemples de connexions possibles ou probables avec les vestiges d'époque gallo-romaine conservés dans la Loire.

Le terme pilot est employé pour désigner des bois de fondation totalement immergés, contrairement aux pieux, qui sortent de l'eau, ce qui était vraisemblablement le cas pour le pont en bois. On se réfère ici au langage des ingénieurs des XVIIIe et XIXe siècles.

Le choix du lieu de fondation d'un pont devait se faire en fonction de la configuration de la rivière : Gautier rappelle qu'on ne doit pas construire de ponts dans des endroits serrés, « à moins qu'on ne les puisse fonder sur le roc ». Il évoque le problème de l'enfoncement du lit dû à son rétrécissement. Pour Gauthey :

> « Il faut chercher à établir le pont sur le terrain le plus solide, et le moins susceptible de se comprimer, ou d'être affouillé par le courant du fleuve. Le rocher étant le meilleur de tous les fonds, on peut quelquefois, lorsqu'il ne se trouve pas bien bas, détourner la route pour l'aller chercher et allonger un peu le chemin, plutôt que d'exposer la solidité et la durée de l'ouvrage, en le faisant porter sur un sol dangereux. »

Les constructeurs romains ont probablement eux aussi cherché un fond stable, voire des points de plus forte résistance, seuils ou hauts-fonds. Des tests étaient sans doute pratiqués pour choisir l'emplacement le plus favorable ; Gautier explique que lorsque le gravier est trop gros pour la sonde, on utilise un pieu en chêne pour tester le sous-sol. À Saint-Satur, dans la pile I du pont mixte, deux bois, invisibles en surface, ont été découverts au moment de l'extraction des bois n°s 163 et 9. Leur position, leurs dimensions plus faibles et les différences de façonnage qu'ils présentent laissaient supposer qu'ils correspondaient peut-être à des renforts ou à une première étape de construction. L'analyse dendrochronologique, réalisée par C. Lavier, montre qu'ils sont plus anciens que les autres bois prélevés sur la pile, avec une date de coupe possible dans les années 132-155. On peut supposer que la décision de construire le pont à piles en pierre ayant été prise, les constructeurs ont planté des pieux d'essais afin de tester le substrat et d'évaluer la longueur d'enfoncement nécessaire à une bonne stabilité.

La période des basses eaux a sans doute été privilégiée pour construire à l'époque romaine, comme elle l'était au cours des périodes médiévales et moderne, avec toutes les difficultés que peut comporter l'impossibilité de prévoir un épisode de crue brutal. Gautier rappelle que « les inondations emportent ordinairement tout ce qu'on n'avoit pu achever ». Il décrit les moyens de construire à sec et on peut supposer que certaines techniques ont pu être employées par les romains : construction d'un bâtardeau et mise à sec de la pile, détournement du cours ou d'une partie du cours de la rivière, creusement d'un autre chenal temporaire.

Dans la plupart des cas, il ne subsiste des ponts gallo-romains en bois que les fondations, or, pour Gautier, « il y a tant de manières de fonder qu'il est bien difficile de les rapporter toutes », et pour Gauthey « l'établissement des fondations est l'objet le plus important dans la construction des édifices dont on veut assurer la durée[32] ». À la lecture de cet énoncé, il apparaît évident que pour comprendre l'histoire d'un pont (construction, réparations, destruction), il est indispensable d'accéder à ses fondations.

Toutes les façons de fonder un pont décrites par Gautier existaient déjà à l'époque gallo-romaine, comme l'attestent les découvertes effectuées en différents lieux de l'Empire : fondation sur de simples grillages de bois (cadres de poutres horizontales assemblées), sur un grillage avec des pilots plantés dans les vides de la grille, avec pilots et palplanche pour protéger la base de la fondation et éviter les affouillements par le courant, avec des caissons immergés. Gautier décrit également la façon dont on peut planter des pieux dans le roc en ménageant préalablement des trous de la façon suivante :

> « On se sert d'un encaissement en guise d'un tonneau fait exprès, vuide des deux bouts, qui ait six pouces plus haut que la superficie des eaux, et qui ait 8 à 9 pieds de diamètre, que l'on place dans l'eau, en sorte que le roc que l'on veut percer se trouve au milieu. »

Un second tonneau, de diamètre inférieur est ensuite placé à l'intérieur du premier, puis l'espace entre les deux est étanchéifié.

> « On épuise ensuite l'eau qui est dans le milieu, où un ouvrier se place à sec, et fait le trou du pilot dans le roc à coups de ciseau et de masse, à la profondeur qu'on lui demande[33]. »

Les pieux étaient le plus souvent plantés dans des fonds de sables mêlés de graviers agglomérés en une sorte de ciment assez résistant, ou dans des marnes ou argiles relativement compactes. Sur la Loire, les deux cas de figure ont été relevés, à Saint-Satur (sable et galets) et à Boulleret/Cosne (argile). Sur ces deux sites, les pieux n'ont pas été renforcés par des sabots métalliques et les dimensions des pointes sont similaires. À Boulleret, on note plusieurs types de façonnage de pointes (4 et 8 pans), qui ne semblent pas forcément liés au substrat mais plutôt à différentes phases de réfection du pont (fig. 5).

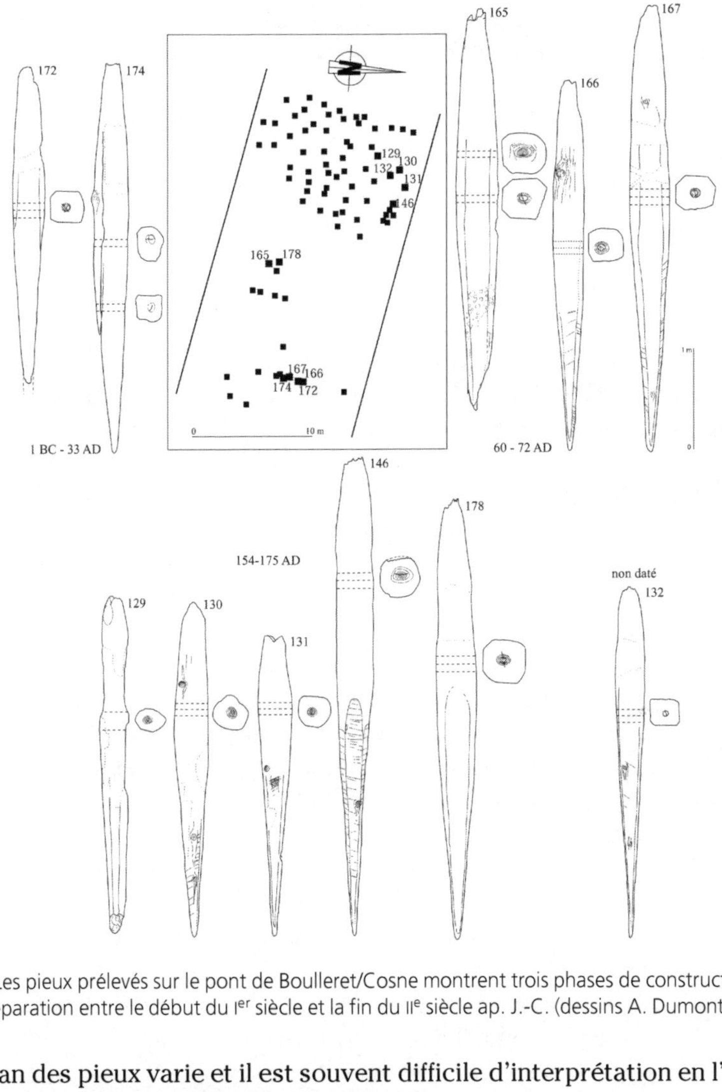

5. Les pieux prélevés sur le pont de Boulleret/Cosne montrent trois phases de construction et/ou de réparation entre le début du Iᵉʳ siècle et la fin du IIᵉ siècle ap. J.-C. (dessins A. Dumont et P. Moy).

Le plan des pieux varie et il est souvent difficile d'interprétation en l'absence de datation systématique, car plusieurs édifices se sont généralement succédé au même endroit, sans compter les multiples réparations ou renforts qui ont pu intervenir.

Le prélèvement des bois pour analyse dendrochronologique sur les sites de Saint-Satur, Boulleret/Cosne, Chassenard et Avrilly, a permis d'extraire quelques pieux dans leur intégralité, offrant ainsi la possibilité de faire des observations précises sur les techniques de fondation des ponts gallo-romains. J.-C. Mallard, qui a commencé un travail de mise en perspective de différentes techniques de fondation des ponts construits par E. Gauthey à la fin du XVIIIe siècle, a intégré les données collectées à Saint-Satur[34]. Les premiers résultats de son étude mettent en évidence une différence d'angle des pointes entre les pieux d'époque romaine et ceux du XVIIIe siècle (entre 10 et 15° pour les bois gallo-romains et entre 34 et 40° pour les bois d'époque moderne). Il est rare de rencontrer, dans les ponts modernes, des bois d'un diamètre supérieur à 35 cm, alors que ceux de Saint-Satur ont tous une section de 40 cm. Leur mise en fiche devait nécessiter une énergie de battage élevée et poser des difficultés de manutention. La diminution de la taille des bois peut être liée à une évolution technologique, mais aussi à la moindre disponibilité de bois de grandes dimensions, déjà très sollicités pour d'autres constructions au XVIIIe siècle (marine, etc.). Un autre fait à retenir est un changement technique qui intervient au XVIIIe siècle : il s'agit de l'emploi de la sonnette à déclic, qui fournit une énergie de battage plus importante que la sonnette à tiraude, connue et utilisée dans l'Antiquité.

Les travaux menés sur les deux ponts de Saint-Satur permettent d'aborder la question de la quantité de bois nécessaire à la construction d'un pont romain. Cependant, les réponses restent forcément limitées par le degré d'érosion des vestiges et la difficulté d'y accéder. Dans les deux cas, il ne subsiste que les bois de fondation. Ils sont en chêne, et ont été débités sur brin, c'est-à-dire qu'on a utilisé la bille de bois sans la refendre. La longueur maximale conservée est de 4 m sur les deux édifices, mais il est très probable qu'à l'origine, elle ait été supérieure.

Le pont en bois compte aujourd'hui quatorze piles localisées de façon certaine, et trois dont on soupçonne fortement l'existence ; il s'étend sur une longueur de 295 m. Les piles bien préservées sont de forme quadrangulaire et sont constituées de trois rangées de cinq pieux chacune auxquels s'ajoutent des pieux de contreventement plantés obliquement en amont (un seul ?) et en aval (trois probablement). Si on retient ce plan type constitué de dix-neuf pieux, on obtient une estimation minimale de 323 pieux nécessaires pour les seules fondations du pont en bois. Il subsiste cependant plusieurs incertitudes qui rendront difficile, voire impossible, l'estimation de la quantité de bois nécessaire à la construction de cet édifice. Ainsi, on ne connaît pas son extension totale, et il est impossible de restituer les superstructures car aucun élément du tablier ou des renforts intermédiaires ne semble conservé. On ne peut donc pas émettre d'hypothèse pour toute la partie aérienne du pont, qui a dû nécessiter un important volume de bois, et dont certaines pièces pouvaient atteindre de grandes dimensions. En effet, les estimations effectuées d'après les vestiges du pont du Rondet, en Suisse, donnent des longueurs pouvant dépasser 13 m[35]. Cela paraît considérable, néanmoins des chênes âgés peuvent sans problème offrir un fût de cette longueur.

Le pont mixte de Saint-Satur est reconnu sur une longueur de 255 m de long. Il comprend dix-sept piles formées chacune de trois rangées de pilots et présentant en amont un avant-bec de forme triangulaire destiné à protéger la structure des chocs provoqués par les éléments charriés par le fleuve (troncs d'arbres, glace). Elles sont espacées de 16 m et mesurent 9 m de long pour 3 m de large. Au total, 358 pilots ont été topographiés, mais ce chiffre est inférieur au nombre total qui a pu être planté pour la construction de cet ouvrage car certaines piles restent difficilement accessibles. Si on retient une moyenne de 32 bois de fondations par pile, on obtiendrait, pour les dix-sept piles observées, un total de 544 pilots. On peut supposer qu'un arbre a pu servir à la fabrication de seulement un pilot, peut-être parfois deux au maximum. Il est possible que ce pont se prolonge des deux côtés du fleuve, car aucune de ses extrémités n'a pu être reconnue. Ce nombre de pilots est donc une estimation minimale, la présence d'autres piles sous la plage côté rive gauche n'étant pas exclue.

Les traités modernes décrivent les méthodes pouvant être employées pour assembler des bois lorsqu'on ne dispose pas des longueurs nécessaires, et on peut fortement présumer de la compétence des charpentiers romains pour maîtriser ces techniques d'assemblage. Ainsi, Gautier parle de « l'antement des pilots lorsque les bois n'ont pas assez de portée », méthode qui consiste à assembler un pilot trop court à un autre par la pratique d'entailles.

À la quantité de bois nécessaire à la construction initiale, on doit également ajouter celle employée pour les multiples réparations. En effet, les auteurs des traités insistent sur le principal point faible des ouvrages en charpente, la dégradation des bois, la partie exposée à l'air devant être régulièrement renouvelée. E. Gauthey décrit également une méthode dite de « basse palée », qui permet d'augmenter la durée de vie d'un pont en bois :

> « Les palées sont composées d'une et quelque fois de plusieurs files de pieux battues dans la direction du courant. Quand la profondeur de la rivière n'est pas considérable, et que les travées ne sont pas fort élevées, les pieux peuvent être d'une seule pièce ; mais, comme il est très important de leur faire prendre le plus de fiche qu'il est possible, les ponts de bois sont ordinairement établis sur de basses palées, c'est-à-dire sur des pilots recépés et moisés un peu au-dessous de basses eaux, et sur lesquels on assemble des poteaux qui portent le plancher. Ce genre de construction, bien préférable au premier, a l'avantage d'isoler l'une de l'autre deux parties de la palée, dont l'une exposée alternativement à l'humidité et à la sécheresse, doit être souvent renouvelée, tandis que l'autre, constamment couverte d'eau, offre une très longue durée[36]. »

On peut se demander si cette technique était mise en œuvre à l'époque romaine. Malheureusement, la destruction de toutes les parties supérieures aux fondations du pont de Saint-Satur ne permettra pas de répondre à cette question. De la même façon, comme on ne connaît pas la durée de vie de la plupart des ponts gallo-romains, il est très difficile d'estimer le nombre d'arbres dédiés à l'entretien d'un pont en bois, d'où l'intérêt de pouvoir disposer du plus grand nombre possible de bois analysés par dendrochronologie sur une même construction.

L'axe des ponts et la question du raccord avec les voies

La plupart des ponts en bois ou mixtes récemment étudiés se trouvent disposés en biais dans le chenal actuel, et non perpendiculairement au courant principal. Ces implantations sont en complète contradiction avec un des principes de base de la construction des ponts énoncé, entre autres, par Gautier : « On pose toujours quarrément les ponts sur la rivière qu'il doit traverser, et jamais en biais. » Gauthey cite les rares exemples de ponts biais ayant existé au Moyen Âge en rappelant toutefois qu'« on évite en général cette espèce de ponts, principalement quand ils ont plusieurs arches, à raison de la difficulté de leur construction ». Il précise qu'« il est essentiel de disposer l'axe du pont perpendiculairement au fil de l'eau, afin que la direction du courant soit parallèle aux faces des piles ». De la même façon, tous les ingénieurs modernes s'accordent pour dire qu'il est préférable, lorsque cela est possible (notamment en dehors des villes), de choisir la portion de fleuve la mieux adaptée à la construction d'un pont et ensuite d'adapter la voie d'accès à l'édifice. En contexte rural, l'axe des ponts antiques ne reflète donc probablement pas celui des routes.

On peut se douter que les architectes romains avaient déjà intégré ce principe consistant à placer le pont perpendiculairement au chenal. Dans ce cas, l'axe des ponts découverts présente un grand intérêt pour l'étude de l'évolution des systèmes fluviaux, puisqu'il est susceptible d'indiquer la direction du chenal à l'époque où le pont était en usage. Dans le cas de Saint-Satur, où deux ponts sont construits à un demi-siècle d'intervalle selon deux axes différents, on peut penser que dans un laps de temps relativement court, la circulation des eaux de la Loire a connu une modification importante.

Pour l'époque gallo-romaine, les données sur les modes de raccord entre la voie et son pont sont très rares. La pile 1 du pont en bois de Saint-Satur correspond vraisemblablement à l'une des extrémités de l'ouvrage. Son décalage par rapport aux autres piles pourrait renvoyer à une disposition technique permettant le raccord entre le pont et la voie d'accès. Malheureusement, dans ce secteur, l'érosion du fleuve a emporté toutes traces de la voie.

On possède encore moins d'informations sur la forme que pouvait revêtir la voie sur le pont. La lecture du traité de Gauthey peut nous en donner une idée :

> « Les planchers des ponts de bois se construisent de plusieurs manières. On les couvrait presque toujours autrefois d'un pavé posé sur une forme de sable : mais on a reconnu qu'il en résultait une charge très considérable, et que

l'humidité que ce pavé entretenait sur les madriers tendait à les faire pourrir promptement, ainsi que les poutres sur lesquelles ils étaient portés, et on préfère couvrir seulement ces madriers d'un faux plancher qui les empêche de s'user par le frottement des roues des voitures, et qu'on renouvelle quand cela est nécessaire[37]. »

CONCLUSION

La variété des techniques et des méthodes illustrée par le petit nombre de ponts romains en bois et mixtes ayant fait l'objet d'une étude archéologique nous conduit à nous interroger sur la part respective de l'empirisme et du savoir-faire dans la construction de ces ouvrages. Les données disponibles semblent attester, tout au long de l'époque gallo-romaine, un éventail de solutions technologiques qui est encore en usage à la fin de la période moderne. Cependant, pour appréhender plus complètement le niveau de connaissance des constructeurs antiques et la pertinence des techniques mises en œuvre, il nous manque un élément important : la date et les raisons de la destruction ou de l'abandon des ponts. Se sont-ils majoritairement effondrés suite à des défauts de conception, d'entretien, ou par contrecoup d'événements naturels (crues, glaces, modifications de régimes), parfois exceptionnels ? La multiplication des études archéologiques et de géomorphologie, ciblée sur l'évolution des hydrosystèmes fluviaux qui recèlent de tels aménagements, permettrait de répondre en partie à ces questions.

Les vestiges de ponts gallo-romains, bien que fragilisés par le milieu et par les travaux d'aménagement récents, sont encore nombreux dans les chenaux des cours d'eau mais sont, pour la plupart, non répertoriés, donc non protégés. Ils sont pourtant susceptibles de receler des éléments de datation fiables, car ils intègrent souvent des pieux en chêne, pouvant livrer, grâce aux analyses dendrochronologiques, l'année de leur construction. Leur étude systématique permet de dater la mise en place des axes routiers.

Annie Dumont
Ministère de la Culture (DRASSM) et UMR 6298 ARTeHIS

NOTES

1. Anonyme, *Livre de l'officier*, École du génie, École de ponts, instruction pratique, Paris, Imprimerie nationale, 1907, 288 p.
2. Mary L., « Navales pontes : logistique et symbolique chez Ammien Marcellin », *in* Holtz L. et Fredouille J.-C. (éd.), *De Tertullien aux Mozarabes*, t. 1, Mélanges offerts à J. Fontaine, Collection des études augustiniennes, série Antiquité, 132, Institut d'Études Augustiniennes, Paris, p. 595-612.

3. César, *La guerre des Gaules*, traduction par Maurice Rat, Flammarion, coll. « GF », Paris, 1964, IV, 17.
4. DEPEYROT G., *Légions romaines en campagne. La colonne Trajane*, Errance, Paris, 2008.
5. Cité dans GAUTHEY E, *Traité de la construction des ponts*, 3e éd. corrigée et augmentée, Liège, Imprimerie J. Ledoux, 1843, t. 1, 335 p., t. 2, 236 p.
6. Strabon, IV, 1, 14.
7. César, *op. cit.*, VII, 11.
8. *Ibid.*, VIII, 27.
9. *Ibid.*, VII, 34 et 35.
10. MIÉJAC E., « La Loire à Orléans, recherche archéologique : ponts, mottes et duits », *Archéologies en Loire*, Aestuaria, coll. « Fleuves et archéologie », textes réunis par A. de Saulce, V. Serna et A. Gallicé, Estuarium, 2007, p. 207-236.
11. CADOU Y., « Le pont de Saint-Martin-de-La-Place (Maine-et-Loire), le vicus de Chênehutte, les communications et Robrica », *La Loire et les fleuves de la Gaule romaine et des régions voisines*, Caesarodunum XXXIII-XXXIV, université de Limoges, 2001, p. 73-85 ; voir aussi MIÉJAC E. et DE SAULCE A., « Quelques franchissements en Pays de la Loire », *Archéologies en Loire*, Aestuaria, coll. « Fleuves et archéologie », textes réunis par A. de Saulce, V. Serna et A. Gallicé, Estuarium, 2007, p. 141-164.
12. DUMONT A., MARIOTTI J.-F., LEMAÎTRE S. et LAVIER C., « Un pont et un aménagement de berge gallo-romains découverts dans le lit de la Vienne, à la confluence avec la Loire (commune de Candes-Saint-Martin) », *Archéologies en Loire*, Aestuaria, coll. « Fleuves et archéologie », textes réunis par A. de Saulce, V. Serna et A. Gallicé, Estuarium, 2007, p. 183-206.
13. SEIGNE J. et NEURY P., « Les ponts antiques sur la Loire », *in* GALINIÉ H. (dir.), *Tours antique et médiéval. Lieux de vie, temps de la ville, 40 ans d'archéologie urbaine*, 30e suppl. à la RAC, Tours, 2007, p. 232-238.
14. AUBOURG V., GRAPPY T. et JOSSET D., « Franchissement de la Loire à Blois », *Archéologies en Loire*, Aestuaria, coll. « Fleuves et archéologie », textes réunis par A. de Saulce, V. Serna et A. Gallicé, Estuarium, 2007, p. 165-181.
15. DUMONT A., « Boulleret, Cher et Cosne-Cours-sur-Loire, Nièvre, pont sur la Loire » ; et BARRUOL G., FICHES J.-L. et GARMY P. (dir.), « *Les ponts routiers en Gaule romaine* », Actes du colloque du Pont-du-Gard, octobre 2008, 41e suppl. à la Revue archéologique de Narbonnaise, Montpellier-Lattes, 2011, p. 335-338.
16. DUMONT A., « Saint-Satur, Cher, ponts sur la Loire », *ibid.*, et BARRUOL G., FICHES J.-L. et GARMY P. (dir.), *op. cit.*
17. DUMONT A., « Chassenard, Allier et Varenne-Saint-Germain, Saône-et-Loire, pont sur la Loire », *ibid.*, et BARRUOL G., FICHES J.-L. et GARMY P. (dir.), *op. cit.*
18. DUMONT A., « Avrilly, Allier et Vindecy, Saône-et-Loire, aménagement de berge et pont sur la Loire », *ibid.*, et BARRUOL G., FICHES J.-L. et GARMY P. (dir.), *op. cit.*
19. MESQUI J., *Le pont en France avant le temps des ingénieurs*, Grands manuels Picard, Picard, Paris, 1986, 303 p.
20. SEIGNE J. et NEURY P., « Les ponts antiques sur la Loire », *in* GALINIÉ H. (dir.), *Tours antique et médiéval. Lieux de vie, temps de la ville, 40 ans d'archéologie urbaine*, 30e suppl. à la RAC, Tours, 2007, p. 232-238.
21. GAUTHEY E., *Traité de la construction des ponts*, 3e éd. corrigée et augmentée, Liège, Impr. J. Ledoux, 1843, t. 2, p. 53.
22. MESQUI J., *Le pont en France avant le temps des ingénieurs*, Grands manuels Picard, Picard, Paris, 1986, p. 235.
23. SEIGNE J. et NEURY P., *op. cit.*
24. DUMONT A. et BONNAMOUR L., « Pontoux, Saône-et-Loire, pont sur le Doubs », 41e suppl. à la *Revue archéologique de Narbonnaise*, Montpellier-Lattes, 2011, p. 343-346.
25. PRELL M., « Die römische Donaubrücke bei Stepperg », *Neuburger Kollektaneenblatt*, 145, 1997, p. 6-80.
26. MESQUI J., *op. cit.*, p. 219.
27. CÜPPERS H., *Die Trierer Römerbrücken*, Verlag Philipp von Zabern, Mainz am Rhein, 1969, 224 p.
28. BONNAMOUR L., « Les ponts romains de Chalon-sur-Saône », *Gallia*, 57, 2000, p. 273-306.

29. CÜPPERS H., « Le pont romain », *La civilisation romaine de la Moselle à la Sarre*, cat. exp., Paris, musée du Luxembourg, 1983, Mayence, Philipp von Zabern, p. 290-291.
30. GAUTIER, *Traité des ponts*, 4e éd., à Paris, chez la Veuve Duchesne, libraire, 436 p., et GAUTHEY E., *Traité de la construction des ponts*, 1809, 3e éd. corrigée et augmentée, Liège, Impr. J. Ledoux, 1843, t. 1, 335 p., t. 2, 236 p.
31. GAUTIER, *op. cit.*, p. 231.
32. GAUTHEY E., *op. cit.*, t. 2, p. 153.
33. GAUTIER, *op. cit.*, p. 99.
34. MALLARD J.-C., « Note sur l'évolution des technologies relatives aux pilots et pieux battus depuis l'Antiquité », *in* DUMONT (dir.), *Rapport d'opérations programmées dans le lit de la Loire à Saint-Satur et à Boulleret/Cosne-Cours-sur-Loire. Ponts antiques, été 2005,* SRA des régions Centre et Bourgogne et au DRASSM Annecy, annexe 3, 2006.
35. PILLONEL D., « Construction des ponts celtiques et gallo-romains », *La Tène. La recherche, les questions, les réponses*, musée Schwab, Bienne, 2007, p. 86-96.
36. GAUTHEY E., *op. cit.*, t. 2, p. 68.
37. *Ibid.*, p. 78.

Le siège de La Roche-aux-Moines en 1214

Tous les ans, au mois de mai, à l'occasion de la fête du goût et du patrimoine, une grande randonnée a lieu dans Savennières. Les promeneurs traversent les jolis coteaux de vigne de La Roche-aux-Moines. Il est difficile, pour eux, d'imaginer que l'endroit fut le théâtre d'un épisode fameux de l'histoire de France. Sur ce lieu fut pourtant érigée une puissante forteresse médiévale qu'on disait imprenable.

1. Dessin de Berthe (de la première moitié du XIXe siècle),
document précieux qui a permis à Jean Marcot de réaliser des essais de restitution,
publié dans le Bulletin de l'Association Histoire des Coteaux de la Loire et du Maine, n° 3.

Tout le monde connaît la célèbre bataille de Bouvines remportée, en 1214, par Philippe Auguste sur la coalition de Jean sans Terre. On a trop souvent oublié La Roche-aux-Moines… C'est quand même bien ici que le Plantagenêt, quelques jours seulement avant Bouvines, abandonné par ses barons, prit la fuite devant l'arrivée de l'armée du prince Louis de France, fils de Philippe Auguste.

La Roche-aux-Moines et Bouvines sont deux victoires que l'on ne peut pas dissocier. Elles sont déterminantes dans le renforcement du pouvoir du roi. L'histoire de Philippe Auguste, vainqueur de la seconde, et celle de Louis VIII, alors simplement Louis de France, prince héritier, vainqueur de la première, sont l'une et l'autre bien connues. L'objectif de cette communication n'est pas une nouvelle étude de caractère scientifique portant sur tel ou tel aspect méconnu de la bataille de La Roche-aux-Moines, mais d'en rappeler les principales données à l'intention du public éclairé des Sociétés Savantes, qui ont été présentes dans ce colloque organisé sous la direction de l'Association du musée du Génie.

PLANTAGENÊTS ET CAPÉTIENS, DEUX DYNASTIES CONQUÉRANTES

Les Plantagenêts

Les princes de la famille des Plantagenêts furent les plus terribles ennemis des Capétiens. Tous intelligents mais profondément félons et cruels, ils ont laissé un nom fameux dans l'histoire par leurs démêlés avec les rois de France, leurs scandales, leurs inimitiés de famille, leurs repentirs affichés dans les fondations charitables et pieuses. Cependant, en Anjou, ils favorisent l'économie, les constructions, le développement culturel.

Geoffroy Plantagenêt est le chef de cette dynastie angevine et anglaise. Il est marié à Mathilde de Normandie, fille et héritière du roi d'Angleterre Henri Ier, également veuve de l'empereur du Saint-Empire romain germanique.

Henri II, son fils, lui succède. Il hérite de l'Anjou, de la Touraine, du Maine, du Vendômois ; devient duc d'Aquitaine en se mariant avec Aliénor, répudiée par le roi de France, Louis VII ; devient roi d'Angleterre en 1154. Il est à la tête d'un empire assez extraordinaire qui va de l'Écosse aux Pyrénées. Le Plantagenêt se trouve alors le plus puissant souverain d'Occident. En 1189, vaincu par ses fils révoltés et Philippe Auguste, il capitule à Azay-le-Rideau ; usé, il meurt peu après à Chinon. Il est inhumé dans l'église abbatiale de Fontevraud. Aliénor l'y rejoindra en 1204. Richard Cœur de Lion, son fils, hérite des domaines paternels et maternels. On le verra peu en Anjou. Il meurt brutalement en Limousin. Il est, lui aussi, enterré à Fontevraud.

Jean sans Terre est le frère du précédent. Impulsif, violent, il bafoue continuellement les règles de l'honneur chevaleresque. Son manque d'expérience du

2. France et Angleterre vers 1180.

gouvernement, également sa mauvaise réputation de félon l'empêchent d'exercer son autorité sur l'ensemble de l'empire. Les barons angevins, qui le trouvent médiocre, lui préfèrent le jeune Arthur, duc de Bretagne, autre prétendant au trône d'Angleterre, lequel se met sous la protection du roi de France. Quant aux féodaux aquitains qui avaient si souvent renâclé devant la violence de Richard, ils ne veulent plus se battre pour le roi d'Angleterre. Jean sans Terre s'était fait beaucoup trop d'ennemis.

En 1200, on le soupçonne d'avoir provoqué la mort de son neveu et rival, le jeune Arthur de Bretagne. Autre grave erreur : Il fait enlever la fiancée du comte

Hugues de Lézignan, Isabelle d'Angoulême, qu'il épouse de force à Chinon. Philippe Auguste trouve là de bons prétextes pour l'attaquer d'assassinat et de félonie ; il fait prononcer la saisie de ses fiefs. Il faudra au roi de France plus d'une dizaine d'années pour les conquérir, les perdre et les reconquérir.

Les Capétiens

La dynastie capétienne n'est pas comparable en puissance à celle des Plantagenêts. Le domaine royal, amputé des possessions angevines et aquitaines, ne comprend guère que l'Ile-de-France, l'Orléanais et une partie du Berry ainsi qu'une dizaine de fiefs dispersés.

Monté sur le trône en 1180, Philippe Auguste a 15 ans. Il va régner 43 ans. Cette exceptionnelle durée de règne va lui permettre de mener à bien ses ambitions. Il épouse Isabelle de Hainaut qui descend de Charlemagne, confirmation toujours utile de légitimité de la dynastie capétienne. Il est décidé à affermir l'autorité royale et rêve d'un domaine aussi grand que celui de l'illustre empereur dont la légende est à son apogée – on commence à écouter les chansons de geste, récitées de château en château... La stratégie de Philippe Auguste est simple : diviser pour régner. En même temps, son appétit territorial lui vaudra de solides inimitiés.

Les rois d'Angleterre sont ses vassaux pour tous les territoires situés sur le continent. Dans ce contexte, Philippe Auguste s'engage contre eux, dans des luttes, constamment entrecoupées de trêves. Il se saisit des moindres circonstances favorables et exploite chaque révolte des barons de Jean sans Terre.

En 1214, il affirme son autorité sur presque toutes les possessions françaises des Plantagenêts. Avec la difficulté d'avoir à tenir compte d'un troisième acteur, le pape, presque en position d'arbitre. Il peut défaire un roi en l'excommuniant et en jetant l'interdit sur son royaume. Pour des raisons différentes, Henri II, Philippe Auguste, Jean sans Terre ont été frappés d'excommunication. Le souverain qui se sentait menacé, pliait et payait parfois très cher ses débordements ; on le verra avec Jean sans Terre dans la « croisade d'Angleterre ».

LA POSITION STRATÉGIQUE DE LA ROCHE-AUX-MOINES

La Loire

La Loire est l'artère centrale pour la communication et le transport dans l'État angevin. Donc il n'est pas étonnant que les défenses, le long du fleuve, soient bien développées. Celles-ci ne défendaient pas simplement le fleuve, elles servaient aussi à soutenir les lignes de défense en profondeur, à la fois au sud et au nord de la Loire. Sous Foulques-Nerra, pour verrouiller les accès d'Angers par l'ouest, au moins huit châteaux jalonnèrent la Loire sur soixante kilomètres jusqu'à la frontière du Nantais : Les Ponts-de-Cé, Rochefort-sur-Loire, Châteaupanne, Montjean, Champtocé, Saint-Florent-le-Vieil, Champtoceaux. Près de Savennières, d'autres apparurent tels La Possonnière, Chalonnes, Dieuzie à Rochefort…

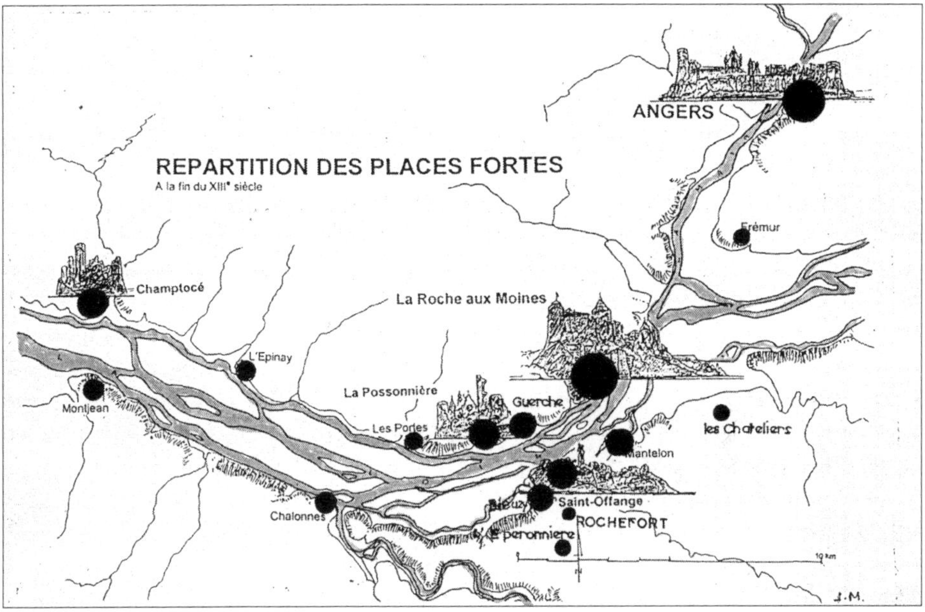

3. Dessin de Jean Marcot. Essai de localisation des places fortes, le long de la Loire au milieu du XIIIe siècle, d'Angers à Champtocé. Ces défenses protègent les transports, en particulier des attaques répétées des seigneurs « pirates ».

La Roche-aux-Moines

La Roche-aux-Moines est un site géographique et une position stratégique de premier plan. Du coteau dominant le fleuve d'une quarantaine de mètres presque verticalement, on peut découvrir l'embouchure de la Maine et tout le bassin ligérien. C'est un éperon d'un demi-kilomètre de longueur, compris entre deux vallons profonds, la Coulée-de-Serrant au nord et les Petites-Coulées au sud.

Au début du XIIIe siècle, Il faut construire une place forte en face de Rochefort. On vivait alors une période de troubles pour nos bords de Loire. Il fallait en effet protéger l'axe commercial Angers-Nantes des attaques répétées des seigneurs de Rochefort qui tenaient de Jean sans Terre, et dont le château est situé sur un piton rocheux de l'autre côté de la Loire. Le site de La Roche-aux-Moines devient un enjeu stratégique. C'est dans ce contexte qu'est décidée la construction, entre 1206 et 1212, d'une puissante place forte sur cette roche exploitée par les moines de Saint-Nicolas. La construction est attribuée à Guillaume des Roches, sénéchal d'Anjou.

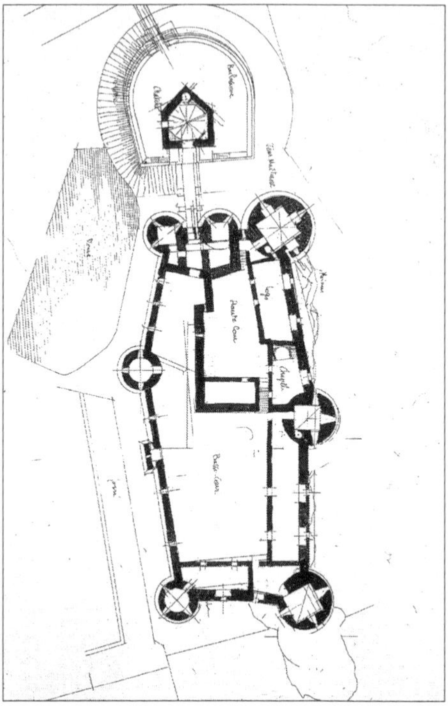

4 (à gauche). Jean Marcot. Restitution du château fort vu en relief. Construction allongée de 140 x 30 m environ, implantée sur plusieurs niveaux, à cheval sur une arête rocheuse, avec 4 tours l'encadrant dont 3 rondes percées d'archères et un donjon massif. L'accès à cette forteresse ne pouvait guère se faire autrement que par le plateau nord-ouest (côté Épiré-Bouchemaine).
5 (à droite). Jean Marcot. Restitution : plan d'ensemble.

6. Jean Marcot. Vue restituée de la forteresse en élévation.

LE SIÈGE DE LA ROCHE-AUX-MOINES EN 1214

La coalition

Pourquoi Jean sans Terre a-t-il décidé de s'emparer de La Roche-aux-Moines ? Il faut se reporter quelques années auparavant. Le Plantagenêt se querelle avec le clergé anglais. Le pape, Innocent III, l'excommunie et le dépose de sa souveraineté de roi d'Angleterre, et demande au roi de France de procéder à l'exécution. S'agissant de rétablir les libertés de l'église, ce sera une croisade : la « croisade d'Angleterre ». Philippe Auguste voit là une bonne occasion à saisir sur le champ. Il faut, une fois pour toutes, venir à bout des Plantagenêts ; son fils, le prince Louis, accepterait bien volontiers les hommages des barons anglais.

À cette période-là, Jean sans Terre ne peut pas compter sur son allié Othon, qui a trop à faire dans l'empire germanique. Il lui faut s'incliner devant le pape et demander sa protection. En contrepartie, il se déclare vassal du Saint-Siège. L'affaire à un prix et sera plus tard lourde de conséquences.

Philippe Auguste n'a plus aucune raison d'attaquer l'Angleterre, mais il passe outre. Il pénètre en Flandre. Les Flamands se révoltent et demandent du secours aux Anglais qui, en moins d'une semaine, débarquent et détruisent les bateaux du roi de France. Faute de moyens, on ne parlera plus de croisade d'Angleterre.

Sur le retour, pour punir les Flamands, Philippe Auguste, furieux, fait incendier des villes et prend des otages. Le comte de Flandre, Ferrant, décide alors d'aider le roi d'Angleterre. C'est ainsi qu'une coalition s'organise contre le roi de France, décidément trop belliqueux. Jean, maintenant protégé par le pape, fort de l'alliance imprévue du comte de Flandre, et comptant sur le soutien de son neveu Othon, passe à l'offensive. Avec l'aide d'Othon, Ferrand attaquera vers le nord. Jean mènera l'assaut en Poitou.

La campagne de Jean sans Terre

En février 1214, le roi d'Angleterre débarque à La Rochelle avec une armée nombreuse mais mal structurée, constituée de trop de mercenaires. Il achète quelques fidélités en Aquitaine et en Poitou. Philippe Auguste fait de même en achetant la fidélité de bien des barons poitevins et limousins. En juin 1214, lorsque Jean apprend que Philippe Auguste a quitté les bords de Loire pour le front du Nord, laissant Louis en charge de l'Aquitaine, il décide de marcher sur Paris. Il fait une approche de Nantes mais se replie sur l'Anjou ; prend Ancenis le 11 juin ; le 17, il rentre dans Angers ; d'autres places tombent d'elles-mêmes. Une petite place stratégique, située un peu au sud d'Angers, sur les bords de Loire, va lui faire de la résistance. Elle est tenue par Guillaume des Roches et s'appelle La Roche-aux-Moines. Jean est agacé, il arrête sa marche vers Paris.

Le 19, Jean sans Terre décide d'assiéger la forteresse rebelle. Il établit son quartier général dans le château fort de Payen de Rochefort. Payen, blessé, fut rapidement ramené mourant dans son château. Les chroniqueurs nous disent que l'Anglais fit venir de suite des engins mécaniques : *perrières, trébuchets* et *mangonneaux* dont certains pouvaient tirer jusqu'à 300 mètres ou propulser 150 kg à 150 mètres. Guillaume des Roches résiste facilement malgré les efforts de Jean qui venait chaque jour encourager ses soldats et planter des gibets pour sommer les assiégés de se rendre sous peine d'être tous pendus.

Des escarmouches nombreuses se succédèrent. Guillaume le Breton raconte dans sa *Philippide* l'anecdote d'Enguerrand Brismoutier, un colosse anglais qui venait chaque matin avec son arbalète décocher des carreaux, protégé par un bouclier de cuir que tenait au-dessus de lui une ordonnance. Or, Poncius, un sergent français, attacha une longue corde « forte et grêle » à l'extrémité d'une flèche qu'il décocha sur le bouclier d'Enguerrand. Puis il tira vivement sur la corde laissant l'homme « tout nu » sous une averse de traits que « ceux du chastel lançaient souvent et menu ». Les Français auraient tué bon nombre d'Anglais, un chapelain et plusieurs barons de haut lignage – sans que la moindre estimation réelle des pertes, d'un côté ou de l'autre, puisse être esquissée.

La victoire du prince Louis

De son côté, le prince Louis analyse la situation : Jean assiège La Roche-aux-Moines après avoir pris Angers ; il craint que les barons poitevins et angevins se rallient à leur seigneur ; peut-on résister au Plantagenêt en Anjou ?

La Roche-aux-Moines est un enjeu politique. Louis l'a compris. Il est à la tête d'une forte armée. Le sénéchal Guillaume des Roches et le remarquable maréchal, Henri Clément, sont de son côté. De son père, Il a obtenu l'autorisation pour livrer bataille dans les règles.

En fait de bataille, il n'y aurait eu qu'une bousculade. Le 2 juillet 1214, l'édifice politique de Jean s'effondre. Les grands féodaux qui l'entourent se dérobent ; ils ne se battront pas contre leur seigneur, le prince Louis, ni contre le roi de France. Il y a parmi eux les Luzignan, les Thouars qui ont gardé le souvenir de l'enlèvement d'Isabelle d'Angoulême et de l'assassinat d'Arthur. Incertain de ses forces, Jean renonce à se battre. Il laisse là son armée et part en courant avec quelques proches. La petite troupe traverse la Loire et fuit vers le sud.

Sur la place, c'est la panique ; les hommes abandonnent armes et bagages. Un chroniqueur raconte :

> « Apeurés, les assiégeants levèrent aussitôt le camp abandonnant leurs machines de guerre, tentes, chariots et vivres : Ainsi roi Jehan perdit grande partie de sa gent qui, en cette fuite, furent occis ou noyés. Cavaliers et fantassins dévalaient les pentes du coteau au plus court et se jetaient en Loire surnageant ou emportés par les remous du courant et entraînés au fond sous le poids de leurs armures. »

Aussitôt le siège de La Roche-aux-Moines levé, Louis assisté de Guillaume des Roches, achève sa victoire en allant prendre le château de Rochefort où se tenaient encore quelques Anglais. La propagande capétienne transformera la débandade du Plantagenêt en une grande victoire du prince Louis qui reprend Angers, rase Beaufort, occupe tout l'Anjou, gagne le Poitou. Les suites de la bataille justifient sans doute l'importance qui lui est donnée.

La prise de La Roche-aux-Moines a-t-elle contribué à l'avancée de Philippe Auguste dans le nord et à la victoire de Bouvines ? Il n'a plus à craindre une attaque de revers. Paris, enjeu stratégique, n'est plus menacé. Le 27 juillet 1214, à Bouvines, le Capétien est pourtant encore privé de la moitié de son armée, retenue dans le Poitou. Pour livrer une bataille en règle, il mobilise la milice locale. Pour la première fois, les bourgeois vont jouer un rôle militaire. Philippe Auguste remporte une victoire éclatante. Il est le premier Capétien à triompher suivant les règles de la bataille rangée. Il restera le roi qui a été sauvé par son peuple, et non par ses vassaux. Une nouvelle forme d'armée est née, en même temps, sans doute, qu'un nouveau type de lien est créé entre le roi et ses sujets.

LE RENFORCEMENT DU POUVOIR ROYAL ET LE DESTIN DE LA ROCHE-AUX-MOINES

Le 18 septembre 1214, à la trêve de Chinon, l'Angleterre ne conserve sur le continent que le duché de Guyenne. Le domaine royal couvre désormais le tiers de la France et se trouve singulièrement agrandi et libéré de toute menace.

Philippe Auguste continue à étendre son territoire qu'il dote d'une solide organisation, maîtrise la féodalité et la puissance temporelle de l'église, fait de Paris la plus belle capitale de l'Europe. Il est devenu le plus puissant et le plus riche seigneur du royaume.

Après la mort en 1226 du roi Louis VIII, successeur de Philippe Auguste en 1223, le comté d'Anjou est dévolu à l'un des très proches parents du souverain et ce, par souci de le garder en la main royale. Le premier bénéficiaire, en 1227, est Jean de France puis, en 1246, Charles, tous les deux frères de Saint Louis. Charles Ier, comte d'Anjou fut célèbre par ses conquêtes napolitaines, balkaniques et méditerranéennes.

Qu'a-t-on fait du château fort de La Roche-aux-Moines ? Son rôle de place forte demeure majeur et sa renommée est telle que le pape, Honorius III, partisan des Plantagenêts, en ordonna vainement la destruction en 1220 sous menace de « censure ecclésiastique ». Mais Guillaume des Roches, par d'habiles tractations, obtiendra la remise de la censure et par la suite fera d'importants travaux pour fortifier le puissant château.

Des Roches mourut en 1222, léguant à sa fille aînée épouse d'Amaury de Craon, sa charge et ses biens. Par la suite, l'un de ses descendants Guillaume de Craon hérita du château et le vendit en 1360 au duc d'Anjou.

À l'époque des guerres de religion, en 1592, des armées, qui sont à nouveau passées là, ont détruit la forteresse. Même ruiné, le château continue cependant d'exister ; Les dessins de Berthe, (voir illustration de début de texte) de la première moitié du XIXe siècle, représentent les vestiges de l'ancienne forteresse et constituent de rares documents permettant un essai de restitution. Peu après, c'est la réalisation de la voie de chemin de fer qui va effacer encore un peu plus ce lieu de mémoire. Ruines et rochers vont en effet devenir comme à la Pierre-Bécherelle, site tout proche, des carrières.

7. Château ruiné pendant les guerres de Religion (sous Henri IV), puis par l'érosion, le chemin de fer au milieu du XIXe siècle. Dans les années 1970, il restait encore ce vieux bloc de maçonnerie du début XIIIe siècle gisant au sommet du coteau et qui, faute d'attention s'est également écroulé. Aujourd'hui, il n'y a donc plus rien à voir, du moins en ce qui concerne le château et son histoire.

En 1921, afin de protéger un dernier pan de muraille et quelques roches adjacentes, il sera enfin décidé de classer les lieux au titre des « sites et monuments naturels ». Depuis, faute d'attention, ce dernier bloc de muraille est hélas tombé.

Classement de La Roche-aux-Moines le 23 février 2010

Tandis que la bataille de Bouvines est « valorisée », l'événement de La Roche-aux-Moines est tombé dans l'oubli. À plusieurs reprises, l'association Histoire des Coteaux de Loire et de Maine a entamé une réflexion sur sa mise en valeur. Faute de volonté, de ressources humaines et financières, le projet s'est peu à peu évanoui. Le promontoire est aujourd'hui inscrit dans le site de la Confluence et des Coteaux angevins, classé, par le décret du 23 février 2010, au titre de la protection des « grands espaces naturels emblématiques remarquables ».

Louis Barrault, Monique Clavreul et Denis Mercier
Association Histoire des Coteaux de Loire et de Maine

La défense d'Angers sur la Maine (XIIIe-XVe siècle)

Angers, ville sur la Maine mais qui n'est qu'à quelques kilomètres de la confluence avec la Loire, connaît une certaine célébrité par la défense de ses ports. Rabelais la cite même dans son *Pantagruel* (chap. IV) :

> « Gargantua fist faire quatre grosses chaînes de fer... Et de ses chaînes en avez une à La Rochelle, que l'on lève au soir entre les grosses tours du havre ; l'aultre est à Lyon, l'aultre à Angiers, et la quarte fut emportée des diables [1]. »

Les noms des ponts de la Haute et Basse-Chaîne en rappellent aujourd'hui le souvenir ; l'unique vestige est l'actuelle tour des Anglais[2] dans la Doutre.

Pourtant ces chaînes ne constituent qu'une partie de la défense de la ville sur sa rivière et ne remontent qu'à la fin du Moyen Âge. Conçues en période de crise à l'occasion de la guerre de Cent Ans, les nouvelles fortifications le long de la Maine sont bien représentées par les vues d'A. Vandelant (1575) et d'E. Negro de Sanfront (vers 1589)[3]. Grâce à ces vues, aux registres des comptes de la cloison[4] (impôt destiné à financer l'entretien de l'enceinte) et à quelques études, en particulier celles de C. Cussonneau[5], d'H. Courant[6], et d'A. Rousseau[7], on peut connaître l'apport déterminant du XVe siècle qui a modifié profondément l'enceinte de Saint Louis dont il ne reste que de rares témoins architecturaux[8].

LES ANCIENNES ENCEINTES PARTIELLEMENT CONSERVÉES ET LE CHÂTEAU FACE À LA RIVIÈRE

Jusqu'au XIe siècle, la plupart des habitants d'Angers sont concentrés sur la rive gauche ; l'enceinte de la Cité remontant au Bas-Empire ainsi que celle du Bourg (Xe siècle) constituent l'essentiel de la protection urbaine[9]. À partir de 1230, le château, construit sur une partie de la Cité, ne peut suffire à défendre l'entrée sud de la ville sur les deux rives. Avec l'extension urbaine au-delà des ponts, il devient inéluctable d'englober la rive droite par une muraille. Malgré l'existence de cette nouvelle enceinte, commencée sous Jean sans Terre et Philippe Auguste, mais surtout poursuivie en même temps que le château à l'époque de la régence de Blanche de Castille, et sans doute achevée au début du règne du comte apanagé Charles Ier (1246-1285), les enceintes précédentes ne furent pas pour autant démantelées.

La Cité et ses accès à la Maine

En arrivant à Angers depuis la Bretagne on peut encore pleinement souscrire au constat dressé dans un acte de 1436 : « La Cité est assise au plus hault et plus fort lieu de la ville et est environnée de très fortes murailles [10]. » Ce mur est surtout impressionnant par sa position plus que par ses tours, inexistantes côté Maine et d'ailleurs inutiles du fait de la verticalité de sa paroi. La portion de courtine remontant au Bas-Empire est réduite et n'est conservée que sur un tiers de son tracé en bord de Maine. Lors de la construction du château, l'enceinte est amputée et le coteau rocheux exploité comme carrière. Il est donc difficile de restituer son tracé initial. Cette verticalité s'accentue au cours de la fin du Moyen Âge car le prélèvement de la pierre au pied des maisons canoniales de la Cité conduit à des éboulements et des reconstructions du mur et des édifices qui s'y appuient [11]. C'est donc un mur de schiste datant du XIIIe-XVIe siècle que l'on aperçoit de nos jours sauf près de la montée Saint-Maurice où une partie de la courtine et deux contreforts appelés les « vieils piliers [12] » remontent à la fin de l'Antiquité.

Cette enceinte a un rôle très limité dans la surveillance de la rivière ; elle est dissuasive de par sa hauteur et un siège n'est pas envisageable à ses pieds. Une seule porte de la Cité débouche vers la rivière. Désignée sous le nom de *Poterna inferioris* au XIIIe siècle elle est appelée porte d'Enfer au XVe siècle [13]. La vue cavalière d'A. Vandelant nous la figure comme une grande arche en arc brisé surmontée d'une pièce elle-même couverte d'une toiture pentue. Un grand escalier, « l'eschalle de pierre » partant du parvis de la cathédrale, passe à travers cette tour-porte et oblique vers la droite jusqu'à la fontaine de Pied-Boulet pour rejoindre la rue Bourgeoise (actuellement partie basse de la rue Baudrière). Un embranchement par la rue Tuliballe débouche directement sur le port Ligny. Les maisons au pied de la Cité et bordant le port ne bénéficient que d'une protection partielle par l'enceinte du Bourg (fig. 1).

L'enceinte du Bourg : courtine et poternes le long de la Maine et ouvrage de tête de pont

Longtemps contestée dans son existence, cette enceinte remonte très probablement au règne du comte Geoffroy Grisegonelle (vers 960-987) [14]. On en connaît désormais le tracé. C'est en bordure de Maine, entre le coteau de la Cité et le bas de la rue de la Roë, que ce mur a été retrouvé en fouilles à plusieurs reprises déjà, par V. Godard-Faultrier en 1858 et plus récemment en 1982 par M. Le Nezet-Célestin, alors archéologue municipal[15]. Sa largeur de près de 2 m et son petit appareil cubique lié par un mortier très dur constituent une protection solide mais limitée. En effet, la surface enclose par cette enceinte est restreinte et sa position en contrebas de la ville en fait un réduit vulnérable. On ne connaît ni la hauteur ni le couronnement de sa courtine. Le profil d'Angers par Hoefnagel de 1561 figure cette enceinte, à droite du pont des Treilles, par un mur crénelé qui est peut-être une simple convention de dessin. Il semble être complètement intégré aux fortifications urbaines le long de la Maine. Cependant au XVIe siècle, de nombreuses maisons s'appuyaient sur sa face externe le long de la rue de la Poissonnerie[16].

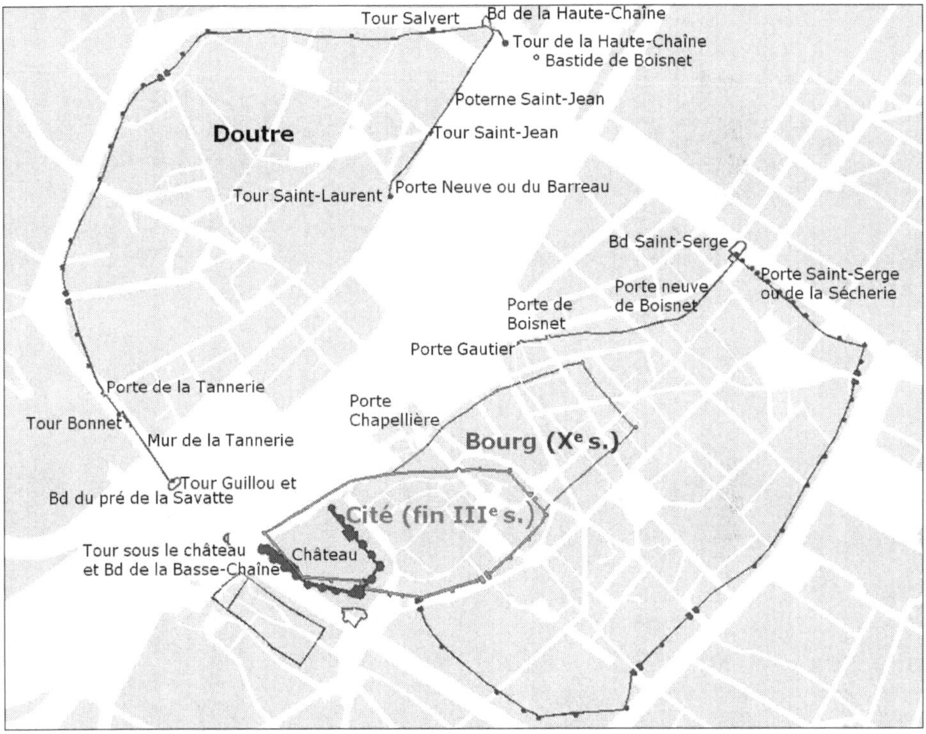

1. Les enceintes d'Angers avec les noms des portes et des tours en bord de Maine.

C'est aussi côté rivière que sont situées la majorité des portes et poternes débouchant sur les différents ponts : porte Lanier vers le port de l'Annone puis Ligny, poterne de la Herse vers le port aux bois, devenu quai de Boistravers, une autre poterne vers le port Bucherez et porte Sauneresse vers le port Saunier[17]. Cependant la porte Chapellière est le principal débouché sur la Maine. Appelée Boulet au XIIe siècle elle est le « portau aux chapeliers », au

XIIIe siècle[18]. Un dessin de Berthe publié de nombreuses fois suggère une porte percée dans un mur de petit appareil encadré de tours à mâchicoulis datable au plus tôt du XIVe siècle[19]. C'est la seule conservée et consolidée à la fin du Moyen Âge car elle joue le rôle de tête de pont sur la rive gauche ce que confirme son appellation : « *Turris cappellariorum in capite pontis*[20]. » Au XVIe siècle plusieurs arches du Grand pont ont été comblées en rive gauche. Il est désormais en retrait du carrefour formé par les rues de la Poissonnerie, Baudrière et du Port-Ligny. L'arche marinière appelée arche de la Croix Dorée, jouxtant la rive gauche,

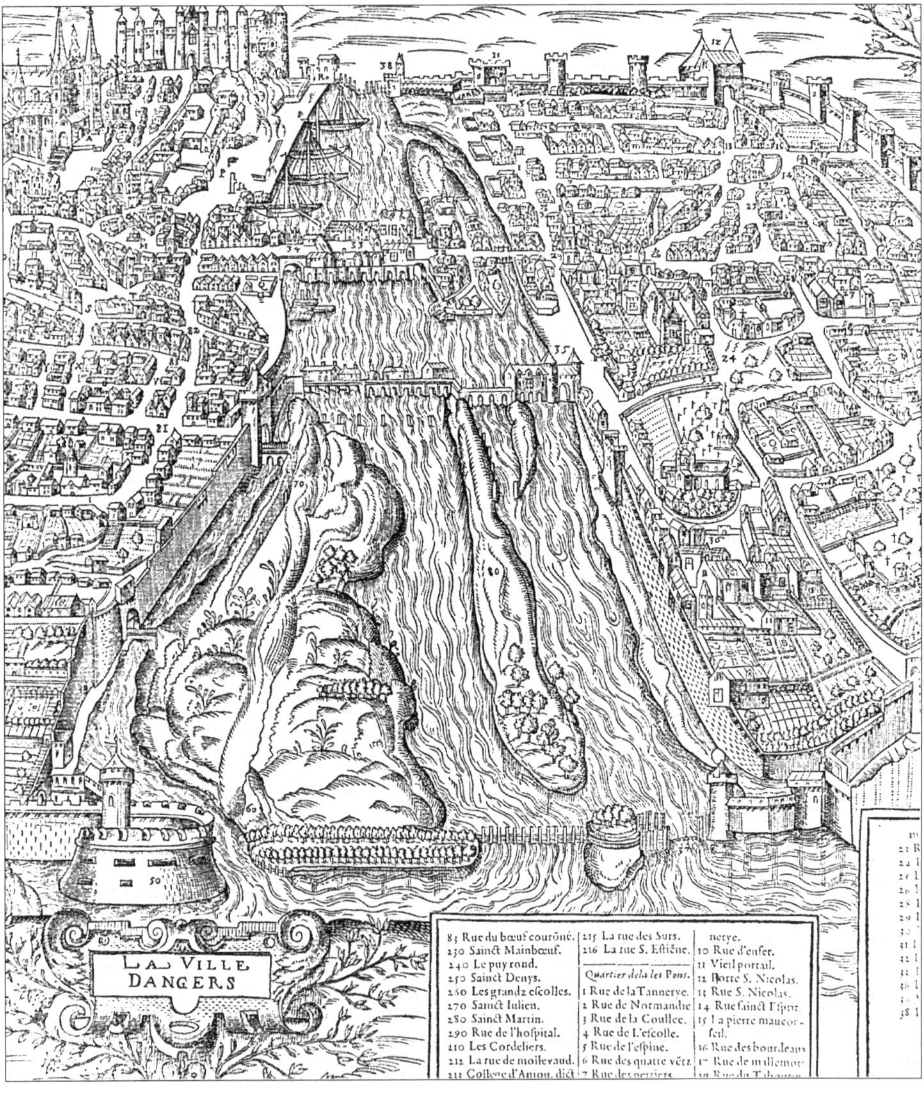

2. La Maine et ses fortifications en 1575.
Extrait de la vue cavalière d'A. Vandelant (Bibl. mun. Angers, H 245).

est totalement dégagée de ses maisons. Elle présente côté aval des ouvertures sur son parapet qui font penser à des canonnières[21]. Mais le Grand pont, hormis ce dernier dispositif de tir, n'a pas constitué un élément de défense qui s'effectue plus en aval avec le château (fig. 2).

Le château, une protection relative

La forteresse de Saint Louis occupe un emplacement privilégié sur le promontoire rocheux surplombant le cours de la Maine à un endroit où la rivière se resserre. Elle englobe l'ancien palais comtal, lui-même à cet endroit depuis le milieu du IXe siècle pour faire face aux menaces bretonnes et vikings. Comme la Cité, le front ouest, dépourvu de tour sauf aux angles, domine la zone portuaire d'une vingtaine de mètres. Ces deux tours, situées aux angles nord-ouest et sud-ouest, encadrant la courtine entièrement reprise au XIXe siècle, restent impressionnantes. La tour no 1 ou tour Buynard, puis du Moulin, peut être considérée selon J. Mallet « comme un ouvrage de guet élevé au point le plus haut ». La tour no 17 ou tour Breton est la première que l'on voit lorsqu'on remonte la Maine[22]. Elle est particulièrement soignée avec un parement extérieur dont les bandes calcaires sont plus nombreuses que sur la plupart des autres tours du front méridional et s'en distingue aussi par son aplat de grès. Mais le rythme de ses archères n'y est pas plus développé et les nombreux angles morts permettent à des bateaux d'échapper aux tirs. Depuis l'édification de la courtine surhaussée et des casemates achevées en 1593 on ne connaît pas la façon dont se présentait le mur qui la jouxte à l'entrée de la rivière. Y avait- il des dispositifs de tirs qui complétaient ceux de la tour 17 ? Le passage reste large devant le château qui ne peut à lui seul se permettre de stopper toutes les éventuelles embarcations ennemies. Il est alors nécessaire de prévoir des ouvrages complémentaires.

L'ENCEINTE DE SAINT LOUIS ET SES AMÉNAGEMENTS EN BORD DE RIVIÈRE

La nécessité d'entreprendre l'édification d'une enceinte sur les deux rives de la Maine n'est pas seulement destinée à protéger un nouveau quartier à la fois artisanal, commerçant et résidentiel, aussi bien laïc que monastique. Il faut aussi renforcer le secteur le plus exposé par les visées expansionnistes du duc de Bretagne, Pierre Mauclerc, allié du roi d'Angleterre[23]. Cependant, étendre une enceinte sur deux rives n'est pas sans poser problème avec un très large couloir de circulation fluviale, point faible de la défense d'Angers. D'autres villes traversées également par une rivière, telles Paris sous Philippe Auguste ou Lyon au XIVe siècle[24] ont résolu cette difficulté par des tours et des chaînes, solution également adoptée par Angers.

Des tours pour le contrôle des accès

On doit faire abstraction de nos représentations du XVIe siècle pour retrouver le dispositif prévu au XIIIe siècle. À chacun des quatre angles de l'enceinte côté rivière, une tour devait être détachée du reste de l'enceinte comme on peut le constater aujourd'hui avec celle des Anglais isolée de tout son ancien environnement défensif. Appelée tour de la Haute-Chaîne jusqu'à la fin du XIXe siècle, qualifiée de « vieille » puis de « grosse tour de la Haute-Chaîne[25] », son marché de travaux (pièce justificative n° 2) indique bien qu'elle a été reconstruite à partir de 1415 au-dessus de la base talutée remontant sans doute au XIIIe siècle. Elle est intégrée à l'enceinte peu de temps avant sa reconstruction. En face sur l'autre rive, la vue de Vandelant montre au premier plan une tour totalement englobée dans le boulevard Saint-Serge[26]. Le dessin de Sanfront représente une autre tour à l'intérieur du « boulevard de la Basse-Chaîne » dite tour Guillou (fig. 4), édifiée sur un îlot d'où on pouvait surveiller la voie marinière au centre de la Maine et celle qui prolongeait vraisemblablement le canal de la Tannerie[27]. Toutes sont reliées, au début du XVe siècle[28], par « de gros murs neufs » sauf la « tour de chaisne sous le château » qui ne l'est qu'en 1589[29]. Il ne semble pas qu'il s'agisse de reconstruction.

Il faut aussi rajouter celles qui sont dans le redan dont la construction a été rendue nécessaire pour ne pas intégrer les vastes prairies inondables de Boisnet. On trouve à chaque extrémité de la chaussée des Treilles deux tours aux fonctions de porte : Saint-Laurent ou du Barreau, côté rive droite, et Gautier au XVIIe siècle sur la rive gauche (fig. 3).

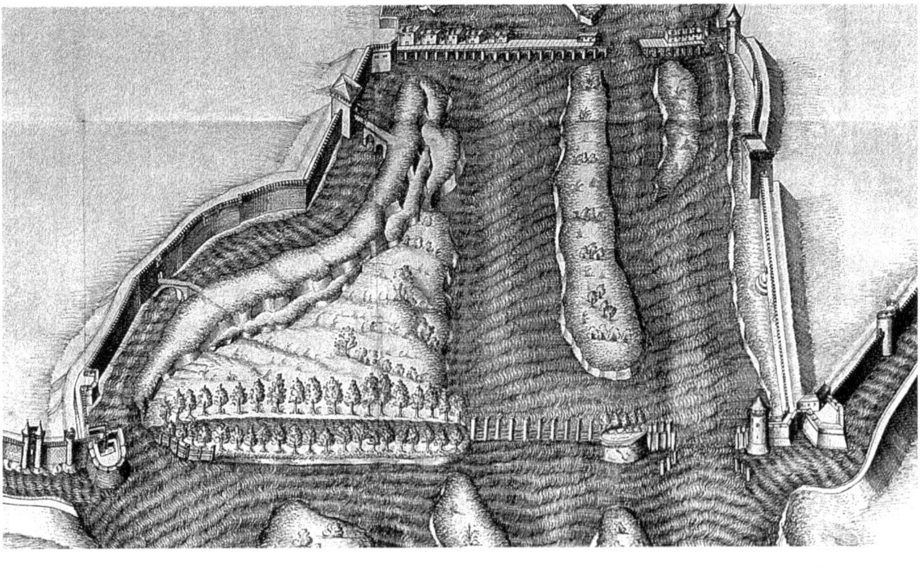

3. La Haute-Chaîne et le pont des Treilles, vers 1589. Extrait du plan d'E. Negro de Sanfront (Arch. d'État de Turin, Bibl. antica, coll. Architettura militare, vol. III, f° 91).

Deux autres tours carrées un peu plus en amont sont destinées à protéger des portes, l'une est la porte Boisnet, l'autre la tour incluse dans l'hôpital Saint-Jean sur laquelle nous sommes peu documentés. Un bâtiment du XIIIe siècle, dit salle Henri II, vient s'y appuyer[30]. De ce fait on a du mal à y concevoir même une poterne. Enfin la porte neuve de Boisnet ouverte en 1521 se présente comme une tour pentagonale avec des embrasures de tir rectangulaires qui indiquent bien un ouvrage de la Renaissance[31]. Toutes sont complétées par des rangs de pieux et de chaînes dans le lit de la rivière.

Pieux et chaînes, un système en évolution

La première mention de pieux et chaînes remonte à 1373 où les « estappes de la chayenne d'Angiers sous le chasteau » sont refaits[32]. En 1400 des pieux sont renforcés en tête et liés ensemble par des chapeaux de bois d'environ 10 m de long pour éviter que les petites embarcations puissent se faufiler. Ces pièces de bois horizontales renforcent la solidité et l'efficacité du barrage (pièce justificative nº 1).

À la Haute-Chaîne, la réfection de « paliz », autre expression désignant la palissade de pieux, date des années 1378[33]. Ceux-ci se trouvent entre le « portau neuf » et la Sécherie, c'est-à-dire entre la porte du Barreau et la douve de Boisnet[34]. Une chaîne principale part de « la grosse tour de la haulte chaienne » jusqu'à « la bastide de Boisnet » sur un îlot[35]. D'autres chaînes bloquent des passages secondaires.

Un inventaire de l'artillerie conservée dans différentes tours et portes de l'enceinte, daté de 1411, a été publié par Célestin Port[36]. En effet, les tours des bords de Maine sont utilisées en tant que dépôt d'artillerie : tour sous le château et tour Saint-Laurent où s'accumulent carreaux d'arbalètes, viretons, boulets, bombardes et autres canons[37]. On relève aussi la présence à l'intérieur de la tour Saint-Laurent de diverses chaînes : deux conservées pour « l'un des ponts de la ville », probablement pour l'entrée du Petit pont ou sous l'arche marinière de celui-ci, et deux autres destinées à la porte Toussaint dont la défense est jugée insuffisante. Les autres chaînes sont pour la rivière. On y retrouve celle de la Basse-Chaîne (« chesnes dessouz le château ») et celle de la Haute-Chaîne (« chesne au-dessus de Saint-Jehan ») composée de 120 mailles. En revanche, sont mentionnées pour des lieux qui n'ont été que temporaires, une grande chaîne de 100 maillons à la tour Saint-Laurent allant au moulin du Barreau et une autre en amont de 28 maillons pour renforcer et améliorer le barrage de la seule voie marinière qui bordait la rive droite. Le système de barrage de la Maine est encore plus élaboré au début du XVe siècle qu'on ne l'imaginait.

Ces chaînes d'une longueur importante présentent l'inconvénient d'être lourdes à manier et l'aventure du repêchage d'une chaîne au fond de la Maine durant 16 jours par 5 hommes démontre la lenteur de réaction si une menace se présentait[38]. Des chaînes plus courtes fixées sur des pieux permettent une installation plus facile comme c'est sans doute le cas à la Basse-Chaîne à proximité de chacune des rives. Elles complètent les fils de pieux ancrés dans la Maine (fig. 4).

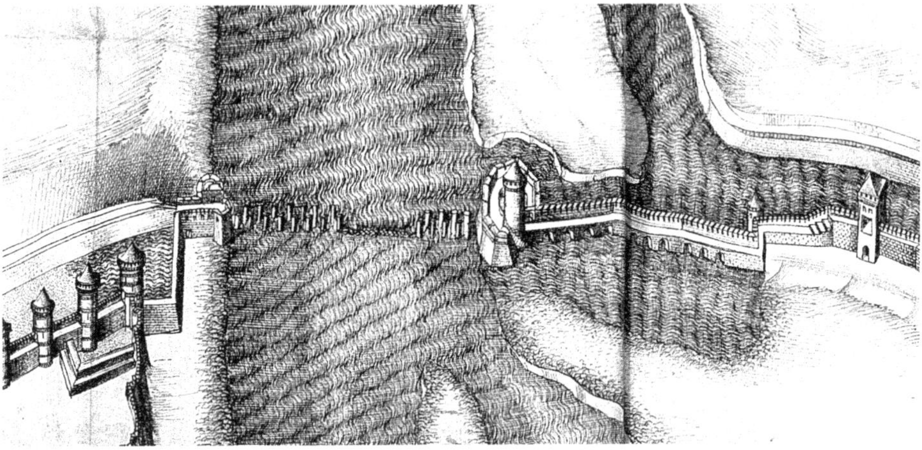

4. La Basse-Chaîne, vers 1589. Extrait du plan d'E. Negro de Sanfront (Arch. d'État de Turin, Bibl. antica, coll. Architettura militare, vol. III, f° 91).

Portes renforcées et fossés recreusés

Devant la porte de la Sécherie, ou Saint-Serge, très proche de la rivière, se trouve une barbacane mentionnée à l'occasion de travaux en 1408 et 1412[39]. En 1379, au-delà de cette porte sont également installées des « barrières » simples palissades de bois[40]. Une seule porte, celle de Toussaint bénéficie de chaînes comme en bord de Maine. Un système de garde est aussi attesté à la même période : le connétable, responsable de la bonne tenue, de l'ouverture et fermeture des portes, le portier, sorte d'agent de surveillance à chaque porte et un garde pour la Haute et Basse-Chaîne[41]. Pour éviter un accès trop facile au pied des murs qui bordent la Maine, les douves sont recreusées. Il n'y a pas

5. Les arches du pré de la Savatte ou de la Tannerie, vers 1650. Extrait de la vue panoramique de Linclerc et Collignon (Musées d'Angers, MA 4 R 346).

encore les accumulations d'ordures connues au XVIe siècle, mais l'alluvionnement est important et il est nécessaire de curer la douve, appelée la Sécherie dès 1378-1380, devant le « portau neuf », c'est-à-dire à la porte Boisnet[42]. L'année suivante, ce sont celles de la Tannerie qui sont recreusées, plus particulièrement entre la porte de la Tannerie et la tour Guillou[43], secteur qui n'est pas toujours en eau contrairement aux représentations (fig. 5). Enfin le dernier secteur concerné est celui entre la tour Saint-Laurent et celle de Saint-Jean qui ferme un bras secondaire entre une petite île de la Maine et la grève et qui est protégé par une chaîne. Tout ce qui peut à la fois améliorer les écoulements d'eau, faciliter la circulation et éviter une approche des murs est réalisé.

UN BARRAGE FORTIFIÉ EN AMONT ET EN AVAL AU XVe SIÈCLE

À chaque crainte d'une attaque par les Anglais qui occupent le Poitou, le Maine et une partie du nord de l'Anjou, les décisions de renforcement des fortifications se multiplient. On assiste à une reprise des travaux sur quelques années, ainsi en est-il des décennies 1380-1390, 1410-1416 ou 1437-1448[44].

La première moitié du XVe siècle est l'un des moments où l'on a dépensé le plus pour la rénovation des fortifications, afin de s'adapter aux nouvelles conditions de siège avec le renforcement de l'artillerie, bien attesté en Anjou dans les années 1368-1370[45]. Le couronnement des murs est entièrement repris, des tours d'artillerie (« boulevards ») sont construits et le pont des Treilles est intégré au système défensif urbain.

Le pont des Treilles, un pont fortifié ?

En obtenant du roi René l'autorisation de prolonger la chaussée des Treilles par deux moulins, Jean Duvergier, en 1437-1442 a totalement bouleversé les conditions de protection de la Maine. Devenu un véritable ouvrage de franchissement, les Treilles sont alors destinées à protéger aussi bien les voies d'eau que l'accès terrestre en amont d'Angers. Du côté de la Doutre, jouxtant la tour Saint-Laurent est mentionné le « portau neuf » ou porte Barreau[46]. L'appellation porte Neuve prête à confusion car cela désigne aussi la poterne de Boisnet, comme nous l'avons vu. À l'autre extrémité sur la rive gauche, une porte très mal connue est modifiée en 1582. Elle présente une forme polygonale et prend à l'occasion d'une réfection, le nom du maire Gautier en 1636[47]. L'arche marinière, entre les moulins du Barreau et la tour Saint-Laurent, construite à partir de 1437, intègre « créneaulx, arbalestrières et canonnières » dont le parapet possédait encore ces aménagements à la fin du XIXe siècle[48] (fig. 6). Du côté de la rive gauche une plateforme maçonnée sur l'avant-bec de l'arche commune porte des canons de la ville d'après un bail de 1577[49]. Les arches qui n'étaient pas encombrées par les moulins ou pêcheries sont pourvues de « trèges » ou treillis de bois[50]. Une herse appelée « rateau » est même attestée sous la grande arche dans un acte de 1600[51]. Le nom de Barreau fait d'ailleurs allusion à une grille de bois.

La chaussée des Treilles est donc devenue un pont fortifié principalement pour protéger son accès à la fois terrestre et surtout fluvial le long de la rive droite.

6. La grande arche fortifiée du pont des Treilles, fin XIXe siècle (Musées d'Angers, MA recol. 918.569).

Couronnement des murs et reconstructions de tours

Les comptes de la cloison sont très riches en mention de reprises partielles du haut des courtines et des tours. Peu de sections de l'enceinte sont exemptes de travaux. La plupart de ces mentions concernent les « petits murs ». Dans de nombreux cas il s'agit du parapet bordant le chemin de ronde. Parmi bien des secteurs on retient l'exemple des murs longeant la douve de Boisnet dont on est certains que des travaux ont été effectués. En effet nous avons retrouvé en arrière du n° 19 de la rue Boisnet, à proximité de la rue du Canal, une partie du mur d'enceinte[52]. De plus les murs de Boisnet semblent être pris en référence par les édiles lorsqu'il est question de reconstruire d'autres parties de l'enceinte urbaine : « Ainsi et par la manière qu'elles sont es murs de Boysnet[53]. » La première étape décrite dans les marchés de travaux consiste en l'arasement à la base du chemin de ronde et même quand il est nécessaire de démolir une partie du haut de la courtine lorsque les murs sont « en mortier de terre[54] ». Les observations archéologiques de ces dernières années montrent que la courtine a été montée à l'argile[55]. Ensuite sont édifiés des mâchicoulis classiques formés de grosse console à quatre ressauts d'après les témoins encore en place. Le crénelage n'est pas conservé. La hauteur totale des mâchicoulis jusqu'au sommet des merlons est d'environ 12 pieds (env. 3,90 m). Le crénelage est de 6 pieds (env. 1,95 m). L'espacement entre chaque console forme une trappe d'environ 0,32 m de large. Cette dernière mesure se retrouve dans l'épaisseur du parapet en arrière du chemin de ronde qui ne fait qu'1 m de haut. Des travaux complémentaires sont parfois aussi envisagés pour traverser les tours et avoir un chemin de ronde continu, car deux siècles après la construction de l'enceinte, des aliénations empêchent une circulation aisée et rapide. D'importants travaux sont alors engagés pour abattre les maisons gênantes qui s'étaient édifiées sur les murs[56].

Pour les tours nous pouvons prendre l'exemple de la tour des Anglais dont nous avons à la fois le marché de construction (pièce justificative n° 2) et le témoin architectural (fig. 7). Cette tour qui devait exister sans doute dès le

7. La tour de la Haute-Chaîne dite des Anglais et détail d'une canonnière double (cl. F. Comte).

XIIIe siècle (voir *supra*) a été presque entièrement réédifiée au début du XVe siècle. Il n'a été conservé que la base en talus. Au sommet des solives du plancher du premier niveau de « groux murs » sont élevés sur deux étages. Le dernier étage est voûté par une coupole et non en ogive comme prévu dans le devis. Il est aussi pourvu d'une cheminée incorporée dans le mur. Ensuite un chemin de ronde avec mâchicoulis est construit mais de taille plus modeste que sur les courtines, soit sur 2 m de haut (6 pieds) au lieu de 12 pieds pour le secteur de Boisnet. L'accès entre les étages se fait désormais par des escaliers de pierre. Des canonnières à doubles orifices circulaires (0,20 m de diamètre) avec une fente de tir sont installées au 2e niveau, face à la Maine et sur le côté nord de la tour. On peut les comparer à celles établies postérieurement à 1420 au château de Pouancé (Maine-et-Loire)[57]. Les archères simples sont pourvues d'embrasure dont le linteau est supporté par des coussinets en quart-de-rond. Les niches de tir ont été élargies pour le canon à la période moderne. Il est fait allusion à une loge pour le guetteur et non à une quelconque toiture que l'on voit sur toutes les estampes figurant notre tour à l'exception notable de J.-J. Delusse au début du XIXe siècle[58]. L'iconographie conservée permet de conclure que le profil très surbaissé de la toiture actuelle date seulement de la fin des années 1820[59].

La dernière étape est le rattachement des tours à l'enceinte par des « gros murs » comme on l'a déjà mentionné pour la tour au pied du château. Ces murs permettent de bloquer un éventuel passage pour l'ennemi et d'offrir à la garnison une échappatoire. Ceux de la Tannerie, reliant la tour de la Basse-Chaîne à l'enceinte sont mentionnés en 1377-1379 et à nouveau en 1392 où il est décidé de « faire et lever certaines tours et murs en maçonnerie et mâchicoulis[60] ». L'achèvement se déroule au cours de l'année 1396 par sept toises de murs entre le « portal de la Tannerie » et la tour « du costé de la cheienne[61] ». Des arches permettaient à l'eau de circuler et des grilles avaient été installées pour stopper les bateaux tentés d'échapper au péage (pièce justificative n° 3). Sur le chemin de ronde, des loges sont édifiées pour ceux qui y montent la garde[62].

En 1415, c'est le chemin de ronde entre la porte de la Sécherie et l'angle de l'enceinte qui est refait sur une longueur de 31 toises[63].

« Boulevards » des Haute et Basse-Chaîne

Les constructions les plus considérables concernent les « boulevards » terme générique dans les comptes de la cloison désignant un ouvrage fortifié avancé mais principalement une grosse tour d'artillerie, dont la destination est avant tout de protéger l'entrée de la ville côté Maine[64].

La plus spectaculaire est une tour à canon sur plan polygonal qui a été plaquée sur l'enceinte juste au-dessus de la tour de la Haute-Chaîne (fig. 8). Son plan est celui d'une tour à éperon[65]. Ses murs présentent un léger fruit. Les trois niveaux sont semble-t-il voûtés, possédant des archères et n'ayant que des canonnières en partie basse, si l'on en croît les représentations. Au sommet, des mâchicoulis reposent sur des consoles étroites et hautes de type provençal à au moins huit ressauts. Enfin dans le crénelage une canonnière est repérable sur les gravures. Sa construction débute en 1446 et s'achève deux ans plus tard grâce au sénéchal Louis de Beauvau d'après l'inscription qui a été relevée avant sa démolition en 1838[66]. Son nom de boulevard de Reculée ou encore « de devant la grosse tour de la Haulte Chesne[67] » indique avant tout un renforcement du dispositif de défense de la chaîne mais aussi de protection du côté du faubourg de Reculée. Ce boulevard a sans doute pris la place d'une poterne de l'hôpital qui donnait accès à ses jardins et s'ouvrait sur la « Blanchisserie » autrefois partie intégrante de son enclos[68]. Il est probable que l'ouverture de la poterne en 1454 sur la rive, futur port de Saint-Jean ou de l'hôpital et visible sur les vues cavalières de la ville, correspond au moment où sa sortie primitive est condamnée par ce boulevard[69].

8. « Boulevard » de Reculée, 1820. Dessin et lavis de J.-J. Delusse (Musées d'Angers, MA recol. 918.144).

Trois autres « boulevards » sont aussi mentionnés au XVe siècle mais moins documentés (fig. 9). Tout d'abord celui de la Tannerie ou du pré de la Savatte qui existait en 1446 et fut repris vers 1490 surtout connu sous le nom de tour Guillou[70]. Sur la rive gauche on trouve le pendant de ces deux « boulevards ». Celui du château qui est dit « neuf » en 1480 et est entièrement réaménagé en 1523[71]. Sa découverte par Henri Enguehard en 1962 montre un édifice à casemate qui renforce la protection de la rivière par le château[72]. Enfin celui de

Saint-Serge cité en 1484 comme étant neuf et surélevé en 1498-1501[73]. Ses casemates et ses embrasures à la française remontent sans doute à 1523[74].

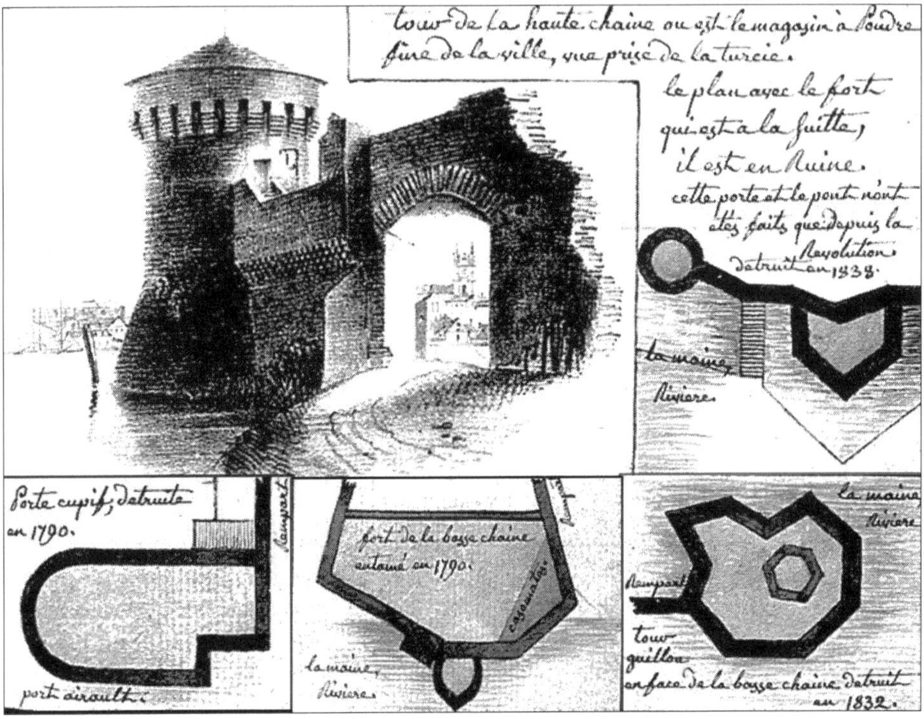

9. Plan des ouvrages fortifiés en bordure de Maine, début XIXe siècle.
Extraits du dessin de J.-A. Berthe, (Bibl. mun. Angers, ms. 1029 (896), p. 111).

Les rives de Maine ont sans doute été le secteur de l'enceinte urbaine qui a connu le plus de modifications. Considéré comme un point faible de la défense urbaine il bénéficie tout comme les portes de ville des mêmes améliorations. Cependant on procède ici par adjonction plutôt qu'à des reconstructions complètes comme les barbacanes des portes de ville. Toutes les parties anciennes sont généralement englobées ou complétées par de nouvelles constructions. De même on conserve partiellement les vieilles enceintes comme celle du Bourg à l'utilité contestable. Malgré l'effet spectaculaire des chaînes, elles n'avaient finalement qu'une part réduite dans la protection des ports de Maine.

La reprise périodique des pieux dans l'eau, le prolongement des murs pour relier les tours de bord de Maine à l'enceinte, les treillis de bois puis les grilles pour empêcher les bateaux de passer à la Tannerie ou sous le pont des Treilles, les grosses tours d'artillerie, les généralisations des mâchicoulis et canonnières, le renforcement des portes et poternes côté rivière présentent un ensemble cohérent à la fin du XVe siècle et d'une grande efficacité. Plus que la Doutre (portes Saint-Nicolas et Lionnaise) ou la Ville (portes Saint-Aubin, Saint-Michel ou ravelin du château), les rives de la Maine avec les quatre « boulevards » démontrent le poids de cette défense dans la ville. Cet aspect est particulièrement mis en valeur dans le dessin d'Angers de l'ingénieur italien Ercole Negro de Sanfront. Tout au long du XVIe siècle les renforcements se poursuivent et s'achèvent en 1589 par la réalisation d'un mur pour relier le château au boulevard de la Basse-Chaîne. Cet ensemble restera en place jusqu'à la fin de l'Ancien Régime (pièce justificative no 3).

À l'exception de la tour des Anglais dans laquelle une porte a néanmoins été ouverte en 1777[75], les fortifications de la Maine commencent à être détruites en 1790 (Basse-Chaîne et boulevard Saint-Serge) pour s'achever en 1835-1838 (tour Guillou et Haute-Chaîne)[76].

François COMTE
Conservateur du patrimoine, archéologue, Ville d'Angers,
UMR 7324 Citeres, laboratoire Archéologie et Territoires (Tours)

PIÈCES JUSTIFICATIVES

1
Avril-mai 1400

Marché passé avec un charpentier pour renforcer le barrage de pieux à la Basse-Chaîne grâce à des chapeaux de bois d'une dizaine de mètres, destinés à relier entre eux des séries de pieux (Arch. mun. Angers, CC3 fo 79r°)

A Jehan du Creux charpentier pour marché et convenant a lui baillé par lesdiz commissaires de faict et acompeu de son mestre de charpenterie, certaines oeuvres en la haye[77] et serve des paux[78] qui sont en la rivière de Maienne entre la chaienne qui est soubz le chastel d'Angiers et la tour de devers la tennerie. C'est assavoir CX piez de longueur de chappeaux de bois qui estoient neccessaire pour enchappeller les estapes[79] dicelle haye et de mettre IIII autres chappeaux, chacun chappeau de XXXII piez de lont par dessus ycelle haye pour lier au ferure ensemble les estappes qui sont de hors et dedens de la dicte haye.

Item de mettre VI autres chappeaux, IIII chacun de XVI piez et les II autres de XII piez par dessus les estappes qui sont ferues au pie de la tour de la dite chaienne lequel marche fut baillé de presend dernier a Guillaume le Manseau charpentier pour le faict bien et proufitablement en la somme et manière et somme soutenu est en mandement desdits commissaires pour la somne de XXXV l.t. a rabes[80] et fut rabesse pour Jehan Chatel charpentier de C s.t. et mis a XXX l.t.

Item fut rabessé par Jehan du Creux de LX s.t. et mis a XXVII l.t. auquel demoura le marche comme au devoir rabesserais pour ce audit du Creux par mandement desdiz commissaires avec certification à Jehan Ynboir et Jehan Charette visiteurs des dicts ouvres d'Angiers fait ledit marché et quictance dudit Jehan du Creux cy rendu a XXVII l.

2
27 août 1415

Marché passé avec le maçon Gervaise Artus pour reconstruire et adapter à l'artillerie la tour de la Haute-Chaîne tout comme la courtine (Arch. mun. Angers, CC3 fo 161 v° et 162 r°-v°)[81].

Le XXVIIe jour d'aoust l'an mil IIII^c et XV fut fait marché par messieurs du consoil du roy de Sicile, duc d'Anjou estans en la chambre des comptes a Angiers ouquel estoit monsieur l'evesque d'Angiers, monsieur de Saint Aubin, monsieur le juge d'Anjou, maistre Gilles Buynard, Pierres Bricovan et par monssieur le cappitaine et lieutenant de la ville d'Angiers, commissaires sur le fait de la clouaison de la dicte ville en la presence de Guilleaume Lemarié, Collas Sabbart et Jehan Lemoine, viseteurs des euvres de la dite ville et plusieurs des bourgois et habitans de la ville d'Angiers avecques Gervaise Artus macon que le dit Gervaise Artus a promis doit et tenu abatre touz les petiz murs avecques une petite tounelle de la grosse tour de la Haulte Chesne devers Recullee jucques au ras des gros murs neufs ou jucques a l'assiete du groux mur des poutres qui portent les souliveaux du premier hault estaige et de la fin de l'assiette de la saillie de la dicte petite tour et levera touz iceulx grox murs tout de neuf tout alentour de la dicte grosse tour d'espessour des ditz groux vieulx murs de XXIIII piez de hault a comptez depuis les ditz gros murs neufs a machecolez et sera ladite tour voustée par dessuz a tiers point[82] et couverte d'entablemens par dessus a double joint assis assiment et y aura deux gargoulles a giter l'eau loing du pié de la dite tour s'ilz y faillent.

Item pour ce qu'il y a une eschalle[83] a dessendre en l'estaige ou est la fermeure des chesnes y sera faicte, vouste, bonne et competante a porter dessus ledit groux mur et sera fait huisseries pour entrer et yssir de la dicte tour voultees es lieux ou ils seront neccesseres.

Item sera comprinse en l'espace dudit gros mur de ladicte tour a l'entrée d'icelle a destre une eschalle voultée pour monter sur les haux hestaiges d'icelle tour et jusques sur la voulte et sera couverte et voultée par dessus en telle manière que l'en ne puisse cheoir en la dite eschalle et au dessus y aura une huisserie fermante.

Item un suzerain estaige[84] desoubz la dite voulte une cheminee en l'espace du groux mur ou elle sera plus prouffitable.

Item y aura prins bocetes[85] de macheleys chacune de troys piez[86] de large tout environ la dite tour et petiz murs qui seront d'un pié et demi d'espays et de six piez de hault prins, d'un pié et demi plus bas que les ditz grox murs sur les dits boces de machecoleys de la dite tour pour le mains et dedans l'espace desditz petitz murs sera comprins la plus grant partie des eschaudoueres ainssi et par la manière que elles sont es murs de Boysnet davant la tour de la Chesne Saint-Laurens et aura es ditz petiz murs, creneaulx, pilliers, arbalaitrieres ous ilz sont necesseres comme es autres murs neufs de la ville et s'il y fault cannonieres y seront faictes la ou il sera regardé par les commissaires et y aura sur la voulte de la dicte tour une loge a faire le guet.

Item ou premier estaige comme l'en entre en la dicte tour y sera fait arballaitrieres ou ilz seront neccesseres et au bas et chacune arballaistriere sera fait une canonniere de tuffeau et en oultre sera fait canonnières et arballaitrieres et autres choses neccesseres de maconnerie ou ilz seront neccesseres par l'ordronnance des commissaires.

Item sera fait la dicte tour recepee clotee par dehors et par dedans bien prouffitablement et pour serve de mortier de chaux et de sable par dehors a heriçon et par dedans ou soverain estaige et ou elle sera voultee.

Et fera et fournira ledit maczon de toutes choses a ce neccesseres a ses despens et fera la dite besoigne bien et prouffitablement de bon mazereau a bon mortier de chaux et de sable et a ses perilz pour la somme de III^c l.t. que l'en lui sera tenu poier en faisant ladite besoigne et auxi luy sera l'en tenu franchir ses matieres ainssi ainsi qu'il est accoustumé et rendre ladite besoigne preste dedens [un blanc]. Obligation hostagier rendre.

F° 185 v°
Décembre. 1415

A Gervaise Artus maczon pour un marche et convenant a lui baillé par les dits commissaires et visiteurs en la presence de messeigneurs les gens du conseil et des comptes du roy de Sicile et de plusieurs des bourgois et habitans de la dite ville de abatre tous les petis murs estans sur les groux murs pres la tour de la chaienne dans Reculée avecques une petite tourelle estan en la dite tour jusque au bas desdis grox murs et sur yceulx et en la dite tour maçonnes et haulx de groux murs de XXIIII piez de hault et par dessus petiz murs a macoulleis a crainaux, arballestriers et eschaudoueres avecques une voulte en la dite tour et autre ouvraiges contenus au devis suic fait dudit mestre par moy a que le dit maczon sera tenu fournir de toutes fournir de toutes matieres a lui necessaires pour la somme de III^cXXX s.t. pour ce a lui par mandement dedits commissaires et quittances dudit Artur...

III^cXXX s.

3
4-16 août 1743

Extrait du procès-verbal de visite des parties de l'enceinte d'Angers près de la Maine fait par Etienne Petiteau, lieutenant du baillage et présidial de Tours à la suite d'une demande de l'intendant de la généralité de Tours.

(Arch. dép. Maine-et-Loire, C 220)

Porte Cupif

En entrant dans la ville par la porte Cupif[87] il se trouve à main droite de ladite porte plusieurs batiments appellés vulgairement le boulevart du port Ayrault[88], lesquels batimens paroissent avoir été construits en differents temps et sont bornés du costé du nord par un canal d'eau de la rivière de Mayne qui a été construit en cet endroit pour la commodité de la ville, les eaux duquel canal passent sous une arche qui est au devant de ladite porte Cupif et ayant examiné les batimens qui ont esté construits sur ledit boulevart, nous avons reconnu qu'ils sont occupés par différents locataires qui nous ont déclarés les tenir à loyer de Louis douzieme... Ce fait lesdits sieurs maire et échevins nous ont prié d'observer.

1° Que dans le mur du boulevard du port Ayrault atenant ladite porte Cupif du coté droit on y voit les armes de la ville et celles du sieur Pierre Taulpier qui estoit maire de la ville en 1522 et 1523 ce qui fait juger que ledit boulevard a esté construit aux depens de ladite ville.

2° Qu'au au dessus de ladite porte Cupif sont les armes du roy, celles de la ville et celles du sieur Cupif de Teildras qui en etoit pour lors maire, avec une incription qui prouve que ladite porte a été construite en l'année 1672 par les soins dudit sieur Cupif de Teildras, ce qui donne pareillement lieu de croire que c'est aux frais de la ville que cette construction a e été faite, de meme que celle de l'arche qui a eté construite au devant de ladite porte.

3° Que ladite porte menace ruine estant surplombée de dix huit pouces sur sa hauteur qui en est de vingt quatre pieds et qu'à coté d'icelle il se trouve une breche de la longueur de dix neuf toises sur quatre toises de haut reignant du costé de la ville, laquelle breche lesdits sieurs maire et échevins prétendent avoir été causée par l'innondation des eaux qui ont fait ébouller le mur, et nous ont au surplus fait remarquer que les murs et tours qui renferment la ville et les fossés depuis ladite porte Cupif jusqu'à celle de Saint-Michel sont en bon etat de reparations...

Basse Chaine

...Ce fait avons passé la rivière de Mayne dans un bac et remarqué que ladite riviere est traversée par une chaine de pieux qui ont été piqués et frapés dans l'eau pour la conservation des droits du roy n'y ayant qu'une voye du coté du chateau pour la navigation et passage des bateaux laquelle chaine de pieux lesdit sieurs maire et echevins nous ont dits avoir été faite et etre entretenüe a leur depens.

Et etant arrivé de l'autre costé de ladite riviere, nous avons reconnu que sur le bord d'icelle est un bastion et une tour nommée la tour Guillou qui se joignent l'un et l'autre, au pied de laquelle tour est un terrain renfermé de murs au dedans de la ville, lequel terrain lesdits sieurs maire et echevins nous ont dit faire partie de la place de la Savatte...

Avons remarqué que le mur qui conduit depuis ladite tour Guillou en montant du coté de la porte Saint-Nicolas jusqu'au cabinet du sieur Janneau[89] est percé de dix arcades[90] que lesdits sieurs maire et echevins nous ont dit avoir été construites a leur depens pour faciliter l'ecoulement des grandes eaux, lesquelles arcades sont grillées et fermées par des grosses barres de fer pour empecher les fraudes et conserver les droits du roy[91] lesquelles grilles de fer ils pretendent egallement avoir été faites et etre entretenües aussy bien que les arcades a leur depens, lesquels murs arcades et grillages de fer nous ont paru en bon etat.

Ensuitte et sur les meme murs de ville est un petit cabinet et une petite maison construits en partie sur les dits murs et en partie sur une petite tour, sur lequel mur des deux cotés de la maison il y a deux parteres, et le long de ladite muraille en dedans de la ville est un jardin, lesquelles choses sont actuellement possedée par le sieur Hugues Janneau medecin en cette ville...

Avons aussy remarqué que les murs qui portent la maison, cabinet et parteres cy dessus enoncés sont egallement percés, et qu'il y a été construit quatre arcades qui sont grillées de grosses barres de fer pour l'écoulement des grandes eaux et la conservation des droits du roy, lesquels grillages de fer ainsy que les arcades lesdits sieurs maire et echevins pretendent avoir été faits et etre entretenus a leurs frais... les arcades, grillages et autres ediffices dont est cy dessus parlé paroissent avoir esté faits il y a plusieurs siecles et dans des temps si reculés qu'il n'est pas possible de scavoir precisement par qui la depense en a été faite... il n'est pas douteux que lesdites arcades et grillages n'ayent été fait à leurs depens etant d'une construction moins ancienne que lesdits murs de la ville...

En suivant les murs de laditte ville du coté de la porte Saint-Nicolas est une maison batie sur un plate forme etant a coté d'une ancienne porte appellée Saint-Nicolas[92] et qui se trouve a present obstaclée et bouchée par un mur et sur laquelle porte il a egallement été construit quelques batimens par les dits auteurs du nommé Edain qui en jouit actuellement...

[Haute Chaine]

Et etant arrivé sur la rivière de Mayne nous avons descendu une partie de ladite riviere et rentré le long des murs de ladite porte Lyonnoise pour arriver a une grosse tour et boulevart y attenant appellée vulgairement la tour et boulevart de la Haute Chaine[93], ou etant nous avons remarqué que lesdits tour et boulevart sont en bon etat de reparation et qu'il a esté pratiqué dans ledit boulevart plusieurs apartemens dans lesquels nous sommes monté par un degré de pierre d'ardoise qui paroit avoir été nouvellement reparé, desquels apartements la majeure partie est occupée par le receveur des aydes... et le surplus est occupé par la veuve Girard qui fait la recette de la simple cloison et autres droits... laquelle tour est couverte d'ardoise et le boulevart couvert en terrasse de pierre de Rairie.

De l'endroit cy dessus sommes repassés de l'autre costé de la ville et arrivés du coté de la porte Cupif et remarqué en passant ladite riviere de Mayne qu'il a été batu au travers de ladite riviere et de l'un à l'autre bord une chaine de pieux qui s'élève au dessus de l'eau pour la conservation des droits du roy dans laquelle chaine il a cependant été laissé deux voyes[94] pour le passage des batteaux, lesquels pieux lesdits sieurs maire et echevins nous ont dit avoir été mis et entretenus a leurs frais.

[Pont des Treilles]

...il y a encore dans l'interieur de ladite ville et sur le bord de ladite riviere de Mayne une tour appellée la tour du Barreau[95]...

Etant au pied de la tour de la Haute Chaine nous avons remarqué un ancien mur de ville qui servoit autrefois de cloture qui règne le long du quay de Saint-Jean depuis ladite Haute Chaine a venir se rendre a une porte qui va de la rue Saint-Jean sur la riviere, ladite porte appellée la porte Neuve, sur laquelle porte sont les armes de la ville laquelle a été batie et est entretenue aux frais de la ville ainsy que les sieurs maire et échevins nous l'ont déclaré.

Dans ledit ancien mur il a été pratiqué une porte pour aller sur la riviere pour l'exploitation de la maison des enfants Mondain... Plus avons aussy remarqué qu'il a été acordé à Martin Besnard un terrain le long desdits murs de la ville en dedans de trente pieds de longueur et de douze pieds de largeur et que dans ledit mur il a e été fait une ouverture de porte[96]... lequel terrain il a été construit des batiments[97]... tant par l'hôtel-Dieu que par d'autres particuliers pour raison de quoy ils ne payent aucunes redevances à l'hotel de ville.

Depuis ladite porte Neuve jusqu'à une grosse tour appellée la tour de Barreau il y a une continuation d'anciens murs d'environ trente pieds de longueur, dans laquelle tour qui est sur le bord de la rivière il a été pratiqué des logemens aux depens de la ville ainsy que nous l'ont declaré lesdits sieurs maire et echevins a coté de laquelle tour et sur la riviere est une arche qui en depend sur laquelle arche (qui sert de passage pour aller aux anciens moulins de l'abbaye de Ronceray[98]) il y a des batimens aussy construits par la ville...

...Nous sommes transportés avec les parties sur les pons des Treilles ou etant arrivés avons procedé à la continuation du present proces verbal ainsy qu'il suit.

Nous avons traversé trois arches dudit pont au bout desquelles nous avons remarqué du coté droit une espece de fortiffication qui s'avance dans la riviere, sur laquelle fortiffication il a été construit plusieurs batimens et entre autre des lieux communs[99] pour l'usage des habitants du voisinage, lesquels lieux communs avec une petite chambre de maison sans cheminée y joignant...

[Boisnet]

De là sommes transportés dans la rüe de la Romaine, qui donne d'un bout, au bout des ponts des Treilles, et de l'autre bout a la rüe de la Roé, ou nous avons remarqué qu'il y a plusieurs maisons et appartenances a differents particuliers, que les sieurs maire et echevins nous ont dit avoir été réedifiées sur des anciens batimens et terrains le long de la rüe du coté des murs de ladite ville, lesdits anciens batimens apartenant cy devant a la ville... lequel mur fait la separation de laditte rüe de la Romaine d'avec la place de Boinet...

De là, sommes entrés dans une rüe que lesdits sieurs maire et echevins nous ont declaré s'appeler la rüe de Boinet à l'entrée de laquelle et au bout des ponts des Treilles est une porte que lesdits sieurs maires et échevins nous ont dit avoir été construite aux depens de la ville en 1636 laquelle année se trouve inscrite au dessus de ladite porte et sur laquelle porte ont en relief les armes du roy, de la ville et du maire lors en exercice, ladite porte a present nommée la porte Gaultier alias de Boisnet[100].

...les limites de la place Boisnet en sa longueur sont d'un bout du midy a la porte Gaultier touchant les ponts des Treilles, et de l'autre bout au nord au boulevart Saint-Serge et au canal Ayrault ce qui comprend les maisons et magasins construits depuis laditte porte Gaultier jusqu'au dit boulevart Saint-Serge et adossé contre l'ancien mur[101] qui separe la ville d'avec ladite place Boisnet.

...que lesdits sieurs maire et echevins sont convenus comme ils conviennent encore que laditte place avoit été augmentée par des terres qui y ont été rapportées a grands frais et qu'ils avaient faict dececher ladite place de Boisnet par plusieurs caneaux qui leur ont cousté des sommes considerables...

NOTES

1. Rabelais, *Œuvres complètes*, texte établi et annoté par Boulenger Jacques et revu par Scheler Lucien, Paris, Gallimard, 1955, p. 184 (Bibl. de la Pléiade). À noter que Rabelais n'indique qu'une chaîne à Angers au lieu de deux. À Lyon, il y en avait 3 sur la Saône. Paris que Rabelais connaît pourtant n'est pas cité pour ses deux chaînes prolongeant l'enceinte de Philippe Auguste.
2. Ce nom ne remonte qu'à la fin du xixe siècle. La plus ancienne mention relevée se trouve dans *Le vrai guide illustré de l'Anjou et de l'exposition nationale d'Angers*, Angers, L'Écho de l'Anjou, 1895, p. 63. Elle fut « débaptisée... de par le bon plaisir d'un reporter », selon Auguste Michel (*Revue de l'Anjou*, 1909, t. lix, p. 154). La tour de la Haute-Chaîne ne peut être assimilée à la tour Salvert du nom du ministre protestant qui y a trouvé la mort en 1562, contrairement à ce qu'affirme Port C., *Dictionnaire historique, géographique et biographique de Maine-et-Loire*, éd. revue, Angers, Siraudeau, 1996, t. 4, p. 282. La description du chroniqueur Jean Louvet (*Revue de l'Anjou*, 1854, 3e année, t. 1, p. 263) correspond à une tour plus éloignée de la Haute-Chaîne et facilement accessible. La tour Salvert se rapporte vraisemblablement à celle près de la rue des Greniers Saint-Jean, itinéraire qu'a dû emprunter Salvert en quittant Saint-Laurent ou le cimetière des pauvres, alors lieu de culte réformé.
3. Pour les premières vues d'Angers nous nous permettons de renvoyer à Comte Fr., « Nouvelles recherches sur les premières représentations d'Angers (xvie-xviie siècle) », *Archives d'Anjou*, 1997, n° 1, p. 31-53.
4. Les registres de la cloison conservés aux Archives municipales d'Angers débutent en 1367. Sur cet impôt, voir Rousseau A., « La cloison d'Angers à la fin du Moyen Âge. Le système financier angevin avant la création de la mairie », *Archives d'Anjou*, 2003, n° 7, p. 45-57.
5. Cussonneau Ch. et Courant H., « La chaussée et le pont des Treilles », *in* Biguet O et Letellier D. (dir.), *Les ponts d'Angers*, Paris, Éditions du Patrimoine, 1998, p. 98-135, coll. « Cahiers du patrimoine », n° 49.

6. COURANT H., *La Maine à Angers de 1450 à 1720. Organisation de l'espace et enjeux du paysage d'une rivière urbaine*, université d'Angers, mémoire de DEA d'histoire, 1998, dactyl.
7. ROUSSEAU A., *La troisième enceinte d'Angers d'après les comptes de la cloison (1367-1447). Étude des chantiers de fortification*, université d'Angers, mémoire de maîtrise d'histoire, 2002, dactyl.
8. MALLET J., « Les enceintes d'Angers », *Annales de Bretagne*, 1965, t. 72, p. 237-262.
9. Pour les plans de ces enceintes, voir COMTE Fr., « Angers, la cité et ses abords », *in* GAUTHIER B., ZADORA-RIO É. et GALINIÉ H., *Village et ville au Moyen Âge : les dynamiques morphologiques*, Tours, Presses Universitaires François-Rabelais, 2004, t. 2, p. 175.
10. Arch. diocésaines Angers, 2AA2.
11. Voir COMTE Fr., « L'enceinte gallo-romaine d'Angers devenue clôture canoniale : transformations, adaptations et déclassement d'une fortification (XIIIe-XVIe siècle) », *In situ. Revue des patrimoines*, n° 16 (2011), [en ligne] mis en ligne le 27 juin 2011.
12. *Id.*
13. ESPINAY G. d', *Les enceintes d'Angers* (extrait des Mémoires de la Société d'agriculture, sciences et arts d'Angers), Angers, Lachèse, Belleuvre et Dolbeau, 1875, p. 20.
14. C'est assurément un appareillage proche de ceux datés du Xe siècle qui s'inscrit sans doute dans les travaux de fortifications de ce comte, BACHRACH B. S., « Geoffroy Greymantle count of the Angevins, 960-987 : a study in french politics », *Studies in Medieval and Renaissance history*, 1985, n° 17, p. 4-9.
15. LE NEZET-CÉLESTIN M., *1982, Angers. Fouille de sauvetage quartier République*, rapport de fouilles, Angers, 1985, dactyl.
16. Plan dans COMTE Fr., « Angers. La cité... », *op. cit.*
17. Plan des ports au XIIe siècle dans *Parcours Histoire d'Angers de la préhistoire à nos jours. Guide de visite*, Angers, musée des Beaux-Arts, 2006, p. 47.
18. THORODE L.-M., *Notice de la ville d'Angers*, Éd. Émile Longin, Angers, Germain et Grassin, 1897, p. 14-17.
19. GUÉRY A., *Angers à travers les âges. Description historique et topographique*, Angers, Siraudeau, 1913 ; réimp. 1979, p. 38.
20. ESPINAY G. d', *Les enceintes...*, *op. cit.*, p. 32.
21. COMTE Fr., « Le Grand pont », *in* BIGUET O et LETELLIER D. (dir.), *Les ponts d'Angers*, *op. cit.*, p. 55.
22. MALLET J., *Angers, le château (Maine-et-Loire)*, Nantes, Inventaire général, 1991, p. 38, coll. « Images du patrimoine », n° 87. Ce nom ancien est mentionné en 1592 dans les archives notariales Grudé transcrites par J. Mallet (Arch. dép. Maine-et-Loire E 4266). Je remercie Emmanuel Litoux de m'avoir signalé ce texte ainsi que pour ses remarques et corrections sur l'ensemble de ce texte.
23. MALLET J., « L'enceinte... », *op. cit.*, p. 250.
24. Pour Paris : ANDIA B. de (dir.), *Les enceintes de Paris*, Paris, Action artistique de la ville de Paris, 2001. Pour Lyon : DALLEMAGNE Fr. et FESSY G., *Les défenses de Lyon : enceintes et fortifications*, Lyon, Éd. Lyonnaise d'art et d'histoire, 2006.
25. *Id.* et pièce justificative n° 3.
26. Un texte de 1447 évoque une « vieille tour » au boulevard Saint-Serge, Arch. mun. Angers, CC 4, f° 15 r°.
27. COURANT H., *La Maine...*, *op. cit.*, p. 88.
28. *Id.* et Arch. mun. Angers, CC 3, f°s 2-3.
29. LOUVET J., « Journal ou récit véritable de tout ce qui est advenu digne de mémoire... », *Revue de l'Anjou*, 1854, 3e année, t. 2, p. 153.
30. COMTE Fr., « Reconstruction de quatre types de bâtiments hospitaliers à Angers (XIIe-XIIIe siècles) », *in* JUHEL V. (dir.), *Hôtels-Dieu et pèlerins sur les chemins de saint Michel*, Vire, Les chemins du Mont-Saint-Michel, 2008, p. 67-94.
31. RAVALET R., « Le quartier des halles d'Angers au XVIe siècle : installation, développement et dynamique d'un nouveau centre administratif », *Archives d'Anjou*, 1998, n° 2, p. 65-66.
32. Cité par ROUSSEAU A., *La troisième enceinte...*, *op. cit.*, p. 161. Des pieux sont régulièrement battus dans le lit de la rivière, Arch. mun. Angers, CC 3, f° 25.
33. *Id.* Sur les chaînes de port voir ZEDAR B. Z., « Prolegomena to World history of harbour and river chains », *in* GERTWAGEN R. et JEFFREYS É. (dir.), *Shipping, Trade and Crusade in Medieval Mediterranean. Studies in honor of John Pryor*, Farnham, Ashgate, 2012, p. 3-38. Je remercie B. Zedar, grâce à l'entremise de N. Faucherre, de m'avoir permis de consulter cet article avant publication.

34. Le terme de Boisnet a glissé géographiquement de l'île Saint-Jean à la douve de la Sécherie. CUSSONNEAU Ch. et COURANT H., « La chaussée et le pont des Treilles », *op. cit.*, p. 121.
35. Arch. mun. Angers, CC 3, f° 22. Pour les fondations on utilise des pieux provenant des bois de Guinezert (com. Beaucouzé).
36. PORT C., *Inventaire analytique des archives anciennes de la mairie d'Angers*, Paris-Angers, Dumoulin et Cosnier et Lachèse, 1861, p. 326-328. Voir également l'analyse de DURANDIÈRE R., « À propos de quelques canonniers angevins : contribution à l'étude de l'artillerie à poudre en Anjou à la fin du Moyen Âge », *Archives d'Anjou*, 2008, n° 12, p. 55-67.
37. Texte de 1417 publié par LEBRUN Fr., *L'histoire vue de l'Anjou (987-1950), recueil de textes d'histoire régionale*, Angers, Siraudeau, 2e éd., 1983, t. 1, p. 58.
38. Arch. mun. Angers, CC 3, f° 173 v°, cité en dernier lieu par ROUSSEAU A., « La cloison d'Angers... », *op. cit.*, p. 48.
39. *Id.*, CC 3, f° 173 r°.
40. *Id.*, CC 3, f° 2.
41. *Id.*, CC 3, f°s 81, 178, *passim*.
42. *Id.*, CC 3, f° 16 r°.
43. ROUSSEAU A., *La troisième enceinte...*, *op. cit.*, p. 119.
44. Date déduite d'après les travaux effectués en bord de Maine et dans ROUSSEAU A., *La troisième enceinte...*, *op. cit.*, p. 65-69.
45. DURANDIÈRE R., « À propos de quelques canonniers... », *op. cit.*, p. 56.
46. CUSSONNEAU Ch. et COURANT H., « La chaussée et le pont des Treilles », *op. cit.*, p. 125-127.
47. PÉAN DE LA TUILLERIE J., *Description de la ville d'Angers et de tout ce qu'elle contient de plus remarquable*, nouv. éd. PORT C., Angers, Barassé, 1869, p. 387, note 1. Voir aussi la pièce justificative n° 1.
48. Texte et cliché dans CUSSONNEAU Ch. et COURANT H., « La chaussée et le pont des Treilles », *op. cit.*, p. 126-127.
49. Bail du 6 décembre 1577, Arch. dép. Maine-et-Loire, 1 Hs B 221, f° 94, cité par COURANT H., *Le pont des Treilles à Angers sous l'Ancien Régime*, université d'Angers, mémoire de maîtrise d'histoire, 1994, p. 24, dactyl.
50. ROUSSEAU A., *La troisième enceinte...*, *op. cit.*, p. 149.
51. *Id.*, p. 23, note 40.
52. Observation à l'occasion d'un sauvetage urgent sur l'enceinte en 1989.
53. Pièce justificative n° 3.
54. Arch. mun. Angers, CC 3, f°s 29-30.
55. Sur la construction de l'enceinte de Saint Louis, voir COMTE Fr., « L'enceinte d'Angers (XIIIe siècle) et son impact sur l'espace urbain », *in* PEDUTO P. et SANTORO A. M. (dir.), *Archeologia dei castelli nell'Europa angioina (secoli XIII-XV)*, Florence, All'Insegna del Giglio, 2011, p. 77-78.
56. Arch. mun. Angers, CC 3.
57. CHAVE I., *Les châteaux de l'apanage d'Alençon (1350-1450)*, Alençon, Société historique et archéologique de l'Orne, 2003, p. 133-134, coll. « Mémoires et documents », n° 4.
58. COMTE Fr., « Vue des environs de la Turcie près de Reculée à Angers », *in* LE NOUËNE P. et DUPRAZ-PLANTIVEAU C. (dir.), *Jean-Jacques Delusse (1758-1833), La Loire et l'Anjou*, Angers - Chateauneuf-sur-Loire, Musées d'Angers et Musées de la Marine de Loire, 1998, p. 98-100 et fig. 8.
59. GUÉRY A., *Angers...*, *op. cit.*, p. 107.
60. Arch. mun. Angers, CC 3 et CC 2, f° 12.
61. ROUSSEAU A., *La troisième tour...*, *op. cit.*, p. 156.
62. *Id.*, CC 3, f° 12 ; CC 4, f° 189 v°.
63. *Id.*, CC 3, f° 159 r°.
64. Sur le boulevard comme ouvrage porteur d'artillerie, voir les remarques de FAUCHERRE N., « Barbacanes, boulevards ravelins et autres demi-lunes ; inventaire incertain », *in* DUCOS J.-H. (dir.), *Aux portes du château. Actes du 3e colloque de Castellologie*, Flaran, Centre de Castellologie, 1989, p. 105-115.
65. Construction précoce si on la compare à l'un des exemples les plus proches, la tour Boucle au Mont-Saint-Michel édifié en 1480. Mais les tours à éperons sont connus dès la fin du XIIe siècle. Elles peuvent flanquer les portes comme à la Fère-en-Tardenois en 1206. Voir MESQUI J., *Châteaux et enceintes de la France médiévale*, Paris, Picard, 1991, t. 1, p. 303-304.

66. Les travaux commencèrent en décembre 1446 (Arch. mun. Angers, CC 4, f° 1). Une partie des pierres provenait de la perrière du collège de la Fromagerie comblée en 1454. L'inscription en vers gravée sur un tuffeau indiquait une construction de 1448 à l'initiative de Louis de Beauvau sénéchal d'Anjou (PÉAN DE LA TUILLERIE J., *Description*..., *op. cit.*, p. 529, note 2).
67. Arch. mun. Angers, CC 4, f°s 1, 9, 25...
68. COMTE Fr., « Reconstitution... », *op. cit.*, p. 84.
69. Arch. mun. Angers, CC 4, f° 121 v°.
70. *Id.*, CC 3, f° 201 ; CC 4, f°s 1-2, 16 ; CC 7, f°s 62 r°, 69-71. Des canonnières sont installées dans la « chambre » en 1480 (*id.*, CC 7, f° 47 r°).
71. MALLET J., *Le château*..., *op. cit.*, p. 32.
72. ENGUEHARD H., « La tour de la Basse-Chaîne (découverte provisoire d'un ouvrage fortifié du XVIe siècle) », *Mémoires de l'Académie des sciences, belles-lettres et arts d'Angers*, 1962, 8e série, t. 6, p. 30-33, et « Une découverte fortuite : la tour de la Basse-Chaîne », *Le pays d'Anjou*, 1962, n° 2, p. 20-22.
73. RAVALET R., « Le quartier des halles d'Angers au XVIe siècle : installation, développement et dynamique d'un nouveau centre administratif », *Archives d'Anjou*, 1998, n° 2, p. 66.
74. *Id.*
75. COMTE Fr., « Angers, vue de Saint-Serge, prise de la Haute-Chaîne, 1820 », *in* LE NOUËNE P. et DUPRAZ-PLANTIVEAU C. (dir.), *Jean-Jacques Delusse (1758-1833), La Loire et l'Anjou*..., *op. cit.*, p. 97-98.
76. BERTHE J.-A., « Plan des portes et forteresses de la ville d'Angers », *in* GUÉRY A., *Angers à travers les âges*..., *op. cit.*, p. 106 et notice de BERTOLDI S. *in* LAURENT C. (dir.), *Trésor d'archives*, villes d'Angers, Brest, Nantes, Rennes, 1995, p. 63.
77. Haye : palissade de pieux.
78. Paux : pilotis
79. Estapes : pieux.
80. Le rabais obtenu passe de 35 livres à 27 livres tournois.
81. Je remercie Sylvain Bertoldi, directeur des Archives municipales d'Angers d'avoir bien voulu vérifier et corriger cette transcription.
82. Tiers point : voûte en ogive.
83. Eschalle : escalier de pierre.
84. Suzerain estaige : dernier étage.
85. Bocets : console pour les mâchicoulis.
86. Le pied correspond à 0,3248 mètres pour l'équivalence avec les mesures actuelles voir le commentaire dans le texte.
87. Cette porte a pris le relais de la porte Saint-Serge ou de la Sécherie condamnée à la fin du XVe siècle.
88. Ou boulevard Saint-Serge
89. Hugues Jouanneaux (1695-1761), médecin et membre de la Société des botanophiles, habite en 1743 rue Basse du Figuier. Il n'a qu'un cabinet sur l'enceinte.
90. Voir fig. 5 qui représente 11 arches au lieu de 10.
91. Il s'agit d'éviter que les bateaux passent hors les lieux de péage.
92. C'est l'ancien nom de la porte de la Tannerie qui sera bouchée au XVIe siècle.
93. L'association de la tour et du boulevard a créé des confusions dans les attributions de date de construction et dans la localisation de faits militaires.
94. L'une de ces voies marinières est devant la tour de la Haute-Chaîne et l'autre à l'entrée de la douve de la Sécherie près du boulevard Saint-Serge.
95. Cette tour est aussi appelée tour Saint-Laurent.
96. Cette porte se voit encore sur un dessin du XIXe siècle. Voir COMTE Fr., « L'enceinte d'Angers (XIIIe siècle)... », *op. cit.*, p. 82.
97. En marge : « En cet endroit lesdits sieurs maires et echevins ont declaré et fait observé que le surplus des murs avec le chemin de ronde ont esté ursurpés sur lesquels a esté construit des batimens ».
98. Ce sont les moulins du Barreau.
99. Ces latrines publiques ont été installées sur le terre-plein de l'île Saint-Jean, d'après cette description.
100. Porte percée en 1528 et refaite à l'époque où Jacques Gaultier, conseiller au présidial, est maire.
101. L'enceinte a été détruite dans ce secteur au XVIIe siècle. Voir PÉAN DE LA TUILLERIE, *Description*..., *op. cit.*, p. 387.

Le rôle des châteaux forts de la vallée de la Loire à la charnière des XVIe et XVIIe siècles

Au cours du Moyen Âge, de nombreux châteaux ont été construits directement en bordure de la Loire. Une position qui permettait à leurs détenteurs de contrôler la circulation des hommes et des marchandises sur le fleuve, et d'en tirer des revenus. L'objet de cette communication est de présenter le rôle de quelques-uns de ces châteaux à une époque tardive : la charnière des XVIe et XVIIe siècles. Les années 1589 à 1598 sont celles de la rébellion ligueuse du duc de Mercœur, gouverneur de Bretagne. Un épisode qui n'intéresse pas seulement la Bretagne, mais touche aussi le Maine et l'Anjou voisins. C'est en même temps l'époque où Henri IV conquiert son royaume les armes à la main. La période qui s'ouvre avec l'assassinat du roi en 1610 est une période troublée par les agitations des « Grands » et particulièrement du prince de Condé, contre la régence de Marie de Médicis. Elle voit ensuite la même Marie de Médicis, écartée du pouvoir, se rebeller contre son fils. En 1626, c'est la conspiration de Chalais contre Richelieu. Le cadre géographique de cette communication est la section de Loire allant des Ponts-de-Cé, aux portes d'Angers, jusqu'à Nantes. On sait que les progrès continus de l'artillerie à poudre rendent alors obsolètes, en théorie, les anciennes fortifications, malgré tous les efforts d'adaptation réalisés, notamment en Bretagne, vers la fin du XVe siècle. Pourtant les châteaux restent longtemps des enjeux stratégiques.

Ces fortifications dépassées, même si elles ne sont plus en mesure de soutenir le siège d'une grande armée moderne, ont encore un rôle militaire important. D'autant que les forces en présence disposent rarement de moyens d'assaut suffisants. Le soin mis à démanteler certaines de ces forteresses indique bien qu'elles n'avaient pas perdu toute valeur.

LES ENJEUX STRATÉGIQUES POUR LA DOMINATION DU PAYS ET LE CONTRÔLE DE LA LOIRE

Deux châteaux revêtent une importance stratégique particulière au cours de la période : Rochefort, en Anjou, et Ancenis, en Bretagne, distants d'une cinquantaine de kilomètres. Situé sur la rive gauche de la Loire, à une vingtaine de kilomètres en aval d'Angers, Rochefort va jouer un rôle de premier plan au temps de la rébellion du duc de Mercœur. Les Ligueurs s'y installent en 1590, sous le commandement des frères Saint-Offange. La position du château est forte et justifie son nom. Il est dressé sur un piton rocheux aux parois verticales et protégé par des fossés et, à l'époque, par la Loire. De là pendant des années, la garnison de Rochefort va piller le plat pays et incommoder Angers, tenu par les Royaux. En novembre 1591, par exemple, les soldats de Rochefort font une incursion au faubourg Bressigny, sous les murs d'Angers[1]. Rochefort est un poste avancé en Anjou pour le duc de Mercœur, qui voudrait bien s'emparer d'Angers.

En 1592, les Angevins obtiennent du maréchal d'Aumont, envoyé en Bretagne par Henri IV à la tête de ses troupes, la décision d'aller assiéger Rochefort. Ce sera un échec. À défaut de pouvoir se débarrasser des Saint-Offange et de leur garnison, les Royaux s'efforcent de les contenir. En 1593, Puycharic, le gouverneur du château fait construire des forts au Port-Thibault, près d'Angers et à Saint-Mathurin, pour empêcher les gens de Rochefort de « passer [traverser] la Loire » et y place des garnisons. Les soldats de Rochefort prendront d'assaut le fort du Port-Thibault, obligeant les Angevins à se retirer en l'incendiant[2]. Les Saint-Offange continueront leurs courses jusqu'à leur ralliement au roi en 1598. Celui-ci s'empressera d'accéder à la demande des Angevins de faire démolir le château.

Ancenis, en aval, représente aussi un enjeu stratégique important. Deux mémoires, rédigés vers 1590, et destinés au roi d'Espagne, montrent assez bien la valeur de la place[3]. Le premier, rédigé par le gardien du couvent des Cordeliers de la ville, est destiné à plaider auprès du roi d'Espagne la cause du duc d'Elbeuf, baron d'Ancenis, emprisonné à Loches depuis l'assassinat des Guises, ses cousins. La baronnie d'Ancenis lui vient de sa mère, petite-fille du maréchal de Rieux. Il s'agit d'obtenir du roi d'Espagne qu'il paie la rançon du duc.

> « Il y a en oultre, dit le mémoire, un chasteau tres fort et de telle consequence quil peult empescher tout le trafic de la riviere de Loyre, tant en ce qui descend en icelle de toutes les provinces de France que de ce qui y monte par le moyen de la mer et blocque et tient en bride les dites villes d'Angers et de Nantes, comme ne distant de Nantes que de sept lieues et de dix d'Angers. Ce que ont si bien consideré et considerent nos ennemis, qu'ils tachent par tous moyens à avoir lad. place. »

Le camp royaliste, assure-t-il, est prêt à offrir la liberté au duc d'Elbeuf contre la cession d'Ancenis.

Le contrôle de la navigation sur la Loire, évoqué par ce mémoire, est un enjeu considérable pour tous les partis. Il a d'abord un objectif militaire. En juillet 1589, par exemple, craignant une descente des troupes royales par la Loire, les Nantais prient le capitaine d'Ancenis de faire armer quelques bateaux pour les arrêter. Il s'agit aussi d'assurer la sécurité de la navigation commerciale, et d'en tirer des subsides à l'occasion. Le duc d'Elbeuf, une fois délivré, demandera aux États de Bretagne[4] la permission de « faire quelque levée en forme de pancarte sur aucunes marchandises passans au destroict de noz ville et chasteau d'Ancenis[5] » pour payer sa rançon et libérer sa fille, Claude Éléonore de Lorraine, qu'il a laissée en otage. Il réitérera sa demande plus tard auprès du roi, au cours des négociations préalables à son ralliement. Il se voit proposer le droit de lever un péage « sur ce qui passe par la rivière » à Ancenis, pour payer les 80 000 écus de la rançon[6]. La garnison de Rochefort peut intercepter, ou au moins gêner, la circulation sur le fleuve. En juillet 1590, par exemple, le convoi qui transporte par la Loire un canon destiné au siège de Chalonnes essuie canonnade et tirs d'arquebuse[7].

Le second mémoire, relatif aux mesures à prendre en Bretagne pour le service du roi d'Espagne, mentionne également le château d'Ancenis. Considérant que le duc de Mercœur n'est pas un allié sûr, l'auteur anonyme conseille aux Espagnols de prendre des points d'appui à Ancenis et à Nantes pour contrôler la région, surveiller Nantes, et tenir Mercœur en bride. Il faut :

> « Mettre garnison despaignols dans le chasteau d'Ancenys et lachepter du s^r duc d'Elbeuf, pour le redymer de prison, y establir officiers. Cella faict, de ceste place, lon peult commander à la campaigne jusques a Poictiers, à Angers, à Rennes et à Nantes. »

Ancenis est alors dans le camp ligueur. Le mémoire préconise également que les Espagnols s'emparent de la Villeneuve, près de Nantes, « qui commande la ville » et de la porte Sauvetout « qui respond a lad. Villeneufve », y mettent une forte garnison et en fassent « une cytadelle a linstard des aultres cytadelles que l'on faict aux villes dont lon se veult asseurer et prendre garde ». Projets chimériques, mais qui, dans le cas d'Ancenis, indiquent bien la valeur accordée à cette place.

Les deux camps tentent de s'assurer le contrôle de ces forteresses. Lorsque le prince de Dombes entame sa campagne militaire pour Henri IV au début de 1590, il marche vers le pays nantais, et vient assiéger Ancenis, qu'il ne parvient pas à prendre. L'objectif est de « resserrer Nantes déjà menacée par Blain, Derval et Clisson, châteaux royalistes[8] » et de contrôler la Loire. Après ce siège vite levé, la place passe pour avoir été tenue en neutralité. Cette neutralité pourrait être le résultat d'un arrangement conclu pour la levée du siège, comme l'affirme Ogée[9]. Autre hypothèse : elle aurait été une condition mise à la libération du duc d'Elbeuf, survenue en 1592. La manière dont s'effectue le paiement de la garnison indique un changement de camp entre 1591 et 1595 : en 1591, elle est à la charge des États de la Ligue. En 1595, elle relève des États royalistes[10]. Probablement parce qu'entre-temps, le duc d'Elbeuf a rallié Henri IV[11]. C'est, semble-t-il, en tant que « lieu de neutralité[12] » que la ville d'Ancenis est choisie en 1594 pour accueillir des négociations entre le camp royal et le camp ligueur. Ces conférences s'ouvrent au château en décembre 1594, sous la présidence de la reine Louise, veuve d'Henri III et sœur du duc de Mercœur. Elles n'aboutissent à rien, Mercœur ne cherchant qu'à gagner du temps. Suspendues au bout de quelques mois, elles reprennent à Chenonceaux, avant d'être interrompues définitivement. En 1597, Bourcany, capitaine d'Ancenis, qui tient la place pour le duc d'Elbeuf, désormais rallié au roi, fait volte-face et repasse dans le camp ligueur[13]. Mercœur récupère ainsi une place de première importance. L'année suivante, Bourcany, abandonne Mercœur aux abois et fait sa soumission au roi, contre des lettres d'abolition et de fortes indemnités[14].

Le château d'Ancenis va jouer de nouveau un rôle entre 1614 et 1626, et servir de point d'appui au duc de Vendôme dans ses prises d'armes contre le pouvoir royal. Ce fils naturel d'Henri IV, gendre du duc de Mercœur, possède la baronnie d'Ancenis, achetée au duc d'Elbeuf par les Mercœur en 1598 ou 1599[15]. Il a reçu à 4 ans, le gouvernement de Bretagne, retiré à son beau-père. Pendant une douzaine d'années, il participe à la plupart des intrigues dirigées contre la régente Marie de Médicis, puis contre Louis XIII, son demi-frère. À deux reprises (1614 et 1626), ces intrigues obligeront le roi à se rendre à Nantes pour réaffirmer son autorité devant les États de Bretagne, peu soucieux de seconder Vendôme dans ses entreprises.

En 1614, le duc s'apprête à suivre le prince de Condé, et quelques grands personnages qui ont quitté la cour et rassemblent des troupes. La régente le fait enfermer au Louvre. Il s'évade et gagne la Bretagne à cheval par des chemins détournés. Il se réfugie au château d'Ancenis, qui appartient à sa belle-mère, la duchesse de Mercœur, et où il pense être en sécurité. Il rassemble quelques fidèles et se fortifie en Bretagne, remettant notamment en état les murs d'Ancenis[16]. Après un accord avec les princes, Marie de Médicis lui rend le gouvernement de Bretagne, qu'elle lui avait retiré, mais il continue à s'armer. Devant son insoumission, la régente décide de venir elle-même à Nantes, avec son fils de 13 ans. Louis XIII fait étape au château d'Ancenis. Vendôme, qui s'y trouvait, a décampé à son approche et s'est réfugié dans sa ville de Lamballe, en Penthièvre. Les États de Bretagne se désolidarisent totalement du gouverneur, qui finit par se soumettre.

Les prises d'armes alternent avec les réconciliations. César de Vendôme reprend les armes dès 1615, s'installe au château de Champtocé, autre château de la vallée de la Loire, et menace de se jeter sur Nantes. Il masse des troupes à Ancenis, où la présence de ses soldats déclenche des épidémies meurtrières[17]. En décembre, Vendôme est déclaré criminel de lèse-majesté. Il se soumet après l'assassinat de Concini. Entre deux prises d'armes, il retrouve sa place auprès du roi. En octobre 1617, Louis XIII tient sur les fonts baptismaux, à Paris, le fils aîné de César de Vendôme[18]. Revenant à Nantes en avril 1622, le roi fait étape à Ancenis « maison de Vendôme », c'est-à-dire au château. César de Vendôme l'y reçoit et lui offre un festin « fort magnifique[19] ».

En 1626, César de Vendôme se trouve mêlé une nouvelle fois aux intrigues contre le pouvoir royal. La conspiration de Chalais commence comme une cabale contre le projet de mariage de Gaston, frère et héritier de Louis XIII, avec la duchesse de Montpensier. L'intrigue devient une véritable conjuration contre Richelieu, dont la vie est menacée. À sa tête se trouve Alexandre de Vendôme, le frère de César, grand-prieur de France de l'ordre de Malte. Comme en 1614, le roi décide de revenir en Bretagne affirmer son autorité. Le 13 juin, les deux frères Vendôme sont arrêtés. Le roi démet César de son gouvernement de Bretagne, cette fois définitivement. Louis XIII arrive à Nantes le 3 juillet. C'est l'épisode célèbre de l'arrestation et de l'exécution du marquis de Chalais, décapité le 19 août sur la place du Bouffay. Gaston se résigne à son mariage, célébré le 6 août. Les États de Bretagne obtiennent du roi l'exclusion perpétuelle des Vendôme et de leur descendance du gouvernement de la province. Ils obtiennent aussi la démolition du château d'Ancenis.

LES SIÈGES : ROCHEFORT, ANCENIS, LA POSSONNIÈRE, LA ROCHE-DE-SERRANT

Si les châteaux sont assiégés, c'est bien parce qu'ils ont encore une valeur militaire. À l'époque de la Ligue, les partisans de Mercœur et les Royaux vont se disputer les châteaux qui peuvent leur servir de point d'appui ou qui les incommodent. Sur la Loire, le château de La Roche-de-Serrant (La Roche-aux-Moines), tenu par les Ligueurs, est assiégé en décembre 1589 par le gouverneur du château d'Angers. Les Ligueurs se rendent « par composition ». Le siège d'Ancenis par le prince de Dombes en 1590 est mal connu. Le duc de Mercœur, d'après l'abbé Travers, avait renforcé la défense de la place en y faisant entrer des troupes[20]. « La forteresse était solide et les défenseurs sur leurs gardes », écrit Hervé Le Goff[21]. Le prince de Dombes lève le siège. En décembre 1591, Mercœur assiège le château de La Possonnière, tenu par une garnison royaliste. Il s'agit pour lui de soulager Rochefort. Le 25 décembre les garnisons des châteaux de La Possonnière et de La Roche-de-Serrant se rendent « par composition[22] ». On ne sait pas si La Roche-de-Serrant a été assiégée ou si l'exemple de La Possonnière a suffi à décider ses défenseurs à se rendre. Ces deux châteaux de la rive droite, pris et repris par les deux camps, sont de ce fait une menace pour le château de Rochefort, tout proche.

Le 15 septembre 1592 commence le siège du château de Rochefort, 30 ans après celui qui en avait délogé le capitaine huguenot Desmarais[23]. Le siège dure trois mois. Le château est canonné sans répit, notamment à partir du vieux château de Dieusie, situé sur un roc en face de Rochefort. Les assiégeants ouvrent une brèche, tentent l'escalade, mais sont repoussés. Finalement, les Royaux abandonnent la partie, à l'annonce que le duc de Mercœur est en train de lever une armée pour secourir Rochefort. Ils appréhendent de devoir se défendre à la fois contre cette armée et contre la garnison du château. Le 27 décembre 1592, après la levée du siège de Rochefort, les Ligueurs assiègent à nouveau La Possonnière et La Roche-de-Serrant, où se sont réinstallés les Angevins. Ils sont 2 000 Français et 4 000 Espagnols, conduits par le marquis de Belle-Île et don Juan d'Aguila. La Possonnière se rend « par composition » dès le lendemain. L'armée assiège La Roche-de-Serrant qui se rend le 30 décembre[24].

Beaucoup plus tard, c'est le château des Ponts-de-Cé qui subit un siège au cours de l'épisode resté célèbre de la « guerre de la mère et du fils ». Marie de Médicis, éloignée par son fils après l'assassinat de Concini, se rebelle à son tour contre le pouvoir royal. Les troupes des partisans de la reine-mère sont défaites par l'armée royale aux Ponts-de-Cé le 7 août 1620. Le château, tenu pour la reine-mère, résiste un jour de plus avant de se rendre avec les honneurs[25].

L'IMPORTANCE CRUCIALE DE L'ARTILLERIE

Le premier effet du canon est la dissuasion. Le 20 juillet 1590, le château de Chalonnes, pris par les Ligueurs en mars, se rend « par composition » à La Rochepot, gouverneur royaliste de l'Anjou, parce que « la place n'estoit suffisante pour résister au canon, et qu'il ne leur venoit aulcun secours ». À Champtocé, le 14 octobre 1591, les Royaux qui tiennent le château se rendent eux aussi par composition à Bois-Dauphin, lieutenant de Mercœur. Ils se sont laissé persuader de se rendre « après qu'il leur a esté monstré deux doubles canons et deux moyens pour battre ledict chasteau où ilz feroient de la résistance ». Le jour de Noël 1591, les châteaux de La Possonnière et La Roche-de-Serrant, tenus « pour le service du roy de Navarre[26] » se rendent aux Ligueurs par composition « de tant qu'on avoit mené quatre pièces de canon davant pour les battre, et se sont renduz d'apréhention que ceulx de dedans eurent que ledict seigneur duc de Mercœur leur fist comme il avoit faict à ceulx de Sainct-Florent ». Mercœur a pris Saint-Florent-le-Vieil une semaine plus tôt, avec l'appui de troupes espagnoles et n'a pas fait de quartier. Il a fait pendre 32 « huguenotz » avec le capitaine, « et le reste tué », et fait abattre toutes les défenses du bourg[27].

La dissuasion ne joue plus devant une place forte et bien défendue. Et dans cette guerre, l'artillerie n'est pas si abondante. Il faut souvent faire venir de loin les précieux canons. On fait appel aux arsenaux des grandes villes[28]. Mercœur avait ainsi obtenu en juin 1589, pour le siège de Vitré, 3 pièces de canons de la ville de Nantes. En mai 1589, le capitaine d'Ancenis, Bourcany se fait prêter par la municipalité de Nantes une pièce d'artillerie destinée au château d'Ancenis[29].

En mars 1590, les Angevins s'inquiètent de ce que « ceulx de la ville de Nantes avoient amené du canon à Rochefort ». Quand les Royaux assiègent Rochefort, à la mi-septembre 1592, 3 pièces de canons venues du château d'Angers sont amenées par la Loire. En levant précipitamment le siège au début de décembre, le maréchal d'Aumont abandonne bateaux, outils, boulets et approvisionnements. Mais il ramène à Angers le plus précieux : ses canons.

LES TRAVAUX DE FORTIFICATION

Les châteaux ont bien évidemment fait l'objet de travaux de fortification. On connaît les bastions qui furent élevés au château de Nantes par Mercœur. Une courtine y porte encore son emblème, la croix de Lorraine. Mais ailleurs, on a peu de traces de travaux. On relève une brève mention de travaux effectués au château des Ponts-de-Cé à l'automne 1591 : la construction d'un « grand fossé revestu de muraille du costé du jardin[30] ». Pendant le siège de Rochefort, les Royaux s'emparent d'un fort établi à l'extrémité du bourg Saint-Symphorien. Ce petit bourg fortifié s'élevait sur un rocher contigu à celui du château. Le fort avait peut-être été édifié par les Ligueurs. Ils l'avaient en tout cas renforcé par la construction d'une « plate-forme » (d'artillerie ?)[31]. Des travaux furent effectués à Ancenis à l'époque de la rébellion du duc de Mercœur. Quand Bourcany, le capitaine du château, négocie son ralliement au roi en 1598, il demande à être indemnisé, pour les dépenses engagées « pour fortiffier ce chasteau[32] ». Mais aucun document ne précise la nature et l'ampleur de ces travaux. L'énorme massif qui forme le Portail du château a subi à son sommet des remaniements dont une partie remonte peut-être à cette époque. Des ouvrages défensifs ont pu être édifiés sur la bordure extérieure des fossés[33]. Le démantèlement du château, les bouleversements postérieurs du site, en auront effacé la trace.

LES DÉMANTÈLEMENTS DE CHÂTEAUX

C'est bien parce que ces châteaux n'ont pas perdu toute valeur militaire qu'on s'emploie à les démanteler. Ainsi les rendra-t-on définitivement inutilisables. Les démantèlements ordonnés en temps de guerre, sur des châteaux enlevés à l'ennemi, ont souvent pour but de soulager des places voisines. C'est pour cette raison qu'au début de 1592, le capitaine du château de Rochefort, Hurtault de Saint-Offange, commence à faire « abattre et raser » les châteaux de La Possonnière et de La Roche-de-Serrant, sur ordre du duc de Mercœur[34]. Ces deux châteaux incommodent celui de Rochefort, tout proche. Il coûterait trop cher d'y placer des garnisons, et ils risqueraient à tout moment d'être repris par les Royaux. C'est d'ailleurs ce qui se produit. Quelques jours après le début des démolitions, les Angevins surprennent le château de La Possonnière.

Ils capturent les soldats qui s'y trouvent pour diriger les travaux, et y placent une garnison. À La Roche-de-Serrant, Mercœur a fait « misner et abattre » le château. Mais « pour la marcque dudict chasteau y auroit esté laissé encore ung peu du donjon d'icelluy » : même démantelé, le château doit conserver sa valeur symbolique. Le gouverneur d'Angers, Puycharic s'empare de ce donjon à demi ruiné. Il y installe une garnison, qui s'y fortifie. C'est pourquoi les Ligueurs assiègent à nouveau les deux châteaux à la fin de 1592 et reprennent leur démolition. On démolit le château de La Possonnière « par le pié ». La technique est classique. On sape les murs à la base, tout en les étayant avec « de gros billotz de bois pour faire tomber et abattre tout ledict chasteau tout à la fois et que laditte démollition fust plus prompte[35] ». Le 24 mai[36], le capitaine de Rochefort, accompagné de ses frères, fait mettre le feu aux étançons mais le château ne s'effondre pas. Il ne tombe qu'une tour « appellée la Tour du puiz ». Le 31, on fait tomber deux autres tours, et le 10 juin, les deux tours du portail[37]. Le château de Champtocé est lui aussi démantelé en 1591 « par les troupes de Mercœur à la sape et à la mine[38] ».

C'est une fois la paix revenue qu'intervient le démantèlement du château de Rochefort, après la soumission des Saint-Offange au roi, en 1598. Les Angevins, directement intéressés, ont réclamé cette démolition[39]. La garnison de Rochefort les a incommodés pendant des années. On démolit en même temps que le château les fortifications du bourg contigu de Saint-Symphorien, où les Saint-Offange avaient construit de nouvelles défenses. En attendant la fin des travaux, les Angevins se relaient pour garder le château, de peur d'une surprise. Et cela « jusques à ce que laditte démollition et ruisne feust entièrement faicte et mise en estat que l'on n'y puisse plus habiter, pour la conservation du pays ». Le 5 mai 1599, les notables de la ville d'Angers (maire, membres de la municipalité, lieutenant général, procureur du roi…) sont à Rochefort pour assister à la démolition du château, et surtout à la chute d'une « grosse tour appellée la tour du Fresne qui estoit dans ledict chasteau, proche du grand corps de logis et porte d'icelluy, laquelle a esté couppée par le pié par des maczons[40] ».

Malgré le démantèlement des fortifications, le château de Rochefort, avec sa position très forte, reste un sujet d'inquiétude pour les Angevins, dès que renaissent des troubles. En 1615, sur ordre du roi, ils placent des garnisons dans le bourg de Rochefort « pour enpescher que Monsieur le prince de Condé et les huguenotz, duquel il c'est allié, ne feissent fortiffier les vieilles places des vieux chasteaux dudict Rochefort et Dieuxye, proche dudict bourg », et « pour enpescher d'y mettre aulcuns gens de guerre ». Quelques jours plus tard, la décision est prise de faire « faire abattre et ruisner le chasteau de Dieuxye », de peur que les protestants « ne feissent fortiffier ledict chasteau sur les vestiges qui y restoient[41] ».

Quinze ans plus tard, la démolition du château d'Ancenis sanctionne les intrigues sans cesse recommencées du duc de Vendôme. Les États de Bretagne avaient demandé au roi la démolition des places fortes en Bretagne appartenant à la duchesse de Vendôme : Guingamp, Lamballe et Moncontour, dans le duché de Penthièvre, ainsi que le château d'Ancenis sur la Loire. Le roi la leur accorde. La duchesse de Vendôme avait hérité de ces places à la mort de sa mère, la duchesse de Mercœur, en 1623. Ce n'était pas la première fois que les États réclamaient la démolition des places fortes aux mains du duc de Vendôme et de ses partisans. En 1614, ils avaient demandé la démolition de 12 places fortes, dont celles de Lamballe et de Moncontour, et le désarmement du château d'Ancenis, ainsi que la suppression des octrois, qui avaient servi à fortifier la ville[42]. En 1616, ils réclamaient vainement la démolition du château d'Ancenis.

Cette fois, les États obtiennent gain de cause. Et cette mesure de circonstance est suivie d'une mesure de portée générale. C'est la Déclaration royale du 31 juillet, ordonnant que soient abattues les fortifications des places « non situées en lieu de conséquence, soit pour frontière ou autre considération importante, […] selon qu'il sera jugé necessaire pour le bien & repos de nos subjets, & de le seureté de cet Estat[43] ». Laurent Avezou a montré que cette politique vise d'abord la recherche d'économies par la suppression des garnisons inutiles, et ensuite seulement le maintien de l'ordre[44].

Le château d'Ancenis est condamné pour avoir servi de point d'appui aux entreprises frondeuses du duc de Vendôme. Les travaux de démolition commencent en novembre 1626. Ils se poursuivent au moins jusqu'à la mi-mars 1627. L'événement a un retentissement certain. Jean Louvet mentionne dans son Journal l'ordonnance royale et relate qu'en exécution de cette déclaration, « on a commencé à abattre et desmollir le chasteau de la ville d'Ancenys au mois de novembre ensuivant 1626[45] ». On en trouve aussi l'écho dans le Journal de Jacques Valuche, bourgeois de Candé : « En ce mois de décembre, le chasteau d'Ancenis a esté ruiné et abattu par le commandement du roy. Monsieur de Villeserin en avoit la charge qui y faisoit aller les paroisse par forsce. » Et cette note quelques mois plus tard : « Les forteresse du chasteau d'Ancenis achevé de razer[46]. »

Ces opérations de démantèlement, comme d'ailleurs les opérations de siège, nécessitent une main-d'œuvre abondante. On la réquisitionne dans les campagnes. En décembre 1591, Hurtaut de Saint-Offange, le capitaine de Rochefort, réquisitionne les hommes de toutes les paroisses autour d'Angers pour travailler à la démolition des châteaux de La Possonnière et de La Roche-de-Serrant[47]. Un an plus tard, à la fin de 1592, ce sont les Royaux qui réquisitionnent les paysans pour le siège de Rochefort. Louvet rapporte : « L'on a mené par force, davant Rochefort, grant nombre de paouvres laboureurs des champs pour faire des tranchées autour du chasteau et des platte-formes, par ordonnance de M. le prince de Conty. » Il évoque « les paouvres gens des champs et portefaix » emmenés de force à Rochefort en bateau pour travailler à « faire les aproches, barricades et planter les eschelle[48] ».

Pour la démolition du château d'Ancenis, les ordres du roi au capitaine Villeserin sont de réquisitionner les habitants des paroisses autour de la ville, pour les faire travailler tour à tour. Villeserin adresse ses « commissions et mandements », accompagnées des lettres du roi, aux recteurs des paroisses, qui les lisent au prône de la grand-messe dominicale. Une quinzaine de paroisses sont réquisitionnées. L'opération donne lieu à des brutalités et des exactions sans nombre de la part du capitaine et de sa petite troupe. La démolition du château se transforme en entreprise d'extorsion de fonds. Des plaintes sont déposées. L'affaire est évoquée par les États de Bretagne en 1628 :

> « Les paroissiens de Varades, Mesangé, Belligné, et autres de la Baronie d'Ancenis et autres voisins d'icelle [...] se plaignoient d'étre forcés il y a plus de dix huit mois de travailler à la demolition du château d'Ancenis et que pour cet effet on exercoit à l'encontre d'eux grand nombre de concussions, exactions et violences exprimées plus à plain par leurs requétes. »

Une enquête est ordonnée. 116 témoins viennent déposer tour à tour devant le magistrat dépêché à Ancenis par le Parlement[49]. D'après ces témoins, la violence était habituelle sur le chantier. Voici par exemple le témoignage de Jean Perier, laboureur de Mésanger, qui

> « a veu traiter avecq grande viollances et exceix de coups de baston ceux qui y estoient et entraultres remarques que le fils d'un nommé Briand de la dicte parroisse de Mésangers au village de la Barrière fust offancé jusques à effuzion de sang d'ung coup de pierre par ung des soldatz du dict sieur de la Villeserin ».

Jean Morin, laboureur de Varades, « a veu souventes foys le sieur de Villeserin et ses gens traitter à coups de baston et de hallebardes ceux qui y travailloient ». Ces violences, même si la soldatesque en est coutumière, ne sont pas gratuites. Elles visent à dégoûter les hommes de venir travailler, afin de les faire payer leur exemption. La méthode réussit parfaitement. Écœurés, les hommes préfèrent payer et ne plus revenir. Ce qu'explique Jean Rouxeau, laboureur de Mouzeil. Témoin de ces violences, frappé lui-même « d'ung coup de baston par le nommé la Masure » il pense « que lesdicts exceis estoient faictz à desseing de divertir les parroiessiens d'y retourner et ainsi tenir plus facillement de l'argent d'eux ». En même temps, les soldats de la garnison courent la campagne et brutalisent les défaillants pour les forcer à payer.

À la peur des coups s'ajoute celle des accidents. Le travail est dangereux. Le 13 mars 1627, un pan de muraille s'effondre sur les démolisseurs. Dix hommes du village de Mésanger meurent écrasés, dont les registres de sépultures ont conservé les noms[50]. Avec cynisme, le capitaine Villeserin tire argument de cet accident pour encourager les réquisitionnés à se dispenser de la corvée à prix d'argent, « leur donnant apréhantion des accidantz qui leur pouroit arriver soubz les ruines dudict chasteau ».

Le démantèlement des châteaux n'allait pas sans une indemnisation des propriétaires pour le préjudice subi. Henri IV dédommagera le duc de La Trémoille, propriétaire du château de Rochefort[51]. César de Vendôme sera indemnisé de la perte de ses châteaux bretons, mais plus de 20 ans après leur démantèlement. Le roi lui assigne le 19 juillet 1649, 300 000 livres d'indemnité, à payer par les États de Bretagne. Ceux-ci traînent des pieds pour exécuter la volonté royale. Ils finissent par accorder au duc, en 1651, 180 000 livres « en forme de gratification[52] ». Le mauvais souvenir laissé dans la province par les entreprises du duc de Vendôme explique sans doute pour partie la réticence des États.

LES CHÂTEAUX, LIEUX DE RÉSIDENCE, DE NÉGOCIATION, D'EXERCICE DE LA JUSTICE

Avant de terminer, il convient d'ajouter quelques mots sur d'autres rôles joués par les châteaux, en dehors de leur rôle militaire. Le château d'Ancenis en fournit quelques exemples. C'est d'abord à de nombreuses reprises un lieu d'étape pour de grands personnages. On relève plusieurs passages de Louis XIII sur le chemin de Nantes. C'est l'occasion d'observer que ces voyages de ville en ville ou de château en château semblent se faire le plus souvent par la voie fluviale. Le journal de Louvet, mais aussi celui d'Héroard, médecin de Louis XIII, sont remplis de mentions de ces déplacements par la Loire. Le duc d'Elbeuf s'embarque à Angers pour se retirer dans son château d'Ancenis (novembre 1592). La Rochepot, négociateur pour le roi, gagne Ancenis en bateau pour participer à la conférence de paix avec le duc de Mercœur. Henri IV, en avril 1598, s'arrête à Ancenis, probablement au château : « Sa Majesté a sorty de la ville d'Angers par eau, et est allée à Ancenys. » Le 11 août 1614, en route pour Nantes, Louis XIII fait étape au château d'Ancenis pour une nuit. Il arrive en carrosse parce qu'un vent contraire l'a obligé à quitter le bateau dans lequel il avait embarqué à Ingrandes. En avril 1622, il reste deux jours au château. Arrivé par eau, il repart par eau. Le duc de Vendôme qui l'y reçoit est également venu par Loire « en une cabanne ». Le 1er juillet 1626, le même Louis XIII, arrive par eau au château des Ponts-de-Cé. La reine le rejoint un peu plus tard, également en bateau. Le lendemain, après la messe, le roi s'embarque « en un batteau couvert, et dans lequel il y a plusieurs petites fenestres vitrées » et va passer la nuit à Ancenis avant de gagner Nantes. La reine s'embarque, elle aussi, « en ung batteau aussy bien couvert » et rejoint le roi à Ancenis.

Le château d'Ancenis, comme on l'a vu, accueille les conférences de paix, qui s'y tiennent par intermittence à partir de 1594, sous la présidence de la reine Louise. Le même château sert de prison au moment de la conspiration de Chalais. Le roi y fait emprisonner deux personnages de son entourage qui ont intrigué dans l'affaire du mariage de son frère. Marsillac, gouverneur de Sommières, est arrêté le 1er août, « mis en un bateau, & conduit par quarante soldats des Compagnies de Muis & Castel jaloux, qui estoient lors en garde, jusques au Chasteau d'Ancenis, où il a esté mis en arrest ». On y envoie un peu plus tard le comte de Louvigny, compagnon et dénonciateur de Chalais, pour des propos tenus à cette occasion contre le frère du roi. Marsillac sera libéré quelque temps plus tard et Louvigny s'évadera[53].

Bertrand Boquien
Historien

NOTES

1. Louvet J., « Journal ou Récit véritable de tout ce qui est advenu digne de mémoire tant en la ville d'Angers, pays d'Anjou et autres lieux (depuis l'an 1560 jusqu'à l'an 1634) », *Revue de l'Anjou*, 1854-1856. Le « Journal » de Jean Louvet, témoin partial, mais capital pour cette période, constitue la première source de cette communication. Pour ne pas alourdir ces notes, je renvoie directement à l'ordre chronologique de son récit.
2. Louvet J., *op. cit.*
3. Carné G. de, *Correspondance du duc de Mercœur & des Ligueurs bretons avec l'Espagne*, Rennes, 1899, t. I, p. 74-76, 85-86.
4. Les États ligueurs.
5. Barthélemy A. de, *Choix de documents inédits sur l'Histoire de la Ligue en Bretagne*, Nantes, 1880, p. 140.
6. Vaissière P. de, « Fragments de Mémoires de Jean du Houssay, seigneur de la Borde (1588-1594) », *Annuaire-Bulletin de la Société de l'Histoire de France*, t. XLIX, 1912, p. 267.
7. Louvet J., *op. cit.*
8. Pocquet B., *Histoire de Bretagne*, tome V, Rennes, 1913, p. 168.
9. Ogée, *Dictionnaire historique et géographique de la province de Bretagne*, t. I, Rennes, 1843, p. 41.
10. Arch. dép. d'Ille-et-Vilaine, C 3192, C 2914.
11. Au début de 1594, le duc négociait son ralliement au roi (Vaissière P. de, *op. cit.*, p. 265-269).
12. Le Goff H., *La ligue en Bretagne. Guerre civile et conflit international (1588-1598)*, Rennes, 2010, p. 248.
13. Taillandier D. Ch., *Histoire ecclésiastique et civile de Bretagne*, t. II, Paris, 1756, p. 460-461.
14. Arch. dép. de Loire-Atlantique, B 65, Lettres d'abolition et de rémission accordées au sieur de Bourcany et autres, 1598.
15. Émilien Maillard donne successivement ces deux dates (Maillard É., *Histoire d'Ancenis et de ses barons*, 1re éd., Nantes, 1860, p. 365, 2e éd., Nantes, 1881, p. 87). L'achat de la baronnie par Mercœur après sa soumission au roi n'obéit à aucune considération stratégique, mais à l'obligation, stipulée par le contrat de mariage de leur fille avec César de Vendôme, de réutiliser en achat de terres et seigneuries 200 000 écus donnés par le roi (Boltanski A. et Hamon Ph., « Le duc de Mercœur gouverneur de province : entre statut, Ligue et Bretagne [1589-1598] », *in* Buron E. et Méniel B. [dir.], *Le duc de Mercœur. Les armes et les lettres [1558-1602]*, Rennes, 2009, p. 96).
16. Maillard É., *op. cit.*, 2e éd., p. 77. Un texte de 1623 mentionne les « murailles de la ville faictes de neuf » (Arch. dép. de Loire-Atlantique, 1 J 41).
17. *Le Mercure françois*, 1616.
18. Foisil M. (dir.), *Journal de Jean Héroard*, Paris, 1989, p. 2483.
19. *Id.*, p. 2820.
20. Travers, *op. cit.*, t. III, Nantes, 1841, p. 38.
21. Le Goff H., *op. cit.*, p. 123.
22. Louvet J., *op. cit.*
23. Port C., « Le siège de Rochefort-sur-Loire », *Revue de l'Anjou*, 1868, t. II, p. 391-397. Capturé, Desmarais fut exécuté à Angers.
24. Louvet J., *op. cit.*

25. PORT C., *Dictionnaire historique, géographique et biographique de Maine-et-Loire*, t. III, Paris, Angers, 1878, p. 153.
26. Henri IV. Jean Louvet affecte de ne lui reconnaître que sa qualité de roi de Navarre.
27. LOUVET J., *op. cit.*
28. En 1562, pour canonner Rochefort où s'était réfugié le capitaine Desmarais, on avait fait venir deux pièces de canon de la ville de Nantes. Après la prise du château, on les ramène à Angers, d'où elles repartent pour être amenées devant Orléans, occupée par les Huguenots (LOUVET J., *op. cit.*). Philippe Hamon insiste sur l'insuffisance de moyens militaires à la disposition du duc de Mercœur pendant toute cette période (HAMON Ph., « "Vitray, qui s'en alloit perdu..." [Brantôme]. Le siège de Vitré et les engagements militaires en Haute-Bretagne au début des guerres de la Ligue [mars-août 1589] », *Mémoires de la Société d'Histoire et d'Archéologie de Bretagne*, t. LXXXVII, 2009, p. 149-150).
29. Arch. mun. de Nantes, EE 178.
30. LOUVET J., *op. cit.*
31. *Id.*
32. Arch. dép. de Loire-Atlantique, B 65, f° 314 v°.
33. Il y a bien eu des ouvrages démolis à l'extérieur des fossés. En décembre 1626, les paroissiens de Varades sont réquisitionnés pour démolir « troys cens toisses de murailles et cinq[uan]te de contrescarpe » au château (Arch. mun. d'Ancenis, déposées aux Arch. dép. de Loire-Atlantique, I I 1).
34. LOUVET J., *op. cit.*
35. *Id.*
36. *Id.*
37. *Id.*
38. PORT C., *op. cit.*, t. I, Paris-Angers, 1874, p. 604.
39. LOUVET J., *op. cit.*
40. *Id.*
41. GARCIA Cl., *Transcription et étude commentée du Journal de Jehan Louvet (1598-1623)*, mémoire de maîtrise d'Histoire moderne, sous la dir. de Jacques Maillard, Angers, université d'Angers, 1996, t. I, 325 p.
42. POCQUET B., *op. cit.*, p. 373, DUVAL M., « La démilitarisation des forteresses au lendemain des guerres de la Ligue (1593-1628) », *Mémoires de la Société d'Histoire et d'Archéologie de Bretagne*, t. LXIX, 1992, p. 295-296.
43. *Le Mercure françois*, 1626.
44. AVEZOU L., « Richelieu destructeur des fortifications, historiographie d'un mythe national », *in* BLIECK G., CONTAMINE Ph., CORVISIER Ch., FAUCHERRE N., MESQUI J. (dir.), *La forteresse à l'épreuve du temps*, Paris, 2007, p. 143-152.
45. LOUVET J., *op. cit.*
46. MAUDET D., *Transcription et étude commentée du Journal de Jacques Valuche (1607-1662)*, mémoire de maîtrise d'Histoire moderne, sous la direction de Jacques Maillard, université d'Angers, 1998, t. I, p. 10 et 14.
47. Travers assure que les habitants des villages requis en 1588 pour la démolition des fortifications de Montaigu furent payés.
48. LOUVET J., *op. cit.*
49. Arch. mun. d'Ancenis, I I 1 (déposées aux Arch. dép. de Loire-Atlantique).
50. Registre des sépultures d'Ancenis, 1608-1668, consulté en ligne, sans indication de cote. CHÉRON G., *Histoire de Mésanger*, t. I, Mésanger, 2002, p. 32-33. L'accident est mentionné par CHAPRON J., *Le Pays d'Ancenis*, Châteaubriant, 1933, p. 6-7.
51. HAUTECŒUR L., *Histoire de l'Architecture classique en France*, Livre III, tome I, « L'Architecture sous Henri IV et Louis XIII », Paris, 1966-1967, p. 345.
52. Arch. dép. d'Ille-et-Vilaine, C 2655, p. 147-148, 214, 216, 224, 230.
53. TAPIÉ V. L., *La France de Louis XIII et Richelieu*, Pais, 1967, p. 163, 165 ; *Le Mercure françois*, 1626, p. 375, 415-416, 434, 437.

La bataille des Tourelles, 7 mai 1429

Épisode toujours célébré à Orléans 583 ans après les faits, la levée du siège de la ville par les Anglais a pu être présentée comme un épisode fondateur dans la collection « 30 journées qui ont fait la France ». À l'inverse, les historiens anglais ne mentionnent pratiquement pas cet épisode, qui peut effectivement faire pâle figure à côté de la victoire de Patay. Elle-même relativement peu sanglante quand on la compare à Azincourt et à Verneuil, la bataille de Patay fut pourtant de grande conséquence, permettant à Charles VII de gagner Reims pour s'y faire sacrer. Mais la bataille de Patay est en réalité indissociable de la levée du siège d'Orléans : c'est à Orléans que s'est forgée la réputation de Jeanne d'Arc, c'est là que s'est retrempé le moral de l'armée royale.

L'ARMÉE ANGLAISE ET LES CONTINGENTS NORMAND ET BOURGUIGNON

Que faisaient donc les Anglais à Orléans ? La réponse à cette question, en réalité, n'est pas évidente ; il ne semble pas que les Anglais aient voulu attaquer Bourges, contrairement à ce qu'on raconte parfois. Le siège d'Orléans n'a pas pour but de s'emparer du pont de la ville, car les Anglais disposaient déjà des ponts de Beaugency, de Meung-sur-Loire et de Jargeau. Il semble que leur objectif affiché ait été d'attaquer Angers, dont le duc de Bedford venait de se proclamer duc, apparemment dans l'intention de relier la Normandie à la Guyenne et peut-être de reconstituer l'ancien territoire des Plantagenêt. Si c'était le cas, l'armée anglaise s'était sacrément fourvoyée. Mais peut-être l'attaque contre Orléans ne constituait-elle qu'un objectif secondaire, dans l'idée de fortifier la frontière sud des « territoires de conquêtes » et de pouvoir conquérir l'Anjou sans avoir à craindre de contre-attaque française sur les arrières de l'armée anglaise.

Quoi qu'il en soit, les motivations réelles de l'opération ne seront sans doute jamais connues : le chef de l'expédition, le comte de Salisbury, fut tué pratiquement dès son arrivée sous les murs d'Orléans.

Le comte de Salisbury avait été désigné dès le 24 mars 1428, pour mener une nouvelle armée en France[1]. Il devait diriger les opérations pendant six mois, à compter du 30 juin suivant. Son corps principal comptait 450 hommes d'armes et 2250 archers. S'y ajoutaient 400 hommes d'armes et 1200 archers commandés par divers capitaines, provenant des garnisons anglaises en France et levés pour quatre mois à compter du mois d'août, 300 lances et 300 archers levés dans la noblesse normande pour 26 jours, des mineurs, des canonniers.

L'armée anglaise devait donc, théoriquement, aligner un effectif de 6850 combattants. En pratique, on ne sait si ce chiffre fut maintenu tout au long de la campagne, et notamment si les tués furent remplacés. Des contingents plus ou moins importants furent tirés de cet effectif pour installer des garnisons dans les villes et forteresses occupées autour d'Orléans (villes comme Jargeau, Meung et Beaugency, châteaux comme Montpipeau et Sully) et surtout pour escorter les convois de ravitaillement entre Paris et Orléans. C'est un de ces détachements, commandé par John Fastolf, qui défie les Français à la bataille des harengs le 12 février 1429. Il restait peut-être 5000 hommes pour les opérations de siège proprement dites.

La présence d'un contingent normand visiblement levé dans le cadre des services féodaux (la quarantaine) et le terme extrêmement court de son engagement montrent que les Anglais tablaient sur une campagne courte. La réalité allait les décevoir : les Orléanais avaient fortifié leur ville de telle manière que les Anglais allaient devoir mener un siège de longue haleine. De toute manière, il n'est pas certain qu'Angers aurait pu être pris en seulement 26 jours, mais quoi qu'il en soit, le départ du contingent normand en novembre obligea le commandement anglais à réorganiser complètement son dispositif autour de la ville d'Orléans.

Salisbury avait traversé la Loire à Meung et attaqué Orléans depuis le sud, visiblement pour couper la ville de toute possibilité de ravitaillement depuis les territoires encore contrôlés par Charles VII. La petite forteresse des Tourelles, qui fermait le pont à son extrémité sud, fut promptement assaillie. Elle souffrait d'un point faible, le boulevard qui était censé la protéger n'étant pas fini : elle fut prise par les Anglais en deux jours d'un assaut qui paraît avoir été assez sanglant. Mais le soir même de la prise des Tourelles, Salisbury fut blessé à mort par un coup de canon tiré depuis la ville. Son scénario d'attaque sur la ville, si tant est qu'il en ait eu un, n'était visiblement pas connu de ses subordonnés, et pendant un mois les Anglais suspendirent leur attaque, d'autant que le contingent normand était arrivé au bout de ses 26 jours de service. Le gros de l'armée anglaise se retira pour hiverner à Jargeau et à Beaugency, ne laissant que le capitaine Glasdale et une grosse garnison aux Tourelles. Les Orléanais mirent cette pause à profit pour démolir leurs faubourgs sur la rive nord, plus particulièrement toutes les églises extra-muros, qui pouvaient permettre aux Anglais d'installer des fortifications – des bastilles – au plus près de la ville. Le dernier jour du mois de décembre, les Anglais revinrent à Orléans et créèrent une bastille particulièrement importante autour des ruines de Saint-Laurent des Orgerils, à l'ouest de la ville : 2 500 combattants y furent installés sous les ordres de Talbot. Dans les mois qui suivirent, les Anglais construisirent de nouvelles bastilles à l'est (Saint-Loup et Saint-Jean) et à l'ouest (l'île Charlemagne et Saint-Privé) au débouché des gués de la Loire, au sud à l'emplacement du couvent des Augustins, et le long du quart nord-ouest des murs de la ville (la Croix-Boissée, la Grange Cuiveret, le Pressoir Ars, Saint-Pouair).

Le contingent normand semble avoir été remplacé début janvier par des Bourguignons, mais nous n'avons pas de trace comptable les concernant : ils n'apparaissent pas dans les comptes anglais, car ils sont soldés par le duc de Bourgogne. Leur nombre est donc ignoré, et on ne peut que supposer qu'ils étaient aussi nombreux que les Normands. Mais l'interprétation même du nombre des Normands est un peu délicate : 300 lances et 300 archers. On peut penser qu'il s'agissait de lances de type français, soit composées de trois combattants (homme d'armes, archer, coutilier) renforcées pour la circonstance d'un archer par lance, les Anglais ayant l'habitude de la lance anglaise à quatre combattants (1 homme d'armes, 3 archers). Les Normands auraient donc fourni 1 200 combattants. Le nombre des Bourguignons pouvait même être légèrement supérieur, car à la suite de l'entrevue entre les ducs de Bedford et de Bourgogne, terminée sur une brouille et sur l'ordre envoyé par le duc de Bourgogne à ses troupes de quitter le siège d'Orléans, Bedford écrivit au Conseil d'Angleterre pour lui demander de lui envoyer 1 500 hommes en renfort. On peut donc supposer que ce corps auxiliaire (Normand puis Bourguignons), comprenait de 1200 à 1500 hommes.

Ce contingent bourguignon allait toutefois quitter le siège le 17 avril 1429 : la proposition de rendre la ville avait été portée au duc de Bourgogne, à Lille, par Poton de Xaintrailles. Tout joyeux, le duc de Bourgogne avait été à Paris se faire confirmer le don d'Orléans par le duc de Bedford, et l'accueil y avait été extrêmement froid. Vexé, il fit accompagner Xaintrailles de l'un de ses hérauts, avec pour mission de faire déguerpir ses hommes du siège d'Orléans. Le départ des Bourguignons se solda par une chute importante des effectifs des assiégeants : un peu moins d'un quart du total de l'armée présente sur le théâtre d'opération, et peut-être un tiers des effectifs présents plus précisément autour de la ville. Peut-être le duc n'attendait-il en réalité que cela : les troupes ainsi retirées du front français furent envoyées à Namur pour impressionner les Flamands susceptibles de s'agiter.

L'ARMÉE FRANÇAISE, AVEC JEANNE D'ARC

Face à ces troupes, les effectifs de l'armée française ne sont pas exactement connus, même si les noms des principaux capitaines sont répétés à l'envi dans les différentes chroniques qui relateront par la suite le siège. Mais il est difficile de savoir exactement qui fait quoi : certains capitaines furent capturés à Janville ou à Beaugency, puis libérés, comme Jean de Barnaire, dit Cornillan, ou restèrent captifs ou morts, comme Anthoine du Clus et Remonet le Borgne qui disparaissent alors des comptes. On a toutefois conservé un compte, celui du trésorier des guerres Hémon Raguier, qui permet d'avoir une idée de la composition de l'armée française. Y sont cités soixante et onze capitaines avec mention du paiement à eux fait et parfois, mais pas toujours, le nombre d'hommes qui sont sous leurs ordres. Il est à craindre que le compte de Raguier ne reflète une certaine désorganisation de l'administration au lendemain de la défaite des harengs : il a fallu faire vite, on a multiplié les ordres et les mouvements de troupe, mais l'administration comptable n'a pas suivi, d'autant que Hémon Raguier est mort sans avoir eu le temps de rendre ses comptes, que ceux-ci ne furent rendus que des années après par ses fils, et que l'original du compte à été perdu.

L'historien Henri Wallon avait cherché à connaître les effectifs de l'armée royale et y a consacré un appendice du tome I de l'édition de 1879 de son livre sur Jeanne d'Arc. Il donne un total de 2569 hommes, tout en reconnaissant que les études qui existaient par ailleurs sur le même sujet ne donnent pas de chiffre concordant. C'est que le compte de Raguier est de plus en plus succinct, au fur et à mesure que les opérations avancent, finissant par ne plus distinguer les hommes d'armes des archers, que les soldes semblent également diminuer, passant de 10 à 7 livres pour un homme d'armes, que les soldes semblent avoir été versées en plusieurs fois, avec parfois des compléments envoyés ponctuellement, ce qui fait qu'on ne peut même plus tenter de savoir précisément combien d'hommes il y a dans chaque compagnie ; il est d'ailleurs probable que les effectifs ont beaucoup fluctué, surtout après la bataille des harengs. Sans doute l'armée royale est-elle encore nombreuse, puisque Jeanne mentionnera que 300 chevaliers avaient vu le signe qu'elle avait apporté au roi au moment de l'entrevue de Pâques, et visiblement, lorsque cette armée reviendra à Orléans le 4 mai, elle sera tout à fait en mesure de tenir tête aux troupes anglaises. Mais c'était à la suite du départ de l'armée bourguignonne.

Arrivée à Orléans le 29 avril dans la soirée, Jeanne avait tout de suite fait forte impression auprès des capitaines défendant la ville. Leur chef, le bâtard d'Orléans, avait prévu de faire remonter les quelques barges dont il disposait encore jusqu'à la hauteur de Chécy, en amont de la ville, en profitant du vent, puis les bateaux devaient redescendre la Loire en profitant du courant. Malheureusement, ce jour-là, le vent soufflait dans le mauvais sens et le plan était réduit à néant avant même d'avoir reçu un commencement d'exécution. Jeanne, déjà fâchée de n'avoir pas directement attaqué les Anglais, remarqua qu'elle amenait, en tant qu'envoyée de Dieu, un meilleur conseil que celui dont le Bâtard avait pu disposer jusqu'à présent. Peu après, le vent changeait de sens, ce qui fut considéré par les assistants comme un miracle. Dès lors, les capitaines commencèrent à écouter respectueusement les recommandations de la Pucelle.

Pendant que l'escorte du convoi de ravitaillement rentrait à Blois, accompagnée du Bâtard qui allait colporter au sein de l'armée royale les nouvelles du miracle auquel il avait assisté, Jeanne entra à Orléans et occupa les jours qui suivirent à faire le tour des positions anglaises, à faire crier aux assiégeants qu'ils aient à rentrer chez eux ou il leur en cuirait, et à se faire copieusement insulter en retour. Le 4 mai, l'armée royale fit son entrée à Orléans, alléchée par le récit de la saute de vent, et dès le début de l'après-midi des troupes allèrent s'en prendre aux Anglais de la bastille Saint-Loup, à 4 km à l'est d'Orléans. Pour éviter d'être prise à revers pendant que Saint-Loup était attaqué, une partie de l'armée royale – 600 hommes sous la conduite du maréchal de Sainte-Sévère, selon le Journal du siège d'Orléans – vint se placer à l'extérieur et au nord d'Orléans, pour barrer le passage à une contre-attaque anglaise depuis la bastille de Paris (ou Saint-Pouair). Il y avait peut-être 120 ou 140 hommes à l'intérieur de Saint-Loup, et ils résistèrent tant qu'ils purent, d'abord avec quelques succès. Cela donna à Jeanne, qui avait été laissée à l'écart de la décision d'attaquer Saint-Loup, le temps de rejoindre les troupes qui assaillaient la petite bastille. Apparemment revigorés par son arrivée, les Français submergèrent alors les défenseurs.

LA BATAILLE DES TOURELLES

Le 5 était le jour de l'Ascension et il n'y eut pas de combat ; la bataille pour les Tourelles commença le 6. Le matin du 6, les Français sortirent d'Orléans par la porte de Bourgogne, à l'est, et traversèrent la Loire, probablement à la hauteur du port Saint-Loup, où il y avait un passage relativement facile ; il fallait toutefois franchir à gué un passage jusqu'à une île et, de là, traverser en barques le lit principal de la Loire. Tous les capitaines ne semblent pas avoir été d'accord avec cette tentative, notamment Raoul de Gaucourt, qui en qualité de capitaine de la ville voulut empêcher qu'on ouvre la porte de Bourgogne et qui pour cela se fit traiter de mauvais homme par Jeanne d'Arc. Que Gaucourt ait réussi à ralentir la sortie de la ville ou que tout simplement les bateaux n'aient pas été en quantité suffisante pour une traversée rapide, les troupes qui touchèrent d'abord la rive gauche étaient en petit nombre, encore que sans doute de bonne qualité : on signale en effet à leur tête la présence de La Hire, dont les hommes étaient très expérimentés. Néanmoins il y eut quelques flottements : les Anglais avaient abandonné la bastille Saint-Jean le Blanc, qui semble d'ailleurs n'avoir jamais été un fortin redoutable, mais alors que les Français en approchaient, quelqu'un cria qu'une contre-attaque anglaise était en train de se produire. Les Français refluèrent un peu, puis firent volte-face et chargèrent les Anglais qui reculèrent à leur tour jusqu'aux Tourelles.

Les Français se renforçaient continuellement, les troupes continuant à passer la Loire, et ils vinrent assaillir la bastille des Augustins, un peu au sud des

Tourelles. Dans la soirée, les Français réussirent à s'emparer de la bastille, qui fut incendiée, soit en raison de la violence des affrontements, soit, comme le signale la *Chronique de la Pucelle*, parce que Jeanne d'Arc ne voulut pas que les Français se dispersent à piller les lieux[2]. De leur côté, les Anglais semblent avoir profité de l'obscurité pour désemparer leurs bastilles de Saint-Pryvé, en face de la grosse bastille Saint-Laurent, ainsi que celle qui se trouvait dans la petite île entre Saint-Pryvé et Saint-Laurent. Les Anglais, visiblement, sont sur la défensive : pire encore, après avoir abandonné à leur triste sort leurs compatriotes enfermés dans la bastille Saint-Loup, ils se préparent à en faire autant de ceux qui tiennent encore les Tourelles. C'est à partir du 7, la victoire commençant à se profiler avec netteté, que l'on peut dire que commence la « Geste de Jeanne d'Arc » : ses paroles sont notées avec attention, même lorsqu'il s'agit d'événements relativement triviaux, et encore qu'on puisse soupçonner qu'une partie de ces paroles sont apocryphes ou du moins magnifiées par la mémoire des chroniqueurs, on a presque l'impression de pouvoir la suivre pas à pas. La *Chronique de la Pucelle*, par exemple, la montre chez son hôte Jacques Boucher, se préparant à passer la Loire :

> « Et ainsi qu'elle delibéroit de passer, on présenta à Jacques Boucher, son hoste, une alose ; et lors il luy dist : "Jeanne, mangeons ceste alose avant que partiez. En nom Dieu, dist-elle, on n'en mangera jusques au souper, que mous repasserons par-dessus le pont, et ramènerons un godom qui en mangera sa part[3]". »

Elle était sans doute encore en train de s'armer lorsque, selon la *Chronique de l'établissement des fêtes*,

> « fut requis par les bourgeois à la dicte Pucelle que elle voulsist accomplir la charge que elle avoit de par Deu et aussi du roy. Et ad ce fust emue et s'en partit, monta à cheval et dist : en nom Dé je le feray et qui me aimera si me suyve[4] ».

L'assaut contre le boulevard qui défendait les Tourelles semble avoir commencé vers 10-11 heures. Ce boulevard était composé d'un talus en terre, précédé d'un fossé et surmonté d'une palissade. Le talus était suffisamment incliné pour que les assaillants soient en mesure de l'escalader à pied, ou plus probablement en montant à quatre pattes, mais des échelles étaient également prévues. Plusieurs assauts furent lancés et repoussés, les archers anglais dans le boulevard avaient du mal à tirer sur les Français tant qu'ils étaient dans le fossé, et pour gêner le tir des archers qui se trouvaient dans les Tourelles le bâtard d'Orléans fit positionner sous le pont-levis un bateau plein de foin mouillé, de vieilles chaussures et de souffre bref de matières fumigènes. Les Français entreprirent de démonter le boulevard pièce par pièce, arrachant les poutres qui constituaient la palissade, tandis que les Anglais, qui n'avaient aucune échappatoire, luttaient « comme s'ils fussent immortels » ; en fait, ils n'avaient guère d'alternative, et bouchaient les trous de la palissade de leur corps, jusqu'à ce qu'on les tue dans la brèche. Le couleuvrinier Jean de Montesclaire semble avoir passé sa journée à cela, allant tuer d'une brèche à l'autre les Anglais que les hommes d'armes français n'arrivaient pas à occire à coups de hache ou d'épée, tandis que d'autres Français tentaient de passer par-dessus la palissade, d'où d'autres Anglais les renvoyaient dans le fossé à grands coups de « maillets de plomb, et mesmes à leurs propres mains[5] ». Jeanne fut blessée, peut-être en fin de journée, d'une flèche qui lui traversa le sein en passant au travers de son armure, ce qui pose un certain nombre de questions quant à la qualité de la dite armure, et à la position respective de Jeanne et du tireur qui lui infligea cette blessure : il faut en effet imaginer une flèche frappant de haut en bas, « entre l'épaule et la gorge » (c'est-à-dire les seins), et « si avant qu'il passoit oultre ». Comme la médecine du temps est si rudimentaire qu'il est impossible de songer à un coup traversant la poitrine (ce qui se serait traduit par un pneumothorax, sinon par une hémorragie immédiatement mortelle), il faut bien que ce soit le sein qui ait été touché. La blessure devait être plus spectaculaire que grave : Jeanne fut sommairement pansée, puis se retira pour prier dans une vigne voisine, enjoignant au bâtard d'Orléans, qui parlait déjà de faire sonner la retraite, de simplement faire retirer ses hommes en arrière pour qu'ils puissent se reposer et manger un morceau.

Les Anglais durent alors croire que la bataille était terminée, encore que l'écuyer de Jeanne, Jean d'Aulon, ait choisi ce moment pour faire une « appertise d'armes » c'est-à-dire d'aller narguer les Anglais en promenant l'étendard de Jeanne dans le fossé même du boulevard. Jeanne revenait alors de sa vigne et alla chercher son étendard, tirant par le haut tandis que l'homme d'armes qui le tenait, un certain le Basque, le tirait par le bas. Il semble même l'avoir tiré au point d'avoir fait lâcher prise à Jeanne, plaquant l'étendard contre la palissade. Quelques témoins crièrent « la queue [de l'étendard] y touche » et crurent de bonne fois qu'il s'agissait du signal pour un nouvel assaut, lequel semble avoir cette fois pris les Anglais totalement au dépourvu. Cette fois le boulevard fut submergé, et les Anglais tentèrent de se retirer dans les Tourelles. Mais le feu qui rongeait le bateau fumigène s'était communiqué au pont et celui-ci s'effondra dans la Loire, noyant tous ceux qui s'y trouvaient. Pour mettre le comble au désespoir des Anglais, les Orléanais qui étaient restés en ville avaient profité du fait que l'attention des combattants était braquée vers le sud pour jeter des planches de bois par-dessus les brèches faites dans le pont, et ils assaillirent à ce moment des Tourelles par le nord. Ainsi prise entre deux feux, la garnison anglaise – 600 à 800 hommes – fut entièrement massacrée.

APRÈS LES TOURELLES, PATAY, LE 18 JUIN

Ainsi prit fin la bataille des Tourelles. Jeanne, blessée, rentra en triomphe par le pont, et le lendemain les Anglais levèrent le siège. Il n'y avait pas grand-chose d'autre à faire : cela faisait huit mois qu'ils avaient mis le siège devant la ville, et il ne leur restait plus, après neuf jours de combats, que leurs positions au nord ouest de la ville. Le siège était levé à l'est et au sud, le ravitaillement pouvait à nouveau entrer dans Orléans, et ils étaient désormais en nette infériorité numérique par rapport à l'armée royale. S'obstiner à tenir le siège, c'était la certitude de se faire assaillir, bastille après bastille, par des Français de plus en plus excités par leurs victoires, et bien entendu les positions devraient être défendues par des Anglais de plus en plus démoralisés par leurs défaites : ils se retirèrent vers Meung-sur-Loire. Pour comble d'humiliation, La Hire leur fit un brin de conduite, l'épée dans les reins, leur reprenant leurs prisonniers et les obligeant à abandonner en route ce qu'ils avaient cru pouvoir emporter.

La levée du siège allait mettre le comble à la gloire de Jeanne : elle avait promis de montrer qu'elle était bien envoyée par Dieu en faisant lever le siège d'Orléans, alors même qu'aux yeux de tous la ville était sur le point de tomber, et huit jours après son arrivée les Anglais avaient effectivement été chassés. Dès lors, Jeanne est considérée par les Français comme un ange : un messager divin. Les Anglais, bien entendu, doivent alors montrer à leurs hommes que c'est le diable qui pousse Jeanne, sous peine de les voir se rembarquer en catastrophe en direction de l'Angleterre, et c'est pourquoi le procès de condamnation de Jeanne ne pouvait se solder que par sa mort. Mais en attendant, les Français galvanisés allaient écraser l'armée anglaise à Patay, le 18 juin, ouvrant à Charles VII la route du sacre de Reims et lui assurant ainsi, mais après encore 25 ans de combats, la victoire finale.

Olivier Bouzy
Directeur scientifique du Centre Jeanne-d'Arc à Orléans,
docteur en histoire médiévale

NOTES

1. Jarry L., « Le compte de l'armée anglaise au siège d'Orléans, 1428-1429 », *Mémoires de la Société historique et archéologique de l'Orléanais*, t. 23, 1892, p. 433-518, « Compte de l'armée anglaise au siège d'Orléans », *ibid.*, p. 519-675, « L'armée anglaise vaincue par Jeanne d'Arc sous les murs d'Orléans », *ibid.*, p. 676-987.
2. Vallet de Viriville A. (éd.), *Chronique de la Pucelle ou de Cousinot*, Paris, 1859, p. 291.
3. *Ibid.*, p. 292.
4. Charpentier P. et Cuissard C., *Journal du siège d'Orléans, 1428-1429, augmenté de plusieurs documents notamment des comptes de ville 1429-1431*, Orléans, 1896, p. 149.

Les mariniers de la Loire, marins du roi pendant la guerre d'Indépendance

La généralisation du système des classes aux paroisses fluviales, l'exemple d'Orléans, 1778-1783[1]

On l'oublie trop souvent mais la guerre d'Indépendance américaine a été gagnée par la marine française qui, avec 60 vaisseaux et l'aide la marine espagnole, a réussi à tenir en échec et souvent à battre la *Royal Navy* pourtant forte de plus de 120 vaisseaux. Si à cette date, les vaisseaux français ont atteint un point de perfection reconnu par tous les historiens, le rôle des marins fut tout aussi essentiel. La mobilisation des marins français depuis Louis XIV repose sur un système original : la réquisition des populations maritimes gérée en temps de paix comme en temps de guerre par l'ordre des classes. Après avoir rappelé les contraintes militaires de la guerre d'Indépendance et la stratégie adoptée, je résumerai les grands principes de l'ordre des classes avant d'analyser la réquisition des mariniers d'Orléans. Combien d'inscrits, combien de mobilisables, combien de mobilisés, quelles affectations, telles sont les questions auxquelles nous tenterons de répondre.

À la suite des défaites maritimes de la guerre de Sept Ans, Choiseul, secrétaire d'État à la Marine entreprend de nombreuses réformes de la marine française. Il réorganise les officiers de plume, le corps des officiers d'épée et relance les constructions navales. Ses successeurs en dépit des restrictions budgétaires maintiennent vaille que vaille un programme de constructions navales car Choiseul et le comte de Broglie, qui commande le « Secret du roi », sont convaincus qu'une nouvelle guerre avec l'Angleterre est inéluctable et que les colonies américaines feront sécession. Les marins français, qui n'ont pas oublié les pontons anglais, attendent la revanche car cette guerre sera essentiellement maritime. C'est par la mer que l'Angleterre envoie troupes et approvisionnements dans les colonies. C'est par la mer que les *Insurgents* recevront canons, poudres, uniformes et argent. Sur le plan militaire, les futures treize colonies sont une économie sous-développée qui ne dispose d'aucune industrie lourde : métallurgie, poudrerie, etc. Tout devra venir de France. La guerre sera une guerre de convois dans l'Atlantique nord. La marine française a accompli un redressement mais elle est encore numériquement très inférieure à la marine anglaise.

Type et nombre de vaisseaux dans la Marine française de 1765 à 1780

Vaisseaux								
Nombre de canons	Calibre de la batterie 1re	2e	3e	4e	1765	1770	1775	1780
110	36	24	12	8	1	2	1	5
90-100	36	18	12	8	1	1	1	1
80	36	24-12	8-12	-	3	5	5	6
74	36	18	8	-	22	27	26	33
60-64	24	12	8	-	24	24	20	22
50-56	18	8	6	-	8	9	6	3
Total					59	68	59	70
Frégates								
26 canons de 18					-	-	1	1
26 à 32 canons de 12					7	22	22	49
26 canons de 8					14	13	13	7
Total					21	35	36	57

Les nombres ci-dessus ne doivent pas faire illusion. De 1763 à 1775, la plupart des vaisseaux n'ont pas navigué et sont restés désarmés dans les arsenaux. Cette absence de navigation n'empêche pas les vaisseaux de vieillir. L'ingénieur Groignard estimait qu'un vaisseau s'usait de 10 % environ chaque année. D'Orvilliers qui commande la flotte du Ponant, note en 1776 que 13 vaisseaux seulement sur 38 sont susceptibles d'être opérationnels en six mois et qu'il manque pour 4 millions d'approvisionnements à Brest[2]. Or, au cours de 1775, l'Angleterre a réarmé 16 vaisseaux, 22 frégates, 32 corvettes et envoyé 12 000 soldats aux colonies. Les forces théoriques de la Grande Bretagne sont les suivantes :

Type et nombre de vaisseaux dans la *Royal Navy* de 1765 à 1780

Vaisseaux								
Nombre de canons	Calibre de la batterie 1re	2e	3e	4e	1765	1770	1775	1780
100	42	24	12	6	5	3	3	3
90	32	18	12	6	9	11	11	13
80	32	18	12	-	13	11	9	2
74	32	18	9	-	44	47	49	53
64-70	32/24	18	9	-	34	35	31	28
50-60	24	12	6	-	53	27	20	18
Total					139	126	117	117

Croiseurs et frégates

Nombre de canons	Calibre de la batterie 1re	2e	3e	4e	1765	1770	1775	1780
44 canons	18	9	6		9	5	4	10
36-40 canons	18	9	-		1	1	-	5
32-36 canons	12	6	-		36	34	38	44
20-28 canons	9	3	-		45	36	40	52
Total					91	76	82	111

Comme à la veille de la guerre de Sept Ans, de 1763 à 1770, l'Angleterre dispose d'une supériorité numérique face à la France de deux pour un. En temps de paix, l'Angleterre laisse également ses navires désarmés dans ses arsenaux mais avec la révolte des *Insurgents*, elle entreprend un réarmement progressif de ses vaisseaux. À Paris, officiers supérieurs de la marine et diplomates craignent de voir l'Angleterre réitérer la rafle de l'amiral Boscawen. Pendant l'été 1755, profitant de la volonté de Louis XV de ne pas déclarer la guerre sur mer, la *Royal Navy* s'est emparée en pleine paix de la majorité de la flotte de pêche à Terre-Neuve et d'une partie de la flotte coloniale française. Ces navires ont été vendus au profit de la *Royal Navy* pour plus de cent millions de livres tournois, soit l'équivalent de trois années du budget de la marine française ou de deux ans du budget de la *Royal Navy*. Ce véritable Pearl Harbour avant la lettre s'est accompagné d'un lourd volet humain. Les dix mille matelots français capturés, l'élite de la marine marchande, ont été enfermés sur des pontons, un véritable univers concentrationnaire et ne seront pas échangés comme on le faisait pendant les guerres précédentes. La marine française ne se relèvera pas de cette rafle et les défaites de la marine de 1756 à 1762 sont dues pour l'essentiel à la crise budgétaire et plus encore au manque de marins. À la bataille des Cardinaux, les équipages sont composés d'hommes qui pour la plupart n'ont jamais navigué comme le montrent les rôles d'équipage[3].

Depuis Colbert, le recrutement des marins français repose sur un système très original : les « classes ». Richelieu, imitant les Anglais, tenta le recours à la « presse ». Après avoir ordonné de fermer les ports, il fit rafler les hommes valides, marins ou vagabonds et les fit servir de force dans la Marine. Cette politique fut un échec car elle retarda le renouveau des ports durement touchés par la guerre. Elle fonctionna cependant en Angleterre jusqu'au milieu du XIXe siècle. Colbert ayant échoué à son tour inventa sur proposition de son cousin Colbert du Terron une autre méthode : les classes. Le principe du système des classes était très simple : en contrepartie d'une soumission permanente aux besoins de la marine royale, l'inscrit maritime recevait pendant sa période d'activité, une solde ou une demi-solde. En cas de blessures ou de maladies, il pouvait obtenir une demi-solde permanente. En cas de décès du matelot, sa veuve et ses enfants recevaient une pension.

Tout homme âgé de plus de 18 ans exerçant un métier maritime fut tenu de se faire enrôler et de se soumettre aux réquisitions royales : marins au long cours, au cabotage, pêcheurs, voiliers, poulieurs, cordiers, charpentiers et calfats. Étaient exemptés capitaines, maîtres et patrons quand ils avaient navigué en cette qualité pendant trois ans, de même que les pilotes lamaneurs et hauturiers.

Toute l'étendue des côtes et les rivières navigables jusqu'à la mer étaient soumises à l'ordre des classes. Ce vaste territoire fut divisé en départements, eux-mêmes subdivisés en quartiers maritimes et en paroisses. Pour chaque paroisse, le commissaire aux classes établissait plusieurs « états » :

– l'état des mousses et des novices qui portait le nom de tous ceux qui embarquaient au commerce et à la pêche, âgés de moins de 18 ans,

– l'état des pêcheurs et des bateliers qui mentionnait le nom de tous ceux qui naviguaient inscrits sur un rôle d'équipage,

– l'état des apprentis ouvriers qui comprenait tous ceux qui avaient une profession liée à la construction où à l'entretien du navire, charpentier, calfat, poulieur, tonnelier, etc.

En plus de ces états, il existait l'état des capitaines et maîtres, celui des officiers-mariniers et matelots et celui des hors classes.

À dix-huit ans, le jeune novice devait faire un choix définitif. Étaient classés matelots :

> « – tous ceux qui, inscrits sur l'état des mousses et des novices, ayant atteint l'âge de 18 ans et ayant navigué un an sur les vaisseaux du roi ou au commerce qui déclareront vouloir continuer à naviguer ou se présenteront pour être inscrits à nouveau sur un rôle d'équipage,
> – tous ceux, étant inscrits depuis plus d'un an sur les registres des pêcheurs et des bateliers ayant atteint l'âge de 18 ans, qui déclareront qu'ils veulent continuer à exercer leur profession seront classés comme novices jusqu'à ce qu'ils aient fait six mois de navigation, seront ensuite classés comme matelots. »

Les charpentiers de marine, les calfats étaient classés ouvriers non navigants comme « tous ceux qui sont inscrits sur le registre des apprentis ouvriers, ayant atteint l'âge de 18 ans et voudront continuer à exercer leur profession » (ordonnance de 1681) et pouvaient être réquisitionnés dans les arsenaux.

Pour rendre le service du roi moins odieux, Colbert décida que les gens classés devraient, selon les régions, une année de service tous les trois ou quatre ans. Les gens retenus devaient rester à terre sans embarquer à la mer pour les armateurs mais ils recevaient une demi-solde en attendant leur embarquement. Colbert, jugeant cette pratique trop onéreuse et trop impopulaire, institua le « tour de rôle ». Suivant les besoins, les commissaires aux classes levaient plus ou moins d'hommes, en tenant compte de la durée du dernier embarquement sur un navire de guerre, de sa date et des charges de famille de l'intéressé. En théorie, un marin classé ne pouvait servir à nouveau tant que les autres marins de sa paroisse maritime n'avaient pas également accompli leur tout de rôle mais quand le manque de marins se faisait sentir les commissaires aux classes n'appliquaient pas toujours cette règle.

Pour être le plus juste possible, ce système impliquait un suivi de chaque matelot. Afin de rendre le système plus simple et plus humain, à chaque débarquement, le matelot retournait dans sa paroisse d'origine, le roi lui payant la « conduite », c'est-à-dire les frais de route. Il ne pouvait embarquer sur un navire de pêche ou de commerce sans un « congé » signé du commissaire aux classes, sous peine d'être considéré comme déserteur. Chaque homme classé possédait un « livre » qu'il devait avoir en permanence sur lui. Ce livret était le double des informations répertoriées sur les « matricules » des classes. Un navire de pêche, de commerce ou corsaire ne pouvait appareiller sans que le commissaire aux classes eût passé la « revue », la vérification des livrets de chaque marin.

À l'embarquement sur un navire du roi, le matelot recevait deux mois d'avance sur salaire et le reste au désarmement, à condition que les caisses de l'intendant de marine le permettent. À la fin du règne de Louis XIV, les finances royales étaient au plus bas, les matelots n'étaient pas payés et désertaient. Vers 1700, on peut admettre que la population classable devait être d'environ 100 000 marins et de 50 000 matelots. Pour 1705, on sait avec certitude qu'il y avait 90 351 marins classés dont il fallait déduire les prisonniers (1 571), les déserteurs (3 497), les novices (8 968) et les mousses (11 441). Il restait 64 874 matelots dont il fallait encore retirer les invalides et les hors classes (malades ou trop âgés). On aboutit alors à un effectif vraisemblable de 45 000 matelots. Ce terme de matelot est donc bien précis, il désigne le marin de plus de 18 ans apte au service sur un navire du roi. Or, l'armement des grandes escadres à la fin du XVIIe siècle demandait déjà pratiquement l'utilisation de tous les marins classés alors que la navigation commerciale n'était pas interrompue et que l'on voulait armer des corsaires. Il fallut donc recourir à la mobilisation générale et aux expédients dont la mobilisation des mariniers des fleuves de France.

Sous Louis XV, les armées navales ne retrouvent pas le niveau de Louis XIV. Le nombre de vaisseaux passe de 120 sous Louis XIV à 50 environ sous Louis XV et les besoins du roi peuvent être satisfaits en interdisant la pêche à Terre-Neuve en temps de guerre et en faisant des embargos temporaires sur les équipages corsaires[4]. La situation est très différente pour la guerre d'Amérique. Commençons par estimer le nombre de matelots au début du règne de Louis XVI :

État des marins disponibles pour le service du roi de 1776 à 1778

	Officiers mariniers et matelots classés					
	Vaisseaux du roi	Commerce colonial	Grand cabotage	Pêche et cabotage	Terre-Neuve	Total
1776	10 616	17 659	10 655	8 688	8 597	56 215
1777	13 946	14 281	10 206	13 864	5 789	57 606
1778	34 156	13 562		9 875		57 593

État des marins disponibles pour le service du roi de 1776 à 1778

	Mousses et novices					
	Vaisseaux du roi	Commerce colonial	Grand cabotage	Pêche et cabotage	Terre-Neuve	Total
1776	?	2 481	?	?	?	2 481
1777	?	2 394	?	?	?	16 932
1778	?	?	?	?	?	16 746

En apparence, le nombre de matelots et d'officiers mariniers a augmenté de près de 11 000 hommes par rapport au début du siècle mais il faut tenir compte des déserteurs et des prisonniers de la statistique bien notés sur le document de 1705. Cette faible augmentation du nombre de matelots résulte en grande partie des pertes humaines sur les pontons pendant la guerre de Sept Ans. Le nombre de novices et mousses – environ 16 000 personnes – est en baisse sensible par rapport aux 20 000 du début du siècle. Ce faible nombre est d'autant plus préoccupant que novices et mousses représentent les futurs matelots, ceux qui permettraient de combler les pertes du temps de guerre.

Sous Louis XV comme sous Louis XVI, en temps de paix, moins de 4 000 matelots sont mobilisés chaque année pour les besoins de la marine royale. Ils servent essentiellement sur les flûtes, les gabarres et les frégates. Tout change en 1776 lorsque la politique de Vergennes l'emporte sur Turgot et Malesherbes qui démissionnent le 12 mai. Prévoyant l'engagement de la France, Louis XVI accorde 9 millions supplémentaires au budget de la Marine ce qui permet la refonte de 13 vaisseaux. Au niveau des hommes, Sartine ordonne la mise sur pied d'une escadre d'évolutions commandée par Du Chaffault pour entraîner hommes et officiers. Elle est composée d'un vaisseau de 74, de deux vaisseaux de 64, de cinq frégates, de deux corvettes et de deux cutters, soit près de 1 800 hommes d'équipage.

Nombre d'hommes ne veut pas dire nombre de marins et encore moins de matelots. Pendant la guerre d'Indépendance d'Amérique, un équipage d'un vaisseau de 74 canons se décomposait ainsi :

- état-major : 17 personnes dont 1 chirurgien et 1 aumônier ;
- officiers-mariniers : 93 dont 43 de canonnées, 6 de calfatage, 6 de charpentage et 4 de voilerie ;
- matelots : 13 gabiers, 10 timoniers, 134 matelots à haute paye, 136 à moyenne paye et 134 à basse paye. 65 novices et mousses ;
- garnison : 118 fusiliers marins du Corps royal d'infanterie de Marine ;
- surnuméraires : chirurgiens, cuisiniers, valets, etc. 70 hommes.

Total : 773 hommes.

Les surnuméraires n'étaient pas décomptés dans les états de la Marine. Le règlement de 1765 stipule que l'équipage d'un 74 canons est de 715 hommes surnuméraires non compris, en 1779 ce nombre est ramené à 664. Le rôle de combat donnait la répartition suivante des hommes :

– aux canons : 1re batterie : 14 canons de 36, 207 hommes, 2e batterie : 15 canons de 18, 139 hommes ; sur les gaillards et à la mousqueterie : 8 canons de 8, 40 hommes et 100 dans les hunes ;
– dans la cale : soute aux poudres, infirmerie, calfatage, etc., 103 hommes ;
– à la manœuvre des voiles : 90 hommes.

Ainsi lors d'un combat, 90 hommes suffisent pour la manœuvre des voiles, tache ô combien difficile et exigeant une longue formation. Cette réalité se fait jour assez tôt et de Louis XIV à Louis XVI, les différents ministres de la Marine cherchent à dispenser les matelots des tâches qui peuvent être faites par des terriens amarinés, d'où l'emploi des soldats de marine. Qu'ils s'appellent infanterie de marine, canonniers, bombardiers, ces hommes sont tous recrutés sous le régime de l'armée de terre, c'est-à-dire un engagement renouvelable. Ils sont d'ailleurs dotés d'un uniforme. On en dénombre près de 8 000 au début de 1778. Ils servent également à maintenir la discipline sur le vaisseau mais aussi dans les compagnies de débarquements pour des missions à terre. Il fallait quelques mois pour qu'un soldat embarqué apprenne à tirer à partir des hunes, à manœuvrer le canon ou les manœuvres basses d'un vaisseau mais on comptait plusieurs années pour former un gabier capable de monter à plus de 40 mètres au-dessus du pont. Passé 20 ans, il était impossible de former un bon gabier, d'où la nécessité de recruter de nombreux mousses et jeunes novices.

En 1777, le nombre de marins mobilisés augmente de près de 30 %. L'escadre Du Chaffault est reconduite et augmentée passant à sept 74 canons, six vaisseaux de 64, 2 frégates et 4 corvettes. Toulon mobilise également avec Barras de Saint-Laurent à la tête du *César* et de l'*Hector* de 74, trois vaisseaux de 64 et trois frégates, huit frégates sont envoyés aux Antilles, un vaisseau et 4 frégates aux Indes. Une partie des marins recrutés vient de la diminution des armements à la morue à Terre-Neuve. L'année suivante, Sartine interdira toute pêche à Terre-Neuve. Des régiments de l'Armée de terre sont envoyés en renfort aux Antilles comme aux Indes mais à aucun moment, il n'est envisagé de recourir aux mariniers. La grande mobilisation des marins se fait en 1778. Le grand cabotage et la pêche à Terre-Neuve et en Islande fournissent les hommes. Le commerce colonial subit lui aussi un embargo mais son importance économique est tel que cet embargo est levé. Sans entrer dans les détails, disons que des matelots classés comme invalides pour le service du roi peuvent retrouver un emploi sur les navires de commerce surtout en temps de guerre, les armateurs étant moins exigeants. Mais surtout, les conseillers de Louis XVI et de Sartine, notamment Fleurieu et le comte de Broglie croient à une guerre courte et à l'appui de l'Espagne.

La marine espagnole dispose en effet de près de 50 vaisseaux mais l'Espagne pose plusieurs conditions. Elle ne veut pas reconnaître les *Insurgents* par peur d'une imitation du mouvement dans ses propres colonies. Elle sera seulement alliée de la France mais la France doit remporter une victoire navale décisive sur les Anglais et accepter les buts de guerre espagnols : la reconquête de Gibraltar et de Minorque[5]. Ainsi s'explique le début de la stratégie française pendant la guerre : 1778, la recherche de l'alliance espagnole et 1779, la stratégie de la guerre courte, le débarquement en Angleterre. C'est l'échec de la stratégie de 1779 qui amène à une autre stratégie guerre longue et stratégie périphérique qui implique l'envoi d'escadres sur toutes les mers, le maintien du commerce colonial grâce aux convois et donc de gros besoins en marins. Dans un premier temps la stratégie française semble judicieuse. L'envoi de l'escadre d'Estaing à partir de Toulon permet le soutien des *Insurgents* mais l'amiral d'Estaing ne remporte la victoire de la Grenade qu'en juin 1779. Cependant la victoire demandée par l'Espagne est remportée au large d'Ouessant le 27 juillet 1778 par le lieutenant général d'Orvilliers. L'Espagne tient ses promesses et l'hiver 1778-1779 voit la France et l'Espagne s'accorder pour un débarquement en Angleterre près de l'île de Wight, qui serait suivi d'une marche sur Londres. Cette stratégie est judicieuse car les Anglais ont dispersé leurs escadres sur toutes les mers. Pour la première fois du XVIIIe siècle, ils sont en infériorité numérique en Europe avec 45 vaisseaux seulement contre 66 pour les Alliés. 20 000 soldats sont donc regroupés au Havre et à Saint-Malo. Les Espagnols s'engagent pour 30 vaisseaux.

Par suite du retard des arsenaux espagnols, la jonction se fait seulement le 22 juillet. La stratégie de Fleurieu et de Broglie est claire :

> « Point de petites escadres, point de convois, point d'expéditions lointaines : de grosses flottes, toutes nos forces dans une seule mer, une bataille décisive dans le début, une guerre courte et vive. »

La fatalité s'abat alors sur la flotte française. Comme l'a montré F. Lebrun, les soldats français ont embarqué avec une épidémie de « flux intestinal », sorte de typhus qui décime les équipages. Le 16 août, la flotte combinée forte de 66 vaisseaux mouille devant Plymouth cherchant à engager la flotte anglaise de Hardy qui refuse tout engagement. Il entraîne la flotte combinée à sa poursuite hors de la Manche, profitant de l'avantage de vitesse de ses navires tous doublés en cuivre. La Manche est libre mais d'Orvilliers refuse alors de donner l'ordre de débarquement sans avoir battu la flotte anglaise. Il est effrayé par l'épidémie qui dévaste les vaisseaux français. Son fils unique, embarqué à ses côtés meurt sous ses yeux. La plus belle occasion d'une guerre courte est perdue, d'autant que les Anglais n'ont ni fortifications ni armée en Angleterre. Le 3 septembre, la flotte française incapable de poursuivre sa navigation rentre à Brest avec 8 000 malades et des centaines de morts dont le fils unique d'Orvilliers. L'épidémie a sauvé l'Angleterre. La guerre courte a échoué. Il faut en revenir à une guerre longue et à une stratégie périphérique. Il faut également des hommes pour remplacer les morts et les malades de la flotte de Brest. Or, sur le plan des matelots, le système des classes français ne peut plus répondre[6].

En effet, une marine de guerre n'est pas seulement composée de vaisseaux et de frégates. Ainsi au premier janvier 1781, la marine française se compose de 80 vaisseaux, 62 frégates, 3 corvettes, une barque, 23 cutters, 3 goélettes, 5 lougres, 5 galiotes à bombes, 20 chaloupes canonnières, 5 flûtes et 31 gabarres soit un total de 268 bâtiments sans compter les yachts, les chattes et autres navires de servitude des arsenaux[7]. Tous ne naviguent pas. Au 1er avril 1780, 70 vaisseaux sur 80 sont à la mer, les autres sont en réparation, en entretien, achèvent leur armement ou au contraire sont en désarmement en attendant d'être rayés des listes car trop vieux. Il en est de même des frégates mais la poussière navale, relativement peu nombreuse, est fortement mobilisée car ses navires sont indispensables. Ainsi les lougres et les cutters servent à éclairer les escadres ou à porter des dépêches. Les gabarres servent au ravitaillement des escadres et évitent de recourir aux affrètements de navires de commerce. On peut dire qu'en 1780 et 1781 environ 90 % des navires de guerre français sont mobilisés à un titre ou un autre. Il est difficile de dire quel est le besoin théorique en matelots, novices et mousses à cette date mais c'est largement plus de 50 000 matelots et officiers mariniers et un minimum de 5 000 à 7 000 mousses et novices. Mais surtout il faut comprendre que le système des classes était conçu pour une mobilisation rapide des matelots issus du commerce pour servir la marine de guerre. Son originalité était le tour de rôle, c'est-à-dire que tout matelot ayant fait une campagne à bord d'un navire du roi devait être remplacé et donc ne pas servir de manière consécutive. Ajoutons que sous Louis XIV, les vaisseaux sauf exception sont désarmés l'hiver, le matelot servait 5 à 7 mois puis rentrait dans sa paroisse maritime et retrouvait un embarquement au commerce ou sur un corsaire. Cet embarquement lui procurait immédiatement deux mois d'avance qu'il reversait à sa famille. Parmi les originalités du système des classes français, on peut noter que le matelot est presque toujours marié, âgé en moyenne de plus de 25 ans, souvent plus car tant qu'il est en bonne santé, il peut servir jusqu'à 40 voire 50 ans, jusqu'à ce qu'il soit déclaré invalide de la Marine et placé hors classe.

Sous Louis XVI, la durée des campagnes s'allonge. Un marin embarqué avec l'amiral d'Estaing parti de Toulon en avril 1778 ne rentre qu'en décembre 1779, laissant sa famille sans ressources près de 18 mois. Au milieu de 1779, il est clair que le tour de rôle ne fonctionne plus. La mobilisation est quasi générale. Les intendants de la Marine tentent de verser des avances sur soldes mais les matelots qui rentrent en France ne veulent pas revenir à bord des navires du roi qui versent un salaire de base de 15 à 16 livres par mois alors que le commerce ou la course offrent 50 à 60 livres. D'où les désertions ou les mutilations volontaires pour ne pas réembarquer. Un premier expédient est trouvé. Le roi décide de diminuer le nombre d'hommes par vaisseau. On passe ainsi à la fin 1779 de 715 hommes pour un vaisseau de 74 canons à 678 hommes mais cela ne suffit pas et le recours aux mariniers de la Loire est décidé.

L'ordonnance des classes de 1784 confirme la décision de 1780 et rappelle l'organisation des classes en général et pour la Loire en particulier. Toute l'étendue des côtes maritimes et des rivières sujettes à l'ordre des classes continuera d'être divisée en six départements : Brest Toulon, Rochefort, Le Havre, Bordeaux et Dunkerque[8]. Chaque département est divisé en quartier et chaque quartier en syndicats de gens de mer. Les quartiers de Paimbœuf, Nantes, Ingrandes, Angers, Saumur, Tours, Orléans et Nevers sont rattachés au département de Brest. L'article 5 précise que chaque quartier sera défini et qu'il sera « arrêté des états particuliers par le secrétaire d'État ayant le département de la Marine ». Les documents des Classes conservées dans le fonds Marine des Archives nationales comportent de très nombreuses lacunes. Dans le cas des quartiers de la Loire si Paimbœuf et Nantes qui existaient depuis longtemps sont en partie conservés, les registres d'Ingrandes et de Tours ont disparu. C'est le registre d'Orléans que j'ai dépouillé et que je vous propose d'analyser pour la guerre d'Amérique, c'est-à-dire les années 1780-1783 bien que le document se poursuive partiellement jusqu'en 1791[9].

Ce registre ou matricule des gens de mer est établi par le commissaire aux classes responsable du quartier et est examiné chaque année par l'inspecteur des classes. Ce registre comporte un état nominatif des gens de mer sur lequel est porté le rôle des tours de service, les ordres de levées afin d'établir nominativement le jour et le lieu de départ des hommes qui seront levés pour le service du roi.

L'*État abrégé de la Marine*[10] de 1780 ne porte que sur 65 235 officiers et matelots recensés, 4 036 sont recensés comme « riverains de la Loire » et 711 sont « au service, sur les vaisseaux du roi ». Le dépouillement des registres des classes de la Loire donne 909 recensés pour le quartier de Nevers, 1 061 pour le quartier d'Orléans, 1 088 pour celui de Saumur, 1 141 pour celui d'Angers et 1 175 pour celui de Nantes. Dans le quartier d'Orléans, nous avons retenu Orléans et Beaugency soit 295 mariniers inscrits sur le registre royal. Sur ces 295 mariniers, les maîtres de bateaux et les mariniers ne naviguant plus sont hors réquisition, au total ne restent plus que 237 mobilisables. De ces 237 mariniers, 125 ont été réellement requis de 1780 à 1783. Une étude approfondie révèle que les mariniers en mauvaise santé n'ont pas été requis : herniaires, poitrinaires, sourds, etc., mais surtout seuls les célibataires ont embarqué à l'exception de trois mariés sans enfant. L'âge des inscrits ainsi mobilisés varie de 16 à 38 ans, la plupart ont de 20 à 30 ans.

La durée des embarquements confirme l'évolution constatée depuis Louis XIV à savoir l'augmentation du temps des navigations des escadres. Quelques embarquements durent à peine deux mois, c'est le cas des quelques mariniers mobilisés en décembre 1782 et janvier 1783 et démobilisés par la signature de la paix en février 1783. Vingt-sept ont ainsi navigué moins d'un an pour le roi, 21 ont navigué moins de deux ans, 34 ont navigué 30 mois et huit ont navigué plus de trois ans. Ces derniers ont été mobilisés dans l'escadre Suffren et ont ainsi participé à la célèbre campagne des Indes tel Ambroise Duplessis, 31 ans, célibataire, qui est levé le 31 mars 1780 et congédié le 18 juillet 1783. Michel Mathurin, âgé de 18 ans est levé le même jour, et libéré le 11 avril 1783. Il faut imaginer le dépaysement de ces mariniers combattant au large des côtes indiennes, devant Ceylan, Trinquemalé ou Gondelour et ne rentrant qu'au printemps ou l'été 1783. Trente-quatre servent dans l'escadre du comte de Grasse et participent à la prestigieuse campagne qui voit la victoire de la Chesapeake et de Yorktown. Les 83 autres ont navigué dans les eaux européennes.

Douze mariniers ont trouvé la mort dont cinq dans la campagne du comte de Grasse. Deux moururent de blessures reçues au combat des Saintes, Jean Pierre Pineau, âgé de 20 ans, embarqué sur le *Northumberland* de 74 canons meurt à la bataille des Saintes le 12 avril et Pierre Laur, âgé de 25 ans, embarqué sur le même *Northumberland* meurt à l'hôpital du Cap Français de ses blessures le 16 mai 1782 et les trois autres de maladies. Les autres mariniers sont tous morts de maladies. Au total, j'ai noté que les mariniers orléanais ont embarqué sur 52 navires différents dont 30 furent des navires de haut bord. Autant d'embarquements différents est assez étonnant. En effet, une autre originalité du système des classes est le recrutement par paroisse. Colbert et ses successeurs n'ont pas cherché, au contraire, à séparer les marins mobilisés, considérant que le lien paroissial et souvent familial permettait d'adoucir les conditions si rudes de l'embarquement sur un navire de guerre.

Le *Northumberland* avec cinq mariniers d'Orléans est le vaisseau où il y a le plus d'Orléanais ensemble. Beaucoup se retrouvent seuls, ce qui explique peut être les désertions. On dénombre au total 13 déserteurs dont trois ne furent pas repris. Les déserteurs repris sont ramenés à leur unité pour finir l'embarquement. Ainsi Louis Renau, levé le 27 mars 1780, déserte du *Northumberland*. Repris, il s'évade de Tours en mars 1782, repris à nouveau, il est levé et affecté sur la *Lionne* le 21 juin 1785 dont il est libéré le 28 mars 1786. Il a certainement navigué avec Jean Tocan âgé de 30 ans qui est levé le 8 septembre 1780, congédié 2 mois en 1781, puis affecté sur le *Northumberland* dont il déserte. Repris, il est rembarqué sur la gabarre la *Loire* dont il est libéré le 1er juin 1783. Plus étonnant encore et qui mériterait des recherches le cas de Charles Leduc âgé de 19 ans lorsqu'il est réquisitionné en avril 1780. Noté déserteur du *Postillon royal*, il est retrouvé et levé à nouveau le 30 avril 1784 et affecté au Havre où il déserte à nouveau. Repris, il est levé à nouveau en 1786 avec comme annotation sur le registre « au service de M. de La Pérouse ».

À l'inverse Jean Baptiste Poupet, âgé de 26 ans, est levé le 31 mars 1781 « sur sa demande » tandis que son frère Claude Poupet, âgé de 33 ans, marié et sans enfant n'est pas requis par le roi. Jean-Baptiste participe à la campagne d'Amérique, il est congédié le 8 août 1783 avec comme mention « était sur l'*América* » un vaisseau de 74 canons. De retour, les mariniers reprennent leurs activités ligériennes, cependant quelques-uns ont pris goût à la navigation hauturière et demandent à être classés comme matelot. C'est le cas Paul Guérin, levé le 31 mars 1780 pour Brest. Déserteur du *Zodiaque*, il est retrouvé le 26 juin 1782. Libéré, on le retrouve en 1784 « au commerce ». Levé à nouveau à Brest en 1785 il est congédié le 17 octobre après avoir navigué et sans avoir déserté sur la flûte le *Barbeau*.

Il est difficile de généraliser à partir de cet échantillon mais ce dépouillement prouve sans conteste que les mariniers de la Loire ont bien été des marins du roi et ont participé à ces campagnes de navigation d'une guerre principalement maritime où la marine française a largement dominé son homologue britannique et dont les victoires ont permis la création des États-Unis d'Amérique.

Patrick VILLIERS
Professeur des universités en histoire moderne,
université du Littoral-côte d'Opale

NOTES

1. D'après les sources des Archives nationales.
2. VILLIERS P., *Marine de Louis XVI*, Grenoble, J.-P. Debbane, 1985.
3. VILLIERS P., *Marine royale, corsaires et trafics dans l'Atlantique de Louis XIV à Louis XVI*, ANRT, thèse à la carte, Lille, 2003, t. 2, p. 450 *sq.*
4. Voir VILLIERS P., *Marine royale*, *op. cit.*, t. 2, p. 635 *sq.*
5. VILLIERS P., « La stratégie de la marine française de l'arrivée de Sartine à la victoire de la Chesapeake », *in* MEYER J. (dir.), *Les Marines européennes*, PUPS, 1998, p. 211-247.
6. Voir TEMPLE-PATTERSON A., *The other Armada, the Franco-Spanish Attempt to invade Britain in 1779*, Manchester, 1960 ; voir VILLIERS P., « La tentative franco-espagnole de débarquement en Angleterre de 1779 », *Le Transmanche et les liaisons maritimes* XVIIIe-XIXe *siècle*, *Revue du Nord*, hors série n° 9, 1995, p. 13-29.
7. Arch. nat., fonds Marine, G. 247.
8. Cette ordonnance est notamment publiée dans l'*Encyclopédie méthodique Marine*, Panckouke, Paris, 1787, t. 3, article « Règlement ».
9. Arch. nat., fonds Marine, C4 217.
10. Service Historique des Armées, Vincennes, fonds Marine, SH 24.

Les représentants du peuple en mission et la Loire (1793-1795)

L'historiographie de la Révolution française associe depuis plus de deux siècles le nom de ce fleuve à deux faits majeurs, d'une part, le rôle de la Loire au moment de la révolte « vendéenne » en 1793, d'autre part, le recours aux noyades dans les divers modes d'exécution employés à Nantes sous les ordres de Carrier. Comme ce dernier était alors présent dans la ville en tant que représentant du peuple en mission, tandis que plusieurs de ses collègues tâchaient au même moment d'organiser la résistance armée face aux « rebelles », l'action des représentants du peuple en mission relève incontestablement de ce qui peut être appelé « une histoire géopolitique et militaire » de ce fleuve. Pour la jeune République, les soulèvements dans l'Ouest ont, en effet, représenté un enjeu stratégique majeur sitôt que les « Vendéens » ont étendu leurs actions à un vaste espace géographique recoupant quatre départements (l'essentiel de la Vendée, d'où son caractère éponyme, le sud du Maine-et-Loire et de la Loire-Inférieure, l'ouest des Deux-Sèvres). Ces affrontements militaires, vite qualifiés par les représentants du peuple eux-mêmes de guerre, voire de guerre civile, s'ouvrent au printemps 1793, en réaction aux réquisitions d'hommes pour les armées[1], et s'achèvent avec la double déroute « vendéenne » au Mans et à Savenay en décembre (au-delà, ce conflit armé change de visage, tant par la nature des opérations armées menées par les « rebelles » que par certains aspects de la répression subie par eux comme par les civils).

Pour bien comprendre l'enjeu stratégique de ce véritable front intérieur et notamment le rôle clé joué par la Loire, il convient de ne jamais oublier qu'il était un front parmi beaucoup d'autres. À cet égard, il suffit de se plonger dans la correspondance des représentants du peuple en mission, publiée par Alphonse Aulard et ses collaborateurs[2], pour constater que, à côté des opérations militaires dans l'Ouest, les nouvelles reçues par la Convention nationale et son Comité de salut public concernaient aussi bien les fronts septentrional, rhénan, alpin et pyrénéen, que plusieurs villes touchées par la révolte « fédéraliste » (Lyon, Toulon, etc.). Il ne s'agit point ici de valider la célèbre théorie des circonstances, utilisée autrefois pour tenter d'expliquer les violences de la Terreur, mais plus simplement de souligner que l'importance « géopolitique et militaire » de la Loire en 1793 est décuplée par l'existence de ces autres fronts. Cette importance apparaît d'emblée au vu du seul rythme des missions confiées aux membres de la Convention nationale au cours du printemps et de l'été 1793. Elle se décèle également sans peine à l'automne, dès lors que la virée de Galerne commence grâce au franchissement du fleuve et transforme ensuite celui-ci en une ligne de défense sur laquelle doivent venir se briser les assauts des « Vendéens ». Pour autant, à trop vouloir porter les regards sur les mois terribles de 1793, on risque d'omettre le rôle du fleuve dans les logiques missionnaires d'ensemble. Les onze départements concernés par le cours de la Loire[3] ont, en effet, connu diverses associations voulues par la Convention nationale et n'ont pas été touchés de manière uniforme par les missions des représentants du peuple, ce qu'attestent plusieurs cartes. Aussi, avant d'aborder les épisodes décisifs de 1793, convient-il au préalable de mettre au jour cette véritable géographie missionnaire dans l'espace que, par commodité davantage que par rigueur scientifique, je qualifierai ici de ligérien.

La première occasion d'une répartition de tous les départements entre des membres de la Convention nationale envoyés sur le terrain se présente avec la grande mission du 9 mars 1793, destinée à accélérer la levée des 300 000 hommes[4]. L'Assemblée opte pour un découpage du territoire national en quarante et une sections[5], chacune associant deux départements voisins et confiée à une équipe formée par deux représentants du peuple (soit au total quatre-vingt-deux envoyés en mission). La logique d'ensemble privilégie notamment la défense des frontières, avec des regroupements de départements qui sont faits d'ouest en est et du nord au sud[6] tout au long des zones frontalières, toutefois d'autres logiques du découpage peuvent être décelées[7]. Parmi celles-ci, certains héritages des limites administratives d'Ancien Régime, des contraintes naturelles, mais aussi des relations liées à l'existence de cours d'eau. Tel est assurément le cas pour la Loire, puisque les onze départements concernés se trouvent répartis dans sept sections seulement[8] (carte 1). Si l'on excepte la Mayenne associée à la Loire-Inférieure, la Sarthe au Maine-et-Loire, le Cantal à la Haute-Loire, les sections épousent le tracé du fleuve avec d'aval en amont les associations suivantes : Indre-et-Loire / Loir-et-Cher, Loiret / Nièvre, Cher / Allier, enfin Saône-et-Loire / Rhône-et-Loire. Les enjeux induits par la présence du fleuve se retrouvent d'ailleurs dans la correspondance et les arrêtés des représentants du peuple en mission, à commencer par l'épineuse question du « classement des gens de rivière » qui doivent servir dans la Marine. Ainsi, Collot d'Herbois et Laplanche, envoyés dans le Loiret et la Nièvre[9], constatent vite qu'à Orléans, Cosne, La Charité-sur-Loire ou encore Nevers, nombre de fils de mariniers affichent un grand zèle patriotique et s'enrôlent dans les bataillons de volontaires de l'armée de terre pour… échapper au service de la Marine ! Ils rédigent donc et font afficher dans les deux départements une proclamation

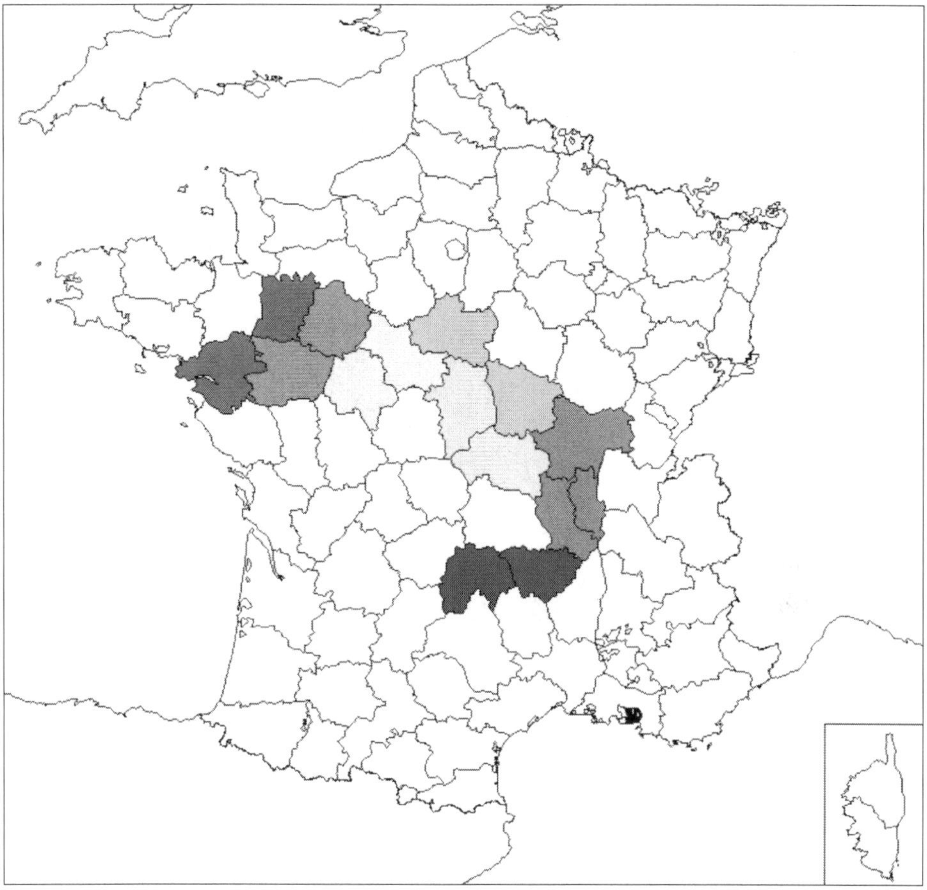

1. Les associations par sections de deux départements pour la mission du 9 mars 1793 : Loire-Inférieure - Mayenne ; Sarthe - Maine-et-Loire ; Loir-et-Cher - Indre-et-Loire ; Loiret - Nièvre ; Cher - Allier ; Saône-et-Loire - Rhône-et-Loire ; Haute-Loire - Cantal.

Aux mariniers des bords de la Loire, qui mêle exhortation à servir sur les vaisseaux de la République et menaces à peine voilées contre ceux qui se soustrairaient à leurs devoirs[10]. Quelques jours plus tard, une lettre qu'ils envoient à la Convention nationale ne laisse aucun doute quant à leur prise en compte du fleuve comme lien majeur entre les départements :

> « [Notre proclamation…] a produit déjà un bon effet. Nous avons invité nos collègues qui sont en haut de la Loire à faire de même, car dans l'état des choses si les mariniers d'en haut commencent à bien aller, le reste ira de suite[11]. »

Faire confiance à leurs collègues envoyés en amont, en jouant sur le fameux air *Ça ira*, ne peut toutefois leur donner suffisamment d'assurance, aussi destituent-ils les commissaires chargés du recrutement naval pour les remplacer par des mariniers de Nevers, ce qui semble suffire à calmer la situation[12]. Tout

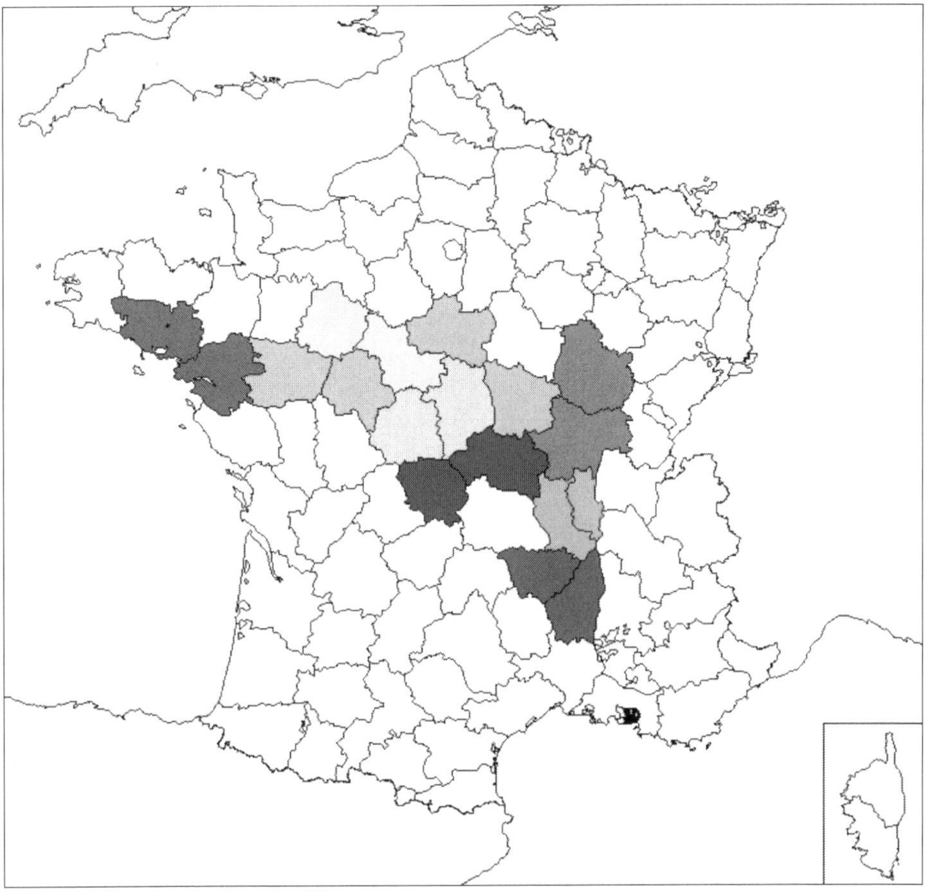

2. Les associations par sections de deux départements pour la mission du 9 nivôse an II : Loire-Inférieure - Morbihan ; Maine-et-Loire - Indre-et-Loire ; Loir-et-Cher - Sarthe ; Loiret - Nièvre ; Cher - Indre ; Saône-et-Loire - Côte-d'Or ; Allier - Creuse ; Rhône - Loire ; Haute-Loire - Ardèche.

au moins pour ces rives du fleuve, car au même moment la situation devient explosive plus en aval.

Pareille répartition géographique des représentants du peuple ne se retrouve pourtant pas dans toutes les missions collectives de 1793 et de l'an II. Pour ne mentionner ici que le second des grands exemples en la matière, la mission du 9 nivôse an II (29 décembre 1793), destinée à assurer dans les départements la mise en place des nouvelles dispositions imposées par l'organisation du Gouvernement révolutionnaire, fait naître une carte très différente (carte 2). Si le découpage mis en place par la Convention nationale reprend le principe des sections associant deux départements voisins (mais avec cette fois un seul représentant du peuple en mission par section), les onze départements ligériens sont cette fois répartis entre neuf circonscriptions, ce qui implique nécessairement des regroupements avec de nouveaux départements. Bien sûr, le cours de la Loire se repère encore sans peine sur la carte, néanmoins presque aucune des sections élaborées en mars ne survit, puisque seuls les départements du Loiret et de la Nièvre demeurent associés. Aux logiques du découpage territorial de mars se substitue une carte pour laquelle les sections ont été définies par de grandes bandes orientées d'ouest en est et se succédant du nord au sud[13], sans forcément respecter des logiques naturelles ou économiques. Ce nouveau découpage résulte d'un travail compliqué, lié entre autres aux représentants du peuple alors déjà présents sur le terrain et qui se contentent parfois de glisser d'un département voisin (ou d'une armée stationnée à proximité) à la section qu'ils se voient attribuer. Il n'entre point dans mes intentions de développer ici ce point, si ce n'est pour encore observer que des critères politiques ont bien entendu pu jouer. La crise « fédéraliste » de l'été précédent a contribué à renforcer la méfiance du pouvoir central vis-à-vis des autorités départementales et celles-ci voient leur rôle nettement amoindri par le décret du 14 frimaire an II (4 décembre 1793) sur l'organisation du Gouvernement révolutionnaire. Dès lors, il va de soi que briser des associations autrefois réalisées entre deux départements pour en créer de nouvelles ne peut que favoriser la soumission des départements au pouvoir central. Parmi les sections créées le 9 nivôse, seules deux sur neuf marquent toujours un rapport évident avec le cours de la Loire, d'une part, le couple Loiret / Nièvre qui a survécu, d'autre part, celui qui unit le Maine-et-Loire avec l'Indre-et-Loire. Est-ce à dire que le fleuve a à ce moment perdu de son importance ? Sans doute pas, car, outre les combats décisifs qui se déroulent en décembre 1793 autour de ses rives, pour l'essentiel entre Nantes et Angers, d'autres logiques missionnaires ultérieures prouvent l'utilisation des cours d'eau comme éléments clés destinés à déterminer des espaces missionnaires éphémères. Pour ne citer qu'un exemple parmi d'autres, par un arrêté du 24 pluviôse an II (12 février 1794), le Comité de salut public ordonne que quatre représentants du peuple, Deydier, Ferry, Romme et Pointe se rendent dans les départements afin de surveiller forges, fonderies et manufactures d'armes, notamment pour « accélérer par tous les moyens possibles la fabrication des canons de fer coulés pour le service de la Marine, et d'en obtenir à l'ouverture de la campagne le nombre proportionné aux armements que l'on se propose de faire[14] ». Parmi ces quatre missionnaires, Ferry, savant (professeur à l'école du génie de Mézières) avant d'être conventionnel, reçoit pour terre de mission le Cher et les départements voisins. Or, la liste des départements qui lui sont confiés dessine une France du « Centre » conçue de toute évidence en fonction des bassins hydrographiques et non en fonction des limites départementales, soit une partie du cours de la Loire (entre Cher et Maine-et-Loire) et certains de ses affluents, Allier, Cher, Creuse et Vienne[15]. À cette géographie des bassins hydrographiques répond naturellement une géographie industrielle elle-même liée aux cours d'eau, surtout celle des industries d'armement. D'ailleurs, ce sont près d'une trentaine de représentants du peuple qui ont eu à s'occuper des forges et fonderies ou des manufactures d'armes, avec des missions qui n'ont guère cessé du printemps 1793 à la fin de l'an III. Or, parmi celles-ci se distinguent là encore plusieurs zones géographiques, dont l'une liée à la Loire, formée par plusieurs départements des parties – et bordures – septentrionales et orientales du Massif central (le Cher, la Nièvre, la Côte-d'Or, la Saône-et-Loire avec surtout Autun et Le Creusot, l'Allier avec Moulins, la Loire avec Saint-Étienne, la Haute-Loire[16]).

Centrée avant tout sur les missions politiquement les plus cruciales (ou réputées telles) et/ou celles qui avaient donné lieu à des répressions de masse en 1793 et en l'an II, l'historiographie ne pouvait qu'insister sur le cas spectaculaire de la mission Carrier à Nantes, tout comme l'on évoquait Lebon à Arras et Cambrai ou encore Collot d'Herbois à Lyon. Il ne s'agit en rien ici de minorer l'impact de ces missions, et plus encore de ne pas souligner leurs terribles violences, néanmoins force est de reconnaître qu'elles ont pour le moins déformé la vision d'ensemble des missions accomplies par les membres de la Convention nationale. Ainsi, si la question est aujourd'hui posée à quiconque de déterminer lequel des départements ligériens a connu le plus grand nombre de missions, assurément la réponse sera la Loire-Inférieure et le Maine-et-Loire en raison de la révolte « vendéenne ». En soi, cela ne pourra être tenu pour une réponse erronée, mais ce sera là le fruit d'une confusion entre missions dans les départements et missions auprès des armées. Certes, ces deux types de missions ont eu d'innombrables occasions de s'entremêler, avec ici des représentants auprès d'une armée intervenant dans des affaires politiques ou économiques d'un département (à commencer par le « maintien de l'ordre » et les opérations de ravitaillement), ou là des représentants dans un département n'hésitant pas à s'immiscer dans des décisions militaires. Le cas des départements touchés par la révolte « vendéenne » en est même exemplaire, puisque, nous allons le voir, le printemps et l'été 1793 ont connu une inflation considérable du nombre des représentants du peuple aux armées. Toutefois, si l'on observe une carte dans les départements des missions attribuées pendant toute la période de vie de cette institution révolutionnaire, autrement dit du printemps 1793 à l'automne 1795, les constats observés peuvent *a priori* sembler surprenants pour les départements ligériens (carte 3)[17]. Tout d'abord, le département le moins attribué comme destination missionnaire est le Maine-et-Loire, pourtant concerné au premier chef par les opérations militaires en « Vendée », avec entre autres trois villes tour à tour prises pour cible par les insurgés, Angers, Saumur et Cholet. Ensuite, la Loire-Inférieure apparaît avec un nombre de missions plutôt faible, tandis que les terres les plus parcourues par les représentants du peuple en mission se trouvent surtout dans le Loiret et la Loire, mais aussi dans la Nièvre et l'Allier. Outre le fait que la carte prenne en compte l'ensemble de la période, les résultats obtenus tiennent justement à la nature des missions. Celles qui se voient attribuer avant tout des objectifs économiques n'ont guère retenu l'attention des historiens, mais pour autant ont toute leur place dans l'histoire de l'institution. Ainsi, le nombre élevé des

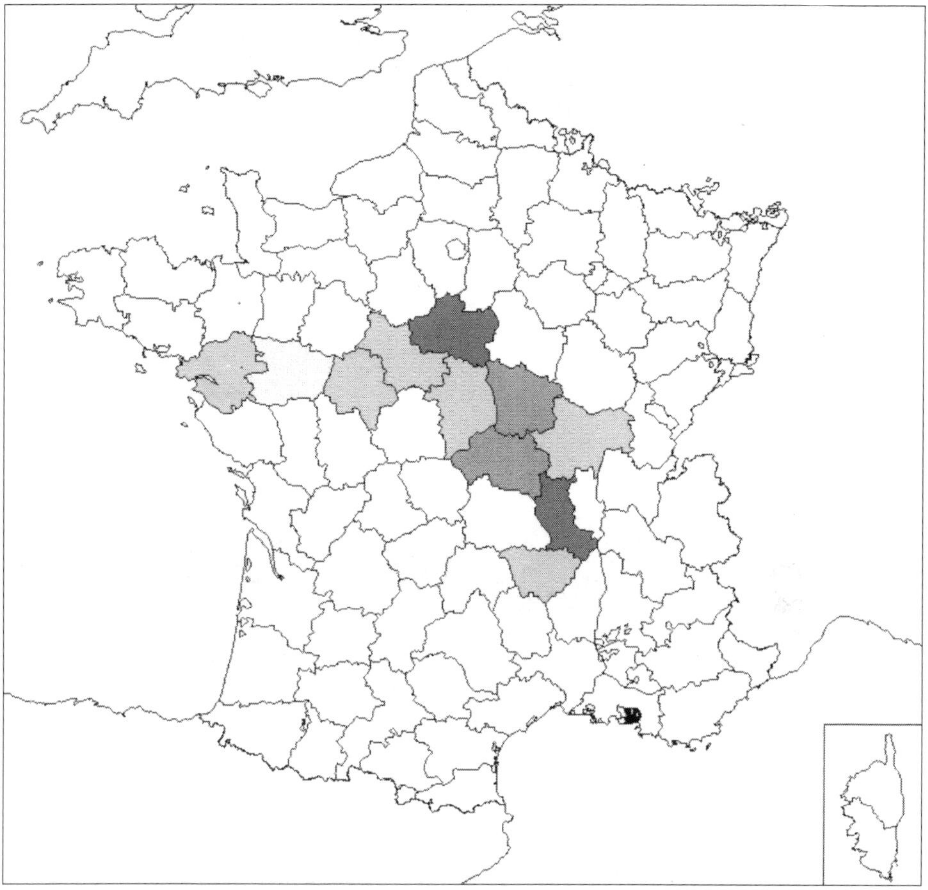

3. Nombre de missions par département (1793-1795), du plus clair au plus foncé : moins de 10 missions (Maine-et-Loire 7) ; de 10 à 15 missions (Loire-Inférieure 11, Indre-et-Loire 14, Loir-et-Cher 11, Cher 14, Saône-et-Loire 15, Haute-Loire 13) ; de 16 à 20 missions (Nièvre 16, Allier 16) ; 21 missions et plus (Loiret 28, Loire 22).

missions dans le Loiret s'explique avant tout par ces objectifs économiques, en raison de l'appartenance du département à la zone de ravitaillement de Paris en subsistances, mais aussi en bois, et également avec la présence de la papeterie de Buges (près de Montargis) essentielle pour l'impression des assignats[18]. De la même manière, le cas du département de la Loire répond à des logiques similaires, liées à la présence de mines et plus encore à la manufacture d'armes de Saint-Étienne[19].

S'agissant maintenant de l'importance de la Loire en tant qu'enjeu stratégique majeur de la « guerre de Vendée », il va sans dire que l'année 1793 marque un incontestable temps fort et qu'une partie géographiquement limitée de ses rives s'est retrouvée au cœur du conflit. De Saumur, en amont, ville prise par les « rebelles » le 9 juin 1793, à Paimbœuf et Savenay en aval, en passant par les Ponts-de-Cé (donc Angers), Saint-Florent et Ancenis, la Loire n'a cessé d'être un

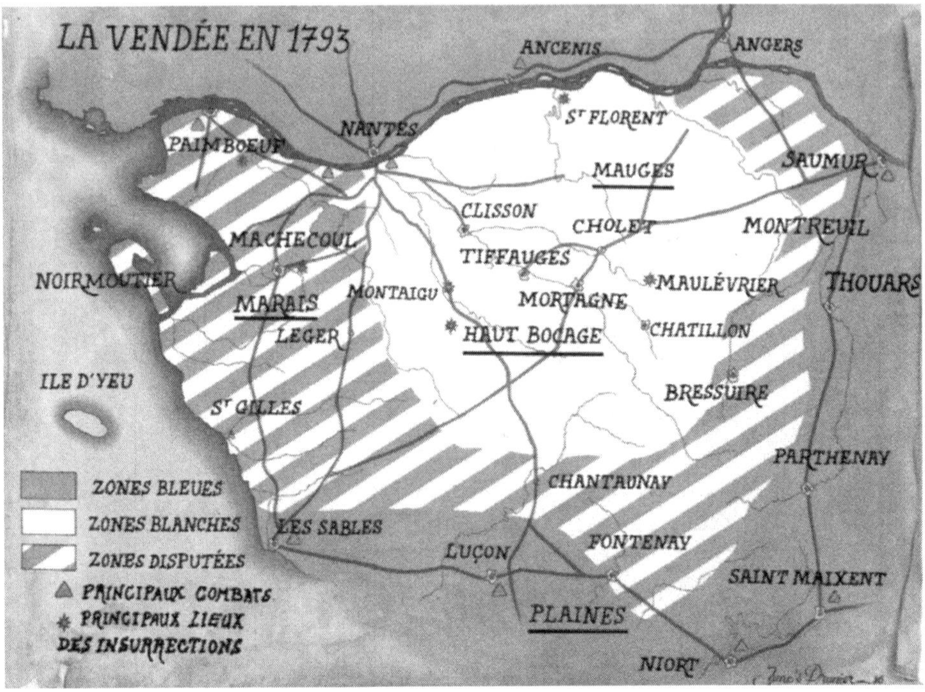

4. La Loire, limite septentrionale de la « Vendée »
(d'après MARTIN J.-C., *Blancs et Bleus dans la Vendée déchirée*, Paris, Gallimard, 2001 [1986], p. 42).

enjeu fondamental. Pour autant, vue de Paris, la menace a paru susceptible de s'étendre jusqu'à Orléans, et cette ville tout comme Tours et Blois ont été elles aussi mobilisées et mises en état de défense. Le fleuve a d'abord *de facto* servi de limite septentrionale à l'espace appelé « Vendée militaire » (carte 4), avant de devenir le point de passage vers le nord au moment de la virée de Galerne, puis une barrière conçue comme infranchissable au retour des « Vendéens » et destinée à les acculer pour mieux les écraser militairement, tandis qu'à Nantes Carrier et les hommes placés sous ses ordres commençaient à employer les noyades comme mode d'exécution collective. Aux tout débuts du soulèvement, on le sait, les « rebelles » usent de leur supériorité numérique face à des cités protégées par des forces très limitées, entre autres parce que toute cette région géographique ne comptait guère de garnisons importantes. Au printemps 1793, la défense des côtes occidentales était confiée à trois armées[20] : du nord au sud, l'armée des côtes de Cherbourg, celle des côtes de Brest, celle des côtes de La Rochelle. Elles n'étaient nullement destinées à affronter un ennemi intérieur, or, par la force des choses, l'une d'entre elles, l'armée des côtes de La Rochelle, se retrouve en première ligne face aux insurgés. L'augmentation soudaine et spectaculaire du nombre des représentants du peuple qui y sont envoyés en mission, pour l'essentiel en quelques semaines seulement, l'atteste (tableau A).

Et, dès lors, ajouter les représentants du peuple en mission *aux armées* à leurs collègues envoyés *dans les départements* ouvre alors de nouvelles perspectives. Le 30 avril, au moment de l'organisation à l'échelle nationale des missions aux armées, six représentants du peuple sont envoyés auprès de celle des côtes de La Rochelle, quatre à l'armée des côtes de Cherbourg et également quatre à l'armée des côtes de Brest. Mais moins de deux semaines s'écoulent avant que, le 10 mai, six autres représentants du peuple soient adjoints à la mission aux côtes de La Rochelle, avec cette fois des départements à leur charge en sus de leur affectation auprès de l'armée. Puis, à des dates diverses (parfois connues de façon imprécise, ce qui témoigne du caractère improvisé de certains envois), d'autres missionnaires viennent rejoindre ce front intérieur, ce qui va contribuer aux divisions bien connues entre plusieurs clans rassemblés autour de représentants du peuple en mission et de généraux[21]. Au total, une vingtaine de représentants du peuple agissent auprès de cette armée au printemps et dans l'été, soit plus du triple des effectifs initiaux. Le 15 mai, ils procèdent à un partage entre eux des territoires échus à l'armée des côtes de La Rochelle. Six des commissaires de la Convention nationale[22] forment une « commission centrale » installée à Saumur[23], trois autres[24] prennent Tours comme base, deux[25] font de même à Poitiers et quatre (puis cinq)[26] les imitent à Niort, tandis que trois[27] de leurs collègues suivent les opérations à partir de La Rochelle et Rochefort. De ces deux cités jusqu'à Niort et Poitiers, puis de cette dernière ville à Tours et Saumur, une sorte de *limes* républicain s'organise face aux « Vendéens », cependant que le relais pour la défense de la Loire entre Saumur et l'estuaire est pris par l'armée des côtes de Brest (son homologue des côtes de La Rochelle ayant pour ordre d'agir entre l'embouchure de la Gironde et celle de la Loire). Cette situation ne manque pas, à terme, d'exacerber les tensions entre généraux et représentants du peuple en mission, d'autant que ces derniers sont alors de sensibilités politiques différentes[28]. Symbole évident du rôle qui lui est désormais réservé au cœur du brasier « vendéen », l'armée des côtes de La Rochelle change de nom le 1er octobre 1793 pour devenir l'armée de l'Ouest, nouvelle unité militaire qui voit passer trente représentants du peuple en mission jusqu'en l'an III (tableau B).

De très nombreux documents témoignent de l'importance donnée par les représentants du peuple en mission à la Loire, à la défense des villes et notamment à celle de Nantes assimilée à une sorte de verrou qui permet de contrôler le passage vers la Bretagne. Le 26 juin 1793, Gillet et Merlin de Thionville, envoyés auprès de l'armée des côtes de Brest, écrivent ainsi à la Convention nationale qu'ils ont proclamé l'état de siège dans cette ville, « que les rebelles n'entreront jamais dans Nantes, et que cette clef de toute la ci-devant Bretagne ne tombera jamais en leur pouvoir[29] ». Les mêmes écrivent à l'Assemblée, toujours de Nantes, le 2 juillet, que diverses opérations sont prévues par les généraux et que « s'ils réussissent, toute la rive droite de la Loire sera entièrement libre[30] ». Dans l'été puis le début de l'automne 1793, la préoccupation majeure est donc de circonscrire la révolte et de l'empêcher de s'étendre au nord de la Loire, même si les représentants du peuple en mission divergent quant à ce qu'il adviendrait des « rebelles » s'ils parvenaient à forcer le passage. Au tout début de la virée de Galerne, Choudieu et Richard, en mission à l'armée de l'Ouest, évoquent ainsi les tentatives de franchissement :

> « Les rebelles avaient tenté de passer la Loire au poste de Varades, et ils avaient en partie effectué leur projet ; nous les avons attaqués dans ce poste, nous les en avons chassés ; ils se sont repliés sur Ingrandes, où ils ont trouvé fort peu de partisans. Nous pouvons vous dire qu'ils ne sont plus à redouter ; ce sont des gens qui fuient et qui nous craignent [31]. »

Leur collègue Francastel abonde dans leur sens et estime que, même à l'époque de leurs succès militaires, les « rebelles » comptaient peu de partisans sur la rive droite du fleuve et qu'ils seront donc réduits à opérer en terrain hostile[32]. Toutefois, l'appréciation de la situation change sous la plume d'un autre des représentants du peuple auprès de l'armée de l'Ouest, Richard, qui écrit au même moment de Saumur :

> « Les rebelles avaient passé la Loire et forcé le poste de Varades pour se dérober à la poursuite de l'armée de la République. Dans le premier moment, ils ont fait replier plusieurs postes, et ces cantons ont eu quelques craintes. Je me suis hâté d'y faire passer des troupes, de concert avec les généraux qui sont ici ; bientôt, les postes ont été repris et l'ennemi battu. La communication avec Nantes par cette route, interceptée par ce passage, sera rétablie dès demain d'une manière assurée. Il y a de grandes précautions à prendre pour empêcher que ceux des rebelles qui échapperont par la fuite ne trouvent asile au-delà de la Loire, et ne se mettent à portée de machiner de nouveaux complots dans ces contrées, où les contre-révolutionnaires sont nombreux [33]. »

En tout état de cause, que l'« armée vendéenne » puisse ou non compter sur des soutiens au nord de la Loire, représentants du peuple en mission et généraux s'accordent vite sur le fait qu'il y a là une occasion rêvée à saisir pour combattre l'ennemi hors du territoire qu'il avait transformé en une sorte de citadelle inexpugnable. Le passage même du fleuve offre également aux yeux de certains une occasion supplémentaire d'anéantir les « Vendéens » par des noyades[34]. Après la victoire de Cholet les 16 et 17 octobre, le franchissement de la Loire, assimilé d'abord à une fuite éperdue plutôt qu'à une tentative pour s'emparer d'un port breton ou normand, annonce donc pour les représentants du peuple la fin prochaine du conflit[35]. Pourtant, dès lors que les « rebelles » échouent devant Granville puis se replient vers le sud, le fleuve reprend son rôle de barrière. Désormais, il ne s'agit plus seulement d'une ligne destinée à préserver des territoires d'une contagion, mais d'un obstacle sur lequel doivent se briser les assauts des « Vendéens » et contre lequel ils seront acculés et anéantis. Preuve tout à la fois de cette importance donnée à la Loire, en tant que ligne de défense, mais aussi de la volonté d'éviter que de nouvelles frictions se produisent entre représentants du peuple et généraux, le Comité de salut public choisit cette fois de charger un seul missionnaire de coordonner la mise en défense de la Loire.

Le 9 frimaire an II (29 novembre 1793), le Comité de salut public expose la nouvelle stratégie à suivre dans un arrêté qui ne laisse aucun doute sur le rôle assigné à la Loire :

> « Le Comité de salut public, informé que les rebelles sortis de la Vendée, après avoir échoué dans leur projet de se porter dans le département de la Manche, reviennent sur leurs pas et paraissent avoir le dessein de repasser la Loire, arrête :
> 1° Les représentants du peuple et les généraux commandant les forces dirigées contre les rebelles s'opposeront par tous les moyens possibles à ce que ces brigands ne puissent repasser la Loire.
> 2° A cet effet, dès que le projet des ennemis sera connu, on fera couper les ponts de Cé et de Saumur, et l'on fera passer sur la rive gauche de la rivière tous les bateaux et embarcations qui se trouvent depuis Saumur jusqu'à Nantes. Ces embarcations seront rassemblées dans les différents points de défense et détruites, s'il le faut. On se tiendra aussi en mesure de couper le pont de Tours, si l'ennemi paraît vouloir se porter de ce côté.
> 3° On fera garder Saint-Florent avec la grosse artillerie, de même que Le Four-à-Chaux, vis-à-vis Ancenis, et tous les passages praticables jusqu'à Nantes, notamment celui de Champtoceaux[36].
> 4° Les forces qui sont maintenant en deçà de la Loire se réuniront en masse pour agir sur le derrière et sur le flanc droit de l'ennemi, lorsqu'il tentera de repasser la Loire. On tâchera de l'enfermer entre la rivière et l'armée, et on l'empêchera surtout de pénétrer vers Nantes et de rejoindre son pays en tournant cette ville par la partie inférieure du fleuve.
> 5° Aussitôt qu'on sera réuni, on marchera contre les rebelles et on les poursuivra sans relâche partout où ils se porteront, toujours offensivement et sans leur donner le temps de s'établir nulle part. On évitera sur toute chose la dissémination des forces et les attaques partielles.
> 6° Les dépôts qui sont dispersés d'Orléans à Tours seront rassemblés et organisés dans cette dernière ville. On ne réunira cependant que les hommes armés et en état de servir.
> 7° Le général Haxo est particulièrement chargé de garder les postes de la rive gauche de la Loire, en même temps qu'il contiendra l'armée de Charrette et empêchera sa jonction avec les autres rebelles ; il rendra compte de toutes ses opérations au général en chef de l'armée de l'ouest et prendra ses ordres ; il suspendra l'exécution de Noirmoutier jusqu'à ce que Nantes soit à l'abri de toute insulte.
> 8° Le représentant du peuple Levasseur partira sans délai pour assurer les mesures qui ont pour objet la défense du passage de la Loire[37]. »

Par un second arrêté, pris aussitôt après, Levasseur de la Sarthe se voit investi du pouvoir de donner des ordres à tous les fonctionnaires civils et militaires, de même qu'à tous les citoyens, charge à lui de se concerter avec ses collègues présents dans les lieux où il viendrait à se trouver. En application des décisions du Comité de salut public susmentionnées, sa mission s'étend à « tous les lieux qui bordent la Loire depuis Orléans jusqu'à Nantes et au-delà, s'il est nécessaire[38] » (carte 5). Ce représentant du peuple possède déjà une solide expérience des missions et apparaît comme un Montagnard non impliqué dans la lutte des factions qui oppose alors les « exagérés » et les « indulgents »[39], autant de raisons qui expliquent son choix. Il part de Paris le soir même, arrive à Orléans dans la matinée du 10 frimaire (30 novembre), quitte cette ville dans la soirée pour Blois où il s'arrête le 11 au petit matin avant de gagner Tours dans la même journée. Il se met ensuite en route pour Saumur où il arrive dans la nuit du 11 au 12 (1er-2 décembre). Le 13, il a atteint Angers, où il participe à

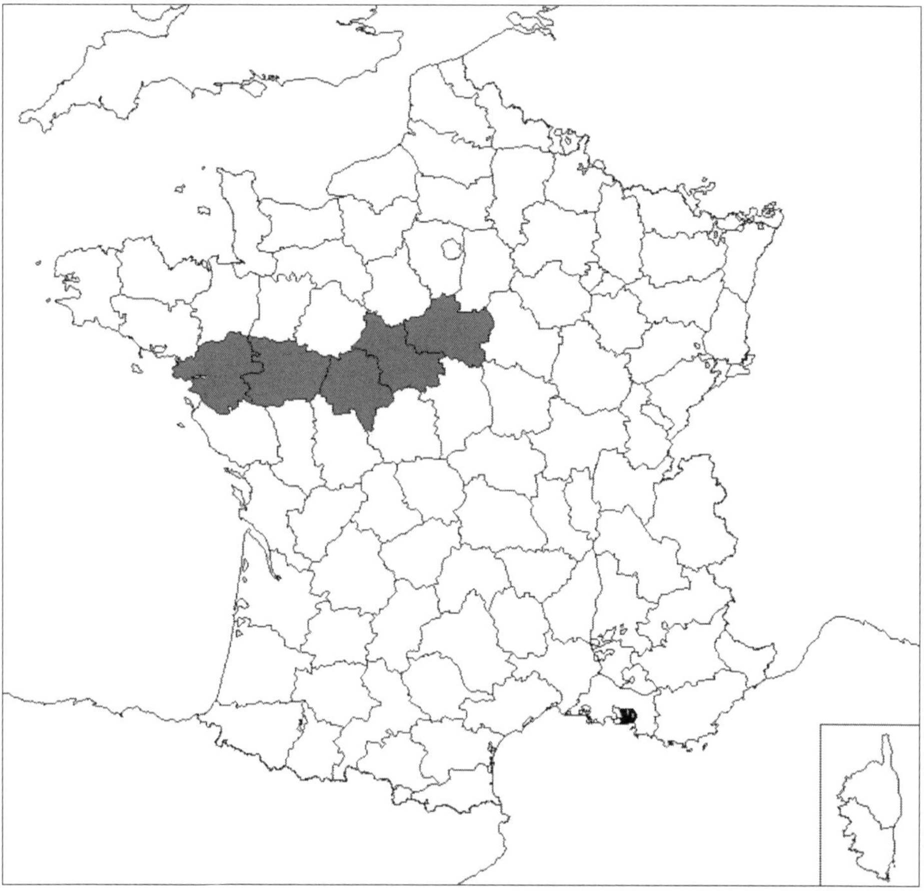

5. La mission de Levasseur de la Sarthe pour la « défense de la Loire d'Orléans à Nantes », 9 frimaire an II (Loire-Inférieure, Maine-et-Loire, Indre-et-Loire, Loir-et-Cher, Loiret).

la défense de la ville assiégée par les « Vendéens » et où il retrouve cinq autres représentants du peuple : Bourbotte, Francastel et Turreau, tous trois en mission auprès de l'armée de l'Ouest ; Prieur de la Marne envoyé à Brest depuis la fin de septembre ; Esnuë-Lavallée en mission dans les départements « du Centre et de l'Ouest » depuis juin, alors officiellement rappelé depuis environ un mois, mais encore présent sur le terrain[40]. Le 18 frimaire (8 décembre), Levasseur écrit de Nantes et affirme être passé aux Ponts-de-Cé, à Saint-Florent, Ancenis et Le-Four-à-Chaux[41]. Il reste deux jours à Nantes, puis prend le chemin du retour. Il écrit de Tours le 23 frimaire (13 décembre) et regagne ensuite Paris. Sa mission aura donc duré environ deux semaines, le temps de parcourir dans les deux sens les rives de la Loire entre Orléans et Nantes[42] pour s'y entretenir systématiquement avec les autorités (civiles et militaires) et pour ordonner les mesures nécessaires à la transformation du fleuve en une barrière infranchissable. La première de ces mesures vise à couper les ponts et à en mettre les accès en état de défense[43], mais aussi à réorganiser si besoin la chaîne de commandement dans chacune des villes visitées. Ainsi, il écrit de Saumur :

> « Ce matin j'ai visité tous les postes et les moyens de défense. On a mis ici beaucoup de lenteur. J'ai tout animé ; le pont est coupé, mais cette coupure est trop étroite ; j'ai donné des ordres pour l'élargir et couper le pont de bois. Je me suis aperçu que tout commandait ici. J'ai cru devoir mettre la ville en état de siège[44]. »

Dans ses *Mémoires*, il multiplie les références aux mesures prises pour défendre la Loire, ici par l'établissement de redoutes en terre, là en faisant évacuer des maisons ensuite remplies de fagots et prêtes à être incendiées à l'arrivée des « Vendéens[45] ». La seconde mesure adoptée répond à l'article 2 de l'arrêté du Comité de salut public, avec un contrôle sévère sur toutes les embarcations disponibles, leur regroupement sur la rive gauche, voire, en cas de nécessité, leur destruction pure et simple. Dès le 11 frimaire (1er décembre), alors qu'il n'a encore visité que trois villes (Orléans, Blois, Tours), ses courriers attestent son ardeur pour l'exécution de cette consigne : « Le long de la rive droite, j'ai vu beaucoup de bateaux ; je viens de donner des ordres précis pour les ranger sur la rive gauche et même pour les couler bas, si on trouve de la résistance[46]. » En outre, des bateaux armés sont stationnés sur la rive gauche, prêts à intervenir contre toute tentative de franchissement du fleuve[47].

Un piège mortel se referme dès lors sur les « rebelles », peu à peu encerclés et dans l'incapacité de retraverser la Loire. Plus grave pour eux, la mesure finit même par être renforcée sur les ordres de Carrier. En effet, après la déroute des « Vendéens » au Mans (les 22 et 23 frimaire [12 et 13 décembre]) et alors que beaucoup d'entre eux refluent vers l'ouest, il écrit au Comité de salut public qu'une de leurs colonnes est proche d'Ancenis, qu'il a envoyé trois hommes dans cette commune « pour ne laisser aucun bateau sur la Loire, si ce n'est les bateaux armés, et trois charpentiers pour couper le pont d'Oudon[48], dans le cas où Ancenis serait obligé de se replier, en retraite, sur Nantes[49] ». Puis il annonce avoir également prévenu le poste de Nort et envoyé six autres charpentiers pour couper le pont du Bourg afin d'interdire la route de Châteaubriant à Rennes. Enfin, il a donné la même consigne pour les ponts de Redon et de Messac, ainsi que l'ordre de briser ou brûler tous les bateaux se trouvant sur la Vilaine et sur l'Isac. À l'obstacle ouest-est déjà constitué par la Loire, Carrier ajoute donc ici des obstacles nord-sud de manière, d'une part, à couvrir Nantes par le nord, d'autre part et surtout, à barrer en partie l'accès à la Bretagne, notamment grâce à la direction grossièrement nord-sud du cours de la Vilaine.

Ce même 25 frimaire an II (15 décembre 1793), Francastel écrit d'Angers au Comité de salut public pour, lui aussi, annoncer un nouveau renforcement des défenses et exposer que la Loire est plus que jamais surveillée. Il ajoute cette phrase lourde de sens : « Si les brigands la passent, ce ne sera que dans la barque à Caron[50]. » Moins de dix jours plus tard (3 nivôse [23 décembre]), l'enfer est de fait réservé aux survivants de l'« armée vendéenne » à Savenay. Toutefois, la « barque à Caron » avait déjà bel et bien été mise en usage à Nantes, où la première noyade dans ce fleuve qualifié par Carrier de « torrent révolutionnaire » est attestée le 19 brumaire (9 novembre). En quelque trois mois, la Loire engloutit entre 1 800 et 4 800 prisonniers, peut-être davantage, tandis qu'environ 4 000 autres captifs sont fusillés ou guillotinés[51]. Jusque-là utilisé comme une ligne défensive et ainsi partie prenante d'« une histoire géopolitique et militaire », le fleuve prend ici une tout autre dimension. Les noyades dans la Loire deviennent en l'an III un élément majeur des accusations contre Carrier, mais aussi contre plusieurs autres représentants du peuple en mission. Ainsi Javogues est-il alors « ce député digne émule des Carrier et des Joseph Lebon[52] », « ce monstre émule de Carrier [qui] rougissait de sang les sources de la Loire pendant que son collègue encombrait de cadavres les embouchures de ce fleuve[53] ». Plus de deux siècles de débats historiographiques à propos de la Révolution française témoignent du choc produit par les noyades de Nantes, choc qui ne doit pas pour autant faire oublier ni les enjeux stratégiques du fleuve en 1793, ni bien sûr les autres facettes des politiques menées par les représentants du peuple en mission.

Michel Biard
GHRis-Université de Rouen

NOTES

1. Ces réquisitions d'hommes sont effectuées dans le cadre de la levée des 300 000 hommes, laquelle devait en principe s'opérer sur la base du seul volontariat, comme cela avait été déjà le cas en 1791 et 1792. Néanmoins, pour la première fois, cette levée imposait un nombre d'hommes déterminé et fixé pour chacun des départements, charge ensuite aux autorités locales d'assurer la répartition entre les districts et communes de leur territoire. Dès lors, pour peu que le nombre de volontaires soit inférieur à celui exigé, les autorités locales étaient libres de recourir à d'autres méthodes que le simple appel au volontariat, ainsi le tirage au sort ou l'élection. Dans de nombreux départements, l'emploi de ces méthodes suscita des troubles, mais c'est dans l'Ouest qu'ils atteignirent leur paroxysme et se muèrent en quelques semaines en une véritable guerre civile à l'échelle « régionale ».
2. AULARD A., *Recueil des actes du Comité de salut public avec la correspondance officielle des représentants en mission et le registre du Conseil exécutif provisoire*, Paris, Imprimerie nationale, 1889-1999, 28 vol. + 4 vol. suppl. + 4 vol. d'index (ensuite ici indiqué *RACSP*).
3. J'excepte l'Ardèche, où le fleuve prend sa source, qui me semble un cas en marge dans le cadre de la présente étude.
4. Voir BIARD M., *Missionnaires de la République. Les représentants du peuple en mission (1793-1795)*, Paris, Éditions du CTHS, 2002.
5. Sont exceptés de cette répartition, outre Paris, la Corse et le Mont-Blanc (article 2 du décret du 9 mars 1793).
6. Les sept premières sections constituées l'attestent sans ambiguïté (Nord/Pas-de-Calais, Aisne/Ardennes, Marne/Meuse, Meurthe/Moselle, Bas-Rhin/Haut-Rhin, Vosges/Haute-Marne, Doubs/Haute-Saône), de même que celles proches des Pyrénées (Aude/Haute-Garonne, Ariège/Pyrénées-Orientales, Gers/Landes, Basses-Pyrénées/Hautes-Pyrénées).
7. Pour la carte de l'ensemble des sections, voir BIARD M., *Missionnaires*..., *op. cit.*, p. 158.
8. Le Rhône et la Loire, qui apparaissent distincts sur la carte, sont en réalité alors regroupés depuis 1790 en un seul département appelé le Rhône-et-Loire. Pour davantage de lisibilité, j'ai choisi de laisser apparente la frontière postérieurement créée entre les deux départements (c'est la révolte « fédéraliste » qui poussa la Convention, dans l'été 1793, à scinder en deux le Rhône-et-Loire).
9. Je renvoie ici à des parties restées inédites de ma thèse de doctorat, *Jean-Marie Collot d'Herbois. Homme de théâtre et homme de pouvoir (1749-1796)*, université Paris I, 1993 (voir le vol. II).
10. « D'abord vous exprimez votre aversion pour le service maritime, parce que plusieurs d'entre vous ont essuyé autrefois de mauvais traitements sur les vaisseaux qu'on appelait du roi ; mais aujourd'hui que ces vaisseaux-là sont les vôtres, Citoyens, ils vous appartiennent ; les féroces commandants dont vous vous plaignez étaient des gentilshommes ; les Capitaines qui commandent aujourd'hui sont vos frères, des mariniers comme vous, autrefois maltraités comme vous par les gentilshommes ; les nouveaux Capitaines par conséquent ne vous maltraiteront pas. » Et le texte d'ajouter que nul ne peut refuser de servir la Patrie... (Arch. nat., AF II 128, plaquette 979, pièce 20). La version imprimée est datée de Nevers le 14 avril 1793, mais cette proclamation est en fait envoyée dès le 12 au Conseil général du Loiret, avec le commentaire suivant : « Elle servira, nous l'espérons, de contrepoison aux frivoles objections de la malveillance, et déterminera puissamment l'obéissance des marins faits pour assurer sur les mers le triomphe du pavillon tricolore » (Arch. dép. du Loiret, 2 Mi 758 [R1 L7]).
11. Lettre envoyée de Nevers le 18 avril 1793 (Arch. nat., AF II 167, plaquette 1373, pièce 17).
12. Arch. dép. de la Nièvre, 1 L 38, f°s 13, 19 et 27 (décisions des 11 et 23 avril, puis 2 mai 1793).
13. Pour la carte de l'ensemble des sections, voir BIARD M., *Missionnaires*..., *op. cit.*, p. 163.
14. *RACSP*, t. XI, p. 87-89.
15. Sa mission est élargie, par un arrêté du 18 germinal an II (7 avril 1794), aux départements suivants : Loiret, Loir-et-Cher, Indre-et-Loire, Maine-et-Loire pour la vallée de la Loire ; Puy-de-Dôme et Allier pour les rives de l'Allier ; Creuse et Indre pour celles de la Creuse ; enfin le département de la Vienne pour le cours d'eau homonyme.
16. Y sont tour à tour envoyés Lesterpt-Beauvais, Pointe, Brival, Forestier, Girard, Ferry, Lemoyne-Vernon, Bonet de Treyches et Patrin.
17. Le nombre des missions et celui des missionnaires ne correspondent point, d'une part, car plusieurs des missions associent deux représentants du peuple – voire davantage –, d'autre part,

car un représentant du peuple peut recevoir plusieurs missions dans un même département: Loire-Inférieure 11 missions / 12 représentants du peuple en mission, Maine-et-Loire 7 / 9, Indre-et-Loire 14 / 17, Loir-et-Cher 11 / 12, Loiret 28 / 35, Cher 14 / 14, Nièvre 16 / 15, Allier 16 / 14, Saône-et-Loire 15 / 16, Loire 22 / 27, Haute-Loire 13 / 14.

18. À elle seule, cette papeterie attire plus du quart des missions dans le Loiret, preuve de son importance économique on ne peut plus stratégique.
19. Cette manufacture et les mines représentent là aussi près du quart des missions dans le département.
20. La distinction entre les différentes armées n'a cessé d'évoluer pendant toute la période révolutionnaire. Regroupées en décembre 1791 au sein de trois armées (du Nord, du Centre, du Rhin), les troupes françaises ont connu de multiples bouleversements dus aux diverses réorganisations et plus encore à l'extension géographique des théâtres d'opérations militaires. Fin avril 1793, lorsque se mettent en place les premières grandes missions militaires, onze armées sont réparties sur l'ensemble du territoire: armée du Nord, armée des Ardennes (issue d'une séparation de l'armée du Nord), armée de la Moselle (ex-armée du Centre), armée du Rhin, armée des Alpes, armée d'Italie (issue d'une séparation de l'armée des Alpes), armée des Pyrénées Occidentales (issue d'une séparation de l'armée des Pyrénées), armée des Pyrénées Orientales (*id.*), armée des côtes de La Rochelle (ex-armée de réserve), armée des côtes de Brest (issue d'une séparation de l'armée des côtes), armée des côtes de Cherbourg (*id.*).
21. Je renvoie sur ce sujet à la vaste bibliographie qui concerne la « Vendée » en 1793, tout particulièrement aux différents livres de Jean-Clément Martin.
22. Bourbotte, Carra, Choudieu, Dandenac, Delaunay et Richard.
23. Laquelle se replie sur Tours lorsque Saumur tombe aux mains des « rebelles ».
24. Bodin, Ruelle et Tallien.
25. Creuzé-Dufresne et Thibaudeau.
26. Auguis, Goupilleau de Fontenay, Lecointe-Puyraveau et Jard-Panvillier (puis Goupilleau de Montaigu).
27. Garnier de Saintes, Mazade et Trullard.
28. Voir Biard M., *Missionnaires*..., *op. cit.*, p. 291-292.
29. *RACSP*, t. V, p. 90.
30. *Ibid.*, p. 151.
31. *Ibid.*, t. VII, p. 507 (lettre datée de Saumur le 19 octobre 1793).
32. Il écrit vers le 21 octobre (lieu non précisé): « Les rebelles ont tenté de passer la Loire et y ont réussi au poste de Varades, qu'ils ont forcé, et qui s'est replié sur Ingrandes. On dit que cette ville est tombée par la suite en leur pouvoir. Les mesures sont prises pour les attaquer et les faire repentir de ce passage [...] ce sont des gens qui fuient et qui sont peu redoutables; on empêchera bien qu'ils s'établissent sur la rive droite de la Loire, où ils ont trouvé peu de partisans, même à l'époque de leurs succès » (*ibid.*, p. 544-545).
33. Lettre du 21 octobre (*ibid.*, p. 545-547).
34. Carrier, envoyé lui aussi auprès de l'armée de l'Ouest, écrit de Nantes le 20 octobre: « Nous nous disposions à attaquer Saint-Florent, lorsque nous avons été instruits que les rebelles évacuaient ce dernier asile et avaient déjà passé la Loire [...] Les choses dans cette position, on a envoyé un corps de 5 000 hommes à Saint-Florent, qui, tombant sur les rebelles, en a fait noyer beaucoup. Le commandant de ce corps a l'ordre de tâcher de passer la Loire pour continuer à les poursuivre » (*ibid.*, p. 519-521). De leur côté, Bourbotte, Choudieu, Francastel et Turreau écrivent d'Angers le 21 octobre: « Sans perdre de temps, et semblables à des chasseurs qui poursuivent un animal à la course, nous sommes allés chercher les rebelles à Saint-Florent, seul et dernier repaire qui leur restait, et où ils s'étaient réfugiés; mais la terreur qui nous précédait était si grande qu'ils ne voulurent pas nous y attendre; ils se précipitèrent dans des bateaux pour passer la Loire, et la confusion et le désordre qu'ils mirent dans leur fuite furent tels que des femmes et des enfants, même encore à la mamelle, ont été noyés au moment de leur embarquement [...] Une forte colonne s'est dirigée sur Nantes, et celle qui est restée à Saint-Florent va passer la Loire dans le même lieu que les brigands, et toutes les mesures seront prises pour courir après, les cerner, les bloquer et achever leur destruction » (*ibid.*, p. 548-550).

35. Le 19 octobre, Bourbotte, Choudieu, Francastel et Turreau écrivent d'Angers que le succès remporté à Cholet a amplement réparé les échecs précédents et fait prévoir la fin de la guerre : « La Convention nationale a voulu que la guerre de Vendée fût terminée avant la fin d'octobre, et nous pouvons lui dire qu'il n'existe plus de Vendée, bien que tous les rebelles ne soient pas encore exterminés » (*ibid.*, p. 507-508).
36. Le-Four-à-Chaux se situe sur la rive gauche de la Loire, face à Ancenis sur l'autre rive. Champtoceaux se trouve un peu plus en aval, également sur la rive gauche.
37. *RACSP*, t. IX, p. 38-39.
38. *Ibid.*, p. 39.
39. Il est envoyé auprès de l'armée du Nord de juillet à septembre 1793, dans l'Oise puis la Seine-et-Oise en octobre et novembre (Biard M., *Missionnaires…*, *op. cit.*, p. 543-544). Dans ses *Mémoires* (*Mémoires de R. Levasseur [de la Sarthe], ex-conventionnel*, Paris, Messidor-Éditions sociales, 1989), il s'étend très longuement sur sa mission à l'armée du Nord (deuxième partie, chap. II à VII) qui lui permet de clore son récit sur la victoire de Hondschoote. Il revient ensuite une seconde fois sur son rôle à l'armée dans un nouveau et long chapitre, d'autant plus spectaculaire qu'il évoque la situation du front septentrional au printemps 1794, c'est-à-dire à un moment où il se trouve auprès de l'armée du Nord (puis à celle de Sambre-et-Meuse) sans aucun pouvoir, venu presque en spectateur d'une mission dans un département voisin (*id.*, chap. XIII). Enfin, sans égard pour la chronologie, il l'avoue lui-même, il consacre un développement à sa mission de l'automne 1793 « en Vendée » (*id.*, chap. XV). Il y rappelle que cette guerre de « Vendée » était devenue l'un des arguments employés dans la lutte opposant les factions des « exagérés » et des « indulgents », ces derniers accusant « le Comité de salut public d'être l'auteur de la guerre de la Vendée et de la prolonger pour éterniser son pouvoir » (p. 387).
40. Parmi tous ceux qui sont alors présents sur le terrain face aux « Vendéens », mentionnons également Guimberteau installé à Blois pour s'occuper de la cavalerie (Levasseur le rencontre à son passage dans la ville), Garnier de Saintes présent au Mans et bien sûr Carrier qui agit à Nantes (lui aussi rejoint par Levasseur).
41. *RACSP*, t. IX, p. 267.
42. Dans ses *Mémoires* (*op. cit.*), il n'évoque pas du tout son passage à Nantes et donc sa rencontre avec Carrier. Il écrit que sa mission était finie à Angers et qu'il est alors rentré à la Convention nationale. À l'heure du souvenir, cela lui permet, d'une part, d'achever son récit sur une victoire, d'autre part et surtout, de ne pas voir son nom associé à celui de Carrier, devenu depuis l'an III l'archétype du « proconsul sanguinaire ». De plus, il ajoute que, le jour où Barère présenta son rapport sur la guerre de « Vendée », il fit l'éloge de Levasseur, qui prit alors la parole pour réclamer « une amnistie en faveur des restes de l'armée vendéenne » (*ibid.*, p. 395). Barère a de fait prononcé ces mots élogieux le 25 frimaire (15 décembre) : « Levasseur a pleinement justifié la confiance du comité par son intelligence et son activité patriotique : tout a été surveillé, défendu, armé en peu de jours » (Mavidal M. J. et Laurent M. E. [dir.], *Archives parlementaires…*, Paris, Dupont [puis CNRS], 1879-2005, t. LXXXI, p. 497). En revanche, c'est trois jours plus tard, et non à chaud, que Levasseur réclama une amnistie et celle-ci présentait une restriction qu'il ne mentionne pas dans ses *Mémoires* : « que ceux qui, dans les trois jours qu'ils auront quitté leur commune, y seraient rentrés ou trouvés dans le chemin qui y conduit, ne puissent être traités comme faisant partie de l'armée des brigands, en prouvant qu'ils avaient été menacés d'être fusillés, s'ils ne les suivaient pas » (*ibid.*, p. 641). On imagine l'extrême difficulté à prouver pareille menace…
43. Cette mesure a souvent déjà été anticipée par d'autres représentants du peuple ou d'autres autorités dès avant l'arrivée de Levasseur de la Sarthe. Ainsi Francastel écrit-il d'Angers le 9 frimaire (29 novembre) que le pont y est coupé et la ville mise en état de défense, tout comme à Saumur, aux Ponts-de-Cé et à Saint-Georges-sur-Loire (*RACSP*, t. IX, p. 51). Parfois même, ces coupures de pont sont renforcées dans un second temps, comme en témoigne un courrier de Levasseur de la Sarthe lui-même, envoyé de Tours le 23 frimaire (13 décembre), dans lequel il annonce avoir par précaution fait couper une arche de plus au pont de la ville (*ibid.*, p. 383).
44. Lettre du 12 frimaire an II-2 décembre 1793 (*ibid.*, p. 111).
45. *Mémoires de R. Levasseur…*, *op. cit.*, p. 389. Le récit de Levasseur fait également la part belle à ses interventions auprès de quelques généraux jugés peu estimables, ici à Saumur (« quand il n'y a rien à faire vous acceptez toutes les places, vous autres officiers supérieurs, et dans les

occasions difficiles vous cherchez à vous excuser sur votre peu de savoir ! C'est manquer à la République » [*ibid.*]), là à Angers (« Je racontais à mes collègues les exploits du général Danican ; quoique nous fussions tous bien convaincus que ce général était resté dans son lit [sous prétexte d'une blessure] ou par lâcheté ou par trahison, nous ne le destituâmes point » [*ibid.*, p. 393]).

46. *RACSP*, t. IX, p. 84-85.

47. Carrier écrit de Nantes au Comité de salut public le 21 frimaire (11 décembre) que Levasseur de la Sarthe est resté deux jours dans la ville et que la défense de cette dernière ne doit plus inquiéter. Puis il ajoute : « Ne vous alarmez pas non plus sur le passage de la Loire. Depuis Nantes jusqu'à Angers, Levasseur vous annoncera qu'il n'a vu nul bateau dans cette partie de la rivière, qu'il n'y a aperçu que des bateaux armés en station sur la rive gauche, pour s'opposer à la rentrée des brigands dans la Vendée. Il a trouvé à son retour quelques bateaux du côté d'Ancenis, mais ils y étaient par mon autorisation, pour procurer du bois à Nantes et du charbon de terre aux manufactures d'Indret et de Lorient ; j'en avais confié le soin à deux marins très patriotes et très expéditifs » (*ibid.*, p. 332-333).

48. Oudon est une commune située sur la rive droite, en face de Champtoceaux à l'ouest d'Ancenis et donc sur la route qui mène à Nantes.

49. Lettre envoyée de Nantes le 25 frimaire-15 décembre (*RACSP*, t. IX, p. 426-427).

50. *Ibid.*, p. 430.

51. En attendant l'achèvement de sa thèse consacrée au procès de Carrier, on peut se rapporter au petit livre de Corinne Gomez, *Carrier et la Révolution française en 30 questions*, La Crèche, Geste Éditions, 2004.

52. Arch. nat., D III 343-344 (dénonciation des citoyens de la commune de Bourg, chef-lieu du département de l'Ain, contre Amar, Javogues, Albitte et Méaulle, envoyée à la Convention nationale le 28 floréal an III [17 mai 1795]).

53. *Ibid.*, D III 350 (dénonciation des administrateurs du département de la Loire contre Javogues, non datée, prairial ou messidor an III [mai-juin 1795]).

A. Les missions à l'armée des côtes de La Rochelle

Représentants en mission	Date d'envoi	Autre armée associée à la mission ou objet de mission spécifique	Représentant(s) associé(s)	Date de rappel
Choudieu	12 avril 1793		Carra, Garnier de Saintes, Goupilleau de Fontenay, Mazade-Percin, Trullard ; puis Bodin, Creuzé-Dufresne, Jard-Panvillier, Lecointe-Puyraveau, Thibaudeau, Ruelle ; puis Dandenac (J.), Delaunay (P.-M.), Goupilleau de Montaigu ; puis Auguis, Bourbotte, Richard, Tallien, Turreau ; puis Bellegarde	
Carra	30 avril 1793		Choudieu, Garnier de Saintes, Goupilleau de Fontenay, Mazade-Percin, Trullard ; puis Bodin, Creuzé-Dufresne, Jard-Panvillier, Lecointe-Puyraveau, Ruelle, Thibaudeau ; puis Dandenac (J.), Delaunay (P.-M.), Goupilleau de Montaigu	13 juin 1793
Garnier de Saintes	30 avril 1793		Carra, Choudieu, Goupilleau de Fontenay, Mazade-Percin, Trullard ; puis Bodin, Creuzé-Dufresne, Jard-Panvillier, Lecointe-Puyraveau, Ruelle, Thibaudeau ; puis Dandenac (J.), Delaunay (P.-M.), Goupilleau de Montaigu	22 juin 1793
Goupilleau de Fontenay	30 avril 1793		Carra, Choudieu, Garnier de Saintes, Mazade-Percin, Trullard ; puis Bodin, Creuzé-Dufresne, Jard-Panvillier, Lecointe-Puyraveau, Ruelle, Thibaudeau ; puis Dandenac (J.), Delaunay (P.-M.), Goupilleau de Montaigu ; puis Auguis, Bourbotte, Richard, Tallien, Turreau	28 août 1793
Mazade-Percin	30 avril 1793		Carra, Choudieu, Garnier de Saintes, Goupilleau de Fontenay, Trullard ; puis Bodin, Creuzé-Dufresne, Jard-Panvillier, Lecointe-Puyraveau, Ruelle, Thibaudeau ; puis Dandenac (J.), Delaunay (P.-M.), Goupilleau de Montaigu	22 juin 1793

Trullard	30 avril 1793		Carra, Choudieu, Garnier de Saintes, Goupilleau de Fontenay, Mazade-Percin ; puis Bodin, Creuzé-Dufresne, Jard-Panvillier, Lecointe-Puyraveau, Thibaudeau, Ruelle ; puis Dandenac (J.), Delaunay (P.-M.), Goupilleau de Montaigu	22 juin 1793
Bodin	10 mai 1793	Indre-et-Loire	Ruelle + Carra, Choudieu, Creuzé-Dufresne, Garnier de Saintes, Goupilleau de Fontenay, Jard-Panvillier, Lecointe-Puyraveau, Mazade-Percin, Thibaudeau, Trullard ; puis Dandenac (J.), Delaunay (P.-M.), Goupilleau de Montaigu	22 juin 1793
Creuzé-Dufresne	10 mai 1793	Vienne	Thibaudeau + Bodin, Carra, Choudieu, Garnier de Saintes, Goupilleau de Fontenay, Jard-Panvillier, Lecointe-Puyraveau, Mazade-Percin, Ruelle, Trullard ; puis Dandenac (J.), Delaunay (P.-M.), Goupilleau de Montaigu	22 juin 1793
Jard-Panvillier	10 mai 1793	Deux-Sèvres	Lecointe-Puyraveau + Bodin, Carra, Choudieu, Creuzé-Dufresne, Garnier de Saintes,Goupilleau de Fontenay, Mazade-Percin, Ruelle, Thibaudeau, Trullard ; puis Dandenac (J.), Delaunay (P.-M.), Goupilleau de Montaigu	18 juin 1793
Lecointe-Puyraveau	10 mai 1793	Deux-Sèvres	Jard-Panvillier + Bodin, Carra Choudieu, Creuzé-Dufresne, Garnier de Saintes, Goupilleau de Fontenay, Mazade-Percin, Ruelle, Thibaudeau, Trullard ; puis Dandenac (J.), Delaunay (P.-M.), Goupilleau de Montaigu	18 juin 1793
Ruelle	10 mai 1793	Indre-et-Loire	Bodin + Carra, Choudieu, Creuzé-Dufresne, Garnier de Saintes, Goupilleau de Fontenay, Jard-Panvillier, Lecointe-Puyraveau, Mazade-Percin, Thibaudeau, Trullard ; puis Dandenac (J.), Delaunay (P.-M.), Goupilleau de Montaigu ; puis Auguis,	19 juillet 1793

			Bourbotte, Richard, Tallien, Turreau	
Thibaudeau	10 mai 1793	Vienne	Creuzé-Dufresne + Bodin, Carra, Choudieu, Garnier de Saintes, Goupilleau de Fontenay, Jard-Panvillier, Lecointe-Puyraveau, Mazade-Percin, Ruelle, Trullard ; puis Dandenac (J.), Delaunay (P.-M.), Goupilleau de Montaigu	22 juin 1793
Dandenac (J.)	mai 1793		Delaunay (P.-M.) + Bodin, Carra, Choudieu, Creuzé-Dufresne, Garnier de Saintes, Goupilleau de Fontenay, Goupilleau de Montaigu, Jard-Panvillier, Lecointe-Puyraveau,Mazade-Percin, Ruelle, Thibaudeau, Trullard	22 juin 1793
Delaunay (P.-M.)	mai 1793		Dandenac (J.) + Bodin, Carra, Choudieu, Creuzé-Dufresne, Garnier de Saintes, Goupilleau de Fontenay, Goupilleau de Montaigu, Jard-Panvillier, Lecointe-Puyraveau, Mazade-Percin, Ruelle, Thibaudeau, Trullard	22 juin 1793
Goupilleau de Montaigu	mai 1793		Bodin, Carra, Choudieu, Creuzé-Dufresne, Dandenac (J.), Delaunay (P.-M.), Garnier de Saintes, Goupilleau de Fontenay, Jard-Panvillier, Lecointe-Puyraveau, Mazade-Percin, Ruelle, Thibaudeau, Trullard ; puis Auguis, Bourbotte, Richard, Tallien, Turreau	19 juillet 1793
Turreau	14 juin 1793	puis armée de l'Ouest	Choudieu, Goupilleau de Fontenay, Goupilleau de Montaigu, Ruelle ; puis Auguis, Bourbotte, Richard, Tallien ; puis Bellegarde	ventôse an II
Auguis	(mai et) 22 juin 1793		Bourbotte, Richard, Tallien + Choudieu, Goupilleau de Fontenay, Goupilleau de Montaigu, Ruelle, Turreau	19 juillet 1793
Bourbotte	(mai et) 22 juin 1793		Auguis, Richard, Tallien + Choudieu, Goupilleau de Fontenay, Goupilleau de Montaigu, Ruelle, Turreau ; puis Bellegarde	13 octobre 1793

Richard	(mai et) 22 juin 1793		Auguis, Bourbotte, Tallien + Choudieu, Goupilleau de Fontenay, Goupilleau de Montaigu, Ruelle, Turreau ; puis Bellegarde	13 octobre 1793
Tallien	(mai et) 22 juin 1793		Auguis, Bourbotte, Richard + Choudieu, Goupilleau de Fontenay, Goupilleau de Montaigu, Ruelle, Turreau	19 juillet 1793
Gasparin	26 juin 1793	Brève mission du Comité de salut public		
Bellegarde	14 août 1793		Bourbotte, Choudieu, Richard, Turreau	13 octobre 1793

B. Les missions à l'armée de l'Ouest

Il convient d'ajouter dans la liste ci-dessous Levasseur de la Sarthe (9 frimaire an II), bien qu'il ne soit pas au sens strict envoyé auprès de l'armée de l'Ouest.

Représentants en mission	Date d'envoi	Autre armée associée à la mission ou objet de mission spécifique	Représentant(s) associé(s)	Date de rappel
Gillet	(30 avril et) octobre 1793	d'abord à l'armée des côtes de Brest	Ruelle, Turreau	novembre 1793 ?
Ruelle	(1er août et) octobre 1793	d'abord à l'armée des côtes de Brest	Gillet, Turreau	13 octobre 1793
Turreau	(14 juin et) octobre 1793	d'abord à l'armée des côtes de La Rochelle	Gillet, Ruelle ; puis Bourbotte, Carrier, Francastel ; puis Ichon	ventôse an II
Hentz	1er octobre 1793	brève mission d'inspection	Prieur de la Côte-d'Or	
Prieur de la Côte-d'Or	1er octobre 1793	brève mission d'inspection	Hentz	
Bourbotte	13 octobre 1793		Carrier, Francastel + Turreau ; puis Ichon	
Carrier	13 octobre 1793		Bourbotte, Francastel + Turreau ; puis Ichon	9 nivôse an II
Francastel	13 octobre 1793		Bourbotte, Carrier + Turreau ; puis Ichon ; puis Dubois--Crancé ; puis Garrau et Hentz	
Ichon	16 frimaire an II	cavalerie	Bourbotte, Carrier, Turreau, Francastel ; puis Dubois-Crancé ; puis Garrau et Hentz ; puis Garnier de Saintes ; puis Ingrand ; puis Bourbotte	

Dubois-Crancé	17 pluviôse an II	embrigadement, armée des côtes de Brest	Francastel, Ichon ; puis Garrau et Hentz ; puis Garnier de Saintes ; puis Ingrand ; puis Bourbotte	30 germinal et 26 messidor an II
Garrau	24 pluviôse an II		Hentz + Dubois-Crancé, Francastel, Ichon ; puis Garnier de Saintes ; puis Ingrand ; puis Bourbotte	23 germinal an II
Hentz	24 pluviôse an II		Garrau + Dubois-Crancé, Francastel, Ichon	
Garnier de Saintes	14 floréal an II		Dubois-Crancé, Garrau, Ichon ; puis Ingrand ; puis Bourbotte	24 prairial an II
Ingrand	16 floréal an II		Dubois-Crancé, Garnier de Saintes, Garrau, Ichon ; puis Bourbotte	
Bourbotte	22 floréal an II		Dubois-Crancé, Garnier de Saintes, Garrau, Ichon, Ingrand	messidor an II
Dornier	30 thermidor an II		Guyardin ; puis Auger et Bézard ; puis Chaillon, Delaunay (P.-M.), Gaudin, Lofficial, Menau, Morisson ; puis Béraud	29 prairial et 4 messidor an III
Guyardin	30 thermidor an II		Dornier ; puis Auger et Bézard ; puis Chaillon, Delaunay (P.-M.), Gaudin, Lofficial, Menau, Morisson	
Auger	18 fructidor an II		Bézard + Dornier et Guyardin ; puis Chaillon, Delaunay (P.-M.), Gaudin, Lofficial, Menau, Morisson	
Bézard	18 fructidor an II		Auger + Dornier et Guyardin ; puis Chaillon, Delaunay (P.-M.), Gaudin, Lofficial, Menau, Morisson ; puis Béraud	4 messidor an III
Chaillon	12 frimaire an III		Delaunay (P.-M.), Gaudin, Lofficial, Menau, Morisson + Auger, Bézard, Dornier, Guyardin ; puis Béraud	29 prairial et 4 messidor an III
Delaunay (P.-M.)	12 frimaire an III	puis armée des côtes de Brest	Chaillon, Gaudin, Lofficial, Menau, Morisson + Auger, Bézard, Dornier, Guyardin ; puis Béraud	4 messidor an III
Gaudin	12 frimaire an III		Chaillon, Delaunay (P.-M.), Lofficial, Menau, Morisson + Auger, Bézard, Dornier, Guyardin ; puis Béraud	29 prairial et 4 messidor an III
Lofficial	12 frimaire an III		Chaillon, Delaunay (P.-M.), Gaudin, Menau, Morisson + Auger, Bézard, Dornier, Guyardin ; puis Béraud	29 prairial et 4 messidor an III

Menuau	12 frimaire an III	puis Deux-Sèvres	Chaillon, Delaunay (P.-M.), Gaudin, Lofficial, Morisson + Auger, Bézard, Dornier, Guyardin ; puis Béraud	29 prairial et 4 messidor an III
Morisson	12 frimaire an III		Chaillon, Delaunay (P.-M.), Gaudin, Lofficial, Menau + Auger, Bézard, Dornier, Guyardin ; puis Béraud	
Jary	7 pluviôse an III	mission particulière : mines, verreries, forges, fonderies		4 messidor an III
Béraud	germinal an III (?)		Bézard, Chaillon, Delaunay (P.-M.), Dornier, Gaudin, Lofficial, Menau, Morisson	
Guezno	28 prairial an III	(armée des côtes de Brest, armée des côtes de Cherbourg, en théorie)	Mathieu (à l'armée des côtes de Brest) et Bodin (à l'armée des côtes de Cherbourg)	15 thermidor an III
Cochon de Lapparent	17 thermidor an III	armée des côtes de Brest, armée des côtes de Cherbourg	Jard-Panvillier	
Jard-Panvillier	18 thermidor an III	armée des côtes de Brest, armée des côtes de Cherbourg	Cochon de Lapparent	

La Loire et la guerre de Vendée, 1793

Quel rôle a joué la Loire dans la « grande guerre » de Vendée, celle de 1793 ? À première vue ne serait-on pas tenté de la considérer, dans sa partie armoricaine, comme une sorte de frontière naturelle entre le pays insurgé et ce pays de Galerne, ce mauvais pays[1] qui serait resté fidèle à la République où les Vendéens s'aventureront pour leur malheur en octobre ? C'est bien au sud du fleuve, à Cholet, que l'émeute démarre dès le 3 mars contre le « tirage au sort » ordonné par la loi du 24 février qui exige la levée de 300 000 hommes pour faire face à la coalition de l'Europe[2] et c'est encore au sud, près de Chanzeaux le 9 mars, à Machecoul le 11, surtout à Saint-Florent-le-Vieil le lendemain, que la révolte prend corps et fait ses premières victimes parmi les « patriotes[3] ». Pourtant, dans les jours suivants les autorités d'Angers et celles de Nantes reçoivent les mêmes messages affolés des mairies et districts républicains des deux côtés du fleuve. Au soir du 12 mars, les appels de leurs officiers municipaux affluent au Département de Maine-et-Loire réuni en hâte. Par lettre ce sont ceux de Candé qui

> « annoncent que leur position devient de plus en plus critique, que les malveillants se coalisent à l'infini [...] que la ville d'Ancenis qui n'est éloignée que de cinq lieues de Candé est bloquée de tous côtés [...] et ne peut leur porter du secours, que les brigands se proposent d'incendier leur ville ; qu'ils ne peuvent leur résister si on ne leur envoye sur le champ des secours... »

Un courrier extraordinaire venu du Lion d'Angers raconte « que les révoltés désarment les bons citoyens dans la campagne, qu'ils ont envoyé 50 hommes à Segré » et réclame lui aussi des « forces pour résister aux attroupements qui se forment dans leur voisinage ». Le curé du Lion, le citoyen Bassereau, un prêtre assermenté bien sûr, fait irruption dans la salle de réunion en disant « qu'une foule de gens de campagne armés de fusils et la cocarde blanche au chapeau se sont présentés au Lyon (sic) ont attaqué la garde nationale » qui les a repoussés après une « vive fusillade ». À son tour il sollicite « un prompt secours[4] ». Une semblable angoisse étreint les autorités de Loire-Inférieure. Dès le 10 mars de violents incidents ont éclaté simultanément à Saint-Philbert-de-Grand-Lieu dans le district de Machecoul au sud du fleuve, et à Fay, au nord, à une lieue de Blain. Le 12, Blain et Savenay sont facilement occupées par les émeutiers. La carte de l'insurrection de mars 1793 dressée par Roger Dupuy montre que toutes les communes du département se sont, plus ou moins globalement, insurgées des deux côtés du fleuve[5]. Visiblement au tout début de la révolte la Loire n'est nullement une ligne de démarcation entre pays « blanc » et « bleu ». Comme l'écrit Jean-Clément Martin :

> « Il n'y a pas, en mars 1793, de différences entre les révoltes qui se produisent de part et d'autre de la Loire. Le découpage ordinaire Vendée/chouannerie ne correspond pas à deux situations distinctes en ces premiers jours d'émeute. Il n'aura de valeur opératoire que par la suite, selon l'évolution de la situation militaire[6]. »

Malgré tout, le devenir de ces premiers mouvements insurrectionnels sera bien différent de part et d'autre du fleuve.

CHOUANNERIE AU NORD, VENDÉE AU SUD

En effet, le nord de l'Anjou, tout comme le Maine ou la Bretagne – si l'on en excepte la partie la plus méridionale, le comté nantais – ne connaîtront pas la révolte massive que sera la « Vendée », mais la Chouannerie, rébellion sporadique et en peau de léopard d'une partie minoritaire de la population. Qu'est-ce qui peut rendre compte de cette évolution différente de deux pays qui ont pourtant beaucoup de points communs tant par les paysages, bocagers de part et d'autre du fleuve, les types d'agriculture que par l'importance de la noblesse, le poids du clergé, la pratique religieuse ? Remarquons que toutes les grandes villes de l'Ouest armoricain se trouvaient au nord de la Loire : Angers, Nantes, Vannes, Lorient, Rennes, Brest... Ces villes étaient en majorité acquises à la Révolution, notamment pour ce qui concerne la bourgeoisie qui peuplait leurs administrations. Surtout, elles concentraient d'importantes forces du maintien de l'ordre : gendarmerie, gardes nationales, voire troupes de ligne. Au nord du fleuve les révoltés de mars 1793 furent vite refoulés par les forces présentes dans les grandes villes, ou venues sans peine d'autres régions bien pourvues en hommes d'armes. Dès le 25 de ce mois, écrit Roger Dupuy,

> « Les renforts affluent de Normandie et de la région parisienne. Le général Beysser avec 500 hommes et 2 canons descend le long de la Vilaine, débloque Redon tandis que 900 hommes sortis de Vannes reprennent Rochefort-en-Terre et que la rive droite de la Loire est ramenée dans le giron de la République[7]. »

Un autre exemple de la contribution de forces venues de l'extérieur au retour à l'ordre nous est donné par la marche du 3e bataillon de volontaires de Maine-et-Loire constitué dans l'été 1792. Il quitte Angers pour la Bretagne le

14 novembre. Après avoir fait étape à Nantes, il s'arrête à Saint-Pol-de-Léon. Il doit alors s'embarquer pour la Martinique, mais la déclaration de guerre avec l'Angleterre fait ajourner l'expédition. Le bataillon est expédié à Lorient puis à Vannes où il séjourne 10 mois et participe à des expéditions contre les Chouans du Morbihan[8]. Roger Dupuy a souligné « l'efficacité de la répression au nord de la Loire en mars 1793[9] ». En avril les autorités républicaines auront repris les choses en main.

Au contraire, les régions du sud qui constitueront la « Vendée » sont pratiquement vides de troupes régulières. Déjà peu fournies en soldats de ligne au début de la Révolution, elles en furent quasi totalement privées par l'envoi des unités d'infanterie sur les frontières du Nord-Est quand la guerre avec l'Autriche et la Prusse éclata en avril 1792[10]. Le sud n'était pourvu que de gardes nationales dont tous les éléments étaient loin d'être acquis au nouveau régime[11]. Face à ce qui fut d'abord une jacquerie, ces milices ne tinrent pas le choc, elles se débandèrent ou furent écrasées. Les autorités elles-mêmes s'empressèrent de fuir à l'exemple de celles du District de Challans qui, le 13 mars, ont évacué la ville et se sont réfugiées aux Sables-d'Olonne avec 400 gardes nationaux si l'on en croit les souvenirs de l'armateur André Collinet. Un contre-exemple est d'ailleurs fourni par cette région des Sables-d'Olonne : seule au sud de la Loire, elle résista aux insurgés car elle fut la seule bien défendue. Collinet fait état de l'arrivée, dès le 16 mars, d'un renfort de 11 bâtiments de ligne et une frégate, bien armés et montés par 600 hommes dont une centaine de soldats de ligne[12].

LA LOIRE COMME ENJEU DE LA GUERRE ?

Quelques semaines seulement après les premiers soulèvements et durant toute la phase conquérante de la « Vendée », jusqu'en juin, la Loire semble à première vue bien jouer un rôle de frontière, au moins militaire. La réalité est beaucoup plus nuancée. En l'absence d'une véritable police fluviale, le fleuve était loin d'être infranchissable et des groupes de Vendéens le traversèrent sans coup férir à plusieurs reprises dès le début de l'insurrection, menaçant, parfois entravant, la liberté de la navigation. À Nantes, un Comité central composé de représentants du Département, du District et du Conseil général de la commune fut constitué le 3 mars et un comité de navigation fut instauré en avril pour coordonner les activités de défense fluviale[13]. Les autorités républicaines firent équiper à la hâte quelques chalands de commerce qui, transformés en canonnières, accompagnèrent des colonnes mobiles cherchant à faire respecter la liberté du commerce. Ainsi, dès le 20 mars, l'état-major républicain lança depuis Nantes une colonne de fantassins et de cavaliers qui se porta sur Ancenis afin de rétablir les communications avec la grande ville tandis que des chalands sommairement aménagés étaient chargés de balayer la rive gauche du fleuve. Dans la nuit du 24 au 25, trois bateaux armés remontèrent la Loire jusqu'à Oudon pour débusquer les rebelles dans les îles qu'ils avaient occupées et permettre aux embarcations de commerce qu'ils avaient arrêtées de reprendre leur route. Une opération qui, semble-t-il, ne connut qu'un succès mitigé en raison des vents d'est qui gênaient la navigation vers l'aval. Par contre, le 18 avril, un bateau armé, *Le Républicain*, escorta, à partir d'Ancenis, un convoi de 55 chalands de commerce et réussit à les amener à Nantes après une série de combats violents à hauteur du Cellier et de La Chapelle-Basse-Mer. Ensuite, à plusieurs reprises les Vendéens eurent la maîtrise du cours du fleuve entre Angers et Nantes[14]. Mais leur véritable coup d'éclat se produisit le 9 juin lorsque l'Armée catholique et royale s'empara de Saumur, contre toute attente puisque la ville était, avec son château et sa garnison, une place forte considérable et qu'elle était de plus le siège de l'état-major républicain et de la « commission centrale » constituée par 16 représentants en mission et commissaires de la Convention. Cette prise « rendait maître de la Loire » comme l'écrit la marquise de La Rochejaquelein[15]. De fait, la navigation de Tours à Nantes en fut coupée.

À Saumur, la guerre de Vendée était à même de s'exporter au nord du fleuve, mais dans quelle direction ? Les chefs étaient divisés sur la conduite à tenir. Tandis que Stofflet, appuyé en partie par La Rochejaquelein aurait voulu foncer vers Tours et Paris, Donnissan – le père de la marquise de Lescure future marquise de La Rochejaquelein – et son gendre Lescure[16] font adopter par d'Elbée qui n'était pas enthousiaste à cette idée, le projet de se diriger sur Nantes. L'armée vendéenne, ou plutôt ce qu'il en reste car beaucoup d'hommes avaient préféré rentrer au pays sous prétexte de « changer de chemise » comme ils disaient, quitte donc Saumur le 17 juin pour se diriger vers la métropole océane. Une petite partie chemine par la rive gauche mais la majorité traverse une première fois le fleuve et, par la rive droite, s'en va occuper le lendemain sans coup férir Angers que les autorités et la troupe ont fuie dès le 13, avant d'échouer devant Nantes le 29. Dans cette affaire, les bateaux armés de la Loire jouèrent un certain rôle, notamment en empêchant les troupes de Charette de traverser le fleuve et d'attaquer la grande ville par l'ouest. Cependant l'armée vendéenne défaite et découragée par la blessure mortelle de Cathelineau[17], le « généralissime » dont elle s'était pourvue à Saumur, put repasser sans difficulté sur la rive gauche dès le lendemain à Ancenis avec armes et bagages, preuve de la désorganisation ou en tout cas de l'inefficacité de la flottille républicaine.

Après la grande déroute subie à Cholet, du 15 au 17 octobre, les Vendéens par dizaines de milliers se précipitèrent vers la Loire, combattants, blessés, femmes, enfants, prêtres, vieillards mêlés, entraînant avec eux leurs chefs, tous fuyants les massacres et l'incendie qui progressait derrière eux. Sur une vingtaine de barques amarrées sur la rive gauche, sur des radeaux, mais aussi à cheval, à la nage, voire en partie à gué, les eaux étant basses à cette époque, l'Armée catholique franchit une troisième fois le fleuve, de Saint-Florent à Varades que Talmont et ses hommes avaient pu occuper la veille, pour se lancer dans la

« virée de Galerne » avec l'espoir de recevoir des secours de l'Angleterre[18]. Pendant deux mois la Loire se vit éloignée des zones de combats et la liberté de la navigation fut rétablie pour les toues et autres gabares. Après avoir échoué devant Granville qu'ils ont atteinte le 14 novembre et alors qu'aucune voile anglaise n'est apparue à l'horizon, les Vendéens, exigent de leurs chefs qu'ils les reconduisent chez eux. L'Armée catholique reprend donc la route de la Loire dans les plus mauvaises conditions possibles par la pluie, le froid, avec la faim au ventre car il est bien difficile de se ravitailler dans un pays dont on a épuisé les vivres à l'aller. Mais le plus difficile est de franchir l'obstacle d'Angers qui garde le passage du fleuve car, cette fois, la ville se défend et les attaques répétées des Blancs les 13 et 14 frimaire an II (3 et 4 décembre 1793) échouent l'une après l'autre. Totalement désemparés, les Vendéens refluent vers le nord à la recherche d'une ville assez grande pour refaire leurs forces. Ils entrent au Mans sans difficulté le 10 décembre, mais une contre-attaque des Bleus les met en déroute après un terrible combat de rues qui s'achève en carnage. Les survivants de l'Armée catholique retournent vers la Loire, se traînant sur la rive droite du fleuve dans l'espoir d'y trouver un passage libre. Mais les canonnières aménagées par les Républicains, plus nombreuses et mieux armées qu'au début de la révolte, jouèrent cette fois un rôle important. Celles qui étaient regroupées vers Ancenis n'eurent aucun mal à détruire les radeaux bricolés par les Vendéens. Parvenus à Ancenis le 16 décembre, Henri de La Rochejaquelein, Stofflet et un petit groupe d'hommes trouvèrent une barque qui leur permit de traverser le fleuve dans l'espoir d'établir une tête de pont sur la rive gauche, mais attaqués par une patrouille de Bleus, ils furent obligés de s'enfuir sans avoir réalisé leur projet. En l'absence de bateaux, le gros de la troupe vendéenne était resté sur la rive droite. Certains bricolèrent des radeaux de fortune en liant des barriques ensemble, mais en cette saison les eaux étaient fortes, la traversée périlleuse, et surtout l'arrivée d'une chaloupe républicaine armée de canons tua la plupart des occupants de ces frêles embarcations[19]. Il fallut renoncer à traverser et la grande majorité des survivants de la « virée de Galerne » se firent massacrer à Savenay et dans les marais alentours. Ce fut, le 23 décembre 1793, la fin de la « grande guerre » de Vendée.

LA LOIRE FUT LEUR LINCEUL

Lors des diverses traversées de la Loire, un certain nombre de Vendéens ont été victimes de noyades, mais toutes ces morts ne furent pas accidentelles. Les eaux du fleuve ont exercé un attrait morbide sur des esprits détraqués, submergés par la peur panique déclenchée par l'accumulation des victoires des Blancs pendant les six premiers mois de la révolte, en recherche de « solution finale » dans cette guerre civile dont ils désespéraient de venir à bout. Un petit exemple de cet état d'esprit nous est fourni par une chanson qui aurait été composée par une ou plusieurs femmes appartenant à un convoi de quelque 200 prisonnières parties de Vezins le 12 février 1794 et dirigées sur Chartres via les bords de Loire et Orléans. En voici un couplet :

> « A Tours étant arrivées
> Avons trouvé
> Une vieille caque enragée.
> Ah voilà des capes noires,
> Jetons les, jetons les dans la Loire [20]. »

Mais on sait qu'à ce moment de l'an II, cette macabre idée n'était plus un fantasme, la Loire étant bel et bien devenue le théâtre et le moyen de massacres collectifs. Les premières noyades de Nantes, ordonnées par le représentant Carrier, avaient débuté en novembre 1793. Ainsi le 16 de ce mois, plus de 80 prêtres en furent victimes [21]. Les noyades se poursuivront jusqu'à la nuit des 10-11 pluviôse an II (29-30 janvier 1794). Dans une lettre au Département de Maine-et-Loire, le citoyen Bénaben, un ancien professeur de mathématiques au collège des oratoriens d'Angers [22], qui suit l'armée de la République avec le titre de commissaire civil applaudit à ces moyens expéditifs utilisés pour

> « nous débarrasser de cette mauvaise engeance. On met tous ces coquins là dans des batteaux [sic] qu'on fait couler ensuite à fond. On appelle cela *envoyer au château d'eau*. En vérité si les Brigands se sont plaint quelque fois de mourir de faim, ils ne pourront pas se plaindre au moins qu'on les fasse mourir de soif. On en a fait boire aujourd'hui environ douze cens [23] ».

Combien ont péri de cette façon ? Il n'est pas possible de donner un chiffre précis. Jacques Hussenet, qui a étudié avec le plus de sérieux et de persévérance la question du nombre des victimes de la guerre civile, donne une fourchette très large, de 1 800 à 4 800 noyés imputables à Carrier, mais « peut-être 2 000 supplémentaires redevables à d'autres terroristes nantais (?) », écrit-il [24]. En outre Carrier ne fut pas le seul à recourir à ce genre de liquidation collective et Nantes ne fut pas le seul lieu où elles se produisirent [25]. En Anjou, il nous faut évoquer les noyades des Ponts-de-Cé, dont témoigne, le 9 nivôse an II (29 décembre 1793), le rapport cruellement ironique du général Robert au ministre de la guerre Bouchotte :

> « Je t'annonce qu'environ *deux mille prisonniers catholiques* qui étaient ici détenus et que de concert avec le Cn Francastel, Représentant du peuple, nous fesions évaquer sur différents points, une partie de ces messieurs se sont *révoltés contre la garde* qui en a fait justice : le reste en passant sur le pont de Cé, *deux arches se sont écroullées* et sont *malheureusement* tombés dans la Loire où ils se sont noyés, ils avaient *malheureusement* les pieds et mains liés… [sic] [26]. »

Mais il est aussi des Bleus qui perdirent la vie dans les eaux du fleuve. L'épisode le plus connu est celui de La Roche-de-Mûrs, où, le 26 juillet 1793, des soldats furent acculés à la falaise et précipités dans la Loire. Le nombre des morts a été, par certains, évalué à 600[27], mais les recherches précises qui ont pu être faites ont beaucoup réduit ce chiffre que Jacques Hussenet évalue « plus vraisemblablement » à 88[28].

CONCLUSION

Dans sa partie armoricaine, la Loire ne fut jamais une réelle frontière politique, en ce sens qu'en 1793, on retrouve dans les couches populaires rurales des pays du nord du fleuve, un rejet du processus révolutionnaire semblable à celui du sud, même s'il est moins unanime puisqu'il a toujours existé des pays « bleus » dans les bocages de Bretagne. Ce ne fut même pas une réelle frontière militaire, les passages d'une rive à l'autre étant fréquents et relativement faciles pour de petits groupes de Vendéens en l'absence d'une marine fluviale bien équipée pour la guerre. En juin 1793 l'Armée catholique elle-même, réduite il est vrai par la démobilisation de beaucoup de soldats-paysans après la prise de Saumur, a pu traverser le fleuve sans difficulté. Enfin, en octobre, à la suite du sauve-qui-peut consécutif à la défaite de Cholet, le franchissement de la Loire à Saint-Florent-le-Vieil ne présenta guère plus de difficultés réelles.

Toutefois, la Loire a pour la mémoire de la guerre de Vendée une grande importance, synonyme d'un triple échec : celui des deux tentatives de juin et d'octobre pour élargir le conflit à la Bretagne, au Maine, voire à la Normandie, échec dramatique, en décembre, du rêve de retourner au pays, qui ouvre la voie à une répression massive dont les noyades en Loire ne sont que les éléments précurseurs au ratissage systématique et aux massacres des « colonnes infernales » de Turreau[29] qui, de janvier à mai 1794, devaient mettre à feu et à sang le pays insurgé au sud du fleuve.

Claude PETITFRÈRE

Professeur honoraire d'histoire moderne à l'université de Tours

NOTES

1. C'est le pays du nord d'où vient le « vent de galerne » froid et humide qui ruine les vignobles.
2. La France en guerre contre l'Autriche et la Prusse depuis le 20 avril 1792, déclare la guerre à l'Angleterre et à la Hollande le 1er février 1793 puis à l'Espagne le 7 mars. Cette première coalition contre la Révolution regroupera, au moins sur le papier, la quasi-totalité des pays européens.
3. DORÉ GRASLIN P., *Itinéraires de la Vendée militaire. Journal de la guerre des géants, 1793-1801*, Éditions Garnier, 1979, p. 30-32.
4. PETITFRÈRE Cl., *La Vendée et les Vendéens*, Gallimard, 1981, p. 19-21.

5. Dupuy R., *De la Révolution à la Chouannerie. Paysans en Bretagne 1788-1794*, Flammarion, 1988, p. 277-290.
6. Martin J.-Cl., *La Vendée et la France*, Le Seuil, 1987, p. 36. Même appréciation de la part de Peschot B., *La chouannerie en Anjou. De la Révolution à l'Empire*, Montpellier, université Paul-Valéry, 1999, p. 16.
7. Dupuy R., « Chouans/chouannerie », *in* Soboul A., *Dictionnaire historique de la Révolution française*, PUF, 1989, p. 217-220.
8. Petitfrère Cl., *Les Bleus d'Anjou (1789-1792)*, Paris, CTHS, 1985, p. 224.
9. Dupuy R., « Vendée et Chouannerie ou les apparences de la différence », *in La Vendée dans l'histoire*, collectif, Centre vendéen de recherches historiques, Perrin, 1994, p. 81-88.
10. Le général de Verteuil, chef de la 12e division dont le siège était à La Rochelle et dont le territoire comprenait la Loire-Inférieure, la Vendée, les Deux-Sèvres et la Charente-Inférieure, ne disposait guère que d'une poignée de cavaliers du Royal-Roussillon (Faucheux M., *L'insurrection vendéenne de 1793. Aspects économiques et sociaux*, Commission d'histoire économique et sociale de la Révolution, Imprimerie nationale, 1964, p. 55-57). La pénurie de soldats durera longtemps : un état au 13 juin de l'armée des côtes de La Rochelle ne dénombre que 19 643 hommes dont le tiers seulement constitué de troupes soldées (Petitfrère Cl., *La Vendée et les Vendéens*, *op. cit.*, p. 26).
11. Petitfrère Cl., *Les Bleus d'Anjou*, *op. cit.*, chap. i, « Les gardes nationaux (juillet 1789 - mars 1793) », p. 49-148.
12. *Les Sables et la guerre de Vendée. Manuscrits de Collinet (1788-1804)*, La Roche-sur-Yon, Centre vendéen de recherches historiques, 2003, p. 95-98.
13. Accusé de « fédéralisme » le comité central fut dissous en juillet, toutes les initiatives en matière de lutte contre la Vendée passant aux mains des représentants en mission.
14. Les informations concernant les activités militaires des Républicains sur le fleuve sont tirées de l'intéressant article de Plessix G. du, « Les Bateaux armés de la Loire et de l'Erdre pendant les guerres de Vendée », *Bulletin de la société archéologique de Nantes et de la Loire-Inférieure*, t. 70, 1930, p. 203-247.
15. *Mémoires de la marquise de La Rochejaquelein*, éd. critique établie et présentée par Alain Gérard, La Roche-sur-Yon, Centre vendéen de recherches historiques, 2010, p. 200.
16. Victoire de Donnissan avait épousé en 1791 son cousin Louis-Marie de Salgues, marquis de Lescure qui, gravement blessé près de Cholet le 15 octobre 1793, mourut lors de la « virée de Galerne », le 4 novembre. Elle épousera en secondes noces Louis de La Rochejaquelein, le frère d'Henri, le 1er mars 1802.
17. Cathelineau fut évacué en barque sur la rive gauche du fleuve et transporté à Saint-Florent-le-Vieil où il mourut le 14 juillet.
18. *Mémoires de la marquise de La Rochejaquelein*, *op. cit.*, p. 269-270. Sur cet épisode, voir la communication de Jacques Boislève.
19. *Mémoires de la marquise de La Rochejaquelein*, *op. cit.*, p. 352-359. Voir aussi Doré Graslin P., *op. cit.*, p. 96-99.
20. Arch. dép. de Maine-et-Loire, 1 L 1300, Comité révolutionnaire de Saumur. Une copie de ce document est consultable aux Arch. dép. d'Indre-et-Loire, 8°BH1179.
21. Doré Graslin P., *op. cit.*, p. 89-90.
22. Sur ce confrère – et non père – de l'Oratoire, voir Maillard J., *L'Oratoire à Angers aux xviie et xviiie siècles*, Paris, Klincksieck, 1975, notamment p. 126 et 231-232.
23. Souligné dans le texte. Lettre datée du 6 nivôse an II (26 décembre 1793). Arch. dép. de Maine-et-Loire, 1 L 866. Cité dans Petitfrère Cl., *Les Vendéens d'Anjou (1793)*, Paris, Bibliothèque nationale, 1981, p. 299.
24. Hussenet J. (dir.), *« Détruisez la Vendée ! ». Regards croisés sur les victimes et destructions de la guerre de Vendée*, La Roche-sur-Yon, Centre vendéen de recherches historiques, 2007, p. 458. Le chiffre d'environ 4 800 est donné par Doré Graslin P., *op. cit.*, p. 89. Antoine de Baecque parle de plus de 3 500 victimes noyées par le moyen des « bateaux à soupapes » (De Baecque A., *La France de la Révolution. Dictionnaire de curiosités*, art. « Noyades », Tallandier, 2011, p. 164). Carrier lui-même évaluait à plus de 3 000 le nombre des personnes disparues dans le « torrent révolutionnaire », mais combien parmi elles sont les noyés de la Loire ? (Bianchi S., art. « Carrier », *in* Soboul A.,

Dictionnaire historique de la Révolution française, *op. cit.*, p. 193-194). Parmi les noyés de Nantes figurent des prêtres angevins, malades ou infirmes, qui avaient été enfermés à La Rossignolerie : 54 d'entre eux avaient été envoyés à Nantes par Francastel le 29 novembre 1793, avant l'arrivée des Vendéens, 15 autres le furent le 13 mars 1794. Ces derniers furent aussi noyés, par conséquent après le séjour à Nantes de Carrier qui avait été rappelé à Paris le 8 février 1794 (MAILLARD J., *L'ancien Régime et la Révolution en Anjou*, Picard, 2011, p. 339).

25. Le 23 février 1794 une trentaine de prisonniers, femmes, enfants, vieillards, embarqués au petit port du Collet sur le chasse-marée « Le Destin » à destination de Nantes auraient été jetés par-dessus le bord en baie de Bourgneuf sur l'ordre du capitaine Macé. DORÉ GRASLIN P., *op. cit.*, p. 128.
26. Souligné dans le texte. Service Historique de la Défense, B5 7. Cité dans PETITFRÈRE Cl., *Les Vendéens d'Anjou (1793)*, *op. cit.*, p. 300.
27. Ainsi par DORÉ GRASLIN P., *op. cit.*, p. 62.
28. « *Détruisez la Vendée !* », *op. cit.*, p. 538. Jacques Hussenet s'appuie sur le travail d'Alain Juinier, *Étude documentaire sur la bataille de La Roche-d'Érigné et de La Roche-de-Mûrs, le 26 juillet 1793*, Mûrs-Érigné, 1997, 72 p. multigraphiées.
29. Louis Marie Turreau de Garambouville, cousin du conventionnel Louis Turreau de Linières.

Passer la Loire : « La Vendée pouvait tout, exceptée cette enjambée[1] »

Il y a un avant le passage de la Loire par l'armée vendéenne et un après. L'avant, c'est le grand choc de Cholet et l'après, la virée de Galerne. Tout s'enchaîne et forme un tout[2].

LE FILM DES ÉVÉNEMENTS

Matin du 15 octobre, près de Cholet, devant le château de la Tremblaye, Lescure est grièvement blessé.

Jeudi midi, 17 octobre, devant Cholet, le « grand choc ». « Les rebelles combattaient comme des tigres et nos soldats comme des lions », dira Kléber.

Jeudi, vers 16 heures, la bataille de Cholet est perdue pour les Vendéens qui refluent sur Beaupréau. D'Elbée et Bonchamps, qui ont tenté à la tête de leurs troupes un ultime assaut, ont été fauchés à leur tour par la mitraille. Hommage du vainqueur – Kléber – aux vaincus : « Jamais ils n'ont donné un combat aussi opiniâtre, si bien ordonné, mais qui leur fût en même temps si funeste. »

Cri de victoire de Barère quand il apprend la défaite des Blancs : « Il n'y a plus de Vendée ! » Kléber corrige : « Elle ne fait que changer de théâtre. »

Au soir du 17 octobre, les Vendéens quittent Beaupréau pour Saint-Florent.

À la nuit, début du passage de la Loire.

Vendredi 18 octobre, le matin, les prisonniers républicains sont libérés sur ordre de Bonchamps.

Le passage de la Loire se poursuit toute la journée, essentiellement à Saint-Florent, où se pressent des dizaines de milliers de personnes et où il y a trop peu de barques, et à Cul-de-bœuf, un peu plus en amont.

À la Meilleraie, au soir du 18 octobre, mort de Bonchamps.

Samedi 19 octobre au matin, les Républicains arrivent à Saint-Florent. Trop tard !

Devant Ancenis, dans la nuit du 19 au 20 octobre : suite et fin du passage de la Loire. Legrand de la Lyraie sauve une partie de l'artillerie...

Varades, dimanche 20 octobre, La Rochejaquelein est élu généralissime. C'est le début de la virée de Galerne, la Vendée s'aventurant en pays chouan.

15 novembre : échec des Vendéens devant Granville.

12-13 décembre : bataille du Mans.

16 décembre : retour sur la Loire. Seuls La Rochejaquelein et Stofflet parviennent à retraverser le fleuve. Eux sur une rive. Et sur l'autre ce qui reste de la Vendée, désormais sans chefs.

23 décembre : désastre de Savenay.

SAINT-FLORENT, HAUT LIEU DE LA GUERRE DE VENDÉE

C'est là, à la jonction de la Loire et des Mauges, sur les lieux mêmes où va se dérouler le passage, que commence vraiment la guerre de Vendée avec l'émeute de Saint-Florent, le 12 mars 1793. Elle y connaît aussi à l'été son tournant avec, le 14 juillet, la mort de Jacques Cathelineau, son premier généralissime, l'âme de la première Vendée, blessé fin juin lors de l'attaque de Nantes. Puis c'est en octobre, le passage de la Loire. À l'hiver, Saint-Florent connaîtra aussi les exécutions de masse, avec plus de 2 000 fusillés au champ des martyrs. Au printemps de 1794, la ville est incendiée et toute sa population évacuée sur Saumur. On peut ainsi retracer toute la guerre de Vendée, du début jusqu'à la fin, à partir de Saint-Florent, puisque c'est là également qu'est signé, par Stofflet, le 2 mai 1795, le troisième et dernier traité de paix.

Saint-Florent, redevenu Mont-Glonne à la Révolution, est un lieu chargé d'histoire bien avant ces événements qui viennent s'inscrire eux-mêmes ici dans la longue durée : guerre de l'esprit local contre l'esprit national, comme le souligne Victor Hugo dans *Quatrevingt-Treize*[3]. Ainsi l'île Batailleuse, dont la position est centrale dans le passage de la Loire et qu'ont, bien avant eux, longuement occupée les Normands, ce n'est pas aux Vendéens qu'elle doit son nom mais à un sanglant affrontement qui se déroula là, au pied même du Mont-Glonne, avec les Bretons, au temps de Charlemagne.

« Tout part de Saint-Florent », dit Michelet, inscrivant dès le début de l'insurrection la perspective du passage :

> « Saint-Florent est sans importance, écrit-il. Mais il faut remarquer sa situation. De son coteau élevé, il voit devant lui le fleuve, avec deux départements, et il en a deux derrière : ceux-ci sombres et muets, sans route alors, sans fleuve navigable, regardaient toujours vers la Loire, la lumière et le grand passage. Saint-Florent, avec Ancenis, est comme une petite fenêtre par où l'aveugle Vendée regardait au carrefour des départements de l'Ouest... »

PASSER LA LOIRE : UNE DÉCISION CONTROVERSÉE

À la veille du grand choc qui les fera remonter sur Cholet à l'aube du 17 octobre, les Vendéens s'étaient repliés sur Beaupréau. C'est là, au soir du 16 octobre, que leurs chefs s'affrontent vivement sur l'opportunité de s'assurer du passage de la Loire, pour le cas où le sort des armes, face aux troupes républicaines, leur serait défavorable. Étendre la guerre à la Bretagne, c'était de longue date déjà, le plan de Bonchamps, qui s'était assuré dès le début de la guerre du concours de Bretons recrutés outre-Loire. Stofflet, Lescure et son cousin La Rochejaquelein, en hommes du Bocage, étaient opposés, comme d'Elbée, à cette perspective. Bonchamps, avec l'appui à Beaupréau de Talmont faisant état des soutiens qu'on trouverait avec lui dans le Maine, obtient finalement mais difficilement gain de cause. Un détachement, sous les ordres de d'Autichamp, son aide de camp, file donc vers la Loire pour prendre Varades que tiennent les Républicains alors que le gros des troupes vendéennes, moins Charette resté batailler dans son marais, s'apprête à revenir sur Cholet.

Hugo et Michelet se font l'un et l'autre écho à ce vif débat[4]. Hugo dans *Quatrevingt-Treize* :

> « Quant à ces chefs magnanimes, Bonchamps, Lescure, La Rochejaquelein, ils se trompèrent. La grande armée catholique a été un effort insensé, le désastre devait suivre. Se figure-t-on une tempête paysanne attaquant Paris ? [...] Le Mans, Savenay châtièrent cette folie. Passer la Loire était impossible à la Vendée. Elle pouvait tout, exceptée cette enjambée. La guerre civile ne conquiert point. Passer le Rhin complète César et augmente Napoléon ; passer la Loire tue La Rochejaquelein. La vraie Vendée, c'est la Vendée chez elle ; là, elle est plus qu'invulnérable, elle est insaisissable. »

Michelet :

> « L'idéal de Bonchamps avait toujours été l'union de la Vendée et de la Bretagne. À ce moment, il espérait justement dans le désespoir, dans les forces qu'il donnerait quand, ayant quitté son fort, son profond Bocage, et mise en rase campagne, la Vendée courrait la France, dont les forces étaient aux frontières. Cette course de sanglier voulait une rapidité, un élan terrible, une décision vigoureuse d'hommes et de soldats... »

Mais, poursuit Michelet, dans un de ces raccourcis dont il a le secret : « Bonchamps n'avait pas calculé que dix ou douze mille femmes se feraient emmener. » Victor Hugo : « Ils pleuraient dès qu'ils perdaient de vue leur clocher. » Et Michelet : « Hors de chez lui, (le Vendéen) se trouva démoralisé. Sa confiance en ses chefs disparut ; il les soupçonnait de vouloir fuir, s'embarquer. L'armée perdit sa foi. »

Ce débat, Merlin de Thionville, qui a poursuivi lui-même les Vendéens jusqu'à la Loire, l'évoquera aussi auprès de David d'Angers :

> « Vos Vendéens ont été bien heureux d'avoir un pays aussi difficile pour la manœuvre des troupes réglées. C'était des nuées de corbeaux prenant leur volée au moindre bruit. Dès que nous arrivions, nous ne trouvions plus que des sabots. Voyez ce qu'est devenu leur héroïsme dès qu'ils ont combattu hors de leur repaire ? »

Ce qu'il convient de noter, c'est que la décision de s'assurer un passage sur la Loire précède le « grand choc » et n'est donc pas la simple conséquence d'une bataille qui a mal tourné. Autre remarque : s'il correspond bien au plan préconisé par Bonchamps, dès le mois de juin à Saumur et juste avant l'assaut manqué sur Nantes, ce passage s'effectue dans de tout autres circonstances : des chefs divisés, la grande armée catholique et royale décapitée, l'exode de toute la Vendée… Dès lors, le commencement de la fin pour la Vendée, n'est-il pas à situer très en amont du grand choc de Cholet, à l'échec devant Nantes, fin juin, et à la mort de Cathelineau qui s'en suit à la mi-juillet. La Grande Armée catholique et royale perd avec lui son âme et sa cohésion, cette foi dont parle Michelet et qui était sa force. Au ferment de la division chez les Blancs s'ajoute, dans le camp des Bleus, l'arrivée des Mayençais de Kléber et Marceau : non plus des patriotes dépenaillés mais une troupe aguerrie qui va peser de tout son poids à Cholet.

La bataille de Cholet, Kléber en fait le récit clair et détaillé dans ses *Mémoires politiques et militaires* avant d'exposer les conditions du passage de la Loire à Saint-Florent :

> « Ils avaient choisi Saint-Florent pour exécuter ce passage 1) Parce que ce bourg, situé sur une hauteur escarpée domine la rive opposée et que la rivière était alors guéable à cet endroit, non seulement pour la cavalerie, mais encore pour les gens à pied qui ne prenaient l'eau qu'à mi-corps. 2) Parce qu'une île assez considérable pouvait leur servir d'entrepôt et faciliter le transport de leurs équipages et de leur cavalerie. 3) Enfin parce qu'on avait négligé de faire descendre sur Nantes tous les bateaux de la rive droite qu'ils pouvaient regarder comme une proie assurée s'ils étaient assez heureux pour s'emparer de Varades, ainsi qu'il arriva[5]. »

QUESTIONS

Combien étaient-ils à passer ?

On parle de 55 000 à 65 000 Vendéens auxquels il faut ajouter les femmes, les enfants, les vieillards, à pied ou en charrette. Kléber avance le chiffre de 100 000. Et les impedimenta qui s'accumulent : artillerie, ambulances, caissons et vivres qui devront être en grande partie abandonnés. Bourbotte, Turreau, Francastel et Choudieu, dans leur rapport, font état « de quarante caissons, de beaucoup de canons que (les Vendéens) avaient jeté dans la Loire, n'ayant pas pu les emmener avec eux et beaucoup de farine et de blé... »

Combien de bateaux ?

Une vingtaine selon Mme de La Rochejaquelein. Chiffre repris par Châteaubriand : « Vingt mauvaises barques transportèrent la fortune de la monarchie. » À quoi il faut ajouter les radeaux de fortune, faits d'un assemblage de planches sur des barriques servant de flotteurs, dont un prêtre avait eu l'idée.

Combien de prisonniers ?

De 4 000 à 7 000 selon les sources. 4 000, selon Merlin de Thionville. Kléber parle de 6 000 prisonniers « graciés par Bonchamps », comme il le précise lui-même. 6 000, confirme Léchelle qui se vante, lui, de les avoir lui-même libérés !

Grâce à Saint-Florent, et simultanément, massacre à Beaupréau, ainsi que Kléber en fait l'aveu : « À Beaupréau, on trouva 400 blessés à l'hôpital qui furent immolés à la vengeance et en représailles d'un pareil nombre de Républicains, égorgés sur les chariots de l'ambulance à la retraite de Clisson. »

Combien de noyés ?

Une seule femme et trois chevaux, a-t-on dit. Arrivé à Saint-Florent, Beaupuy écrit à Léchelle : « Plus de brigands de ce côté. Quelle satisfaction, mais quelle différence si les nôtres eussent tenu Varades : la France entière en serait purgée. La Loire eût été leur tombeau : ils s'y seraient précipités tant la terreur était grande parmi eux. » Mais il aura sa revanche deux mois plus tard à Savenay. Et Carrier, qui avait tourné le dos au champ de bataille à Cholet, invente à Nantes avec les noyades « la déportation verticale ».

Quelle configuration des lieux ?

Au pied du coteau de Saint-Florent, une grève trop petite pour accueillir les dizaines de milliers de personnes qui s'y pressent, un premier bras du fleuve, avec des digues et des eaux assez basses, permettant un passage à gué, « avec de l'eau à mi-corps » précisent plusieurs sources, puis une île, un grand bras, et au pied du coteau de Varades, un troisième bras de la Loire qu'il faut lui aussi traverser. C'est à la nage que les cavaliers passent avec leurs chevaux, comme en témoigne l'intrépide amazone, Renée Bordereau.

Le temps qu'il faisait ?

Un temps froid, ce 18 octobre. Mais pas de vent, donc pas de vagues sur la Loire... Mais qui croire ? Une autre source (Deniau) indique : « Le temps était serein, mais le vent était froid. »

Que devient l'artillerie ?

On parle de 500 canons à la bataille de Cholet, côté Blancs, et 36 pièces d'artillerie seulement qui auraient pu être dirigées plus en aval, pour passer le fleuve devant Ancenis. Les autres enclouées, poussées à la Loire devant Saint-Florent, dont la fameuse *Marie-Jeanne* ? On les a cherchés ces canons, dans les étangs des Mauges, puis très récemment encore à Saint-Florent. En vain.

Qui dans chaque camp ?

Il y a les étoiles montantes : Kléber qui gagne ses galons de général de division à la bataille de Cholet et Marceau ceux de général de brigade. Et les anti-héros : Léchelle, général en chef, qui brille par son absence et Carrier qui tourne le dos au combat. Dans le camp vendéen, c'est d'Autichamp qui enlève le poste de Varades dans la nuit du 16 au 17 octobre. Talmont est avec lui, qui prendra Ancenis. Dans le camp républicain, c'est Hauterive, envoyé en éclaireur, qui arrive le premier à Saint-Florent, au matin du 19 octobre, précédant Beaupuy et Canuel. En face d'eux, Marigny tient l'autre rive avec quelques canons.

Intéressant le jugement, élogieux pour les uns, critique sur les autres, que porte Kléber sur ses adversaires :

> « Bonchamps était celui que les Rebelles chérissaient le plus et auquel on accordait en même temps les plus grands talents. La Rochejaquelein était d'une valeur brillante et conduisait très bien une action. Marigny était âpre et dur, d'ailleurs peu habile. Talmont, bel homme, passait pour être lâche. Charette commandait toujours un corps détaché, [...] peu estimé des autres chefs, il communiquait rarement avec eux. »

Charette : le grand absent de la bataille de Cholet. Kléber cite évidemment aussi d'Elbée et Lescure et Stofflet, « élevé au grade de général par la grande confiance qu'avaient en lui les habitants du pays, par les connaissances qu'il avait du pays et son extrême audace ». Lescure, d'Elbée, Bonchamps, les grands blessés de la bataille de Cholet, chefs historiques de la Vendée qui s'effacent alors. Restent Stofflet et Henri de La Rochejaquelein, choisi à Varades comme général en chef : « Il avait à peine vingt et un ans. Il y a des moments dans l'histoire des hommes où la puissance appartient au génie », écrit Chateaubriand, grand admirateur des Vendéens, dans ses *Mémoires d'outre-tombe*. C'est, paradoxalement, ceux qui s'étaient le plus fortement opposés au passage de la Loire, tentant jusqu'au dernier moment mais sans y parvenir, d'en endiguer le flot : La Rochejaquelein, Stofflet, qui vont avoir à conduire cette virée de Galerne.

Parmi les Vendéens, Kléber mentionne le chevalier Saint-Hilaire. Homme de l'ombre, se présentant en messager des Anglais et des princes, il rencontre l'état-major vendéen à Varades, entretenant l'illusion que les Anglais seront au rendez-vous de la Vendée, si ses soldats arrivent à s'emparer d'un port. Après le mirage de la Loire et le détour par le Maine, entretenu par Talmont, l'espoir également vain du salut venu par la mer mènera les Vendéens jusqu'à Granville.

COMME AU JOUR DU JUGEMENT DERNIER

Ce drame aux cent mille personnages qu'est le passage de la Loire (saura-t-on jamais précisément combien ils étaient), Mme de La Rochejaquelein, la veuve de Lescure qui l'a vécu, en a fait le récit justement célèbre :

> « Lorsqu'à la pointe du jour, le 18 octobre, les généraux vendéens entrèrent à Saint-Florent, un spectacle qui ne se verra plus, semblable à celui des migrations des peuples antiques, frappa leurs yeux étonnés… Quatre-vingt mille personnes se pressaient sur la plage. Soldats, enfants, vieillards, blessés ; tous étaient pêle-mêle, fuyant le meurtre et l'incendie.
> Derrière eux s'élevait la fumée des villages dévorés par les flammes. On n'entendait que des pleurs, des gémissements et des cris. Dans cette multitude confuse, chacun cherchait à retrouver ses parents, ses amis, ses défenseurs. On ne savait quel sort on allait rencontrer sur l'autre rive ; cependant on se pressait d'y passer, comme si au-delà du fleuve se trouvait la fin de tous les maux. Une vingtaine de petits bateaux portaient successivement les fugitifs qui s'y entassaient. Plusieurs cherchaient à traverser sur des chevaux ; tous tendaient les bras vers l'autre bord.
> Beaucoup comparaient ce désordre, ce désespoir, cette terrible incertitude de l'avenir, ce spectacle immense, cette foule égarée, ce fleuve qu'il fallait traverser, aux images que l'on se fait du redoutable jour du Jugement dernier… »

LES PASTEURS SE FONT PASSEURS…

Le passage de la Loire, d'autres auteurs l'ont comparé au passage de la mer Rouge dont les eaux s'étaient miraculeusement entrouvertes pour laisser s'échapper les enfants d'Israël poursuivis par les armées du Pharaon… Rien d'étonnant à ces comparaisons très familières au peuple vendéen tout nourri de lectures bibliques. Et l'image de prêtres se faisant passeurs n'en prend ici que plus de force. Mme de La Rochejaquelein presse un batelier de transporter directement son mari blessé sur l'autre rive. Le batelier refuse s'en estimant incapable et jugeant cela trop dangereux : « Je suis un pauvre prêtre…, explique-t-il. » Mme de Donnissan évoque elle aussi les prêtres qui se sont fait bateliers et un paysan taillé en Hercule qui prend les femmes, aussi bien princesses que paysannes, sur ses épaules pour les faire passer dans l'île, nouveau Saint Christophe !

Le bas clergé, depuis longtemps pourchassé et habitué à déménager sitôt la messe clandestine dite, avait le sens du devoir mais n'en menait pas large. Michelet raconte à sa façon comment les femmes emportées dans l'aventure, d'abord soucieuses de leur salut, sollicitaient de leurs prêtres, en bonnes paroissiennes, les secours de la religion :

« Bon nombre de Vendéennes croyaient que les hommes moins passionnés pourraient bien avoir besoin d'être soutenus, relevés par leur énergie. Elles voulaient faire marcher droit leurs maris et donner du courage à leurs prêtres. Au passage de la Loire, les barques étant peu nombreuses, elles employaient, en attendant, le temps à se confesser. Les prêtres les écoutaient, assis sur les tertres du rivage. L'opération fut troublée par quelques volées perdues du canon républicain. Un des confesseurs fuyait… Sa pénitente le rattrape : "Hep ! Mon père. L'absolution ! – Ah ma fille, vous l'avez !" Mais elle ne le tint pas pour quitte ; le retenant par la soutane, elle le fit rester sous le feu. »

On dit aussi qu'un prêtre, qui s'interposait pour défendre des Vendéennes qui n'avaient pas encore réussi à franchir le fleuve, fut égorgé des mains mêmes de Merlin de Thionville. Celui-là même qui, poussant un cri de rage à la vue de ces Vendéens qui lui échappent, écrivait : « Je regretterai longtemps de ne pas avoir pu leur faire prendre un immense bain de pieds dans la Loire. Le fleuve est si grand ! »

Il y a là de quoi accréditer la thèse de Michelet sur le « parti prêtre » et le rôle qu'il aurait joué dans le soulèvement vendéen : dans les relations faites du passage par ceux qui ont vécu l'événement – Jugement dernier (Mme de La Rochejaquelein), mer Rouge (Mme de Donnissan), Styx (Bournisseau) – les prêtres sont omniprésents, comme passeurs ou entourant Bonchamps mourant.

Dans l'ode royaliste qu'il dédie à Chateaubriand, Victor Hugo, tout jeune poète alors, fait du passage de la Loire la métaphore même de la Vendée :

« La Loire vit alors, sur ses plages désertes, / S'assembler les tribus des vengeurs de nos rois, / Peuple qui ne pleurait, fier de ses nobles pertes, / Que sur le Trône et sur la Croix. / C'étaient quelques vieillards fuyant leurs toits en flammes, / C'étaient des enfants et des femmes, / Suivis d'un reste de héros ; / Au milieu d'eux marchait leur Patrie exilée, / Car ils ne laissaient plus qu'une terre peuplée de cadavres et de bourreaux. »

ESSLING ET LA BÉRÉZINA

Propos d'expert que ce jugement de Napoléon, consigné dans le *Mémorial* : « Mes ingénieurs sont des hommes habiles, mais à Saint-Florent, les Vendéens furent des Sylphes. » Des Sylphes, c'est-à-dire des demi-dieux. Voilà bien de quoi accréditer la qualification qu'on lui prête : « guerre de géants ». Mais à quoi fait référence Napoléon ? À la bataille d'Essling, aux abords de Vienne au printemps de 1809, où les pontonniers de la Grande Armée se surpassèrent ? Un premier pont, jeté par eux sur le Danube, est emporté par la crue. Un autre pont de fortune va permettre aux soldats de l'Empereur de quitter la grande île où ils étaient emprisonnés et de reprendre l'offensive. Ou au franchissement de la

Bérézina en novembre 1812 ? En un jour et une nuit, lors de la retraite de Russie, où là encore ce qui reste de la Grande Armée dut son salut aux pontonniers. Les eaux soudain dégelées, impossibles à franchir sans Eblé et ses héroïques soldats du génie. Je suis très tenté, personnellement, d'opérer une comparaison entre le passage de la Loire et la virée de Galerne et la retraite de Russie et la Bérézina. La faim, le froid, la maladie, l'armée ennemie qui talonne et harcèle, les troupes qui fondent sur les traînards.

100 000 à franchir le fleuve à Saint-Florent et plus que quelques milliers – 3 000 à 4 000 – au Noël rouge de Savenay, acculés et sabrés devant ce fleuve, désormais verrouillé par les chaloupes canonnières de la République, qu'il leur a été impossible de retraverser. Entre-temps, il y a eu, à la mi-décembre, l'énorme saignée du Mans. On parle de 15 000 morts. Westermann y a gagné son appellation de « boucher des Vendéens ».

LE PARDON DE BONCHAMPS [6]

Comme Eugène Veuillot le souligne à propos du geste de Bonchamps : « Seule l'inspiration chrétienne pouvait rendre possible un tel geste d'humanité. » C'est aussi pourquoi le mot « pardon » est plus approprié, dans le cas de Bonchamps, que la clémence. Il fait « grâce » aux prisonniers. Il les sauve. Inspiration chrétienne ou simple geste d'humanité, c'est, en tout cas, un trait de génie que ce pardon de Bonchamps, car, alors que tout est perdu pour elle, il sauve à jamais l'honneur de la Vendée par cette grâce qu'il accorde aux prisonniers qu'on s'apprêtait à massacrer. Geste exemplaire, tout à fait à contre-courant de l'époque. Qu'on songe aux colonnes infernales et aux noyades de Nantes qui vont suivre : cette Loire « rouge de sang de Saumur jusqu'à Nantes » dont parle Flaubert dans *Bouvard et Pécuchet*.

En dehors d'une littérature (témoignages historiques et récits romancés) extrêmement abondante, ce qui reste, aujourd'hui encore, de tous ces événements, c'est le cadre presque inchangé (sinon la ligne de ponts que croise à angle droit la ligne de chemin de fer), la colonne commémorative sur les hauteurs du Mont-Glonne et surtout, dans l'église abbatiale, le monument à la gloire de Bonchamps par David d'Angers, le grand sculpteur républicain dont le père était au nombre des prisonniers de Saint-Florent.

Chef-d'œuvre de la réconciliation, ce tombeau de Bonchamps, c'est la grande leçon qu'on peut tirer de l'événement, la vraie relique, véritable pierre vive, qui justifie encore le pèlerinage sur cet exceptionnel et si complexe lieu de mémoire. Ce n'est pas moi qui vous y invite, mais Louis Aragon :

> « Allez à Saint-Florent, allez à ce belvédère d'une de nos terribles histoires par-delà l'autre siècle, à ce lieu de division qui n'est guère le pèlerinage que de ceux qui eussent sans doute trouvé bon que le canon tirât sur des Français,

> malgré Bonchamps, puisque c'étaient des Bleus... Entrez dans l'église et regardez-le ce païen, ce soldat de Marathon tombé [...] Regardez bien, car ceci, au-delà des jugements et des systèmes, [...] ceci, c'est la France. »

Venu voir lui-même sur place ce monument et rappelant que cette terrible guerre civile avait commencé là, Louis Aragon, lors d'une conférence faite à Angers à la suite de cette visite, aura devant la presse, ce propos dont nous ferons notre conclusion : « Saint-Florent avait été la blessure de la France. Bonchamps en fut la cicatrice[7]. »

Jacques BOISLÈVE
Historien, membre de l'Académie de Bretagne

NOTES

1. Le titre de cette communication est emprunté à Victor Hugo (*Quatrevingt-Treize*).
2. Je dédie cette communication aux Anciens de Saint-Cyr auxquels le général Antonin Gilbert, qui les avait conviés à Saint-Florent, me demanda de leur faire *in situ*, du haut des terrasses du Mont-Glonne, le récit du passage de la Loire, aux jeunes lycéens de la banlieue parisienne auxquels André Bendjebbar, devenu depuis responsable du projet pédagogique du musée de l'Armée aux Invalides, m'avait demandé également de retracer les événements de Saint-Florent, de l'émeute du printemps 93 au grand passage d'octobre, puis à Roger Gicquel, qui, inaugurant son émission « En flânant », sur France 3 Ouest, m'avait invité lui aussi à évoquer toujours en ces mêmes lieux, mais cette fois pour les téléspectateurs, cette grande et mémorable enjambée.
3. Pour l'ensemble du texte, les citations de Victor Hugo sont extraites de *La Vendée* (*Odes royalistes* 1819) et de *Quatrevingt-Treize* (1874), celles de Michelet de ses pages sur *La Révolution française*. À lire également, de Chateaubriand : *Les Vendéens*. *Les Mémoires de guerre 1793-1794* de Kléber ont fait l'objet d'une édition dans la collection « In-texte » (Tallandier, 1989). Côté vendéen, parmi de multiples autres récits, dont, bien sûr, les *Mémoires* de Mme de La Rochejaquelein, veuve de Lescure qui épousa en secondes noces le frère de Henri de La Rochejaquelein, on trouve une relation bien documentée du passage de la Loire chez l'abbé Deniau, dans le tome 3 de son *Histoire de la Vendée* (Lachèse et Dolbeau, Angers).
4. On trouvera une présentation plus développée de ces regards croisés sur le passage de la Loire dans le livre que je lui ai consacré, *Le jour le plus long de la Vendée* (Siloë, Laval, 1988) qui a donné lieu également à un spectacle audiovisuel en multivision projeté à Saint-Florent-le-Vieil d'un bicentenaire à l'autre : celui de la Révolution française en 1989 et celui de la guerre de Vendée en 1993.
5. Sur l'iconographie vendéenne, dont celle consacrée aux événements de Saint-Florent, on trouvera des compléments dans mon étude sur *Les vitraux vendéens et les maîtres-verriers angevins* (Éditions Hérault, Maulévrier, 1987) et sur le regard porté par les écrivains sur la Vendée, dans mon essai sur *Le vert Bocage* (Siloë, Laval, 2005).
6. Sur le pardon de Bonchamps et le tombeau de ce dernier par David d'Angers dans l'église abbatiale de Saint-Florent, je renvoie à ma communication, « Force d'un cri et puissance réconciliatrice de l'art », faite au colloque *Vendée-Chouannerie-Littérature*, en décembre 1985, sous la direction du professeur Cesbron (Presses de l'Université d'Angers, 1986).
7. Louis Aragon venu voir à Saint-Florent, en 1956, le tombeau de Bonchamps dans la perspective d'un roman qu'il projetait d'écrire alors en s'inspirant de la vie de David d'Angers, donna à la suite de cette visite une conférence à Angers dont la citation ci-dessus est extraite, suivie de l'écho qu'en donna la presse locale.

La Loire : une frontière et un lieu de pacification (juin 1794 - février 1795)

Les historiens ont bien du mal à circonscrire de manière précise le territoire de la Vendée militaire. Au moins, le nord et une partie de l'est de la zone insurgée sont-ils fixés par la géographie de la Loire et de l'un de ses affluents, le Layon. Mais c'est surtout le fleuve qui est une limite tangible de la région insurgée. D'ailleurs, le 28 décembre 1793, le général Marceau écrit au ministre de la Guerre et délimite deux pays insurgés à qui il donne les noms de petite Vendée, pays des Chouans, et grande Vendée, au sud de la Loire. Il conseille au ministre de transformer la Loire en « une barrière impénétrable[1] » entre les deux « Vendées ».

La Loire, en effet, constitue un enjeu stratégique en temps de guerre et, nous allons le voir, lors de la pacification, lorsque la République est conduite à engager des pourparlers avec les Vendéens, dans l'espoir de signer une paix. Cette pacification, proclamée le 21 juin 1794 par la Commission de l'agriculture et des arts et par le nouveau général en chef Vimeux, s'accélère à partir de la fin de l'année 1794. Elle aboutit, avec bien des difficultés, au printemps 1795, par les paix de la Jaunaye et de Saint-Florent-le-Vieil.

Au total, nous disposons, sur cette période, d'une documentation importante certes, mais fragmentée, concernant les relations entre républicains et Vendéens. Un historien de la fin du XIXe siècle, Charles-Louis Chassin, y a même consacré un ouvrage en 3 tomes, intitulé la pacification de la Vendée. Mais il n'évoque pas les tractations à une échelle plus réduite[2].

Jean-Julien Savary est plus complet : ancien officier républicain, stationné sur la rive droite, puis sur la rive gauche de la Loire, il rassemble des documents inédits qu'il publie en 1825, sous le titre *Guerre des Vendéens et des chouans*[3]. Son ouvrage en six volumes nous intéressera pour la période entre juin 1794 et avril-mai 1795. Toutefois c'est surtout du côté des Archives de la Défense, à Vincennes, qu'il faut se tourner pour avoir les comptes rendus des rencontres entre belligérants à la fin de l'année 1794.

Une vingtaine d'actes a retenu plus particulièrement notre attention. Leur intérêt réside dans leur forme, toujours longue et circonstanciée dans le contenu extrêmement détaillé des échanges établis avec les Vendéens et la variété de leurs auteurs. Ils émanent de citoyens, officiellement chargés d'engager les pourparlers avec les Vendéens et placés sous une autorité républicaine, qu'elle soit civile ou militaire, d'officiers républicains, dont l'un, François, a été nommé commandant en chef de la station sur la Loire. Ils émanent aussi de deux représentants du peuple, Bézard, chargé spécifiquement de la surveillance de la Loire[4], et son collègue Ruelle, qui écrivent directement au Comité de salut public, pour l'informer des progrès de la pacification dans l'Ouest. Le représentant du peuple Bézard a d'ailleurs écrit de nombreux actes, conservés aux Archives départementales de Maine-et-Loire[5].

On montrera comment la Loire a été pensée comme un vecteur important dans la pacification initiée depuis l'été 1794 jusqu'au printemps 1795, et qu'elle est restée, durant tout ce temps, un enjeu militaire pour les deux partis. Tenir les bords du fleuve, c'est tenir une partie de cette Vendée, si difficile à investir.

Nous verrons que la pacification met en scène la rencontre entre deux mondes, avec tous les aspects festifs, voire « ethnologiques » que cela suppose, mais aussi toutes les tensions et les incompatibilités politiques entre la République et la Vendée insurgée. Il faut dire que la guerre continue, y compris sur les bords ligériens de la Vendée militaire.

UN ESPACE DE RENCONTRES ENTRE DEUX MONDES

Les descriptions des rencontres ligériennes sont riches d'enseignement sur la diplomatie improvisée et pourtant bien orchestrée entre les républicains et les Vendéens. Mais la pacification ne gomme évidemment pas du jour au lendemain les préjugés des républicains.

Quatre récits de rencontres de délégations après la mi-décembre 1794 (du 19 au 23 décembre 1794)

Le récit des prises de contact des républicains avec les Vendéens montre, bien évidemment, une méfiance de part et d'autre : les prises de contact se font d'un bateau en direction des Vendéens stationnés sur le bord de la Loire. Une fois les premiers échanges établis, une chaloupe, « un futreau », est mise à l'eau et la rencontre se fait toujours sur « le bord » du fleuve.

Pour les républicains, c'est quitter la sécurité de la canonnière, pour les Vendéens, c'est s'exposer aux initiatives des républicains. Il semble que, d'un commun accord, et certainement pour se rassurer les uns les autres, les pourparlers soient initiés par peu d'hommes. Cinq républicains, sans armes, débarquent à terre, « un nombre égal de révoltés se sont approchés du bord, sans armes ». Ce sont encore deux citoyens sous l'autorité du commandant en chef François qui rencontrent sur le bord de Loire un chef, Viaud du Loroux, « sans armes ainsi que nous ». Rien n'a été négocié en amont, sur le désarmement des protagonistes, ou bien, sur une délégation en nombre similaire de part et d'autre.

Des aspects festifs

Une fois les premiers contacts établis, les groupes, de part et d'autre, se renforcent. Pour les républicains, chargés de ces pourparlers, l'effet semble saisissant. Par la précision de leurs rapports, ils révèlent leur fascination pour les ennemis d'hier. Ainsi, François raconte-t-il « j'y ai vu en général de beaux jeunes gens fraix et forts ». Il présente au physique un tableau positif des Vendéens, pleins de jeunesse et de force et, de façon sans doute inconsciente, une Vendée, encore pleine de ressources, malgré deux ans de guerre civile, une Vendée capable de mobiliser de jeunes soldats[6].

Cinquante à soixante royalistes rejoignent le premier petit groupe sur le bord de la Loire. Ils « apportent du vin ». Ils « nous ont fait boire avec eux a [sic] plusieurs reprises » – sans pour autant verser dans l'ivresse et dans ses excès. Les citoyens Guesdon et Desroches soulignent la « plus grande cordialité de part et d'autre ». Le chef qu'ils rencontrent, Viaud, leur donne du « Monsieur ».

La rencontre peut être plus chaleureuse encore : les républicains débarquent sur le bord de la Loire, les Vendéens s'approchent « et alors tous se sont embrassés réciproquement ». Sensibilité, certains diront sensiblerie, cette embrassade, peut-être une accolade, est à replacer dans les gestes quotidiens de la société d'alors, où les contacts physiques sont nombreux et démonstratifs. Il est pourtant certain que ce geste a dû marquer les républicains qui en rendent compte dans leur rapport[7].

Le vin place la rencontre sous un signe festif, mais aussi libère la parole. Nous verrons d'ailleurs que les Vendéens présents à ces rencontres ne se privent pas de la plus grande franchise et des plus graves reproches à l'encontre de l'attitude récente des républicains. Le vin établit aussi la confiance à tel point que les citoyens Guesdon et Desroches laissent partir avec les Vendéens 4 soldats républicains « qui avaient leurs frères dans le nombre des rebelles, et deux hommes à qui j'ai donné l'amnistie pour la remettre à leur chef ». En quelque sorte, le vin et les paroles échangées ont scellé une trêve suffisamment sûre pour laisser partir, en plein territoire insurgé, des républicains sans armes sous escorte de Vendéens allant rejoindre leur troupe et leur chef. C'est un événement exceptionnel que nous donnent à voir ces archives.

Si le ton est plus compassé chez Bézard – il écrit à la Convention nationale de Saint-Florent-le-Vieil pour lui relater un succès contre Stofflet, il rapporte également une fête, toute républicaine, organisée par ses soins « pour établir la confiance dans le pays et prouver aux habitans [sic] que les colonnes ne marchent ni pour massacrer ni pour piller[8] ». Drapeau tricolore sur l'église des

Bénédictins, arbre de la liberté planté, cris de « Vive la République! Vive la Convention nationale! » repris en chœur. On est certes bien loin des fêtes improvisées sur les bords de la Loire en décembre 1794, mais Bézard a bien compris l'intérêt d'une pédagogie festive et démonstrative... à sa manière.

Un ennemi affaibli, selon les républicains

François écrit que les Vendéens manquent de « sel, de souliers, de chapeaux et de tabac ». Autrement dit, il leur manque des produits manufacturés (souliers et chapeaux) et produits transformés et objet de commerce (sel et tabac). Les mois de guerre ont laissé des traces visibles sur les Vendéens qui ont dû composer avec une forme d'état de siège. De façon sous-jacente, François rejette les Vendéens aux limites de la civilisation, comme l'ont fait les généraux et les soldats républicains tout au long des opérations des colonnes incendiaires. Dans un contexte différent, de tentative de pacification, François est pétri de cette vision manichéenne de la Vendée militaire. À le lire, on a également l'impression d'un explorateur découvrant sur les bords de la Loire des indigènes et une population à conquérir.

Autre grand classique de la figure du Vendéen : un être sous domination, incapable de penser par lui-même. « Ils voudraient bien être tous unis et frères, et chacun faire son commerce, mais aussi qu'ils ne pouvaient pas mettre bas les armes sans la participation de leurs chefs. » Leur volonté compte moins que l'avis de leurs chefs, c'est du moins ce que rapportent les citoyens Thibeaud, Rivière et Vivant de leurs premiers pourparlers avec les Vendéens. Lorsqu'ils reviennent le lendemain, ils retrouvent les mêmes qui ne donnent pas suite aux propositions de pacification. Ils sont qualifiés de « pauvres égarés », qui « voudraient bien la paix » mais qui sont « maîtrisés par leur opinion pour les prêtres ». Même mésaventure du capitaine Boulet : le 20 décembre, première rencontre avec les insurgés, le 21, les chefs leur « ont absolument défendu » de se rendre.

On le voit, pour les républicains chargés de la pacification, les *a priori* ont la vie dure : au mieux les Vendéens sont des enfants, des égarés sous la tutelle des prêtres et de leurs chefs (c'est une constance dans l'analyse des causes de la Vendée, en 1793, 1794, et pour longtemps, dans l'historiographie du XIXe siècle et du XXe), au pire ce sont des individus placés aux marges de la civilisation, la Loire en étant d'ailleurs une frontière tangible.

BARRIÈRE NATURELLE ET ESPACE DE TEMPORISATION

La temporisation à l'œuvre

La pacification est loin d'être acceptée d'emblée. Les républicains, chargés de négocier, sont en quelque sorte « des professionnels » du dialogue. Si, à l'échelle de petits groupes, elle semble attendue, nous allons voir que rien n'est assuré.

Toutes ces difficultés sont quelque peu édulcorées à l'échelon national. Le représentant du peuple, Ruelle, écrit de Nantes au Comité de salut public que « les rebelles sont dans les meilleures dispositions[9] ». Les républicains sur le terrain comprennent quant à eux qu'il leur faudra beaucoup de temps pour convaincre les Vendéens. Ce n'est pas une pacification spontanée et immédiate à laquelle il faut songer.

Les reproches et les conditions exprimés par les Vendéens

S'ils n'ont officiellement pas la latitude de choisir ou non les offres des républicains, soumis en cela à leurs chefs, les Vendéens profitent de ces rencontres sur la Loire, fin décembre 1794, pour exprimer des griefs les plus vifs et des reproches les plus amers contre les républicains. Ils posent aussi d'emblée des conditions à tout engagement vers la voie de la pacification.

Dans les échanges, reviennent les massacres commis en 1793. « Ils nous ont beaucoup parlé des massacres et noyades qui avaient eu lieu l'autre année » et, de ce fait, doutent de la « sincérité de la paix », selon les républicains. Ceux-ci utilisent alors des arguments pour le moins radicaux : sans présenter leurs excuses pour toutes ces exactions, « nous n'avions plus à craindre de pareilles horreurs ; qu'on avait enfin découvert le parti sanguinaire qui alimentait notre désunion, que ces monstres avaient été guillotinés, et que maintenant la convention était absolument épurée ». On remarquera l'euphémisme sur la « désunion » alors que les Vendéens évoquent les massacres. On soulignera aussi qu'en décembre 1794, le contexte change radicalement à Paris et en province. C'est l'époque du procès Carrier et de sa condamnation à mort. « Le parti sanguinaire », « les monstres », « les horreurs » sont autant de paroles lancées comme des gages de bonne foi républicaine aux victimes doutant de la voie de la pacification.

Les Vendéens, quelles que soient les rencontres de décembre 1794, posent des préalables non négociables. Ils évoquent la religion « qu'ils désiraient avoir leurs églises et servir Dieu à leur guise », « exercer leur cidevant religion avec pleine liberté », « ils ne veulent pas renoncer de vivre sous leurs anciennes loix qu'ils observent et chérissent leur infortune ». C'est une constance.

Ils évoquent aussi la politique. Viaud, le seul chef identifié, à qui les citoyens Guesdon et Desroches demandent de se rendre, répond : « À quoi ? À votre république ? Non et ne croyez pas monsieur que jamais elle aura le dessus. » Les républicains constatent qu'ils (les rebelles) « voudraient faire une petite monarchie de leur département ». « Quelques-uns ont dit qu'ils voulaient mourir royalistes. » Notons que tous les Vendéens de cette rencontre ne revendiquent ce choix politique. Mais « ils ne sont pas républicains et ne le seront même jamais ».

Un petit groupe d'entre eux – les jeunes qui ont marqué François, sont persuadés que s'ils se rendent, ils seront envoyés « aux frontières », rappel de la conscription de février 1793. La levée des 300 000 hommes avait, en effet, mis le feu aux poudres dans les Mauges et une bonne partie du département de la Vendée. Revient alors, pour les concernés, cette crainte d'être enrôlé.

Enfin, ce sont les citoyens Guesdon et Desroches qui le soulignent, les Vendéens se placent dans une position à la fois ambiguë et fausse, ce qui inaugure bien mal de la pacification à venir, « ils s'imaginent que l'on veut traiter avec eux comme de nation à nation ». À lire les rapports, les républicains ne lèvent ni n'entretiennent cette ambiguïté. D'ailleurs, à l'exception de leur réponse sur les massacres commis en Vendée militaire, les républicains ne disent rien. Ils se placent en médiateurs, rapportant le plus fidèlement possible l'ambiance et les propos de ce type de rencontre.

LA LOIRE, ESPACE CONVOITÉ, LIEU DE GUERRE

À lire les rapports des républicains, partis proposer la paix aux Vendéens sur la Loire, on peut penser que les risques sont finalement minimes. La preuve, les rencontres se déroulent dans un climat cordial, voire chaleureux, nous l'avons vu. En réalité, il ne faut pas oublier que la guerre continue dans cette partie de la Vendée aussi.

La Loire, limite revendiquée du « fief » de Stofflet

À l'hiver 1795, deux mois après les tractations que nous avons décrites plus haut, huit chefs de Stofflet se soumettent et révèlent aux représentants du peuple quelles étaient leurs forces qu'ils commandaient. L'Huillier est l'un d'entre eux. À la tête de 1 800 hommes lorsqu'il fait sa soumission, il estime son territoire, de la rive gauche de la Divatte à la Jubaudière ; la surveillance de la Loire entrait directement dans ses prérogatives, comme il le montre par l'énumération précise des communes ligériennes : Saint-Florent, Le Menil, Montjean et La Pommeraye.

Ces soumissions sont un coup dur pour Stofflet qui rencontre une série de revers entre Chalonnes et Saint-Florent à la mi-mars 1795[10]. Apparemment, il y avait installé « un poste ennemi de cent hommes[11] », gardé par des hommes plus ou moins volontaires, à en croire le rapport du représentant du peuple Bézard, qui tenait lieu aussi de prison, au moins « à deux femmes malheureuses que les brigands tenaient en prison depuis six mois ».

Stofflet a encore la possibilité d'investir Saint-Florent, en mars 1795, et de l'occuper avec une troupe, des gardes et des prisonnières. Certes Bézard relate un succès de l'armée républicaine, mais il donne à voir indirectement les faiblesses de la pacification. Elle est ici bien incomplète, la menace de Stofflet est bien réelle et les combats sont toujours d'actualité. D'ailleurs, le 1er avril, Hoche avoue au Comité de salut public que « Stofflet nous fait le plus grand mal [...et] recommence vers la Loire[12] ». Ce fleuve représente bien un verrou stratégique et un enjeu militaire pour les deux partis.

Les canonnières sur la Loire

La forme même qu'adoptent les républicains pour nouer le dialogue avec les Vendéens en dit assez sur les incertitudes qui touchent cette mission. Le 18 août 1794, le Comité de salut public prend un arrêté concernant les camps républicains établis en périphérie de la Vendée militaire. Dans ce même arrêté, il demande « à garder soigneusement les passages de la Loire, afin d'empêcher toute communication de la Vendée avec les Chouans[13] », au moyen de « chaloupes canonnières armées et toujours en surveillance[14] ». Dans l'Ouest, les canonnières ne sont utilisées que sur la Loire, sur la côte de Quiberon, près du château de Penthièvre, en juillet 1795 et du côté de Cherbourg à cette même date[15]. Elles assurent un rôle stratégique de défense et de surveillance. François en est nommé commandant de la station de la Loire et l'on précise « unité de canonnières[16] », autre signe que les républicains, tout mandatés qu'ils sont pour la pacification, ne vont pas sur la Loire sans un véritable matériel de la guerre.

CONCLUSION

Alors la Loire, une pacification « spécifique » à la fin de l'année 1794 et au printemps 1795 ? Oui, sans doute par l'enjeu stratégique qu'elle représente pour les deux parties en présence. Stofflet ne s'y trompe pas : il a beau être affaibli durant cet hiver 1794-1795, il sait qu'il doit tenir la rive gauche ligérienne. Les républicains sont inquiets d'une jonction entre les Chouans et le reste des troupes vendéennes, possible par le fleuve.

La Loire facilite aussi les prises de contact entre républicains et Vendéens : elle est plus sûre que bien des villages ou des bourgades maugeoises ; elle permet de jauger l'adversaire, pour les uns et les autres, et de proposer une forme de « processus diplomatique » simple, sur les rives du fleuve.

Parmi les milliers d'actes concernant la guerre de Vendée, cités par Jean-Julien Savary ou répertoriés au Service Historique de la Défense à Vincennes, il en est certains qui sont d'une richesse exceptionnelle, par l'intensité dramatique qui s'y attache, par la qualité des détails et par les enjeux historiographiques qu'ils posent. Les rencontres entre Vendéens et républicains sur les bords de Loire font partie de ce corpus exceptionnel. Ce foisonnement dans les descriptions physiques et morales des Vendéens cache mal une position inconfortable chez les républicains : proposer la pacification alors que les opérations de guerre se poursuivent. C'est toute la difficulté pour la République que de donner des gages aux populations insurgées tout en combattant sans relâche les réfractaires à la paix.

La Loire apparaît bien comme un espace particulier où se joue et se gagne la pacification. À condition de le lire en fonction d'une focale suffisamment petite, pour reprendre les termes de la micro-histoire. L'historien peut ainsi décrypter, au travers des sources, une méthode de pacification initiée par les Républicains. La Loire est donc un bon laboratoire d'observation de la paix en train de se faire.

Anne Rolland-Boulestreau
Maître de conférences en histoire moderne,
université catholique de l'Ouest, Angers

NOTES

1. Service Historique de la Défense (SHD), Archives de Vincennes, B5/7-408, 28 décembre 1794.
2. Chassin Ch.-L., *Les pacifications de l'Ouest, 1794-1801*, 3 tomes, Paris, Juven Éditeur, 1896.
3. Savary J.-J., *Guerres des vendéens et des chouans, ou Annales des départemens de l'Ouest pendant ces guerres, d'après les Actes et la Correspondance du comité de Salut public, des Ministres, des Représentans du peuple en mission, des Agens du gouvernment, des Autorités constituées; des généraux Berruyer, Biron, Canclaux, Rossignol, Santerre, L'Echelle, Kléber, Marceau, Turreau, Moulin, Hoche..., et d'après les Règlemens, Proclamations et Bulletins du conseil supérieur et des chefs des Vendéens et des Chouans; par un officier supérieur des Amées de la République, habitant dans la Vendée avant ces troubles*, Paris, Baudouin frères, 1824, t. I et II, 1825, t. III et IV, 1827, t. V et VI.
4. Savary J.-J., *op. cit.*, vol. 6, p. 405, 16 mars 1795.
5. Arch. dép. de Maine-et-Loire, voir spécifiquement les cotes, rassemblant une grande partie de sa correspondance.
6. Voir la définition par exemple du Dictionnaire de Littré, sur le terme « frais », « qui a un certain air de jeunesse et de vigueur, qui n'est pas fatigué », « troupes fraîches, troupes qui ne sont point encore fatiguées ».
7. Ces embrassades spontanées annoncent une accolade fraternelle plus connue mais moins spontanée, celle que Charette donnera à Canclaux en février 1795 à l'issue des négociations de la paix de la Jaunaye : Charette s'avance vers le général en chef pour « lui offrir le baiser de la paix ». Canclaux, se reculant vers le groupe des représentants, demanda « s'il avait affaire à un républicain ». Bollet le poussa vers le chef royaliste, en disant : « Oui ! Oui ! il s'est réconcilié avec la République ! ». Charette, « qui avait changé de couleur », se laissa embrasser. Voir Chassin C.-L., *op. cit.*, vol. 1, p. 163, 1er ventôse an III (il cite les *Souvenirs vendéens*, de Béjarry).
8. Savary J.-J., *op. cit.*, vol. 4, p. 406, 17 mars 1795.
9. *Ibid.*, vol. 4, p. 211, 15 décembre 1794.
10. *Ibid.*, vol. 4, p 405-406, 17 mars 1795. Les opérations militaires de Chalonnes et Saint-Florent-le-Vieil sont aussi rapportées dans Chassin Ch.-L., *op. cit.*, vol. 1, p. 230 *sqq.*
11. *Ibid.*, vol. 4, p. 406.
12. *Ibid.*, vol. 4, p. 469, 1er août 1795.
13. *Ibid.*, vol. 4, p. 94, 18 août 1794.
14. *Ibid.*, vol. 4, p. 95.
15. *Ibid.*, vol. 5, p. 235, 237 et 242.
16. *Ibid.*, vol. 4, p. 211 ; et SHD, B5 / 10-488 à 494, 15 décembre 1794.

Tours et la Loire : un spectacle éblouissant pour les officiers prussiens (1870-1871)

La guerre, la défaite, l'invasion renvoient à des faits d'ordre politique et militaire qui ont souvent été traités par les historiens. Mais ces événements, détestables par les malheurs collectifs et individuels qu'ils impliquent, sont aussi l'occasion pour des peuples, pour des hommes, de se côtoyer, se découvrir. Cette rencontre, on le comprend aisément, n'a que peu retenu l'attention des historiens jusqu'à une époque assez récente, où les différents aspects du quotidien de l'occupation nazie ont fait l'objet de recherches. Elles ont montré cette période sous un autre jour que celui, terrible, que l'on connaît. En effet, certains soldats ont noué des liens avec la population, d'autres se sont engagés dans des relations amoureuses sincères, d'autres encore ont apprécié le pays qu'ils étaient contraints d'occuper.

Le cas d'officiers prussiens partant à la découverte de Tours et de la Touraine n'est pas isolé. Il renvoie, par exemple, à celui des alliés américains, eux aussi présents en nombre à Tours en 1917-1918, et qui ont profité de la douceur de vivre tourangelle, de ses vins et de ses multiples richesses.

La présente étude, qui porte sur le conflit de 1870-1871, quelque peu délaissé depuis l'époque où les Français ne rêvaient que de revanche, s'efforce de mettre en lumière la rencontre d'une armée occupante, celle des Prussiens, et d'une ville, d'un fleuve, d'une province dont ils allaient apprécier les charmes particuliers, se faisant même parfois touriste pour mieux l'explorer[1].

UN RAPPEL DU CONTEXTE POLITIQUE ET MILITAIRE

La prétention au trône d'Espagne de Léopold de Hohenzollern-Sigmaringen, prince allemand, est à l'origine de la guerre franco-prussienne. Ce trône est vacant depuis la révolution de septembre 1868. Le prince présente sa candidature le 21 juin 1870 mais le duc de Gramont, ministre des Affaires étrangères de la France déclare le 12 juillet que son pays est contre cette candidature. Trop dangereuse sans doute du côté stratégique… Le prince Léopold la retire, suivant la déclaration de son père, le prince Antoine, mais la France veut des garanties et envoie son ambassadeur Benedetti à Ems, une station thermale près de Coblence pour confirmation. Le roi Guillaume de Prusse lui aurait répondu qu'il « n'a plus rien d'autre à ajouter ». Mais son télégramme, qu'on a appelé la dépêche d'Ems, a été réécrit par son chancelier Prusse, Bismarck, de façon à sous-entendre un congédiement humiliant pour l'ambassadeur, un véritable affront que la presse française dénonce aussitôt.

Le but de Bismarck est de rabaisser la France sans nécessairement vouloir la guerre. Cela dit, il connaît la situation des armées françaises vieillissantes, bien peu préparées à une guerre, si le gouvernement français décidait de s'y engager. Lui, ce qu'il souhaite c'est souder les États allemands et s'acheminer vers l'Unité allemande.

Les esprits s'échauffent : en deux mots, Thiers est contre, Émile Ollivier, chef du gouvernement, poussé par l'opinion publique dit accepter la guerre « d'un cœur léger », nous sommes le 19 juillet 1870.

LE FACE-À-FACE DES TROUPES EN TOURAINE

Du côté français

Les préoccupations publiques davantage accaparées par l'annonce trompeuse des élections se reportent rapidement vers « les choses militaires » et surtout l'organisation de l'Armée de la Loire. Depuis un mois, « la ville de Tours a vu défiler d'innombrables hommes, rescapés du désastre de Sedan ; fatigués, déguenillés », « des restes lamentables de la grandeur militaire », on peut parler ici de décadence, avec des soldats de tout corps et toute arme, dragons, hussards, de l'artillerie, du train, hommes de ligne et du régiment étranger, sans chefs, et voyageant par petits groupes, bientôt suivis d'ambulances. Puis arrivent les francs-tireurs en costumes pittoresques…

Dans *Souvenirs d'un combattant de l'Armée de la Loire*, Camille Derouet écrit :

> « Tout manquait : pas d'armes, pas de vêtements, c'est tout juste si les arsenaux contenaient encore quelques fusils d'ancien modèle. Quant aux magasins, ils étaient vides. Quel misérable armement, quel piètre équipement, quel chétif habillement furent les nôtres… Et pendant ce temps les événements se précipitaient avec une vertigineuse rapidité. La belle armée de Mac Mahon, l'espoir de la France, avait capitulé à Sedan ; l'ennemi triomphant se répandait sur les deux rives de la Seine et pénétrait dans la Beauce, Paris était investi, la province allait rester sans directions. »

En attendant que les recrues soient prêtes, on réunit à Tours le noyau de l'Armée de la Loire. L'éphémère ministre de la Guerre fait nommer le général

Édouard de la Motte Rouge à la tête du 15e corps qui deviendra le noyau de l'armée de la Loire. Le problème est de réunir les hommes : la deuxième armée de la Loire, dont le 88e régiment de mobiles, comprenant environ 100 000 hommes, armés de fusils de différents modèles, incomplètement instruits, pourvus d'une artillerie défectueuse, composée d'éléments hétérogènes, de jeunes conscrits, manquait nécessairement de cohésion, d'unité et d'expérience.

Très rapidement, le général Chanzy transforma ces éléments disparates ou insuffisants en une armée disciplinée et résistante. Le rôle qui lui incombait, lorsqu'il fut mis à la tête de la 2e armée, était de protéger le cours moyen de la Loire et de couvrir le siège du gouvernement. Pour empêcher l'ennemi descendant d'Orléans de se glisser le long du fleuve, il fallait l'arrêter au moment où il chercherait à se frayer un passage dans la trouée d'environ 11 kilomètres qui existe entre la forêt de Marchenoir et la ville de Beaugency... Le 8 décembre, malheureusement, Beaugency était déjà tombé aux mains de l'ennemi !

Du côté prussien

Le Xe corps qui faisait partie de la 2e armée sous le commandement du prince Frédéric-Charles, ainsi qu'un fort détachement assimilable à une armée du grand-duc de Mecklenburg-Schwerin. Le IIe corps poméranien sous le commandement du général Fransecki. Les unités du Xe corps qui ont effectivement combattu furent deux bataillons du 78e régiment d'infanterie, un bataillon du 16e régiment d'infanterie, deux batteries lourdes du 10e régiment d'artillerie de campagne, sept pelotons du 9e régiment de uhlans, ce qui équivaut à deux escadrons (moins un peloton).

21 DÉCEMBRE : L'ENNEMI EST AUX PORTES DE TOURS

Vers 10 heures et demie, l'avant-garde, des cuirassiers du 2e régiment poméranien *Königin*, arrive sur les quais de Saint-Symphorien. Elle poste ses sentinelles au pont suspendu et au pont de Saint-Cyr, quelques cavaliers s'engagent sur le pont de pierre où une foule hostile les attend. En même temps, le gros de la troupe atteint la place de la Tranchée. Les cuirassiers sont molestés et tournent bride...

Le capitaine Knauer écrit à la date du 22 décembre :

> « Dans le faubourg (Saint-Symphorien) on tirait sur nous à partir des fenêtres et des rues. Notre officier d'état-major, le commandant Scherff, fut gravement blessé. C'est alors que j'ai reçu l'ordre de tirer sur la ville. »

Selon le général von Voigts-Rhetz, « les canons avaient ouvert le feu dès les premiers coups de fusil ». Nous ne connaissons pas leur position : place Choiseul ou place de la Tranchée ? ou les deux ?

Et sur les hauteurs environnantes ? Nous savons de la même source « que le commandant Scherff [...] a reçu une balle de chassepot dans le bras, laquelle atteignit aussi le thorax suivant une trajectoire si heureuse autour des côtes qu'elle put être immédiatement extraite du dos ». Toujours grâce à Voigts-Rhetz nous savons aussi qu'il trouve ultérieurement et à sa demande, l'hospitalité « chez une vieille marquise qui s'occupe personnellement de lui et où il est entre de bonnes mains et bien nourri. Il y avait déjà pris des quartiers lors de notre avance sur Tours ».

Terminons cette confrontation avec le rapport du capitaine Knauer qui a reçu l'ordre de tirer sur la ville de Tours :

> « Un de nos obus éclata dans une salle de réunion de la mairie, un autre arracha la tête à un reporter du Figaro, journal parisien bien connu. Un autre frappa les armes de la ville. Après que j'avais tiré 40 obus, Tours hissa le drapeau blanc, sur quoi je dus cesser le feu. La ville demanda une troupe d'occupation prussienne afin que la populace ne commence pas à commettre des violences. »

1. Arrivée des troupes prussiennes à Tours, le 19 janvier 1871 (coll. SAT : DF To 088).

Parlons à présent d'un aspect peu connu, voire méconnu, de l'occupation des Prussiens en Touraine et plus particulièrement à Tours, une région où ils se retrouvent dès le mois de décembre 1870, et une ville où ils entrent le 19 janvier 1871 : c'est le regard que ces combattants portèrent sur leur environnement et sur les Tourangeaux pendant les six semaines d'un séjour qui se termina vers le 9 mars 1871.

TOURS ET LA LOIRE VUS PAR DES OFFICIERS PRUSSIENS

Tous les militaires, du plus haut gradé jusqu'à l'homme de troupe, à l'exception du prince Frédéric-Charles qui ne semble pas avoir émis d'opinion[2], ne parlent que d'une voix quand il s'agit d'apprécier la ville : elle les enthousiasme, et ils font son éloge sans réserves, allant du simple constat en deux ou trois phrases jusqu'à de véritables panégyriques élaborés pour les plus cultivés d'entre eux. Le Kronprinz, Son Altesse royale Frédéric-Guillaume de Prusse, installé au quartier général à Versailles, abandonne brièvement le commandement de la IIIe armée pour s'offrir, pendant l'armistice, une virée de trois jours sur les bords de la Loire. Le 19 février, il visite la capitale de la Touraine :

> « Tours est une bien charmante ville qui dégage un air d'aisance, riche en jolis quais, boulevards et boutiques, et elle a un aspect de grande ville, notamment vue de l'imposant pont sur la Loire[3]. »

Le général en chef du Xe corps d'armée, Voigts-Rhetz, résume ainsi son impression globale :

> « Tours mérite sa réputation d'être la plus belle ville de France, et on peut dire aussi, d'être la plus distinguée. Elle est située d'une façon tout à fait charmante entre la Loire, enjambée par quatre beaux ponts imposants, et le Cher, une rivière. Elle est très bien bâtie et entourée de beaux boulevards, les hauteurs sont couvertes de magnifiques villas et de beaux châteaux, et tout exprime la richesse[4]. »

Le général Hartmann commence la lettre du 20 janvier 1871 à son épouse par ces mots : « Je t'écris de Tours, l'eldorado de la France… », et dit plus loin : « Tours est une très jolie ville[5] », puis, il répète le compliment le 22 janvier : « Tours est charmant, extrêmement joli[6]. » Dans ses mémoires, le capitaine Berendt du 10e régiment d'artillerie de campagne appelle Tours « ce joyau parmi les villes sur les bords de la Loire[7] ».

Le caporal Beckermann du 91e régiment d'infanterie arrive le 4 février et note dans son journal : « Tours est la plus belle ville que j'aie vue jusqu'à présent[8]. » Et Albert Böhme, simple soldat au 92e régiment d'infanterie, qui peine à formuler des propos cohérents et à appliquer les règles de la syntaxe, de l'orthographe et de la ponctuation, parvient à exprimer son admiration dans une lettre du 1er mars 1871 : « Hier nous avions une marche rude jusqu'à Tours c'est une grande ville magnifique[9]. »

Ces touristes d'un genre un peu particulier ont découvert la ville à partir des hauteurs de la rive nord, d'abord le 21 décembre 1870 en venant de la route de Monnaie, puis aussi, entre le 19 janvier et début mars, en empruntant la route du Mans, si bien que nous disposons aujourd'hui, conséquence accessoire de la guerre, d'un certain nombre d'observations sur Tours, la Touraine et ses habitants pour un laps de temps défini.

Le 21 décembre donc, le docteur Richter, malgré les événements dramatiques qui se succédaient autour de lui, eut le loisir d'observer une première fois le paysage du haut de la Tranchée, par temps légèrement couvert et sporadiquement ensoleillé. Il en gardera en mémoire le pont, la route rectiligne qui traverse la ville, le front des bâtiments en face qui se miroitent dans les ondes claires et majestueuses de la Loire, les nombreuses belles églises qui émergent de « l'océan des maisons », les tours géantes, la cathédrale qui domine l'ensemble, et tout autour, la merveilleuse vallée et le « paysage mondialement connu de la Touraine[10] ». Lorsqu'il entra dans la ville pour l'occuper – nous sommes le 3 février 1871 – il tomba à nouveau et davantage encore sous le charme de la vue :

> « Nous avions maintenant atteint le faubourg Saint-Symphorien et nous nous engageâmes sur la place ronde où nos pièces d'artillerie avaient pris position le 20 décembre [en réalité le 21 décembre] et où le commandant Scherff avait été blessé. Bouleversés par le panorama d'une beauté indescriptible qui s'offrait d'ici de la ville de Tours, nous arrêtâmes instinctivement nos chevaux pour contempler ce beau tableau. Il ne m'en était resté qu'un souvenir faible et incomplet car, à l'époque, mon attention avait été détournée en raison de l'agitation et des hostilités. – L'avenue large, bordée de villas, de maisons de campagne, de jardins et de parcs, qui descendait vers la Loire et qui se prolongeait tout droit à travers la ville s'étendant au loin, le long et magnifique pont sur le fleuve large, l'imposante cathédrale, les nombreuses maisons cossues, les églises de la ville extrêmement propre – tout cela me parut beaucoup plus beau et charmait l'œil bien davantage que dans mes souvenirs du mois de décembre. Puis, nous chevauchâmes sur le pont qui enjambe la Loire, large de plus de 1 500 pieds à cet endroit, et divisée en trois bras par une grande île et une autre plus petite. Malgré sa longueur, le pont est d'une largeur considérable. Il repose sur des grandes piles massives et des arches dont les pierres de taille, de couleur claire, se détachent des eaux bleuâtres du fleuve, ce qui est du plus bel effet, tandis que la verdure printanière et les jolis bosquets des îles rompent agréablement la monotonie de l'ouvrage due à sa longueur[11]. »

Du même point de vue, le docteur Hantel assiste à un spectacle nocturne qui l'émerveille :

> « Un soir, à la nuit tombante, venant de Saint-Christophe et descendant lentement en voiture l'allée d'une pente assez raide, qui mène entre Saint-Cyr et Saint-Symphorien au pont sur la Loire, notre regard fut captivé par une image singulière et magnifique : en face, les quais illuminés avec leurs fronts brillants se reflétaient dans le fleuve, et juste à nos pieds commençait le double fil infini des becs de gaz, dont les deux bordures étincelantes se prolongeaient en ligne droite du pont, au-delà de la place avec la statue de Descartes, jusque dans la rue Royale, et du fait de la perspective, se fondaient peu à peu en une

seule ligne luisante qui s'évanouissait au loin dans le noir. Entre ces deux cordeaux illuminés se mouvaient, tels des lampyres, d'innombrables points lumineux. C'étaient les petites flammes dans les lanternes des fiacres et des carrosses qui circulaient sur cette longue avenue [12]. »

2. Entrée de Tours au milieu du XIXe siècle (coll. SAT, DF To 047, lithographie de B. Chapuy).

Tous les arrivants sont également frappés par le calme qui règne dans la ville, une vie tranquille semble s'y écouler dans l'ordre, en contraste avec les dévastations vues ailleurs. Le général von Voigts-Rhetz va jusqu'à dire dans une lettre du 5 février 1871 que « la ville avait un aspect si paisible lorsque nous y entrions, comme s'il n'y avait pas eu de guerre en France [13] ». Le journaliste Horn, attaché au quartier général du prince Frédéric-Charles, qui arrive à Tours le 7 février, rapporte qu'il avait trouvé une ville qui n'avait que peu ou pas du tout souffert des misères de la guerre, ni par les troupes françaises ni par les troupes prussiennes. C'était un fait heureux dû au général Hartmann qui avait décidé, pour des raisons évidemment pratiques, de regrouper son détachement dans les casernes et installations militaires libres, et de ménager la ville à tous égards. Il en résultait que Tours « n'avait pas cet aspect désolant tel qu'Orléans et Le Mans dans les premiers jours de l'occupation [14] ». Et même après le 4 février, lorsque Tours fut vraiment envahie par les régiments du Xe corps d'armée logés chez l'habitant, le sous-officier Legewitt pouvait écrire le 19 février : « La vie quotidienne suit son cours si bien que rien de particulier ne rappelle la guerre[15]. »

D'aucuns, visiblement sous l'influence du printemps précoce avec des températures estivales en février et d'une nature verdoyante, se croient dans un pays méridional, notamment en explorant le coteau de Saint-Cyr, de Saint-Symphorien ou de Sainte-Radegonde :

> « Lorsqu'on se promène à travers ces jardins, entre ces maisons bordées de hauts murs, avec à l'arrière-plan de nombreux cyprès et des grottes dans le grès [lire tuffeau] et qu'un soleil aussi chaud qu'hier et aujourd'hui brille [nous sommes le 25 février], on peut rêver d'être au bord d'un lac en Italie ou dans les environs de Gênes[16]. »

Pour le journaliste Horn, la beauté du lieu – ville et campagne environnante qu'il couvre de superlatifs – entraîne un art de vivre, il s'imagine que dans la capitale de la Touraine, une vie oisive et aisée est la règle :

> « Tours est une ville qui a été construite par l'envie d'y prendre du bon temps. C'est une ville de jardins et de maisons de campagne, une ville où l'on s'aperçoit du premier coup d'œil que non seulement des Français mais aussi des Anglais, des Russes et des Américains s'y sont retirés avec cette idée : "Ici tu te reposes, ici tu pratiques le *dolce farniente*, ici tu te ris du monde entier". On ne serait pas étonné de tomber sur une pancarte qui, au lieu de porter l'inscription "La mendicité est interdite", porterait les mots : "Ici le travail est interdit". Il ne sera pas facile de trouver, en notre siècle voué au travail et à l'activité, une ville de l'importance de Tours qui posséderait aussi peu de bâtiments affectés à cet usage mal vu ici. En revanche, il y a partout des villas et des châteaux à foison, du style moyenâgeux jusqu'au plus moderne qui, à vrai dire, n'en est pas un. Partout sur les hauteurs qui bordent les cours de la Loire et du Cher, se dressent dans le ciel bleu du printemps des pignons, des tours, des encorbellements, des balustrades [...]. Encadrée de collines, la ville s'étend sur la rive gauche de la Loire, telle une beauté brune allongée sur le gazon fleuri, et qui joue avec son ombre. Cette image vient à l'esprit lorsqu'on parcourt la ville dans tous les sens[17]. »

Tours, une cité sybarite, en somme, telle est l'impression qui se dégage de ces lignes. Nous voulons bien croire que militaires et civils allemands menèrent la belle vie à Tours pendant sept semaines, pour certains, logés dans les meilleurs hôtels, les plus riches demeures des particuliers, dînant aux meilleures tables, n'assurant qu'un service minimum qui laissait largement le temps d'organiser les loisirs, en plein air et autres. Il convient d'ailleurs de ramener ces louanges à une proportion plus juste et de relativiser leur portée en adoptant le jugement du caporal Beckermann : « Tours est la plus belle ville vue jusqu'à présent. »

Les militaires du Xe corps, dans leur grande majorité, ne connaissaient de la France que les régions traversées par un temps devenu très tôt exécrable et n'étaient pas en mesure de comparer avec d'autres sites renommés pour leur beauté. Et puis, ce repos après avoir subi les rigueurs du climat, l'épuisement des marches forcées et l'âpreté des combats, la perspective d'une paix et d'un retour proche, la joie d'avoir survécu, voilà des facteurs qui ont contribué à influencer les esprits au point de verser dans les exagérations – pardonnables et si agréables à lire aujourd'hui.

Il faut ajouter par ailleurs que les officiers prussiens n'étaient pas les seuls à admirer Tours et ses environs. Citons par exemple le cas du soldat Émile Moreau : lorsque, le 11 décembre 1870, il croise un convoi de soldats qui battent en retraite dans un état de fatigue et de délabrement et se traînent en direction de la rue Royale, tandis que, avec sa compagnie, il franchit la grille de l'octroi, « Tours est une ville luxueuse », écrit-il entre parenthèses, et il prend soin de raconter dans son *Journal* :

> « Nous commençâmes à longer la Loire, qui était en partie glacée. Il faisait un vent assez fort, le soleil brillait, en somme un froid intense à cette heure matinale. La route était sèche et couverte d'une poussière mélangée de givre. [...] Le paysage était splendide. De la chaussée sur laquelle nous marchions nous apercevions, à droite, une grande plaine, à gauche, des coteaux un peu voilés par la brume du matin mais couverts d'habitations élégantes et de châteaux. Et puis les noms de Saint-Symphorien, Sainte-Radegonde, Marmoutier, Rochecorbon, Vouvray, évoquent des souvenirs de toute sorte [18]. »

QUELQUES DISTRACTIONS

Le général von Voigts-Rhetz signale

> « [qu']il n'y a rien de plus beau à voir que cette riche vallée arrosée par la Loire et le Cher, avec ses hauteurs couvertes sur des lieues et des lieues des plus beaux châteaux, villas et parcs, et à l'arrière-plan, la ville de Tours avec ses clochers. C'est vraiment le jardin de la France [19] ».

Le 18 février, il commence sa lettre par l'éloge du temps qu'il fait :

> « Le climat ici est doux et magnifique, cela tient du prodige. Nous avons les plus belles journées de printemps, avec une température de dix à quinze degrés et du soleil. Les buissons et les arbres bourgeonnent déjà [20]. »

Ce temps splendide incite naturellement à l'excursion.

Les moins gradés faisaient aussi du tourisme, à une échelle plus modeste. Le sous-officier Boschen du 91e régiment d'infanterie dont une compagnie avait ses quartiers à Saint-Étienne-de-Chigny, se promenait à pied dans les « riches environs et sur les collines ». Un plaisir particulier consistait à traverser la Loire en bateau – un bac fonctionnait alors – et de gagner un « petit village dans un site charmant » [Berthenay ?]. L'auberge du coin servait « d'excellentes crêpes et un excellent mousseux. Le vin était clair comme de l'eau et son goût n'était pas inférieur à celui du champagne ». Pour une crêpe et un litre de mousseux, ils déboursaient un franc.

Un jour, après avoir forcé sur la boisson, le narrateur et un camarade voulurent rentrer, à la nuit tombante, en bateau mais le passeur de l'autre côté ne répondit point à leurs appels. Ils eurent l'idée de traverser la Loire en empruntant le pont de chemin de fer de Cinq-Mars-la-Pile. Seulement, le pont avait été partiellement détruit et réparé provisoirement du 4 au 11 février pour permettre le passage d'un train, à vitesse réduite et sur une seule voie. C'est à l'endroit de la réparation, étroit et dépourvu de rambarde, qu'ils croisèrent un convoi. Pour l'éviter, il leur fallut exécuter prestement et dans l'obscurité une gymnastique d'acrobate entre les poutres qui soutenaient la voie. Accrochés au-dessus de la Loire, ils laissèrent passer le train au-dessus de leur tête[21]. Aujourd'hui encore, il est possible de vérifier les conditions matérielles de cette aventure en feuilletant un album de photos consacré aux « ponts brisés pendant la guerre de 1870-1871[22] ». La planche IX montre l'arche démolie, la quatrième en partant de la rive droite, et la réparation moyennant une charpente. Si les deux gaillards avaient lâché prise, ils ne seraient pas tombés dans « les ondes de la Loire qui murmuraient loin en bas », comme ils le redoutaient, mais sur l'île César sur laquelle s'appuyait l'arche.

Il reste à évoquer plus en détail un trait sympathique chez un général atypique, le général Hartmann : c'est son engouement pour la Touraine et ses habitants. Nul autre n'en a fait un véritable sujet d'étude comme lui. Nous avons déjà rapporté ses premières impressions de Tours, qui sont une suite de compliments enthousiastes, la réaction immédiate d'un premier regard. Un mois plus tard, il explorera la ville d'une façon plus systématique :

> « Avant-hier [20 février], j'ai fait une très longue promenade en compagnie de notre pasteur à travers les quartiers anciens de la ville. Nous y avons trouvé de très nombreux restes, merveilleusement beaux, de l'architecture ancienne. – Il y a vraiment un nombre infini de choses qui se concentrent dans ce coin de la terre pour le rendre agréable : la grâce et la richesse du paysage, l'élégance de la ville nouvelle et l'intérêt de la ville ancienne[23]. »

La dislocation de sa division donne l'occasion à Hartmann de se déplacer dans le département pour raisons de service, bien entendu, mais à la lecture de ses lettres, il apparaît que c'est moins l'inspection des troupes qui l'intéresse que le patrimoine tourangeau. Ainsi, il passe en revue le 3e régiment de cuirassiers cantonné à Montlouis et Amboise, fait mentionné en trois mots. En revanche, la visite du château d'Amboise et de la chapelle Saint-Hubert occupe quinze lignes. Il y traite de tout, des rois qui y ont séjourné et de l'exil d'Abd el-Kader, de la fonction de la tour Hurtault (« à l'intérieur une voie praticable en voiture pour monter »), du style de la chapelle (« plutôt dans un style de transition, davantage gothique que Renaissance »). Il se procure même deux images, du portail et de l'intérieur, qu'il joint à sa lettre pour illustrer ses explications[24]. Puis, il a poussé la promenade jusqu'à l'emplacement du château du duc de Choiseul, dont il relate brièvement l'histoire et sa fin, sa destruction par la bande noire. Il est monté, cela va de soi, à la Pagode et s'est réjoui du beau panorama[25].

Il s'étonne du fait que la Loire ne soit pas aménagée pour la navigation fluviale comme le sont le Rhin et ses affluents[26]. Il chevauche le long de la rive droite et visite deux châteaux, peut-être celui de Luynes et Cinq-Mars-la-Pile. De « l'étage supérieur », il domine du regard la « contrée, sa richesse et ses cultures », ce qui lui fait dire : « La Touraine mérite de plein droit d'être appelée "le jardin de la France". La population, elle aussi, est avenante et civilisée[27]. »

Avant de partir, le général résume, on ne peut plus clairement, en quoi a consisté son activité préférée dans la région pendant l'occupation :

> « On ne foule pas seulement un sol extrêmement riche sur les "bords fleuris de la Loire", on se familiarise aussi avec une contrée choyée par une culture séculaire qui y a élevé ses édifices. On trouve ici des restes d'architecture de toutes les époques de l'Europe occidentale réunis, et ce fut toute ma joie de les dénicher et de déterminer approximativement la date de leur construction[28]. »

Naturellement, il fallait quelque chose comme un guide, une documentation. Il achète donc les *Promenades pittoresques en Touraine* de l'abbé Casimir Chevalier (Tours, Mame, 1869), ouvrage illustré qu'il compte offrir à son épouse, en vue d'une découverte de la région à deux, une fois la paix revenue.

En raison de ses nombreux déplacements dans le département, liés à sa fonction et à son violon d'Ingres, le général Hartmann était peut-être le militaire ayant côtoyé la population tourangelle de plus près que tous les autres. Il ne mentionne aucune rencontre désagréable, aucun incident déplaisant qu'il aurait vécu personnellement, bien au contraire ! Le 10 février, il écrit : « La population ne montre aucune hostilité[29]. » Son opinion ne variera absolument pas. Il la précise seulement vers la fin de son séjour :

> « Les habitants de la Touraine sont un peuple extrêmement aimable. Nous sommes salués partout, et lorsque nous demandons notre chemin, il y a tout de suite foule, hommes et femmes sont prêts à nous renseigner de la façon la plus affable et la plus volubile. Et les gens ici sont beaux, plus beaux que j'en ai trouvé dans d'autres parties de la France[30]. »

*

L'occupation des troupes prussiennes s'est relativement bien déroulée en Touraine et notamment pour les officiers sensibles à la beauté de cette province à en juger par ces témoignages inédits. Il ne faut néanmoins pas occulter les exactions et les brutalités commises par les soldats de base, dans notre région, mais surtout dans les départements limitrophes et bien entendu dans l'Est de la France, ce qui est malheureusement souvent le cas dans la plupart des guerres. Celle-ci fut courte, dura 9 mois, mais fut catastrophique à bien des égards.

Rappelons qu'il y eut 44 000 morts dans les rangs des armées allemandes, 14 % des effectifs, 128 000 blessés, 100 000 malades. Du côté français : 139 000 morts au combat ou de maladie, 143 000 blessés, 320 000 malades, ces chiffres comprenant aussi les civils touchés non seulement par les bombardements, mais aussi la famine et la variole.

En Indre-et-Loire et selon le ministère des Anciens Combattants et Victimes de guerre, le nombre de morts recensé est de 830, ce qui est non négligeable, même s'il n'atteint pas les chiffre des départements limitrophes, beaucoup plus touchés, la Sarthe, le Loir-et-Cher, le Maine-et-Loire. La guerre entraîna, aussitôt la défaite retentissante de la France, une terrible humiliation, qui allait pourrir les relations franco-allemandes jusqu'en 1945.

Quatre départements perdus : le Haut-Rhin, hormis Belfort, le Bas-Rhin, une très grosse partie du département de la Moselle, une grosse partie de la Meurthe et, en plus, une toute petite partie du département des Vosges. Le traité de Francfort, le 20 mai 1871, consacra la victoire de l'Empire allemand, proclamé à Versailles le 18 janvier 1871.

Que reste-t-il de la guerre de 1870-1871 en Touraine ?

Des sépultures militaires dans les cimetières, réparties dans tout le département d'Indre-et-Loire, reconnaissables par leurs grilles en fonte d'une structure réglementaire et le médaillon sur lequel est inscrit : « Tombe militaire. Loi du 4 avril 1873. »

Quelques tombes privées, plus ou moins bien entretenues, certaines à l'abandon, les monuments imposants dans les cimetières et sur la voie publique tel celui devant la Loire au niveau du pont de fil, qui se trouvait sur une place non loin du centre-ville naguère et déplacé en 1969 pour être à nouveau érigé à l'entrée du Pont de Saint-Symphorien. On peut y lire sur le socle : « Ce monument élevé par souscription publique a été inauguré le 12 juillet 1944. Honneur aux morts de 1870-1871. » Autrefois, le soldat représenté avait l'œil tourné vers la Loire qu'il était censé surveiller. À présent, depuis les années 1970, il regarde vers la ville ! Ceci afin que l'on puisse lire ce qui est inscrit sur le socle !

Et puis il y a des plaques de rues que les Tourangeaux non avertis n'associent pas nécessairement au conflit franco-prussien : la rue du Général-Chanzy (général de la deuxième armée de la Loire) ; le général Renault n'est plus rien que sénateur de Tours ; Jules Favre n'est plus qu'avocat sur sa plaque ! Il était ministre des Affaires étrangères dans le gouvernement provisoire, et signa, les

26 février et 19 mai 1871 aux côtés de Thiers et de Bismarck, les préliminaires de paix du traité de Francfort du 20 mai 1871. On peut nous objecter que les plaques de rue sont de dimension restreinte.

Afin de raviver la mémoire, rappelons simplement que Tours fut le siège du gouvernement de la République, le département a mis sur pied un régiment, le 88e et cinq compagnies de Francs-tireurs. Mais ce n'est pas parce que les batailles les plus sanglantes se sont déroulées en dehors de notre département qu'il faut rayer cette guerre de sa mémoire.

Francine FELLRATH-BACART
Professeur agrégé d'anglais

NOTES

1. FELLRATH I. et FELLRATH-BACART Fr., *La guerre de 1870-1871 en Touraine. Un nouvel éclairage*, Paris, L'Harmattan, 2011, 230 p. Toutes les références suivantes sont présentées et utilisées dans cet ouvrage, que présente cette communication. On s'y reportera pour toutes les précisions nécessaires.
2. *Denkwürdigkeiten (Faits mémorables)*.
3. Friedrich III (empereur d'Allemagne), *Das Kriegstagebuch von 1870-1871*, Meisner H.-O. Éd., Berlin-Leipzig, 1906, p. 386 *sq.*
4. VOIGTS-RHETZ A. von, *Briefe des Generals der Infanterie von Voigts-Rhetz*, Berlin, 1906, p. 301.
5. HARTMANN J. von, *Briefe aus dem deutsch-französischen Kriege 1870-1871*, Cassel, 1893, p. 135 *sq.*
6. *Ibid.*, p. 138.
7. BERENDT R., *Erinnerungen aus meiner Dienstzeit*, Leipzig, 1894, p. 132.
8. ISENSEE D., « Das Kriegstagebusch von 1870-1871 des Georg Friedrich Xilhelm Berckersmann », in *Oldenburger Jahrbuch*, vol. 86, Oldenburg, 1986, p. 117.
9. SCHIKORSKY I. (éd.), « Wenn doch dies Elend eine Ende hätte », in *Ein Briefwechsel aus dem Deutsch-Französichen Krieg 1870-1871*, Cologne-Weimar-Vienne, 1999, p. 142.
10. RICHTER C., *Kriegs-Tagebuch einer Sanitätsoffiziers beim Stabe des General-Commandos des X. Armeecorps aus den Jahren 1870-1871*, Rathenow, 1892, p. 295 *sq.*
11. *Ibid.*, p. 374.
12. HANTEL G., *Aus dem Sieges-Jahre 1870-1871. Kreigsfahrten eines Truppenarztes beim X. Armee-Corps, 2. Hannöverschen Dragoner-Regiment nr 16.*, Elbing, 1885,p. 270.
13. VOIGTS-RHETZ A. von, *op. cit.*, p. 301.
14. HORN G., *Bei Friedrich Karl. Bilder und Skizzen aus dem Feldzuge der Zweiten Armee*, vol. 2, Leipzig, 1872, p. 318.
15. LEGEWITT K., *Feldpostbriefe eines 79ers. Erinnerungen an den Feldzug 1870-1871*, Essen, 1900, p. 75.
16. RINDFLEISCH G.-F., *Feldbrief*, Ornold E. Éd., Halle am Spree, 1889, p. 250, et KNAUER J. von, *Zum hundertjährigen Bestehen der Feldartillerie-Regiments von Scharnhorst (1. Hannoversches) Nr. 10.*, Hanovre-Leipzig, 1903, p. 68.
17. HORN, *op. cit.*, p. 316 *sq.*
18. Corinne Micault et Michel Prati présentent : *Journal d'un soldat de la guerre 1870-1871 du Maine à la Touraine* par Émile Moreau, 2012, p. 106.
19. VOIGTS-RHETZ, *op. cit.*, p. 307.
20. *Ibid.*, p. 309
21. BOSCHEN G., *Kriegserinnerungen 1870-1871*, Oldenburg, 1913, p. 181 *sq.*
22. Bibl. mun. de Tours, cote : H.D. 1870-1871. Loire. « Invasion allemande 1870-71. Photographies ».

23. Hartmann J. von, *op. cit.*, p. 153.
24. *Ibid.*, p. 153 *sq.*
25. *Ibid.*, p. 163.
26. *Ibid.*, p. 149.
27. *Ibid.*, p. 152.
28. *Ibid.*, p. 156.
29. *Ibid.*, p. 149.
30. *Ibid.*, p. 159.

La Loire arsenal du XVIIe au XXe siècle

LES CONTEXTES NAISSEURS ET PORTEURS DE LA LOIRE ARSENAL

Le grand essor du commerce de la traite coloniale et de la marine marchande atlantique

L'ouverture maritime de la France à l'espace Atlantique et à un commerce tricontinental impulsé dès le XVIe siècle par la Portugal, l'Espagne, relayés par l'Angleterre, s'impose courant XVIIe siècle, malgré l'inertie d'une vocation longtemps continentale du royaume. Aux initiatives des villes portuaires estuariennes ou littorales s'ajoutent, par épisodes, l'intérêt de l'État monarchique, impulsé par Louis XIV et Colbert. Dans un contexte économique mercantiliste motivant, d'expansionnisme colonial maritime marchand et militaire, le volontarisme « colbertien » de développement de ressources et d'industries est de portée à la fois commerciale et stratégique, avec création d'arsenaux maritimes (Rochefort, Brest). Il entraîne un développement quantitatif et qualitatif (progrès technique) des productions et industries du bassin de la Loire.

L'essor de la marine marchande française passant de 150 000 tonneaux en 1664 pour atteindre 750 000 tonneaux en 1785[1] précède celui de la flotte de guerre. Aux origines, on trouve le grand essor du commerce de la traite coloniale et de la marine atlantique, 3 317 expéditions par 17 ports d'armement du littoral ouest de la France dont 1 427 à Nantes[2] port d'armement pour l'Afrique et les Antilles. À la traite triangulaire négrière du commerce des esclaves et du sucre, s'ajoute la traite Atlantique directe (ainsi Nantes-Antilles aller-retour). Sucre brut et produits tropicaux remontent la Loire vers l'emporium orléanais aux nombreuses raffineries, alors que la pacotille, toiles de Cholet et de Laval, indiennes des manufactures de Nantes, Angers, quincaillerie, armes, verroterie la descendent ainsi que des denrées alimentaires pour les équipages, ainsi que des matériaux pour les colonies (fers, ardoises...). L'essor du commerce fluviomaritime en relation à la « traite Atlantique » développe considérablement la marine de Loire au XVIIIe siècle et ses grandes villes.

L'essor parallèle d'une marine de guerre

Le rôle économique du commerce de traite est considérable et pose l'enjeu de la sécurité d'un commerce maritime mis à mal par la rafle des bateaux de 1755 lors de la guerre de Sept Ans.

Se pose donc l'enjeu géopolitique de contrôle économique et militaire d'un espace océanique afro américain, dont le bassin de la Loire est, pour la France, l'arrière-pays principal et qui fournit déjà aux chantiers navals des entrepreneurs privés de La Rochelle, Nantes, Lorient une bonne partie de leurs approvisionnements en matériaux bruts, bois et chanvre et produits fabriqués, ancres, cordages, voiles, clous... canons.

L'essor parallèle, avec des éclipses, d'une marine de guerre, arme d'une nouvelle géopolitique royale française orientée vers cet espace maritime et colonial, atteint son apogée dans les années 1770 : 78 vaisseaux de ligne en service en 1779[3], au terme d'un développement de la construction navale largement fondé sur celui des ressources en fournitures et approvisionnements, croissance retracée de 1688 à 1816 par Martine Acerra. Ainsi l'Ancien régime se clôture-t-il par l'effort considérable, intellectuel[4], industriel, financier (endettement colossal) de la France de Louis XVI et de ses ministres pour développer une flotte de guerre capable d'épauler la flotte britannique. Une efficacité démontrée lors de la guerre d'Indépendance américaine.

L'appel des arsenaux de la côte atlantique

L'essor de la demande des arsenaux royaux de la côte atlantique va considérablement développer et orienter cette fonction d'arrière-pays d'approvisionnement des provinces du bassin de la Loire et de ses périphéries en produits à finalité maritime. L'appel de Brest et Rochefort et des autres ports, Nantes, Lorient, fait de ces villes-chantiers, les pôles d'attraction et d'organisation de la multitude des terroirs agricoles (chanvriers), lieux et foyers industriels du bassin, induisant de fait, un réseau de production structuré par cette impulsion.

En témoigne un état des « Approvisionnements des magasins », à Rochefort en 1709 mentionnant « canons, poudres et autres munitions, [...] planches, chanvres, toiles, fer, bray, goudron, charbon de terre, plomb, estain[5]... »

Au dernier tiers du XVIIIe siècle, le vaisseau de 74 canons et ses « inputs », produits nécessaires à la construction et à l'armement d'un vaisseau de ligne, matériaux et équipements, symbolise bien cette finalité militaire maritime qui polarise les fonctionnalités productives du bassin de la Loire et de ses marges[6]. *L'Hermione*, frégate de 12, construite à Rochefort en 1779, 44,20 m x 11,55 m, 1 082 tonneaux / 1 000 tonnes, 26 pièces de 12 en batterie, 6 canons de 6 sur les gaillards, est construite sur ces mêmes fondements[7].

Le tour d'horizon qu'en fait David Plouviez (carte de l'emprise spatiale de l'approvisionnement de la marine au XVIIIe siècle)[8], montre bien cette fonction d'une Loire arsenal, prestataire de la marine de guerre dans le prolongement du service de la marine marchande de la traite Atlantique, moins bien servie que la *Royale* qui bénéficie de cahiers des charges plus exigeants, sans compter les priorités imposées à ses usages en regard d'une finalité militaire croissante.

LE RÔLE DE LA MARINE DE LOIRE ET DE SON BASSIN DE NAVIGATION

Un géosystème fluvial et industriel[9] alimente les arsenaux et chantiers de la Marine royale, en bois de marine, chanvre, produits métallurgiques des forges du Nivernais avec Guérigny[10], de Cosne, du Berry, forges de Clavières (Ardentes)... puis du Creusot, de Basse-Indre, à destination de Brest, Lorient, autant et plus que Rochefort (fourni aussi par la Charente, Ruelle, le Périgord... l'Adour, les Pyrénées), sans oublier les chantiers navals civils de Nantes en particulier. La Loire et ses affluents en sont le vecteur et le lien, le transport fluvial drainant les produits et déterminant sur les rives, ou au voisinage, bien des localisations de production et d'établissements manufacturiers.

Ce dispositif n'est pas nouveau, on peut lui trouver des racines peut-être antiques, en tout cas médiévales, avec le développement fluvial et urbain d'un bassin de navigation concrétisé au XIVe siècle par la Communauté des marchands navigant la rivière de Loire et les fleuves « chéant en icelle ». Passée la tragédie des guerres de religion et sur les fondements atlantiques nouveaux, l'amplification de cette fonction est considérable.

La Loire, bassin hydrographique et bassin de navigation

L'interface des voies navigables porteuses de la nouvelle logistique militaire s'accroît dans un bassin de navigation élargi par les canaux de jonction et par l'amélioration de la navigabilité à l'échelle du bassin de la Loire et de ses affluents. Le bassin de navigation est élargi à la Seine par le canal de Briare (1642) dit de Loire en Seine, première mondiale d'une liaison interbassins, puis d'Orléans. La relation au Rhône vient à la fin du XVIIIe siècle avec le canal du Centre, desservant le Creusot naissant. Les sous bassins sont souvent équipés de portes marinières, Cher, bassin de la Maine, voire pour le Layon d'écluses (canal de Monsieur).

L'ensemble fournit la logistique de transport du développement industriel, élargissant considérablement les marchés.

Les ports, interfaces avec les pays riverains et leurs ressources sont très nombreux, au droit des sites de production, mais souvent étroits et rustiques, talus de rives empierrées, quais de pieux palplanchés. La seconde moitié du XVIIIe siècle voit la création de cales d'abordage pavées urbaines à Cosne, Orléans, Blois, à la Charité au rôle de port entrepôt[11].

Un géosystème marinier ligérien à son apogée au XVIIIe siècle

Si au XVIIIe siècle le rôle des contextes, ceux de l'État monarchique dirigiste et d'un précapitalisme provincial entreprenant est important, ce complexe industriel, pour partie militaire est porté par un géosystème marinier ligérien atteignant son apogée. Sa valorisation déborde le bassin de la Loire et il atteint, suite à une évolution technologique que l'on commence à percevoir, son optimum technique et économique.

Le fonctionnement nautique de la marine de Loire est alors fondé sur le chaland de charge de 26,50 m de longueur, équipé d'une grande voile carrée, pouvant charger 80 tonnes de marchandises[12]. Il remonte le Loire, par vent dominant d'ouest, souvent en « équipe », train de 3 à 6 bateaux de taille et surface de voile décroissantes, remorquant des allèges avec un fret (sel, sucre, ardoises…) pouvant atteindre 250 tonnes. Il la descend au fil du courant, souvent en couplage (deux chalands amarrés bord à bord), dispositif pouvant transporter ancres, chaînes, canons, boulets, clous forgés, chanvre, voiles… à destination des chantiers navals et arsenaux.

La flotte de la marine de Loire atteint vers 1840 un effectif que nous estimons (connaissance du trafic et de la jauge fiscale moyenne) de l'ordre de 3300 bateaux, chalands de 26 m et plus, toues, gabarots, grands futereaux de 12 m. Le tonnage moyen du bateau de charge s'est accru depuis le XVIIIe siècle, avec sans doute une baisse de ses effectifs.

Les rythmes de la navigation sont dictés par le régime du fleuve et la météorologie de l'année, qui fournissent des moteurs gratuits (peu de halage jusqu'à Orléans, Briare). Même si les conditions du vent d'ouest et de l'eau « marchande » (tirant d'eau) ne sont satisfaisantes que la moitié de l'année, la Loire fournit avec ses canaux de jonction de Loire en Seine un moyen de transport d'intérêt national, bon marché et efficace dans le contexte proto-industriel d'avant les chemins de fer. La marine de Loire, par une navigation essentiellement « avalante », joue donc un rôle majeur dans le développement et l'optimisation d'un système de production préindustriel, répondant pendant plus de deux siècles aux impératifs logistiques des arsenaux.

Un trafic diversifié de bassin fluvial à fonction nationale

Le trafic diversifié de la Loire du XVIIIe siècle est bien campé dans l'« État général de la France » de 1698, du comte de Boulainvilliers précepteur du dauphin, « le commerce qui se fait par la rivière de Loire est sans contredit le plus étendu du royaume, […] chanvres, fer, acier, huile, poissons frais et salés, fruits, fromage, bois de charpente, planches, chênes et sapins ». Puis Soland, commissaire aux classes en 1783, précise le rôle de roulier de la Loire et de sa marine, avec sa portée stratégique :

« La navigation de la Loire est la source alimentaire du commerce intérieur du royaume. C'est par ce fleuve que remontent les sucres, caffés, indigo et autres marchandises d'outre-mer, les sels nécessaires à l'approvisionnement du Maine, du Perche, Berry, Nivernais, Bourbonnais, Orléanais, Bourgogne... Cette navigation se divise et se subdivise à l'infini par la grande quantité de rivières navigables qui portent dans la Loire le tribu de leurs eaux, vivifient l'État par la communication et l'échange des denrées d'une province à l'autre et les ports de mer par l'exportation des bois de construction, fers, clous, ancres, chanvre, toile et voiles et qui descendent jusqu'à son embouchure. »

Ainsi, convergent par voie d'eau vers les chantiers de Nantes, Lorient, vers les arsenaux de la côte atlantique Brest et Rochefort, tous ces produits stratégiques nécessaires à la construction d'une flotte de guerre.

La filière bois de marine

Elle est fournie par les massifs forestiers de Bercé, Chambon, Tronçais, du Forez, du Livradois, des monts de la Madeleine...

Un marché pour 1782-1787 « pour la fourniture de bois issus des provinces du Berry, Nivernais, Bourbonnais, Bourgogne, Lyonnais, Auvergne, à descendre par l'Allier, la Loire et rivières affluentes », concrétise cet horizon géographiquement diversifié d'approvisionnement en bois, qu'unifie pour l'arsenal de Rochefort le marchand « Jean Barrois bourgeois de Paris[13] ».

La forêt de pins des monts du Forez recouvre encore aujourd'hui un massif traversé de chemins d'exploitation, équipés d'anciens quais de chargement perreyés, témoignant d'une exploitation plus rationnelle de cette ressource qu'on ne l'a pensé. Les livres de compte de Jean Grange, charpentier en bateaux à Saint-Just mentionnent pour les années 1809-1812 ses achats de courbes (embranchements pour membrures), billes de pins dans des communes forestières, où l'on trouve encore des fours à distiller le goudron des résineux.

La filière du chanvre industriel

Elle est fondée sur des terroirs de terre légère, le chanvre s'arrache à bras, avec des ressources en eau abondantes pour le rouissage. Ainsi, en vallée d'Anjou, rouit-on au pied de la levée, utilisant les rives ou des ports chanvriers[14].

Importance aussi de la main-d'œuvre familiale, pour tous les travaux du chanvre, arrachage, brayage, peignage. Il représente aussi une activité domestique très répandue, avec le filage et le tissage artisanal.

Le vaisseau de 74 canons comporte 84 tonnes de cordages et au moins autant en voiles de chanvre. Cela nécessite la production annuelle de l'ordre de 560 hectares de culture de chanvre, mis en œuvre par environ 1 100 cultivateurs chanvriers relevant d'une demi-douzaine de paroisses du val de Loire (évaluation fondée sur la connaissance du rendement à l'hectare du chanvre sec, livré peigné et de la superficie moyenne cultivée par exploitation).

Les arsenaux sont fournis de chanvre en filasse de la Limagne, du val de Loire, mais aussi de Bourgogne, Champagne, filé et cordé à la Corderie royale. Il l'est aussi sous forme de produits finis, issus des manufactures de toile à voile et de cordage, d'Angers en particulier, comme le montrent les marchés qui suivent : 10 juin 1773, engagement de fourniture de toile à voile par la Manufacture royale d'Angers, à Brest et Rochefort, par Joubert-Bonnaire ; 20 juin 1773, engagement de fourniture de toile à voile par la Manufacture royale de Beaufort, à Brest et Rochefort[15].

Fibre stratégique, le chanvre fait l'objet d'enquêtes de production sous la Révolution et l'Empire.

La filière métallurgique

Cartographiée par Jacques Gay[16], elle comporte trois essaims de forges : le Nivernais et son carrefour hydrographique, le Berry au fil du Cher et de l'Indre et plus au sud-ouest les forges situées entre Charente et Dordogne, dont Ruelle. Le graphique de la « Consommation annuelle de métaux ferreux par la flotte de guerre française 1665-1815, en millions de livres », en montre le développement, avec un bond de 1775 à 1815.

D'Imphy[17] à Cosne, à Guérigny, les forges de Pierre Babaud de la Chaussade (1706-1792), constituent un réseau de forges organisé autour de la Loire nivernaise sur le fondement du fer local et du charbon de bois du Morvan, puis sur les apports fluviaux de fer du Berry et de charbon de terre avalant d'amont, venant de La Machine. Elles fournissent ancres, chaînes, clous, canons, boulets avec aussi les forges du val d'Arbois, de Troncay, du Berry avec les forges de Clavières de Leblanc de Marnaval.

Datant de septembre 1735, un « Estat des ancres [...] fabriquées à Cosne et envoyées dans ce port » mentionne le « Poids des 16 ancres nécessaires au port de Rochefort, pesant ensemble 14 760 livres ». Le parc des ancres existe encore vers 1880, comme le montre un cliché de l'arsenal[18].

Cosne (forge de 1660 à 1872)[19], présente encore au droit des anciennes forges de la Chaussade, le port avec sa longue cale d'abordage du XVIIIe siècle et le môle-quai qui portait la grue d'embarquement des ancres.

Quelques marchés passés par l'arsenal de Rochefort[20] fournissent des précisions sur d'autres produits métallurgiques ayant transité par la Loire : engagement de fourniture de fers feuillards, arrivant par Nantes (16 février 1779) ; marché de platines à canons et espingoles, auprès de François Ebré de Saint-Étienne (1779) ; marché de 1 750 sabres... pour le Corps royal d'infanterie de la Marine par la Manufacture royale d'armes blanches de Klingenthal en Alsace (1779).

Mais d'autres relèvent du bassin de la Charente, ainsi le 11 février 1779 un engagement de fourniture de gueuses de lest provenant de Ruelle, ou de Rochefort même, ainsi Benjamin Favre fournissant en 1780 des garde-feux en cuir pour gargousses à canons.

En basse Loire se développe fin XVIIIe siècle dans l'estuaire en aval de Nantes, le pôle industriel d'Indret, arsenal spécialisé fournissant en canons les arsenaux de la Marine royale, à Lorient, Brest, Rochefort et les chantiers navals (Nantes). Aux origines, Wilkinson qui a mis en place les bases de la fonderie de l'île d'Indret en 1775-1778, Marchand de La Houlière avec une machine à vapeur pour la forerie de canons, puis Ignace de Wendel d'Hayange (1741-1795) d'une famille de maîtres de forge et capitaine au Corps royal d'artillerie, lequel en 1780 s'engage auprès « du ministre de Sartine, d'exploiter pendant 15 ans la fonderie, d'y construire 2 hauts fourneaux, de fournir mortiers, obusiers, pierriers[21] ».

Ainsi, du siècle de Louis XIV à la guerre d'Indépendance américaine, un rôle logistique déterminant est-il joué par la Loire, prolongé sous la République et l'Empire.

Les activités des hommes de la Loire sont ainsi largement affectées au service de la marine de guerre, en sus, pour les mêmes produits, du service d'une marine marchande vecteur d'une économie et culture européenne devenant dominante et se projetant outre Atlantique.

Ajoutons au titre des ressources humaines, que l'effectif des mariniers est en 1780 de 7 374 pour la rivière de Loire et ses affluents[22]. Ces inscrits maritimes organisés par section fluviale en « quartiers », contribuent en nombre depuis Colbert aux équipages de la Marine royale. Il semble que ce concours, à risque, ait été souvent glorieux dans la mémoire marinière, comme en témoignent de nombreux saladiers (grands plats creux) des faïenceries de Nevers arborant en leur centre le grand vaisseau du service du roi, ou de la République. On sait que des réquisitions palliaient des défaillances, croissantes en temps de guerre.

LA LOIRE ARSENAL AU XIXe SIÈCLE

De même encore à l'époque de l'État révolutionnaire puis impérial, la pression productive à finalité militaire et maritime va-t-elle s'accentuer, mais sans être payée de retour dans un contexte de guerres marqué par la priorité et l'impératif continental.

Pourtant l'apport et le rôle d'un capitalisme de province, parisien et national, plus mature, sont déjà sensibles dans l'amélioration du système de production industriel ligérien (nivernais).

S'ajoutent l'image du marinier de Loire patriote, illustrée dans les faïences de Nevers aux devises républicaines puis impériales, l'inventaire et l'enquête sur les produits stratégiques (chanvre...), une planification nationale des productions et ressources.

La Loire arsenal maintenue (première moitié du XIXe siècle)

Le géosystème industriel naval ligéro-atlantique perdure pour l'essentiel, avec une évolution sensible des sites de production du bassin qui entrent dans la révolution industrielle.

La transition de la voile à la vapeur s'amorce dans le second quart du XIXe siècle, avec des bateaux à propulsion mixte, voile vapeur. Après le *Sphinx*, premier bateau à vapeur maritime construit à Rochefort en 1829, sont lancés en 1833 le *Météore*, aviso à roues à aubes puis en 1841 le *Gomer*, frégate à roues, équipé d'une machine à vapeur de 450 C[23]. Les coques sont doublées de cuivre, la forge d'Imphy contribuant à fournir du cuivre laminé, puis du laiton.

Mais le complexe industriel militaire amélioré, est maintenu, y compris dans sa composante marinière ligérienne.

La première moitié du XIXe siècle correspond à l'ère encore stimulante de l'achèvement des canaux. Le canal du Centre ou du Charollais (1791-1793) crée la liaison Saône/Loire, desservant Le Creusot, avec Digoin comme nœud fluvial avec bassin portuaire et Pont canal vers le canal latéral à la Loire. En 1838 celui-ci double la Loire amont peu navigable avec création d'un port bassin à Roanne. Le canal du Nivernais (1834-1842) permet la relation Yonne-Loire (un toueur fera au XXe siècle la liaison par la Loire avec le canal latéral) et Decize, à son débouché en Loire est aménagé en port de desserte du bassin houiller de La Machine. En 1841 est mis au service des forges et de Commentry le canal du Berry (mais de trop petit gabarit). En 1892 le Pont-canal de Briare évite le délicat passage en Loire du canal latéral vers le canal de Briare et Paris. On peut mentionner aussi le canal de Nantes à Brest (1838-1842), projet napoléonien d'intérêt stratégique (éviter les croisières anglaises) de liaison entre la basse Loire nantaise et industrielle et Brest arsenal. Structurant les voies d'eau intérieure bretonne il connaîtra un usage civil, dont le transport par chaland de la chaux agricole provenant des fours de la section de Loire Montjean-Chalonnes. Il ne manquait plus que le prolongement du canal latéral à la Loire, par Orléans jusqu'à Nantes pour pérenniser un axe de voie d'eau d'intérêt encore national, répondant aux nouvelles contraintes de régularité et de tonnage de la révolution industrielle.

Des bassins houillers déjà actifs au XVIIIe siècle se développent, de nouveaux bassins fournisseurs apparaissent : en Loire amont, Saint-Étienne, Firminy ; en Loire nivernaise, La Machine ; sur l'Allier, Brassac ; sur le canal du Centre, Montceau-les-Mines, Blanzy et au-delà, Le Creusot, Épinac ; dans le Bourbonnais à Montluçon, Commentry… ; en basse Loire, sur le Layon, à Chalonnes, Montjean, Montrelais… ; Languin, en Vendée à Faymoreau.

Des centres industriels nouveaux apparaissent ou sont modernisés. Le décollage dans la révolution industrielle du groupe métallurgique régional Nivernais-Berry a lieu dans les années 1830-1840, sous l'impulsion de capitaines d'industrie très au fait des techniques britanniques, les Dufaud, Martin.

Fourchambault, nouveau pôle sidérurgique de bord de Loire en aval de la confluence Loire-Allier, est fondé en 1821 par Jean-Georges Duffaud (1777-1852) fils de directeur de forge et ancien élève de l'École polytechnique (promotion 1794), novateur relais de la technologie anglaise de l'affinage, du puddlage, du four à réverbère[24]. En ce carrefour fluvial et de canaux, l'usine est fournie par la Loire en charbon du bassin houiller de La Machine et via le canal en minerai de fer du Berry. Rôle de François Marie Émile Martin (1794-1871), gendre de J.-G. Duffaud et père de Pierre Martin inventeur des « aciers Martin ». La production est orientée vers le matériel ferroviaire, avec une relation modeste aux arsenaux et chantiers de l'Atlantique. Leur demande reste modérée, dans une phase à la fois de calme politique et de transition technique, celle des vaisseaux mixtes encore à coque de bois ou à doublage métallique, à propulsion voile et vapeur.

La Loire arsenal rompue (seconde moitié du XIXe siècle)

Tout change à la charnière des années 1860-1870, avec une accélération des mutations, tant navales, que de transport.

La mutation de la construction navale militaire

La construction fer et acier de navires de tonnage croissant s'impose, avec une structure cuirassée et des équipements lourds, casemates, artillerie de fort calibre, machines à vapeur puissantes[25]. Des bateaux présentés au musée de la Marine à Rochefort illustrent cette évolution ; l'*Embuscade*, 1861, batterie flottante, le *Duguesclin* de 1883, corvette dite « cuirassé de station » encore généreusement mâtée et toilée.

Corrélativement a lieu un repli rapide des matériaux antérieurement fondamentaux, le bois en particulier après la brève transition des coques mixtes, bois doublé cuivre ou fer, encore illustrée par le *Trident* de 1876 construit à Toulon, cuirassé mixte à éperon, coque en bois doublée fer, 95 m, 690 hommes.

Le chanvre régresse avec les voiles, mais il reste la fibre des aussières et grelins de gros diamètre et des nombreux cordages de la nouvelle marine, par ailleurs dotée de fortes chaînes de mouillage en acier. À Angers, fin XIXe siècle, la concentration industrielle aboutit aux « Établissements Bessonneau », première entreprise française de cette filière, fournissant en cordages et aussières la Marine devenue nationale, et aussi en voiles le « commerce » toujours demandeur encore début XXe siècle, avec la construction primée des 3 mâts barque et des grands clippers cap-horniers à 4, 5 mâts tel le *France*. Elle s'approvisionne en fibres tropicales (sisal, jute...) et en chanvre, balte et angevin, maintenant la culture chanvrière toujours présente dans la vallée d'Anjou, mais qui glisse vers l'aval armoricain des îles et vallées inondables.

Portée par sa propre dynamique technologique, l'industrie du bassin de la Loire évolue en conséquence, assumant de Guérigny à Angers, à Indret l'équipement de la flotte, avec les apports croissant du Creusot et des nouvelles régions d'industrie lourde du nord-est.

L'irruption des chemins de fer

Puis, très rapidement, le système se dénoue, avec l'irruption des chemins de fer, le « P.-O. », Paris-Orléans (arrivé en 1851 à Nantes) et ses intérêts financiers étant préférés à l'aménagement du canal latéral jusqu'à Nantes et à l'achèvement d'un bassin de navigation canalisé qui aurait permis le maintien d'une certaine économie fluviale urbaine. L'implosion du trafic fluvial soumis au dumping concurrentiel du P.-O. et à la régularité du service ferroviaire, entraîne sa déconnexion d'avec les industries du bassin, dont les pôles fournisseurs des chantiers navals et arsenaux.

Des bassins de navigation régionaux se maintiennent. Celui des canaux du Centre établit la relation Saône - Le Creusot - Paris, par le canal du Centre et le canal latéral à la Loire, relation améliorée par le pont canal de Briare en 1896. Un bassin de navigation Ouest, celui de la basse Loire, connecte le bassin de la Maine, la Loire armoricaine, Nantes, l'estuaire, les voies d'eau intérieures bretonnes.

Un lien va durer entre les mariniers de Loire et la Marine, avec le maintien d'une filière de conscription privilégiée, conduisant au service militaire à bord de bateaux de la Marine ou comme pontonnier au 6e génie d'Angers, régiment régional effectuant manœuvres et ponts de bateaux sur la Loire et les interventions de secours lors des « glaces » et des crues (1910).

L'industrialisation du Nivernais

Un complexe industriel militaire de bassin se modernise dans le cadre de la révolution industrielle, avec aussi abandon de nombreux sites proto-industriels, dont Cosne. Si Fourchambault s'oriente vers des débouchés civils « terrestres », les chemins de fer, les usines d'État du groupe de Guérigny continuent à se développer au service de la construction navale militaire.

Par ailleurs celle-ci se redéploie pour faire face au tonnage croissant des navires de ligne et aussi à une production en expansion dans un contexte international tendu. Rochefort innove avec le *Plongeur*, premier sous-marin français construit, mis à l'eau en 1863 (44,5 m, fonctionnant à l'air comprimé, 34 hommes d'équipage) et se consacre aux petits bâtiments, tel le *Condor* de 1882, aviso torpilleur de 68 m, 135 hommes. Brest et Lorient se consacrent aux grands bâtiments. Viennent en renfort fin XIXe siècle - début XXe, dans un contexte de réarmement naval, Saint-Nazaire pour de grosses unités cuirassées, Nantes pour les petites et pour les sous-marins.

Les besoins des arsenaux et chantiers de la façade atlantique augmentent considérablement en tôles d'acier et équipements divers et complexes, d'origine industrielle, comme le montre le cuirassé d'escadre *Charlemagne*, construit à l'arsenal de Brest et mis en service en 1899 : déplacement 18 500 t, longueur

117 m ; 3 machines à triple expansion fournissant 14 500 CV ; blindage de 40 à 370 mm ; 4 canons de 305, 8 tourelles de 100…, 700 hommes d'équipage (engagé aux Dardanelles)[26].

Le grand essor industriel d'autres régions françaises, celles du Nord et de l'Est de la France va y pourvoir, entraînant aussi un recul relatif des industries de guerre du bassin de la Loire, fermeture de Cosne et d'installations anciennes, que compense l'essor du groupe voisin et concurrent du Creusot. Ainsi, Schneider-Le Creusot livre-t-il à Rochefort en 1874 des « feuilles de tôles », franchissant avec succès les épreuves du contrôle[27].

Les chemins de fer, structurés en fonctionnement dans un réseau d'échelle nationale, jouent un rôle fondamental dans l'acheminement de produits très lourds, telles des pièces d'artillerie pesant 52 tonnes pour le seul fût du canon. On voit des tracteurs et trains automobiles Scotte intervenir sur route dans leur manipulation[28].

La fabrication des chaînes à Guérigny, spécialité de l'établissement, illustre bien le passage à la forge industrielle, avec une évolution du mode de fabrication et de nouveaux matériaux, répondant à la croissance en taille comme en résistance des mailles des chaînes de mouillage de navires de tonnage croissant. Les articles de la revue des Amis du Vieux Guérigny, *Le Marteau Pilon* retracent l'évolution technologique de cette forge ancienne, outil industriel sans cesse remis à jour comme le montre une suite d'articles de Jean André Berthiau concernant l'atelier des câbles-chaînes de Guérigny[29]. Il expose d'abord « la fabrication des chaînes soudées au feu de forge », quand en 1822 le marquis de Clermont-Tonnerre, piqué par l'avance anglaise dans ce domaine, adresse au commandant de la Marine à Rochefort une dépêche instituant aux forges royales de la Chaussade, un « atelier spécial pour la fabrication et l'essai des câbles en fer ». Puis il décrit le passage (années 1892-1910) de la confection des chaînes avec des fers puddlés, à la technologie du four à réverbère, permettant le ployage des mailles, puis leur soudage en continu, enfin leur étampage sous presse, nouveau processus de travail du « chaînier ».

LE XXe SIÈCLE. MATURITÉ INDUSTRIELLE, REPLI, HÉRITAGES

Le complexe industriel militaire, de la modernisation au repli

Pendant la première moitié du XXe siècle, le système de production industriel du bassin de la Loire est maintenu, avec des évolutions et mises à jour technologiques.

En témoigne à Guérigny, la création du deuxième site de production, l'usine de Villemenant en 1927 avec l'innovation du laminoir à blindage traitant des aciers cémentés, nickelés[30]. L'évolution de la fabrication des chaînes de mouillage y fournit toujours un exemple démonstratif de l'évolution technologique qu'un établissement industriel peut mener, dans sa spécialité et son métier. Face à la difficulté de souder des demi-mailles en acier remplaçant le fer, Guérigny recourt à la jonction de deux demi-mailles par étampage à chaud, technique évoluant pour aboutir en 1921 à une maille en acier au nickel, dite étampée, à étai solidaire, ou maille AEE. Puis, un troisième procédé est mis au point par l'établissement, avec la confection des chaînes soudées par étincelage en 1949. Au cœur d'un manège de machines (5 opérations), la soudeuse électrique comportant deux paires d'électrodes, fait de deux maillons une même maille. Un procédé encore amélioré dans les années 1960.

Les années d'après la Seconde Guerre mondiale jusqu'aux années 1960, voient donc encore le maintien de la structure de production. Mais le marché d'approvisionnement des arsenaux continue de s'élargir à l'échelle nationale. En témoigne un horizon d'approvisionnement reflet de la géographie sidérurgique française des années 1950, au travers de marchés d'approvisionnement des arsenaux de la Marine nationale, tel celui du 18 août 1950, commande d'acier en barres laminées passée auprès du Comptoir Français des produits sidérurgiques (Paris), commande ventilée auprès de : Les Petits Fils de F. De Wendel (Jamailles à Hayange, Moselle), Forges et Ateliers du Creusot (Saône-et-Loire), Forges de La Providence (Hautmont, Nord), Usines de Burbach (Bas-Rhin), Semelle Maubeuge (Longwy, Meurthe-et-Moselle), Mines, Fonderies, Forges d'Alès (Gard), Hauts-Fourneaux de Pompey (Meurthe-et-Moselle)[31].

L'horizon d'approvisionnement en cordages, aussières, grelins et équipement des ponts de porte-avions reste national, fondé sur des partenaires industriels de longue date.

En date du 12 décembre 1950, les Établissements Saint-Frères bénéficient d'un marché pour des « grelins en chanvre goudronné », par pièces de 200 m et de diamètres de 70 à 400 mm et des « aussières en abaca écru », par pièces de 200 m et de diamètres de 32 à 71 mm, lesquels sont à livrer à Brest, Cherbourg, Toulon. Début années 1960, les Établissements Bessonneau d'Angers, livrent pour les porte-avions *Foch* et *Clemenceau* des barrières et brins d'arrêt en nylon, matériau nouveau dont malheureusement la firme n'a pas le brevet (Dupont de Nemours). Ce fut une des ultimes commandes qui aurait dû permettre à l'entreprise de franchir le seuil technologique et financier du passage de la fibre industrielle naturelle à la fibre artificielle, alors que le marché du transport maritime utilisateur allait exploser.

Un marché singulier est celui du 5 août 1950, passé auprès de la Société d'orfèvrerie Christofle (Paris), pour fourniture et remise en état (réargenture) de pièces et de couverts du service *Jean Bart*[32].

Restructuration et héritages

Mais l'usine de Guérigny-Villemenant est pourtant fermée en 1971, suite à des choix discutables, participant d'une géographie française des établissements militaires d'État en restructuration. C'est l'ère des mutations des établissements civils, militaires, arsenaux, manufactures du bassin de la Loire et de sa périphérie. Le Creusot aussi va connaître sa propre crise. De plus, nombre de chantiers navals vont disparaître à l'échelle française, de Dunkerque à La Ciotat en passant par Nantes, véritable démantèlement et appauvrissement d'une filière de production, où la construction en arsenal pour des raisons bien spécifiques de Défense nationale a toutefois été mieux préservée.

Il s'ensuit un repli industriel par concentrations, réorganisations et délocalisations militaires et civiles s'ajoutant à la fermeture de Guérigny.

Ainsi a disparu ou fondu le complexe industriel du bassin de la Loire dont il reste cependant deux héritages à valoriser.

Un capital industriel encore économiquement actif subsiste, ayant fait l'objet de spécialisations souvent de pointe ou de transferts d'activités (aéronautique). La question nouvelle relève non plus du recours à l'élargissement d'un marché d'approvisionnement à l'échelle nationale, mais de la mise en place de structures de production internationales.

Imphy est le seul site métallurgique survivant d'un passé industriel prestigieux. Trois siècles de production et de savoir métallurgique imprègnent Imphy, forge proto-industrielle devenue l'usine des aciers spéciaux. Sa haute technicité et la valeur ajoutée de sa production expliquent son maintien. Le fait nouveau est que le propriétaire en est Lakshmi Mittal, propriétaire du groupe indien acheteur d'Arcelor.

En 2007, la Direction des Constructions Navales Systèmes et Services (DCNS) est l'héritier direct des arsenaux et établissements de l'État[33], groupement d'entreprises intervenant dans le domaine de l'armement naval. L'État français en est actionnaire à hauteur de 64 %. DCNS emploie 13 300 personnes (7 000 ouvriers d'État et 6 300 salariés de droit privé) et dispose de 14 implantations en France. Brest Base Navale est dédié au maintien en condition opérationnelle (MCO) des navires de surface et des sous-marins nucléaires lanceurs d'engins (SNLE). Le site de Cherbourg l'est à la réalisation de sous-marins à propulsion nucléaire (sous marins nucléaires d'attaque, SNA) et sous-marins nucléaires lanceurs d'engins (SNLE) ou conventionnels de classe Scorpène. Le site de Nantes-Indret est spécialisé dans la conception et l'intégration des réacteurs nucléaires des sous-marins et bâtiments de surface. Lorient est chargé des constructions neuves et de l'exportation des bâtiments de surface de moyen tonnage. Le site de Ruelle assume la conception et le développement des équipements des bâtiments de surface et des sous-marins. S'ajoutent côté Méditerranée, Toulon Base Navale et Saint-Tropez (armes de lutte sous-marines).

Les chantiers navals de Saint-Nazaire, issus du XIXe siècle et pôle de construction majeur du complexe naval Atlantique, s'internationalisent. Les Chantiers de l'Atlantique créés en 1955 par la fusion des Ateliers et Chantiers de la Loire et des Chantiers de Penhoët, devenus propriété d'Alsthom en 1976, ont été vendus en 2006 à la société de construction navale norvégienne Aker

Yards, elle-même rachetée en 2008 par la société sud-coréenne STX Shipbuilding. La participation de 33,34 % de l'État français doit garantir l'avenir de ce site d'intérêt national.

Tous ces établissements participent à l'assise économique des régions du bassin de la Loire et de leurs voisines, Bretagne, Poitou-Charentes.

De l'héritage au patrimoine

Dans la « Loire patrimoine », celle des « paysages culturels » liés au fleuve et des châteaux prestigieux comme du patrimoine sociétal marinier[34], les sites et la mémoire de la « Loire arsenal », de l'ancien complexe industriel militaire ligéro atlantique ont leur place. Par leur diversité et répartition, des forêts du Livradois (bois de marine), aux forges à ancres de Guérigny et de Cosne, aux manufactures de toile à voile d'Angers (mémoire), ils constituent une des assises du socle patrimonial du bassin de la Loire, écho de l'ancienne fonctionnalité industrielle qui les animait, via la marine de Loire. Leur relation au patrimoine maritime des ports arsenaux de l'Atlantique, en fournit l'éclairage réciproque donnant du sens à ces deux volets de patrimoine en général perçus comme disjoints.

L'ensemble pourrait être aujourd'hui un des enjeux et objectifs de l'aménagement culturel d'un grand ouest français interrégional, avec mise en réseau des sites patrimoniaux de l'ancien bassin de navigation de la Loire et de la façade Atlantique, à Rochefort, Lorient, Brest, reliant ainsi une nouvelle fois « la terre à la mer »[35].

Philippe Cayla
Agrégé de géographie, enseignant chercheur honoraire à l'université d'Angers

BIBLIOGRAPHIE

Musée de la Marine, Rochefort.
Service Historique de la Défense (SHD), Rochefort, série G Constructions Navales, sous-séries 1 G Directeur des constructions navales, 2 G Constructions et réparations, 4 G Divers (mention SHD R).

NOTES

1. Acerra M. et Meyer J., *La grande époque de la marine à voile*, Ouest-France Université, 1987.
2. Pétré-Grenouilleau O., *Les traites négrières*, Gallimard, 2004.
3. Villiers P. et *al.*, *Les Européens et la mer*, Ellipses, 1997.
4. Ingénierie des vaisseaux aux carènes dessinées par Jacques Noël Sané (1740-1831), élève de Henri Louis Duhamel du Monceau (1700-1782), inspecteur général de la Marine royale et fondateur de l'école d'élèves ingénieurs, auteur des « Éléments d'architecture navale ».

5. Service Historique de la Défense (ci-après désigné SHD), Rochefort.
6. BOUDRIOT J., *Le temps de la marine à voile dans Rochefort et la Marine*, Rochefort, Musée de la Marine, 1994.
7. L'*Hermione* appareille de Rochefort avec La Fayette le 20 mars 1780, avec un équipage de 231 hommes et participe au combat de Louisbourg, avec l'*Astrée* le 21 juillet 1781, prélude au combat de la Chesapeake du 5 septembre 1781 et à la victoire de Yorktown (musée de la Marine, Rochefort).
8. PLOUVIEZ D., *De la terre à la mer… La construction navale militaire française et ses réseaux économiques au XVIIIe siècle*, thèse, Nantes, 2009.
9. Complexe de territoires et sites de production fonctionnant de manière cyclique, en lien et coordination, dans le même espace géographique, pour un même objectif.
10. BERTHIAU J. A., *Les forges de la Chaussade à Guérigny*, Édition Camosine, 2009.
11. CAYLA Ph., « Les ports de Loire, histoire et typologie », *303, Val de Loire, patrimoine mondial*, 2012.
12. CAYLA Ph., *Mariniers et mémoire de Loire, Anjou, Maine-et-Loire*, Paris, Bonneton, 1985-2010.
13. SHD, Rochefort.
14. CAYLA Ph., « Le chanvre ressource du val de Loire, héritage et rôles d'une fibre paysanne et industrielle », Nantes, *Économie et paysage*, rencontres du Conservatoire régional des rives de la Loire et de ses affluents, 2004.
15. SHD, Rochefort.
16. GAY J., *Le fer dans la marine en bois, l'exemple de la flotte de guerre française, 1665-1815*, colloque Histoire et mesures, Amis du Vieux Guérigny.
17. GRISOT A-N., *Imphy de la Forge à l'usine*, Arch. dép. de la Nièvre, cat. exp., 1996.
18. SHD, Rochefort.
19. DAVID ROY M., « Autrefois le Nohain, ses moulins et ses forges », *in Cosne-Cours sur Loire*, La Camosine, 1989.
20. Archives du SHD, Rochefort.
21. NAEGEL P. A., « Marchand de La Houlière et la création de la fonderie de canons d'Indret (1775-1778) », *Annales de Bretagne et des Pays de l'Ouest*, 115-4, 2008 et extrait de l'article de GRUAIS G., « Pôle historique d'Indret (PHI) ».
22. BAFFET B., Arch. nat., registres de la Commission des classes, mariniers, pêcheurs, passeurs, 1977.
23. Musée de la Marine, Rochefort.
24. THUILLIER G., *Georges Dufaud et les débuts du grand capitalisme dans la métallurgie, en Nivernais au XIXe siècle*, EPHE, 6e section, SEVPEN, 1959.
25. GAY J., *Une histoire du cuirassé au XIXe siècle*, Rochefort, Musée de la Marine, 1994.
26. SHD, Rochefort.
27. SHD, Rochefort.
28. SHD, Rochefort.
29. BERTHIAU J. A., « La fabrication des chaînes à Guérigny, chaînes soudées au feu de forge. Étampage et soudure / La fabrication des chaînes à Guérigny, par étampage et soudure électrique », Amis du Vieux Guérigny, revue *Marteau Pilon*, 1997.
30. BOUVIER R., « Le laminoir à blindage des forges de la Chaussade », Amis du Vieux Guérigny, revue *Marteau Pilon*, 1999.
31. SHD, Rochefort.
32. SHD, Rochefort.
33. Collectif (DCNS-PHI), *Indret. Des canons du roi à la propulsion nucléaire*, Nantes, DCNS, 2008.
34. CAYLA Ph., « Identité ligérienne : la personnalité patrimoniale et l'aménagement culturel de la Loire », *in* PETIT J.-G. et SANGUIN A.-L., *Les fleuves de France Atlantique*, Paris, L'Harmattan, coll. « Géographie et cultures », 2003.
35. Citons le musée de la Marine de Rochefort, l'ancienne École de médecine navale, la Corderie royale (1671), les cales à radoub XVIIe siècle à XIXe siècle M.H., et le chantier de l'Hermione, le Centre international de la mer, les musées de la Marine de Lorient, Brest, les Services Historiques de la Défense (SHD) à Brest, Lorient, Rochefort, les sites de Nantes et Saint-Nazaire (Escale Atlantique, Écomusée) pour le patrimoine maritime. Les forges de la Chaussade et les Amis du Vieux Guérigny, musée et conservatoire, les sites du val d'Aubois dont Grossouvre… et bien

d'autres pour le patrimoine industriel. La Loire et son bassin, un patrimoine fluvial présent au fil du fleuve, des musées et sites d'interprétation, à Saint-Just Saint-Rambert, Pont-du-Château musée de la Batellerie de l'Allier, Reugny Musée du canal du Berry ; Cosne, Châteauneuf-sur-Loire musées de la Marine de Loire, Briare ; les Maisons de la Loire, à Jargeau, Saint-Dié... Saint-Mathurin ; les sites d'interprétation de Chalonnes, Montjean (ancien écomusée) ; le château d'Ancenis, la tour d'Oudon (Loire en scène) ; les musées urbains d'Orléans, de Nantes.

La Loire et son bassin dans la stratégie d'armement naval de la France (XVIIIe - XIXe siècles)

La construction des vaisseaux et frégates en bois et à voiles de l'époque moderne a contraint les arsenaux à s'adosser à de riches arrière-pays accessibles tout au long de l'année, en temps de paix comme en temps de guerre. Même si le bassin ligérien ne rassemble pas tous les atouts espérés, il apparaît très tôt comme un réservoir essentiel de matériaux pour la construction navale de la façade atlantique qui connaît une croissance exponentielle à partir du XVIIe siècle[1]. Avant d'intéresser l'État pour l'édification et l'entretien de sa flotte, les matières premières ligériennes pourvoient d'abord aux besoins des chantiers civils qui lancent à la fois les nombreux navires fluviaux sillonnant le fleuve et ses affluents ainsi que ceux destinés à prendre la mer au cabotage ou au long cours. De nombreuses villes de Loire conçoivent les chalands et gabares nécessaires à l'évacuation des marchandises vers l'océan tandis que les plus grosses unités sont issues des chantiers établis entre Nantes et l'estuaire. La gravure de Nicolas Ozanne représentant ceux de la Chézine en est une brillante illustration[2]. L'État s'appuie donc sur un axe de communication rompu à l'évacuation du matériel et à forte tradition navale pour alimenter ses ports.

Quand Colbert devient l'artisan de la constitution d'une flotte de guerre permanente, Brest, seul grand arsenal atlantique, n'a que peu d'alternatives pour remplir ses magasins. Avec le bassin séquanais, la Loire et ses affluents fournissent l'essentiel des besoins du port breton. Même s'il jouit d'une très bonne réputation et emporte l'adhésion de tous les observateurs du XVIIe siècle jusqu'à l'époque contemporaine, Brest ne peut s'appuyer sur un arrière-pays immédiat très riche[3]. En dehors de la réserve de bois qu'offre la forêt de Cranou, accessible par l'une des anses de la rade, et le chanvre du nord de la Bretagne, un cabotage à moyen rayon s'impose pour relier Brest au Havre et à Nantes. Dans ce contexte, les ressources ligériennes sont prioritairement affectées à cet arsenal. Même si Rochefort, ouvert en 1666, prend sa part des matières premières drainées sur cet axe, il reste toujours en retrait à la fois parce qu'il lance beaucoup moins de navires que son homologue ponantais mais aussi parce qu'il bénéficie du très riche arrière-pays charentais qui pourvoit continuellement à ses besoins, y compris en temps de guerre. L'intégration de Lorient en 1770 modifie assez peu cette répartition des ressources dans la mesure où ce port hérite des réseaux d'approvisionnement de la Compagnie des Indes tissés en Sud-Bretagne et en Loire[4].

LA LOIRE ET SON BASSIN, CORNE D'ABONDANCE DE LA MARINE EN BOIS ET À VOILES

L'intérêt stratégique du bassin ligérien se jauge d'abord à l'aune de sa capacité à fournir du bois d'œuvre. Il est inutile ici de rappeler les quantités colossales qu'absorbe un navire de guerre pour sa construction et son entretien (voir tableau A)[5]. La sollicitation des bois des provinces de Loire suit le rythme des grands conflits du siècle. Limitées à 150 000-250 000 pieds cubes[6] à la veille de la guerre de Succession d'Autriche, les préemptions dans le Maine, en Anjou, en Touraine et dans l'Orléanais s'élèvent au-delà de 400 000 pieds cubes en moyenne chaque année entre 1748 et 1759, *terminus ad quem* de l'engagement maritime français dans la guerre de Sept Ans[7]. Ce sont, et de loin, les ponctions les plus importantes réalisées sur les provinces françaises.

À l'issue de la signature du traité de Paris en 1763, Choiseul, secrétaire d'État à la Marine, pressent qu'il s'agit d'une paix précaire et entend restaurer au plus vite les forces françaises. Dès lors, les années de paix qui séparent la guerre de Sept Ans de celle de l'Indépendance américaine ne sont pas celles d'un désarmement, bien au contraire. Tout en reconstruisant une flotte affaiblie, les arsenaux remplissent leurs magasins de tout le matériel nécessaire pour mener un nouveau conflit. Les provinces de Loire continuent d'être exploitées intensivement et la prospection s'étend désormais au Nivernais et au Bourbonnais qui fournissent en moyenne 30 000 pieds cubes de bois par an à partir de 1764, une quantité qui ne remet pas en cause l'activité métallurgique qui domine dans ces régions tout en apportant un ballon d'oxygène non négligeable aux arsenaux.

A. Consommation de chêne par type d'unité au XVIIIe siècle[8]

Type de vaisseau	Nombre de canons	Pieds cubes	Nombre de chênes
1er rang 1er ordre	110	95 000	3 500
1er rang 2e ordre	100	88 000	3 200
1er rang 3e ordre	90	78 000	3 100
2e rang	74	60 000	2 600
3e rang	64	50 000	2 400
4e rang	54	40 000	2 000
Frégate	42 à 46	25 000	1 500
Frégate	26 à 30	17 000	1 400

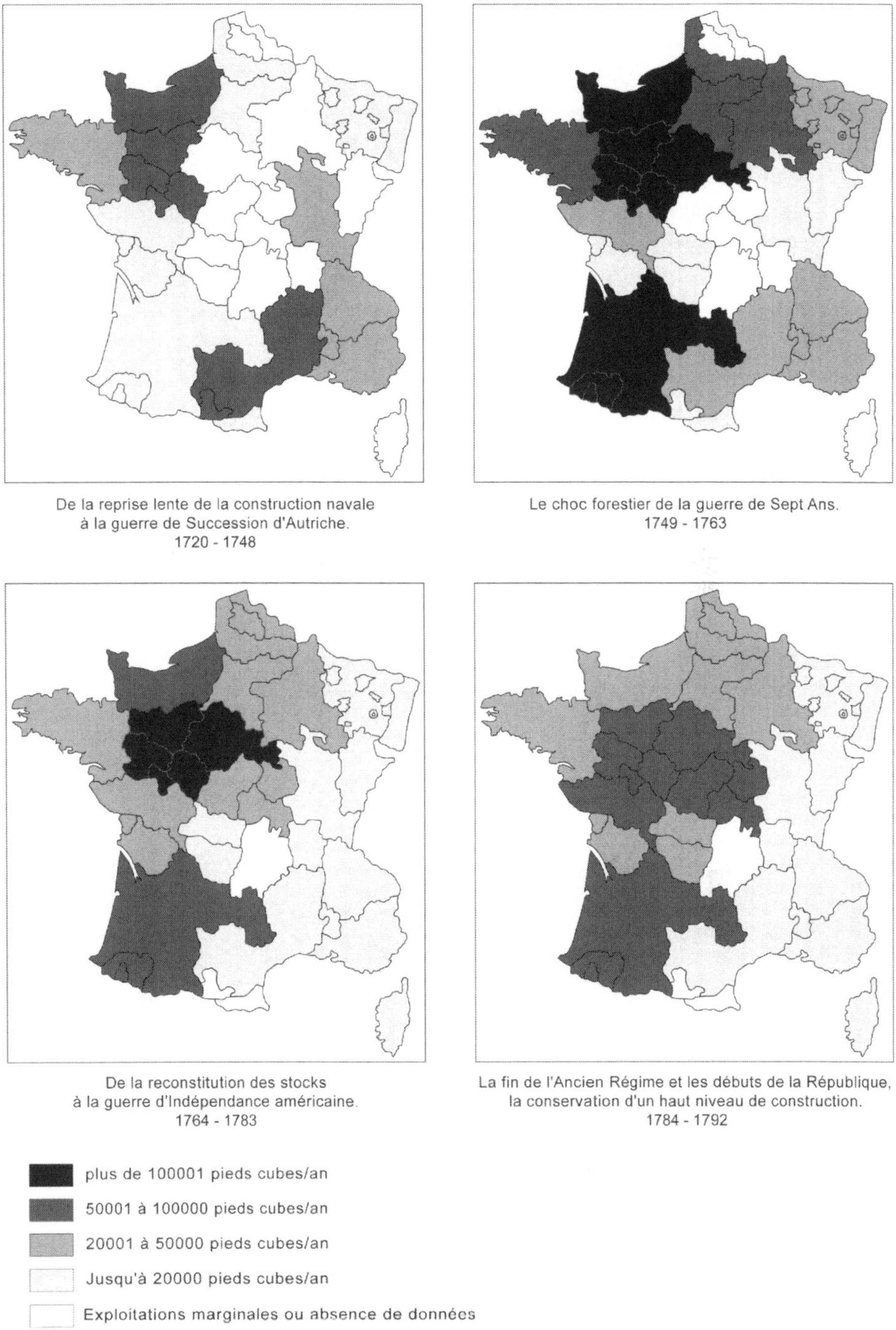

1-4. La contribution forestière des provinces françaises à la construction navale militaire au XVIIIe siècle[9].

Cette avancée permanente à l'intérieur du royaume a globalement permis d'assurer les besoins de la marine avec du bois considéré unanimement comme de qualité acceptable[10]. Toutefois, pendant la décennie 1780 et plus encore pendant la Révolution et l'Empire, il devient complexe de livrer des cargaisons bien « assorties » selon l'expression en usage. Si la marine continue de voir affluer des arbres permettant de faire des planches et des pièces d'architecture droites et de belle dimension, il devient plus difficile d'obtenir des courbes pour réaliser certaines parties de la quille ou du pont. Les techniques métallurgiques de l'époque interdisent le remplacement du bois par le fer. Or, ce manque de courbes devient un mal chronique qui retarde considérablement les lancements de la fin du siècle. Ainsi, l'entreprise Crucy frères de Nantes chargée de construire des frégates au profit de la marine impériale est contrainte de congédier régulièrement les ouvriers de ses chantiers faute de bois courbes, une situation que ne semble pas comprendre le ministre de la marine Decrès qui admoneste les frères Crucy en 1812 :

> « Réunissant la double qualité de fournisseurs de bois de construction et d'entrepreneurs de constructions navales, l'une vous facilitait les moyens de vous procurer les bois que l'autre vous imposait l'obligation de rassembler ; et quelques états que vous me produisiez je n'admettrai pas qu'il ne vous était pas possible de vous assurer de l'assortiment dont vous avez dû prévoir la nécessité lorsque vous avez souscrit vos deux traités[11]. »

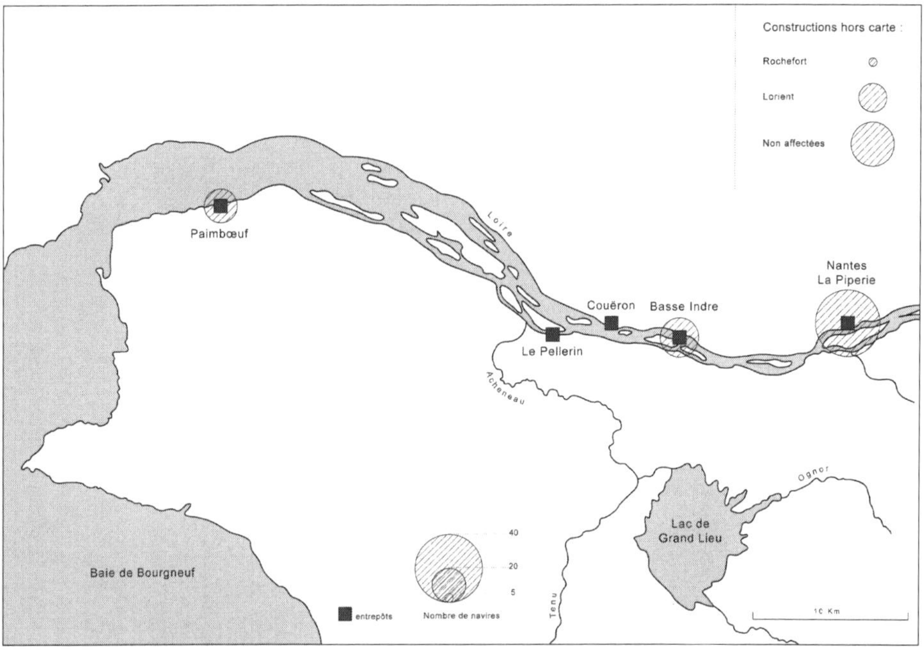

5. Le déploiement spatial des chantiers Crucy dans l'estuaire de la Loire et la façade Atlantique.

En dépit de retards réguliers et de l'exaspération ministérielle, les chantiers Crucy furent capables de livrer près de 185 unités à la marine française dont 9 vaisseaux de 74 canons et 28 frégates en puisant exclusivement dans les ressources forestières du bassin de la Loire[12].

Parmi les ressources prélevées dans le bassin ligérien, le chanvre arrive en bonne place. La marine a surtout utilisé des fibres brutes issues d'Auvergne pour alimenter les corderies et les toileries de ses arsenaux. Il y a une forte tradition d'implantation de cette plante textile dans les provinces de Loire mais celle-ci a été prioritairement consommée par les nombreuses manufactures établies aux abords du fleuve. Pour ses propres ateliers, l'État a concentré ses achats en Champagne, en Bourgogne et en Auvergne. Nonobstant, le chanvre brut du Maine et d'Anjou a alimenté sporadiquement les arsenaux, particulièrement au moment de tension sur les marchés et quand la circulation des marchandises depuis la Baltique ou Le Havre était ralentie. De nombreux témoignages viennent démontrer ces consommations, particulièrement dans la seconde moitié du XVIIIe siècle[13]. Néanmoins, en dehors du chanvre auvergnat, les gabares du fleuve ont surtout convoyé des toiles finies. Le cœur de la production s'installe en Anjou, à Angers et Beaufort, à la suite de la fondation de deux manufactures en 1750 et 1751. La conjonction d'une région à forte tradition tisserande, un capital bourgeois et nobiliaire prêt à tenter l'aventure et la ferme volonté de l'État d'encourager le développement de ce type d'industrie, expliquent la naissance quasi simultanée de ces deux établissements. Au demeurant, malgré la qualité incontestable de leur production, ces manufactures ont des difficultés dès les années 1760 après un relatif âge d'or avec la préparation des unités de la guerre de Sept Ans. Sur ce secteur industriel, la concurrence est d'autant plus importante que d'autres manufactures ont ouvert leurs portes à Strasbourg en 1758 et Agen en 1763 sans compter les propres ateliers des arsenaux qui tournent à plein régime et d'autres plus mineurs disséminés sur le territoire. Pour autant, même poussive, la production de toiles angevine destinée à la flotte militaire se maintient jusqu'au début du XIXe siècle.

S'il y a eu un secteur industriel absolument vital pour la construction navale militaire, c'est celui composé par les nombreuses forges, fonderies et manufactures de transformation des métaux. Avec la Charente, la Loire constitue un véritable axe du fer. Dépassant les seuls besoins de la marine de guerre, l'Orléanais, le Nivernais et le Bourbonnais, grâce à la présence conjuguée du minerai de fer, de forêts et de cours d'eau, deviennent en grande partie dépendantes des retombées économiques de la métallurgie. Les forges et les fonderies sont très nombreuses dans ces provinces, appartenant notamment à une noblesse illustre prompte à s'engager dans des approvisionnements militaires. Ainsi, le comte d'Artois, frère de Louis XVI, se distingue par la possession de nombreux sites dédiés aux arsenaux atlantiques. À Clavières, près de Châteauroux, les forges alimentent au XVIIIe siècle l'arsenal de Rochefort, la Compagnie des Indes et les colonies en fer et en outils[14]. Les cargaisons descendent la Vienne puis la Loire avant d'être entreposées à Indret. Ce pôle d'importance est concurrencé par l'ensemble nivernais Cosne-sur-Loire/Guérigny, dont le propriétaire est Pierre Babaud de la Chaussade, qui monte en puissance à partir des années 1730 avant de s'imposer comme fournisseur principal de la marine. Ces infrastructures acquièrent une importance capitale en fabriquant surtout les ancres des navires. Les spécificités techniques de ces objets avaient conduit à externaliser la production sur un site capable à la fois de desservir les arsenaux du Ponant et du Levant. En 1729, le choix de Maurepas se porte sur Cosne-sur-Loire qui possède tous les atouts à une production de masse et en série[15]. Après l'envoi de maîtres ancriers de tout le royaume et les grands investissements de Babaud de la Chaussade à partir de 1734, les ancres produites deviennent de très bonne facture. Cette maîtrise plaçait de fait Cosne et son entrepreneur en situation monopolistique, une exception notable dans le paysage industriel au service de la marine.

AFFIRMER LA PRÉSENCE DE LA MARINE ET CONTRÔLER L'ESPACE : LA NAISSANCE D'UN AXE FLUVIAL DÉDIÉ À LA GUERRE

L'exploitation des ressources ligériennes s'impose aux ports militaires de la façade atlantique pour la construction et l'entretien de leur flotte. Mais même s'il s'agit d'une voie d'eau s'enfonçant très profondément dans le territoire, l'intégration des provinces ligériennes aux hinterlands de chacun des arsenaux n'allait pas de soi. De la fin du XVIIe siècle à la Révolution française, l'administration de la marine fait preuve de volontarisme pour contrôler l'espace. L'enjeu est crucial car il s'agit d'imposer la présence de cette administration à un territoire étendu et aux contraintes multiples. Toutefois, ce n'est pas tant au travers des aménagements fluviaux, assumés surtout par le corps des Ponts et Chaussées dans la seconde moitié du XVIIIe siècle, qu'au travers de l'essaimage de relais et d'entrepôts que se manifeste cette progressive mainmise sur le bassin. Si le contrôle des ressources apparaît de toute évidence comme la justification de ces fondations, des raisons économiques et les difficultés inhérentes à la circulation fluviale les expliquent également.

Dans cette France où tout déplacement est encore laborieux, il faut prendre la mesure du premier bassin fluvial du royaume. Près d'un cinquième du territoire français est irrigué par la Loire et ses affluents, représentant une surface de 115 000 km^2 et 1 600 km de voies navigables. Avec le recul continu de l'hinterland d'approvisionnement, il devient inconcevable pour la marine d'embrasser ce vaste espace uniquement depuis l'arsenal ou Nantes-Indret. Par ailleurs, la navigation sur ces axes est loin d'être une sinécure, en témoigne les nombreux courriers adressés au commissaire de la marine à Nantes qui répercutent les annonces d'étiage, de crues, de gel et d'échouement aux intendants de Brest et de Rochefort. En période normale, la hauteur d'eau déjà faible sur une grande partie du fleuve contraint à concentrer le trafic au printemps et avec des embarcations à fond plat. En 1802, le préfet de Maine-et-Loire souligne que

> « dans les quatre mois les plus propres à la navigation, c'est-à-dire depuis brumaire jusqu'à germinal les plus forts bateaux qui partent de Nantes pour Saumur, Tours et Orléans, ne tirent pas plus de 73 centimètres, autrement ils courraient le risque de s'attérer dans le trajet. Il y a trois autres mois où l'on navigue depuis 65 centimètres jusqu'à 487 millimètres. Tout le reste de l'année, la navigation n'est que précaire, et se fait par des bateaux légers [16] ».

Dès lors, la remontée comme la descente de la Loire sont lentes et difficiles. Abel Poitrineau signale un temps de trajet entre Nantes et Orléans allant de huit jours à deux mois au XVIIIe siècle. Les aléas météorologiques et la saisonnalité complexifient davantage la circulation sur ce fleuve. L'hiver est propice à la glaciation qui empêche toute navigation y compris au moment d'un redoux synonyme de circulation de blocs de glace ; l'été, au contraire, est une période de basses eaux qui retarde l'arrivée du matériel à Nantes. En 1770, Pierre Babaud de La Chaussade prévient le commissaire de la marine qu'il ne peut livrer les fers prévus car « la rivière de Loire est a présent sans eau, les mariniers ne descendent que quand leurs bateaux peuvent charger 60 à 80 milliers et ils n'en peuvent prendre à présent que 15 à 20, et encore il leur faut des chevaux en plusieurs endroits pour les tirer des sables [17] ». Pour le XIXe siècle, des éléments statistiques permettent de prendre la mesure des conséquences de tels aléas sur les temps de trajet. Contraints de stationner en attendant des jours meilleurs, les mariniers subissent de nombreux jours de chômage (tableau B).

B. Nombre moyen de jours de chômage par aléas des mariniers de Loire entre Briare et Nantes en 1864 [18]

	basses eaux	crues	glaces	brouillard	absence de vent pour la remontée
Briare-Combleux	270	1	28	9	229
Combleux-Tours	180	1	20	5	225
Tours-Vienne	121	0	19	0	190
Vienne-Maine	110	0	19	0	194
Maine-Nantes	100	0	17	0	150

Évidemment, l'État est impuissant face aux caprices du fleuve mais la mise en place d'espaces de délestage ou d'entrepôts plus élaborés permettait à bien des fournisseurs de ponctuer leur descente de haltes salutaires. Pour la marine, c'est aussi un moyen de se tenir informée sur le déroulement des opérations d'approvisionnement. Le courrier voyageant plus vite que les cargaisons, le commissaire de Nantes est régulièrement tenu au courant d'une arrivée de matériel. En terme logistique, le XVIIIe siècle connaît des progrès substantiels car il permet à l'ensemble des responsables de têtes de pont fluvial d'anticiper l'arrivée d'une cargaison et de préparer un affrètement maritime vers les arsenaux. Assuré par la flotte de flûtes ou de gabares de l'État ou confié à un capitaine travaillant pour son compte, la mobilisation de telles flottes de transport ne s'improvise pas. Les autorités portuaires sont vigilantes quant à la capacité du commissaire à assurer la promptitude des renvois de matériel vers les chantiers de construction. Un facteur qui vaut la reconnaissance de l'intendant et du ministre dès lors que ce travail est fait avec zèle. Or, la réussite de « l'aiguilleur de Nantes » – comme pour les commissaires du Havre, Bordeaux, Arles et Agde – se mesure à l'aune de l'information qu'il reçoit de l'amont. Si la Loire et son bassin peuvent être qualifiés « d'axe guerrier », ce n'est pas seulement pour les ressources qu'ils envoient mais aussi et surtout pour leur intégration physique à l'arrière-pays des arsenaux.

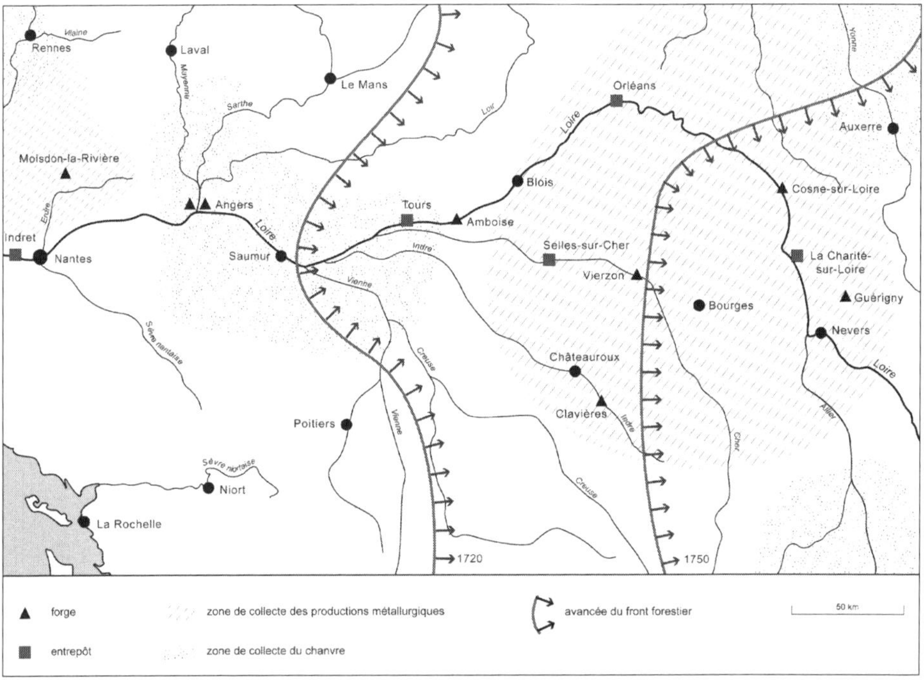

6. Le bassin de la Loire et l'approvisionnement de la marine de guerre au XVIIIe siècle [19].

Par ailleurs, la mise en place d'aires de stockage ou d'entrepôts permet de lier économiquement des territoires qui sont encore très enclavés au XVIIIe siècle. Avoir en commun d'être traversé par un même fleuve n'induit pas nécessairement une connexion de toutes les provinces entre elles. Quand la marine signe un contrat avec l'entrepreneur d'une région, celui-ci a besoin d'un repère relativement proche pour livrer ses marchandises dans la mesure où il ne dépasse que très rarement son espace économique vécu. Les entrepôts de l'État jouent ce rôle. Très souvent, c'est la marine qui assure ensuite la descente du fleuve en passant des contrats de voiture avec des mariniers[20]. Sur l'Allier et la Dore, deux affluents de la Loire permettant l'évacuation du matériel auvergnat, on retrouve ces marqueurs de l'espace au port de Quereau à Varennes-sur-Allier, au port de la Charbonnerie près de Moulins, au port de la Mothe à Brioude ou encore à Puyguillaume-sur-la-Dore[21]. Tous ces lieux reçoivent bois et chanvre de la plupart des fournisseurs locaux qui ne s'occupent pas de la suite de l'acheminement. Les infrastructures sont en général sommaires, se résumant à un espace de terre en bord de rivière. Peu d'informations et aucune représentation ne permettent de préciser l'organisation générale et le détail des équipements de ces espaces. Hangars, grues voire quais caractérisent les entrepôts les plus importants comme celui de la Charité-sur-Loire et ceux situés à la terminaison des fleuves (Indret pour la Loire, Trinquetaille à Arles…).

Dans la seconde moitié du XVIIIe siècle, la marine achève de projeter cette armature sur l'ensemble du cours de la Loire et de ses affluents mais le recul continu de l'arrière-pays rend obsolète une partie des sites retenus. Si cette mainmise sur le fleuve reste stratégique, l'enjeu est désormais routier. Les exploitations forestières ont lieu loin des cours d'eau et contraignent intendances provinciales et administration de la marine à tracer des pistes ou à réhabiliter des chemins existants. Tous ces axes qui convergent ensuite vers la Loire ou l'un de ses affluents sont peu pris en charge par le corps des Ponts et Chaussées occupé sur des routes plus importantes. Dans ce contexte, les coûts du transport ont augmenté de manière exponentielle jusqu'à représenter près de 50 % du prix total des marchandises livrées aux arsenaux. Les répercussions sur le budget déjà exsangue de la marine sont évidentes. Après l'aménagement de points d'appuis le long du fleuve, la marine entreprend d'aider les fournisseurs prêts à vendre du bois de construction ou des mâts éloignés de toutes rivières navigables. Si la Loire reste le point de mire de toutes les opérations d'acheminement, elle est désormais éloignée de plusieurs jours des lieux d'exploitation.

L'ÎLE D'INDRET, DE L'ESCALE AU COMPLEXE INDUSTRIEL

L'île d'Indret symbolise à elle seule l'importance du bassin de la Loire pour la construction navale tout en démontrant les capacités d'innovation dont à fait preuve la marine au cours du XVIIIe siècle, pendant la Révolution et l'Empire. Il est moins question ici de revenir sur l'histoire de ce site qui a déjà maintes fois fait l'objet d'études que de souligner sa capacité à s'autonomiser au cours de cette période pour passer d'une simple escale à un ensemble industriel complet, un arsenal à proprement parler, capable de répondre aux exigences des ports militaires atlantiques en s'adossant aux ressources ligériennes[22].

Le destin de cette petite île située en amont de Nantes est très singulier. Acquise par la marine au XVIIe siècle, elle n'est restée très longtemps qu'un point de rupture de charge pour les marines du fleuve ou les trains de bois qui venaient livrer leurs cargaisons sur ses berges. Site sous l'influence des marées, il autorise gabares et flûtes à prendre directement leur chargement pour effectuer des allers-retours vers les arsenaux[23]. L'aventure industrielle que connaît Indret à partir de 1777 ne doit pas éclipser cette fonction stratégique d'entrepôt doublée de celle de chantier de construction. Bruno Cailleton a relevé cette dernière activité dès la seconde moitié du XVIIe siècle où les échevins de la ville de Nantes autorisent la mise en chantier de deux unités de 400 et 100 tonneaux[24]. Au XVIIIe siècle, gabares, flûtes et mêmes frégates sont lancées à Indret[25]. La *Boudeuse* qui permet à Bougainville d'accomplir son tour du monde y est achevée en 1765. Hangars, quais et grues consacrent très vite l'importance de cette île.

Toutefois, malgré son intérêt stratégique, ce site eut ses détracteurs au point d'envisager son abandon. Indret a cristallisé les rancœurs contre l'administration de la marine au lendemain de la guerre de Sept Ans. Dès 1759, bois, chanvre et pièces métalliques s'accumulent dans les hangars et sur les quais alors que les magasins des arsenaux sont vides. À Brest, l'intendant est contraint d'achever des petites unités ou d'en démonter certaines pour en terminer d'autres :

> « Le vaisseau le Diadème de 74 canons qui vient d'arriver d'une campagne à Saint-Domingue avait été nommé faire partie de l'armement de Brest. Il s'y est trouvé quelques réparations à y faire qui dans le service ordinaire de la marine n'eussent point interrompu son armement, mais le défaut de bois propres à ces réparations a obligé d'abandonner ce vaisseau et de luy substituer un autre de moindre force qui est le Prothée de 64 canons [...]. Soit pour le Royal Louis, vaisseau de 116 canons, soit pour les vaisseaux le Duc de Bourgogne de 80 canons et le Sceptre de 74 canons qui sont en refonte depuis deux ans et qu'on ne peut achever faute de bois qui manquent à Brest[26]. »

En 1761, entre 700 000 et 800 000 pieds cubes de chênes sont conservés à Indret, soit l'équivalent de sept et neuf vaisseaux de 74 canons[27]. À partir de 1762, le trafic peut reprendre mais les bois, mal entreposés, soumis aux vents, à des variations de température et immobilisés parfois depuis cinq ans, sont en partie inutilisables. Réceptionnés au titre de « première espèce », la qualité optimale pour la construction des vaisseaux et frégates, les bois sont ainsi déclassés, tout juste bons à être employés pour les ouvrages des ports ou la réparation de petites unités. Avec 595 000 pieds cubes de bois jugés inutilisables par les constructeurs, les pertes de la marine s'élèvent à 1 250 000 livres tournois[28]. Dans ce contexte, Indret est menacé, un court moment, de disparaître des infrastructures de la marine mais son rôle stratégique fini par l'emporter. Néanmoins, même si ce site continu d'être employé pour le stockage du matériel, on ne peut s'empêcher de voir dans les événements de la guerre de Sept Ans, les prémices d'une réflexion qui aboutira au XIXe siècle à la construction du canal de Nantes à Brest dont la finalité militaire est clairement assumée.

L'importance du site est réaffirmée au moment où le secrétaire d'État à la marine, Antoine de Sartine, décide de retenir Indret pour l'installation d'une fonderie de canons en seconde fusion, un procédé encore très peu diffusé en France à l'époque[29]. Certes, il s'agit d'une île d'estuaire qui bénéficie à ce titre du courant du fleuve et de la marée pour mouvoir les foreuses, mais ce n'est pas ce critère qui qualifie d'emblée ce choix, loin s'en faut. À dire vrai, les travaux pour permettre à la fonderie d'assurer sa mission se révèlent complexes et dispendieux, sources de discordes entre John Wilkinson, le fondeur anglais chargé de superviser l'infrastructure, et les ingénieurs de la marine. Indret n'est donc pas le site le plus aisé à aménager et doit son salut à son rôle d'interface entre un bassin fluvial riche et les arsenaux atlantiques. Fer et charbon du Forez, du Bourbonnais, de Bourgogne, du Nivernais et du Berry doivent approvisionner la fonderie. Suffisamment à l'abri d'incursions ennemies et des regards indiscrets, Indret peut fournir les arsenaux du Ponant en artillerie tout en poursuivant la synthèse des dernières connaissances touchant à la métallurgie et à l'organisation de l'espace usinier. Car au-delà des fours à réverbères et des foreries qui fondent en partie la modernité de cette infrastructure, il faut insister sur un plan d'ensemble, conçu par l'ingénieur de la marine Pierre Toufaire[30], préfigurant les usines du siècle suivant. En 1780, Indret apparaît comme un géant pouvant fondre annuellement chaque année 450 canons et en forer près de 1 500 tous calibres confondus[31], une première place qui lui est ravie en 1782 par Le Creusot, une autre création de Pierre Toufaire.

Sa situation insulaire et sa capacité à capter les ressources du bassin ligérien permettent à l'usine d'Indret d'être le seul ensemble du royaume à produire en continu l'artillerie de marine pendant la Révolution, tandis que sous l'Empire elle est rejointe par la toute nouvelle fonderie de Liège. Malgré un approvisionnement en fonte très difficile qui oblige à mobiliser toutes les ressources de Loire, de Charente et du Périgord, Indret parvient à produire sans le secours de l'étranger[32]. L'épreuve révolutionnaire pérennise incontestablement ce site industriel qui semble échapper à tous les soubresauts de cette période. En apparence seulement, car décrétée stratégique, Indret bénéficie des bons soins de la République dès la déclaration de guerre à l'Angleterre qui lui assurent un approvisionnement régulier en nourriture, en chevaux et en biens courants[33]. Par ailleurs, sous la protection de ses propres canons et d'une garnison installée au château d'Aux, elle parvient à se tenir à l'écart du soulèvement vendéen[34]. En contrepartie, l'usine se replie sur elle-même, travaillant jour et nuit. La Loire joue ici un rôle ambivalent, seul élément permettant à la population de l'île d'être reliée au monde tout en favorisant son isolement. Celui-ci permet une poursuite vertueuse des travaux car les années de la Révolution et de l'Empire sont celles d'une amélioration de la productivité et de la qualité des productions. Une nouvelle machine à vapeur destinée à actionner simultanément quatre bancs de forage est installée au cours de l'année 1794 et permet de forer onze canons en quinze jours[35]. La « plus belle fonderie qu'il y ait dans la République[36] » assure pleinement sa mission de fournir les pièces nécessaires à l'armement de la flotte et l'apogée de son activité se situe sous l'Empire. Mais comme tous les ensembles industriels de l'époque, l'obsolescence technique et l'usure sont deux facteurs insuffisamment pris en compte dans la gestion courante. Or, entre 1810 et 1812, les inspecteurs de l'artillerie sont de moins en moins convaincus par la qualité des canons produits. Au défaut d'entretien général des installations, ce sont les imperfections de forage qui sont signalées le plus fréquemment[37]. Après 1815, la vétusté s'empare de la plupart des machines de l'île qui interdit alors de se lancer dans la production des nouveaux calibres issus du règlement de 1824. La modernité qui avait caractérisé Indret au moment de son ouverture n'est plus d'actualité. Les techniques de la seconde fusion et du moulage au sable ont été généralisées à toutes les fonderies du royaume, Ruelle et Nevers notamment. Mais si Indret apparaît techniquement dépassée, ses atouts intrinsèques demeurent. Son isolement insulaire, sa connexion à un avant-pays composé des trois arsenaux et à un arrière-pays ligérien fournissant les matières premières indispensables à toute industrie, qualifient de nouveau ce site au moment où la France recherche un lieu capable de fabriquer les machines à vapeur destinées à équiper les bâtiments de guerre. La manufacture royale des machines à vapeur est créée à Indret en 1827 et en 1832, l'*Africain* et le *Crocodile*, premiers navires à vapeur français, sont lancés de ses chantiers, consacrant une fois de plus le caractère militaire de la Loire.

*

En deux siècles, les provinces ligériennes ont été incluses à l'arrière-pays des arsenaux atlantiques et ont à ce titre participé à l'effort de guerre navale mené par la France. Cette intégration a été progressive et insistons de nouveau sur ses modalités : disposer de bois, de chanvre et de métaux est une condition nécessaire mais pas suffisante pour participer à l'approvisionnement d'un arsenal. L'administration de la marine a dû apprivoiser les territoires dont elle convoitait les ressources en imposant son empreinte dans l'espace et en se rendant familière auprès des acteurs politiques, économiques et sociaux locaux. C'est un processus lent mais rentable sur le long terme. Par son importance stratégique, le bassin de la Loire est un laboratoire passionnant pour saisir la progression de la marine. L'abondance ou au contraire la cherté des matières premières, les obstacles naturels du fleuve et les capacités économiques et financières des fournisseurs ont conduit à la construction d'une trame originale d'infrastructures qui, de Nantes au Bourbonnais, ont tâché de rendre la logistique d'approvisionnement des arsenaux la plus fluide possible.

Toutefois, si on se rend compte des efforts de la marine pour bénéficier des ressources du bassin ligérien, on mesure encore mal l'effet d'entraînement que cette quête a eu sur l'économie des différentes provinces. Aux voituriers du fleuve que l'on commence à bien connaître, il faut en dénombrer bien d'autres : portefaix, charpentiers, marchands sans compter les populations rurales contraintes de participer aux opérations d'approvisionnement par le biais de la corvée… Édifier et entretenir une marine de guerre ne doit pas uniquement se mesurer à l'aune du coût des vaisseaux et frégates. On a souvent évoqué une marine loin des préoccupations des Français aux XVIIe et XVIIIe siècles. Certes, un marchand de bois nivernais ou un paysan fromager d'Auvergne avaient peu de chance de découvrir la mer et encore moins ces forteresses flottantes qui composent la flotte du roi, mais n'avaient-ils pas pour autant conscience qu'ils participaient à sa construction ? S'il n'est pas toujours permis à l'historien de sonder les reins et les cœurs des populations d'autrefois, les retombées sonnantes et trébuchantes des achats de la marine dans toutes ces provinces peuvent s'approcher de manière plus objective. Ici, il reste encore de nombreuses études à mener et pas seulement pour prendre conscience du coût réel de l'entretien des navires de guerre mais également pour appréhender le caractère « totalisant » qu'a eu la construction d'une flotte sur l'économie et la société d'Ancien Régime.

David PLOUVIEZ
CRHIA, université de Nantes

NOTES

1. CABANTOUS A., LESPAGNOL A. et PÉRON Fr. (dir.), *Les Français, la terre et à la mer*, Paris, Fayard, p. 265-276.
2. Arch. mun. de Nantes, 2fi6, *Le port de Nantes. Vu du chantier de construction de la Fosse. Réduit de la Collection des Ports de France dessinés pour le Roi en 1776 par le Sieur Ozanne, Ingénieur de la marine, pensionnaire de sa Majesté.*
3. Dans le dispositif naval français, Brest est un arsenal paradoxal, toujours plébiscité par les observateurs alors qu'il souffre très rapidement au XVIIe siècle de difficultés d'approvisionnement. En dehors de Colbert de Terron qui souligne les handicaps de Brest, tous les promoteurs de l'arsenal n'ont de cesse de souligner uniquement les aspects positifs. De l'intendant Louis Bechameil qui juge Brest comme « l'un des plus beaux ports du monde… » jusqu'à Michelet qui évoquait « la force de la France au bout de la France », rares ont été les détracteurs de l'arsenal breton. Voir HENWOOD Ph., « Naissance et jeunesse d'un arsenal : Brest aux XVIIe et XVIIIe siècles », *in L'urbanisme dans les villes portuaires de l'Atlantique (XVIIe-XVIIIe siècles)*, Actes du colloque Rochefort et la mer, Université Francophone d'Été, Saintonge-Québec, 2001, p. 9-19.
4. LE BOUËDEC G., *Les approvisionnements de la Compagnie des Indes (1737-1770) : l'horizon géographique lorientais*, thèse de 3e cycle, Paris IV, 1982.
5. PLOUVIEZ D., *De la terre à la mer. La construction navale militaire française et ses réseaux économiques au XVIIIe siècle*, thèse de doctorat, Nantes, p. 55-104 (à paraître aux Indes Savantes).
6. Le pied cube est l'unité utilisée sous l'Ancien Régime pour mesurer le volume des bois (1 pied cube = 0,028 mètre cube).
7. Après avoir construit entre quatre et sept vaisseaux par an et autant de frégates entre 1756 et 1759, les chantiers ne lancent plus que quatre vaisseaux et aucune frégate entre 1760 et 1762. Les lancements reprennent en 1763 au moment où la *Royal Navy* cesse son blocus sur les côtes françaises.

8. Boudriot J., « Chênes et vaisseaux royaux », *in* Corvol A. (dir.), *Forêt et marine*, Paris, L'Harmattan, 1999, p. 341.
9. Plouviez D., *op. cit.*, p. 373-376.
10. Henri-Louis Duhamel du Monceau se livre à un « classement » des provinces selon la qualité des bois qu'elles envoient dans les arsenaux. Il indique que les terres argileuses et limoneuses sont les meilleures pour la croissance des chênes (Duhamel du Monceau H.-L., *Éléments de l'architecture navale ou traité pratique de la construction des vaisseaux*, Paris, Charles-Antoine Jombert, XLIV-482 p., 1758). Cet argument est repris et défendu par le rapport Truguet de 1759 qui loue la qualité des arbres issus notamment de l'Anjou, du Maine et de Touraine (Arch. nat., Mar. D/3/5, rapport Truguet [1759]).
11. Arch. dép. de Loire-Atlantique 121 J 41 (1812).
12. Arch. dép. de Loire-Atlantique, 121 J 21 (1812).
13. Au moment de la guerre d'Indépendance américaine, l'administration de la marine ainsi que celle des intendances sillonnent les marchés pour obtenir du chanvre. En 1781, le subdélégué d'Angers décrit cette situation : « Le quintal pesant de chanvre vaut ordinairement en temps de paix, environ 30 livres, un peu plus, ou un peu moins, suivant l'abondance ou la rareté de la récolte ; en temps de guerre par mer comme a présent, il vaut 40 livres le quintal et même un peu plus, lorsqu'on choisit le plus beau [...] La Marine marchande n'en tire pas beaucoup à présent, et il en est toujours de même lorsqu'on est en guerre par mer, parce qu'alors le commerce maritime languit, ou du moins de fleurit pas ; les négociants équipent, et envoyent beaucoup moins de vaisseaux, dans la crainte qu'ils ne soient pris, et ne pouvant les faire partir que sous escorte ; mais c'est la Marine royale, qui en temps de guerre tire beaucoup de chanvre pour ses fournitures, soit en voiles, soit en cordages [...] depuis trois a quatre ans que la Marine Royalle consomme beaucoup de chanvre, et qu'ils ont augmenté de valeur d'environ un quart et plus, seme-t-on et recolte-t-on beaucoup plus de chanvres dans ce pays-cy ; en temps de paix, la diminution de son prix fait aussy diminuer cette culture, qui exige plus d'engrais qui sont chers, et qui éprouve des inconvénients dans ses récoltes par la sécheresse ordinaire des étés », Arch. dép. d'Indre-et-Loire, C/82, lettre de La Marsaulaye, subdélégué d'Angers (23 novembre 1781).
14. Plouviez D., « Claude Leblanc de Marnaval et Pierre Babaud de la Chaussade au cœur de l'approvisionnement métallurgique de la marine de guerre au xviiie siècle », *in* Berthiau J. A. (dir.), *Nivernais et marines, actes du colloque des huitièmes rencontres d'histoire de la métallurgie 2009*, Guérigny, Centre d'Études de la métallurgie nivernaise, 2010, p. 169-184.
15. Arch. nat., Mar. B/2/281, f°s 715-716, 762 (février 1729).
16. Arch. dép. de Maine-et-Loire, 6M (30 fructidor an X [1802]) cité par Brouard E., « La navigation en Loire au xviiie siècle vue à travers les procès-verbaux d'avaries », *Annales de Bretagne et des Pays de l'Ouest*, t. 112, n° 3, 2005, p. 41.
17. Arch. nat., Mar. B/3/591, f° 449 (16 octobre 1770).
18. Arch. dép. de Loire-Atlantique, 592-S-1, tableau établi par Dubois-Richir A., *La Loire au xixe siècle : le fleuve et ses riverains de Saumur à Bouchemaine*, thèse d'histoire inédite, Angers, 2001, p. 305 bis.
19. Plouviez D., « Des richesses du territoire comme facteur de puissance navale ? La France et le bassin de la Loire au xviiie siècle », *in* Borde Ch. et Pfister Ch., *Histoire navale, Histoire maritime, Mélanges offerts à Patrick Villiers*, Paris, SPM, p. 133.
20. Brouard E., *op. cit.* ; voir aussi la communication de Florent Godelaine dans le présent volume.
21. Mantin M., « L'approvisionnement de la marine du Ponant par la province d'Auvergne. Les transports sur l'Allier et la Loire, 1660-1860 », *in* Berthiau J. A. (dir.), *Marines et entreprises*, actes du colloque pour le tricentenaire de Pierre Babaud de la Chaussade (1706-1792), Les Amis du Vieux Guérigny, Guérigny, 2007, p. 53-66.
22. Parmi les références les plus récentes concernant l'histoire d'Indret : Naegel P., « Marchand de la Houlière et la création de la fonderie de canons d'Indret (1775-1778) », *Annales de Bretagne et des Pays de l'Ouest*, t. 115, n° 4, 2008, p. 55-79 ; Bret P., « La fonderie de canons d'Indret. De quelques modes de circulation technique à la fin du xviiie siècle », *Quaderns d'Historia de l'Enginyeria*, vol. X, 2009, p. 53-66 ; Jamois Th., *Indret. Manufacture de canons pour la Marine (1777-1827)*, Pôle Historique d'Indret, DCNS, 2011.
23. Le tirant d'eau des flûtes les plus lourdes n'autorise pas une pénétration dans l'estuaire de la Loire. Elles sont alimentées par un ballet incessant de gabares faisant la liaison entre Indret et

Paimbœuf. En 1720, la bien nommée flûte l'*Éléphant*, d'un déplacement de 600 tonneaux reste au mouillage à Paimbœuf et obtient son chargement de 7 271 pieds cubes de chêne de six gabares affrétées pour la circonstance (Arch. nat., Mar. B/3/264, f°s 224, 241, 249-251 [janvier-mars 1720]). Au cours du XVIIIe siècle, Paimbœuf devient une escale régulière pour les plus grosses unités de la marine. Pour un aperçu global du déclassement progressif de Nantes-Indret pour la circulation maritime voir VAUTIER-VÉZIER A., *L'estuaire et le port. L'identité maritime de Nantes au XIXe siècle*, Rennes, Presses Universitaires de Rennes, 2007.

24. Arch. mun. de Nantes, EE 223, f° 5, procès-verbal du 11 juin 1668 : « Nous, Maire et échevins de la ville de Nantes, savoir faisons qu'estans en notre Bureau en la maison commune : Nobles Personnes Estienne Grilleau, soubz maire dudit Nantes, et André Boissineau, sr de la Patissière, marchans à la Fosse de Nantes, traffiquans à la mer, nous auraient remontré avoir faicte bastir et construire de neuf en l'isle d'Indrette sur la rivière dudit Nantes deux navires », cité par CAILLETON B., *La construction navale civile dans l'amirauté de Nantes au XVIIIe siècle*, Paris, Herault, 1999, p. 35.
25. Dans le cas des unités les plus lourdes, les coques sont lancées à Indret et remorquées à Paimbœuf pour y être lestées et gréées.
26. BnF, nouv. acq. fr., 9410, f° 252 (1759).
27. LE ROC'H MORGÈRE L., « L'arsenal de Brest au milieu du XVIIIe siècle », *Présence maritime française aux XVIIe et XVIIIe siècles*, colloque du CERMA, Jonzac, 1987, p. 64.
28. BnF, nouv. acq. fr., 9412, *Mémoire du Roy pour servir d'instruction à M. de Clugny de Nuis, maître des requêtes ordinaires de son hôtel, intendant de la marine au port de Brest (10 mai 1765).*
29. Arch. dép. de Loire-Atlantique, C/1030 (10 mars 1777).
30. Les carnets techniques de Pierre Toufaire viennent de faire l'objet d'une publication : CHARPY J., *Un ingénieur de la Marine au temps des Lumières. Les carnets de Pierre Toufaire (1777-1794)*, Rennes, Presses Universitaires de Rennes, 2011.
31. Il s'agit des prévisions établies par Ignace de Wendel au début de 1780. Cette fonderie pouvait fondre environ 120 pièces de calibre 36 livres chaque année ; 180 pièces de 24/18 livres et 150 autres de petits calibres. En plus de forer ses propres canons, Indret recevait les pièces fondues en Charente et en Périgord.
32. À l'occasion de son ouverture, Indret avait bénéficié de fonte anglaise pour son fonctionnement, un approvisionnement impossible à partir de 1793. MEYER J., « Les forges de la région de Châteaubriant à l'époque révolutionnaire », *Annales de Bretagne*, Rennes, n° 3, juillet-septembre 1958.
33. Arch. dép. de Loire-Atlantique, L/1104 (9 vendémiaire an III).
34. Indret n'essuie qu'une seule attaque le 10 août 1793 qu'elle repousse aisément. Il faut attendre 1799 pour que l'île renforce à nouveau sa défense au moment du réveil de l'insurrection vendéenne, Arch. dép. de Loire-Atlantique 7 R1/552 (15 brumaire an VIII).
35. JAMOIS Th., *op. cit.*, p. 73-74.
36. Arch. dép. de Loire-Atlantique, 7R1/92 (5 prairial an VIII).
37. CONTURIE P.M.J., *Histoire de la fonderie nationale de Ruelle (1750-1940) et des anciennes fonderies de canons de fer de la marine*, Paris, Imprimerie nationale, 1951, p. 277.

Du Maine à l'océan, l'approvisionnement en bois de marine des arsenaux du Ponant. Une aire, un fret, un mode de voiture (XVIIe - XVIIIe siècles)

« La quantité de bois que le roi fait abattre en Bourgogne et qu'il recherche en Dauphiné et en tous les endroits de son royaume fera voir sa puissance et le rendra redoutable en tous les endroits du monde ou son étendard paraîtra. »

Louis Le Roux d'Infreville, intendant de la marine de Toulon de 1665 à 1670

« La voiture des rivières est la plus commode, plus facile et moins coustageuse [1]. »

Antoine de Monchrestien [2]

Le décor est planté. Le roi de France lance son plan de construction navale. Au XVIIe siècle, malgré les conflits extérieurs et intérieurs, l'État encourage la valorisation de « terres vaines et vagues », d'artères fluviales, bref insuffle une dynamique d'échanges. Des économistes tel Antoine de Monchrestien estiment la voiture par eau moins coûteuse. Suite aux guerres de Religion, les échanges en France s'intensifient au point de submerger dès la seconde moitié du XVIIe siècle, les ports et les quais de déchargement [3].

Artère de communication de première importance depuis le XVIe siècle, la mémoire actuelle retient de la Loire, sa beauté, son romantisme, ses bateliers et son fret fluvial. Peu savent au XXIe siècle que le fleuve royal durant le Grand Siècle et le Siècle des lumières voiture troupes, artillerie, bois à destination des arsenaux du Ponant. Conformément à l'esprit du temps où les voies fluviales sont exploitées, le fret en basse Loire s'intensifie aux XVIIe et XVIIIe siècles.

Même si Vauban ne considère pas le flottage avec autant de bienfaits que le fret fluvial [4], l'État, profitant de l'existence de l'axe ligérien, organise une voiture spécifique et prioritaire à destination des arsenaux. Pourtant peu sûre à l'instar des autres voies navigables, mais chargeant plus, malgré les affres de la Fronde, de la Révolution, la basse Loire, constitue une véritable colonne vertébrale des échanges « militaires » du Maine à l'océan.

DE COLBERT À LA RÉVOLUTION : LA RESTAURATION DE LA MARINE ; UN PLAN STRATÉGIQUE D'URGENCE

Aux XVIIe, XVIIIe et XIXe siècles, bois de chauffage, bois de charpente, trains de bois flottés avalent les fleuves et rivières à destination des grands centres urbains de plus en plus demandeurs. La population citadine en augmentation régulière suscite une demande croissante en bois de chauffage. De fait, dans le paysage français de l'époque des Lumières, les trains de bois flottés descendent l'Yonne sur près de 285 km[5]. Souhaitant une flotte durable, l'État encourage ses commissaires à prélever des chênes, espèces particulièrement réputés pour leur robustesse, leur solidité et leur dureté.

Mais le renouvellement de la marine au XVIIe siècle engagé sous Richelieu, poursuivi sous Colbert, développé sous Maurepas suscite un approvisionnement de plus en plus conséquent. Écrasée à la Hougue en 1692, balayée à Trafalgar en 1805, la marine française laisse la maîtrise des océans à la flotte britannique jusqu'en 1914.

Pour autant, la couronne de France ne baisse pas pavillon, même si la flotte amoindrie, vieillie à la fin du règne du Roi-Soleil, n'est plus en 1715 que l'ombre d'elle-même. Dès lors la guerre de course prévaut. Malgré tout, Louis XV, Louis XVI, puis la République et enfin Napoléon Ier lancent « un plan » de reconstruction de la flotte française. Chantier de près de 160 ans, commencé en 1661, relancé en 1726, le renouveau de la flotte française comme le montre le tableau 1, se compose de frégates et de vaisseaux.

A. Plan de construction de la flotte royale de 1661 à 1732[6]

Types de navires construits	1661-1678	1679-1696	1697-1714	1715-1732
Vaisseaux	154	155	72	45
Frégates	59	50	29	14

Cependant, le programme est dévoreur de bois. La construction d'un vaisseau de 74 canons, compromis entre maniabilité et puissance de feu génère l'abattage de 2300 chênes. 3500 sont nécessaires à la construction d'un vaisseau de 110 canons. L'État en engageant un radoub régulier des navires, cherche également à a augmenter la durée de vie de sa flotte. Or, cette pratique suscite une forte demande en bois. Au total, aux XVIIe et XVIIIe siècles, les arsenaux consomment près de 2 millions d'arbres. Déperditions à l'abattage, lors du transport et lors du stockage complètent le tableau.

Les chênes de 80 à 100 ans, de même diamètre, nécessaires à la structure, aux bordages s'avèrent indispensables à la construction des frégates, des vaisseaux de ligne. Si, les chênes droits servent à l'élaboration de la charpente, les chênes torts à la construction des courbes, le sapin, sélectionné à ses 30-40 ans, plus souple sert aux bois de mâture. Provenant des pays hauts, cet apport vers 1838 atteint près de 70000 arbres[7]. Cependant, les engagements maritimes de l'État imposent un renouvellement des mâts en grande quantité, intensifiant les demandes en sapin de 1661 à 1815. En effet, le tir à démâter notamment entraîne un renouvellement conséquent en bois de sapin. Néanmoins, selon les pourvoyeurs de la République, les bois d'Auvergne présentent une faible durée de vie de près de 18 mois.

Le « plan » Colbert, l'approvisionnement des arsenaux par la voie fluviale, une méthode « révolutionnaire »

Les Alpes, les Pyrénées, l'Auvergne pourvoient au XVIIIe siècle à l'approvisionnement des arsenaux[8]. En effet, la France dépend depuis le XVIe siècle des bois de pays du nord. Afin d'offrir une marine digne du Roi-Soleil, cette offre de bois s'avérant insuffisante, Jean-Baptiste Colbert, toujours désireux d'éloigner le « spectre » de la dépendance en bois des pays du nord, étend l'aire d'approvisionnement à des forêts de plus en plus éloignées des arsenaux ponantais.

Dès lors, cette demande massive en bois impose des artères fluviales adaptées. Considérant l'intérêt d'une voiture par eau, Colbert encourage ainsi le flottage des bois. De fait la Loire devient « chemin de mâture ». Mais l'Allier, tout particulièrement, dans le premier tiers du XIXe siècle, voiture chaque année de 5 500 à 6 300 trains de bois[9].

Mais la politique navale du ministre, très exigeante et particulièrement « gourmande » en bois, impose des structures bien cadrées. La monarchie centralisatrice tente ainsi de contrôler les ressources en bois. Dès lors, Colbert développe une exploitation rationnelle. D'ailleurs, la promulgation en 1669 de l'ordonnance des Eaux et Forêts porte une attention toute particulière aux forêts royales et particulières. Les adjudicataires des forêts de l'État doivent livrer du bois à la marine. Mais face au manque récurrent de ressources forestières, l'ordonnance surveille et prescrit aux communautés laïques et ecclésiastiques de réserver un quart de leur domaine forestier à la Marine. Les particuliers à moins de 10 lieues (40 kilomètres) de l'océan s'engagent également à déclarer leurs possessions.

Des forestiers prospectent donc dès 1665 le Haut-Forez et l'Auvergne. Chargés d'inventorier les forêts, de recenser les bois, les commissaires parcourent dès 1679, puis en 1686, les forêts françaises dépendantes de l'État. Épaulés d'ingénieurs, assistés de maîtres charpentiers[10], ils y repèrent chênes, sapins susceptibles d'être voiturés en direction des arsenaux du Ponant, particulièrement demandeurs en bois de mâture, en vergues. De la même manière, sous la Révolution, les pièces « reconnu[es] propre[s] pour la construction des vaisseaux de la République » sont « marqué[es] du marteau de la Marine[11] ». Puis, comme sous Louis XV lorsque les négociants confiaient l'abattage aux paysans, sous la Révolution, les municipalités doivent « désigner les métayers qui, par leur proximité des chantiers et des ports, peuvent à moindre frais faire les charrois[12] ».

Arrivés à destination, les bois sont équarris sous la hache des charpentiers. À l'aide du fil à plomb, ces derniers aplanissent les faces des pièces, normalisent les pièces courbes grâce à un gabarit. Puis, les bois sont cubés[13].

Finalement, en près de 160 ans, les nécessités croissantes maritimes de l'État repoussent chaque fois plus loin les limites d'approvisionnement des arsenaux. Le rattachement des provinces suite à différentes victoires royales, puis révolutionnaires et enfin impériales facilite la difficile quête du bois à destination des arsenaux. De fait, le rattachement de la Franche-Comté en 1678, pourvoit en bois l'arsenal de Toulon pendant « seulement » près de 40 ans, jusqu'aux années 1720[14].

Une famille « à la barre » de la marine du roi : les Phélypeaux

De Pontchartrain[15], « organiste » de la voie fluviale...

Face à la nécessité de restaurer une marine voire même de la reconstituer, de la radouber, les dispositions prévues par l'ordonnance de 1669 deviennent draconiennes. L'État doit donc élargir le cercle d'apport des bois aux arsenaux. Aussi, dès 1700, les forêts de l'État sont inventoriées, les arbres à destination de la Marine sont « réservés ». Mais cette fois, les forêts des laïcs et des ecclésiastiques au même titre que celles des particuliers sont mises directement à contribution. L'aire d'approvisionnement est étendue à 15 lieues de la mer et à 6 du fleuve.

Aussi, alors que la France se trouve en plein conflit (guerre de Succession d'Espagne, 1701-1713), Jérôme Phélypeaux, comte de Pontchartrain, envisage de rendre flottables et navigables des rivières peu ou mal exploitées. Aussi missionne-t-il le père Truchet. Il dresse un procès-verbal de la visite « des forêts et des rivières de la haute A[u]vergne pour la conduite des mats ».

> « En consequence de l'ordre de Monseigneur le comte de Pontchartrain, ministre et secrétaire d'État en datte du 11 feb[vrier] dernier, par lequel il nous est ordonné de nous transporter dans les montagnes de la haute Auvergne pour examiner et faire notre rap[p]ort de l'état des rivières et des ruisseaux par lesquels on pourroit conduire dans les ports, les arbres de sapin qui se trouvent dans les forêts de ces montagnes et qui sont propres pour la mâture des vaisseaux du roy[16]. »

Le « diagnostic » du père rend compte sur les possibilités de rendre « flottables » les rivières de la Trentaine, une partie de la Rue et une partie de la Dordogne. Ces conclusions livrées le 18 juillet 1705 sont sans appel. « Après l'examen que nous avons fait de ces trois rivières, il nous paroit qu'elles peuvent être rendues flottables pour les matz[17]. » Il estime les travaux pour les rendre navigables à 336 662 livres.

Les pressantes demandes des arsenaux et des intendances de marine en sapins et en chênes supposent, il est vrai une logistique bien structurée du mode de fret fluvial. Aussi, Pontchartrain en mars 1708, soucieux de faciliter l'approvisionnement indispensable à la reconstruction de la flotte, intime ainsi au père Truchet: « Les interessez dans le traitte de la fourniture des masts de la haute Auvergne ayant pris le party de retourner sur les lieux pour achever les travaux qu'il y a à faire pour rendre flottables les rivières de la Dordogne, de la Rue et de la Trentaine. » Cette affaire ne doit souffrir aucun retard afin « de ne point retarder la voiture des masts nécessaires pour les arçenaux de marine[18] ». Devant les pressions régulières du ministre, le père répond le 2 novembre 1709, que les ouvrages « sont forts avancez[19] ».

Néanmoins, au XVIIIe siècle, malgré les efforts de l'État, les tentatives de flottage sur la Dordogne en radeaux ou troncs d'arbres avortent. La compagnie du sieur de Belleville, concessionnée pour le flottage de la marine partie liée avec le duc de Bouillon, propriétaire de bois dans sa vicomté de Turenne, Pontchartrain et Truchet, échoue[20].

Face à cet intérêt « national », se pose la question de l'amélioration des conditions du fret des bois vers les arsenaux et du coût de ce programme. Versailles centralise de plus en plus et doit faire face à des « limites naturelles » afin de soutenir les ambitions et les moyens de sa politique.

...À Maurepas[21] : la difficile quête du bois de marine

Dès les années 1721-1725, Maurepas lance le plan de reconstruction de la flotte royale, et pour ce faire étend les dispositions de fournitures des bois à l'ensemble du royaume. Son département bénéficie en 1726 de 9 millions de livres consacrés à la fourniture de « mastures, planches de Prusse, goudrons, cuivres ». Mais devant affronter compression budgétaire, le comte s'efforce d'entretenir les vaisseaux préexistants. Il met donc un point d'honneur à livrer au roi une marine de qualité soit par un radoub systématique, soit par une refonte partielle de la flotte.

Toutefois, les arbres commencent à faire sérieusement défaut. Aussi, les ordonnances de 1748 et de 1757 permettent à l'État maintenant de « préempter », la France engageant sa flotte dans la guerre de Succession d'Autriche (1740-1748) et la guerre de Sept Ans (1756-1763).

De fait, l'ambitieux et coûteux programme de rajeunissement et de développement de la marine lancé par le comte de Maurepas sous les règnes de Louis XV et de Louis XVI entraîne un déficit d'arbres adaptés à la nouvelle flotte renouvelée par paliers. Maurepas, ne disposant des moyens financiers de ses prédécesseurs, émet la volonté de durabilité des vaisseaux. Le ministre précise en 1745, alors que la France est en pleine guerre de Succession d'Autriche:

> « Il est nécessaire de savoir qu'on ne peut conserver pendant dix ans les vaisseaux des ports de Ponant, ni pendant vingt ans ceux du port de Toulon, sans faire trois radoubs considérables aux uns et aux autres pendant cet espace de temps. Savoir: aux vaisseaux des ports de Ponant, le premier radoub la

> 4e année de leur construction, le deuxième la 6e année et le troisième radoub deux ans après. Ce dernier radoub comme les deux précédents ne met les vaisseaux en état de servir que pendant deux ans et au bout de dix ans, il faut les reconstruire à neuf ou les démolir[22]. »

Or, près de 40 ans avant Maurepas, sous Colbert de Seignelay[23], près de 20 ans après la création de sa flotte, l'État engage son renouvellement en vue de maintenir son rang européen et de la prochaine guerre, celle de la Ligue d'Augsbourg (1688-1697). Le ministère Maurepas, moins doté financièrement que les autres secrétaires d'État à la Marine du XVIIe siècle, aura pourtant à cœur de rapprocher les délais de radoub afin d'augmenter la durée de vie de la flotte royale.

De fait, dès les années 1687, les actes notariés de voiture précisent « État des bois pour la fabrication et radoub des vaisseaux du roi[24] ». Au XVIIe siècle, les radoubs semblent être effectués au-delà de 10 ans. En effet, notre étude systématique de chacun des cartons des études notariales angevines du XVIIe siècle au début du XIXe, ne fait aucun doute. L'État crée sa flotte à partir de 1660 et dans la décennie 1675[25], aucune mention spécifique de « bois à l'attention des radoubs des vaisseaux du roi », n'apparaît dans les actes notariés.

Cependant, l'ambition de ce plan impose de trop nombreux prélèvements, sources d'épuisements des ressources forestières. Les rapports des intendants sont édifiants. À l'aube de la moitié du XVIIIe siècle, la situation empire. Dès lors les commissaires et les intendants étendent leurs investigations aux forêts des particuliers. Certains d'ailleurs, tel le marquis de Broglie, en 1760, vendent leurs domaines à l'État. Sa forêt de Besse-en-Chandesse, forte de plus de 34 000 arbres en offre 1 000 pour la mâture[26].

Ces décisions s'avèrent malgré tout insuffisantes, la situation s'envenime dans la seconde moitié du XVIIIe siècle. En effet, le 24 brumaire an V, Seheult, sous-ingénieur de vaisseaux dans le 3e arrondissement du Maine-et-Loire, dans sa lettre au commissaire du directoire exécutif se consacre aux « forêts nationales », puis entend « procéder à la visite et au triage des bois des particuliers[27] ».

L'approvisionnement des arsenaux du Ponant devenant nécessité publique, les voitures des grumes doivent être en flux régulier et sans interruption. De fait, l'État établit des agents « relais » délégués de son autorité et contracte des « marchés » sous forme notariée avec des négociants chargés d'approvisionner les arsenaux.

De fait, la monarchie veille sur les provinces dégageant des potentialités de production et d'approvisionnement des arsenaux. Les livraisons « de grumes militaires » du Nivernais, du Bourbonnais, de Touraine, d'Anjou avalent massivement le fleuve royal. Puis, rassemblés à Indret, les bois, les ancres de marine et les canons sont expédiés aux arsenaux de Brest et de Rochefort. Mais le lourd prélèvement dans les forêts françaises grève le capital forestier contraignant les intendants de marine à s'approvisionner également en Allemagne du Nord, en Poméranie…

L'état critique de la flotte à la Révolution perçue en Anjou

À la veille de la Révolution, les ports ligériens débordent d'activité[28]. Les années 1770-1780 marquent, après une attente de près de cent ans, le lancement d'un programme de construction des quais et ports dignes d'accueil d'un fret civil et militaire en pleine croissance. Les corps de ville de Nantes, Ancenis, Montjean-sur-Loire, Angers se dotent de capacités d'accueil pleinement appareillées[29]. Aussi, dans les années 1790, les « travaux dans les ports sont dans la plus grande activité[30] ». La France doit faire face à une coalition. Submergée, assaillie à l'extérieur – sur ses façades ouest sud-est – et sur sa frontière avec le Saint-Empire, elle doit également faire face à l'intérieur aux soulèvements vendéens, chouans, normands… Dès lors, les gouvernements révolutionnaires arment, jugulent et se polarisent sur la « survie » du pays. Le concept de Nation est né, renforcé avec la victoire de Valmy (20 septembre 1792).

Malgré tout, sur mer, les revers sont nombreux. Aussi, les instances gouvernementales engagent le rétablissement de la marine. Voulant porter un coup fatal à l'Angleterre, elles martèlent le 8 fructidor an IV qu'« il n'est plus permis de différer le transport des bois propres à la construction des vaisseaux[31] ». Devant cette urgence, Seheult, le 2 fructidor an IV, presse les citoyens du département de Maine-et-Loire. À ces fins, il dresse un « état des bois de marine à voiturer » et complète sa missive en estimant à 54 114 pieds cubes soit 983 pièces de bois provenant surtout du Saumurois et du Maine[32]. Pour autant, le pays n'est pas pleinement sécurisé et ses artères fluviales encore moins.

Améliorer la flottabilité des affluents

Reprenant à leur compte les demandes incessantes des voituriers par eau et des négociants d'améliorer la navigabilité de la Loire et de ses affluents[33], les édiles révolutionnaires souhaitent l'optimiser afin de faciliter l'approvisionnement des ports-relais, des magasins et des arsenaux. Ainsi, le 19 frimaire an VII, l'ingénieur en chef des Ponts et Chaussées en rédigeant son rapport à l'administration centrale, précise d'importants objectifs.

Relayant les demandes souvent infructueuses des XVIIe et XVIIIe siècles[34], les actes de balisage[35], le département de la Mayenne adresse le 20 messidor an V, une pétition « pour obtenir l'ouverture d'une communication par eau de l'océan à la Loire par l'Orne, la Sarthe, la Mayenne et la Loire ». Les instances révolutionnaires espèrent donc obtenir une

> « belle et grande navigation de l'océan par l'Orne, la Sarthe, la Loire et aussi avec les eaux du département d'Isle-et-Vilaine par l'Ernée, la Vilaine, la Rance et autres canaux projettés dans toute la ci-devant Bretagne ce qui donnera une circulation par eau dans une très grande étendue de la République[36] ».

À ces fins, en se dotant d'un réseau fluvial de qualité, projetant déjà le canal de Nantes à Brest, la République ambitionne de contrecarrer le blocus anglais enserrant les côtes françaises en reprenant ce projet issu de l'après-guerre de Sept Ans[37].

« Porter des coups funestes à l'Angleterre[38] »

Les affres de la Révolution provoquent de nombreux dégâts en Anjou. Les bois de marine manquent cruellement. La Convention puis le Directoire maintiennent, voire augmentent les besoins de bois de marine à destination des arsenaux. Aussi, la République recherche désespérément du bois de marine, et pointe du doigt des dérives, des failles et des œuvres de sape plus ou moins volontaires.

Ainsi, le 1er germinal an II, l'ingénieur de la marine en chef sur la rivière de Loire s'insurge contre l'abattage « de jeunes arbres qui promettent encore, on en taille d'autres très gros, déjà sur le retour ». De plus, « les arbres sont coupés trop haut et au-dessus du sol » si bien « qu'en tombant, ils se déchirent par le milieu et deviennent impropres aux constructions que les courbes sont brisées par les chuttes[39] ».

Les ingénieurs du Maine-et-Loire s'adressent aux communes riveraines de la Loire et de ses affluents afin d'obtenir des bois flottés issus « des grandes eaux[40] », des reliquats d'épaves, « des bois de marine trouvés dans la Loire[41] ». D'autres, comme les édiles de Morannes recommandent également le 21 fructidor an IV :

> « Il seroit utile que l'ingénieur de la marine de votre arrondissement feroit faire des recherches des bois de marines et ormaux qui onts été laissées et abandonnées par les flot[t]eurs depuis Angers jusques à Sablé dans le temps des écouru[e]s qui vont avoir lieu. Se seroit le vraye moyen de trouver toutes les pièces de marine et bois ap[p]artenante à la nation. Je vous préviens qu'il reste beaucoup de marine et du bois d'ormau sur les communes de Pré[s]signé et du Pé canton de Pré[s]signé département de la Sarthe [...] qui va se gaster si toutes fois on néglige de le faire rendre sur les ports après l'avoir fait recevoir par un contremestre marinier. [...] Il en avoit dans les mesme[s] bois environ dix milliers de gournable que les chouans ont fait brûler ainsi que du mairain, lattes et bateau et mesme des pièces de marine. Cette partie de bois situé dans les communes de Pré[s]signé et du Pé apartenant à la veuve Gaudillé d'Angers ou en partie à la nation[42]. »

La municipalité d'Angers, précise par ailleurs le 16 vendémiaire an V

> « [qu']une très grande quantité de pièces de marine superbes tant en première espèce que seconde. Ces pièces sont parvenues des trains de marine qui étaient destiné[e]s pour le compte de la République, lesquels trains ont été brisés par les glaces il y a deux ans, lesquelles pièces se trouvent partie dans le fond des deux rivières et partie sur les rives et dans les isles de la Loire ».

D'après, la municipalité il est possible de voiturer ces bois dans « les ports dans l'espace de deux mois avec douze mariniers, quatre grands bateaux et un bon chef pour les conduire[43] ».

Pourtant, même si les bois manquent cruellement, comme sous Maurepas durant, la Révolution se dote de fournisseurs bien attentionnés à la fourniture des arsenaux.

Reprenant le système de l'abonnement, la République charge les marchands d'une commission. En fait, Launay-Commendeux en obtient une le 24 pluviôse an II, l'autorisant « à faire exploiter les bois [de chênes] qui seroi[en]t propre[s] à marine dans notre commune [La Membrolle] et à se conserter avec nous dans toutes ses opperations[44] ».

Son « marché » arrivé à terme, il présente ses comptes du 13 messidor an III au 5 frimaire an III. À cet effet, il dresse

> « l'état estimatif de tous les bois de feu qui ont esté livré[s] provenant de la terre de Buchet appartenant au si-devant Varice de Marsillée située commune de La Membrolle ainsi que tous les conte[s] bien exact du débit et avoir qui ont esté fais provenant des dits bois de feu qui sont provenu[s] de la tonsure des chênes qui ont étés exploités pour la marine[45] ».

Devant « porter des coups funestes à l'Angleterre », la Convention, puis le Directoire, occupé à affronter une coalition sur ses frontières, doit également combattre un ennemi intérieur. Dès lors, les négociants et les bateliers, loin d'interrompre les échanges, s'adaptent selon l'état des artères fluviales. Mais devant l'intérêt national de la « renaissance » de la flotte, le maintien d'un bon état des rivières du Maine doit assurer une bonne flottabilité des bois de marine à destination des arsenaux.

LE MAINE, PROVINCE POURVOYEUSE DES BOIS DE CHÊNE

La province du Maine produit du chêne. Les arsenaux ne sont pas les seuls à se procurer du bois de chêne nécessaire à la construction des bateaux. Nombreux sont les chantiers de réalisation de hannequins, havriers nécessaires aux bateliers dans les échanges fluviaux. Plusieurs petits chantiers de construction d'embarcations fluviales tels Juvardeil, Daumeray, sont ainsi essaimés le long de la Sarthe et de la Mayenne. D'ailleurs, les ingénieurs des Ponts et Chaussées ne précisent-ils pas en 1778 :

> « Les hannequins portent de 20 à 25, quelques-uns 30 tonneaux, les grands havriers de 80 à 100 et peu au-delà. Aussi quatre hannequins font égal à celui d'un grand havrier… on doit ajouter qu'il est intéressant pour l'État de donner la préférence aux hannequins, les bois de construction sont fort rares. Il en faut donc de la plus belle espèce pour les grands havriers. Proscrivez

> ces bateaux dont le service si peu étendu peut être facilement suppléé et vous donnez aux chantiers de la marine une ressource précieuse dans tous les tem[p]s.[46]. »

Même si dès le XVIe siècle, cette province fournit du bois de marine[47], la pression renforcée de l'État au XVIIe siècle, contraint plus encore les forêts du Maine à l'effort national.

Un siècle plus tard, le cercle d'approvisionnement des arsenaux est étendu à l'ensemble des provinces françaises. Désormais au même titre que toutes les forêts françaises, le Maine confirme sa mise à contribution. En effet, « les bois deviennent très rares en France[48] ».

L'aire du fret

Dès lors, conformément à l'ordonnance de 1669, les intendants et les commissaires « sévissant » dans le Maine s'intéressent de près à Bonnétable, Bercé, Vibraye, Montmirail ; quatre forêts du Haut-Maine grandes productrices de chêne dont certaines relèvent de grands seigneurs. Aussi, en 1744, de façon à fournir l'arsenal de Brest en grumes, le duc de Chevreuse, propriétaire de la forêt de Bonnétable, demande à rendre l'Huisne navigable. Les particuliers sont ainsi encouragés dans la perspective nationale d'approvisionnement des arsenaux.

La requête du duc est donc agrée. En 1751, suite à la sélection des bois effectuée, les premiers trains de bois de marine avalent péniblement l'Huisne, déboulent dans la Sarthe, atteignent le port d'Angers via la Maine et prennent « la route de la marine » à La Pointe jusqu'au pôle Nantes-Indret, avant d'être expédiées aux arsenaux du Ponant[49]. Néanmoins, les flottages de bois de chêne sur l'Huisne jugés trop difficiles, à destination de l'arsenal breton sont interdits suite à l'arrêt du 26 janvier 1768[50].

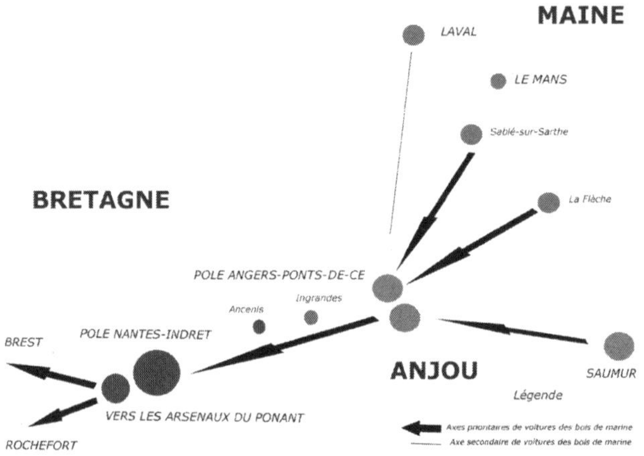

1. Les axes de voitures de bois de marine au XVIIIe siècle.

Le Loir, artère des bois de marine

En 1778, les ingénieurs des Ponts et Chaussées décrivent la rivière du Loir en ces termes :

> « La rivière du Loir est une de celle que les écluses rendent navigables. Elle n'était fréquentée dans le principe que par des bateaux nommés hannequins qui prennent de 20 jusqu'à 30 pouces d'eau. Dans la suitte, on a substitué d'autres bateaux nommés grands havriers. Ils prennent depuis 40 jusqu'à 50 pouces d'eau. Pour faciliter cette nouvelle navigation, ont fut obligé d'exhausser les chaussées de quelques écluses[51]. »

Les grumes de la forêt de Chahaignes, celles de la forêt de Bercé prennent par le Loir, rivière non aménagée[52] au départ des ports du Moulin de la Pointe ou de La Cour d'Hamon (Coëmon). La Flèche et Durtal constituent deux importants nœuds du fret de bois de marine. Deux voituriers par eau de Château-du-Loir, avalent le Loir le 10 fructidor an V (27 août 1797) depuis la Flèche « des trains de bois de marine et de charpente qu'ils conduisaient pour le compte de la République de la forêt de Jupille au port d'Indret ».

Lorsque le 1er mai 1693, Urbain Henry Pierre Heurteloup et Urbain Lebreton, voituriers par eau de Lussault (Maine), s'engagent à voiturer des bois de marine pour le compte du sieur Dupuy-Chafray, marchand de Nantes, ils constituent « les échargeaux desdits bois cy après en la forestz de Chambiers près Durtal au port de Chaufour ou autre port commode pour faire lesdits eschargeaux ». Dès lors « ils feront la voiture et conduitte desdits échargeaux à touttes eaux et sans sejour aux us et coustumes des rivieres du Loir et Loire jusqu'au port d'Indrette au-dessous de la ville de Nantes[53] ».

La Braye est également une rivière flottée. Elle déboule à Couture-sur-le-Loir dans le Loir. À la veille de la Révolution, les troncs de Vibraye et de Montmirail avalent la Braye. Aussi, le 20 mars 1788, lorsque Guillaume Chareau, « marchand de bois » de Montmirail, doit livrer des bois de marine au « sieur Cruci », marchand de bois de Nantes, il engage ses bois du Perche, passe dans le Maine par le Loir[54], la Sarthe et avale la Maine, rejoint la Loire à La Pointe-Bouchemaine, en aval d'Angers.

LA LOIRE, ARTÈRE FLUVIALE DU MAINE AUX ARSENAUX

Au XVIIe siècle, les déclarations, les actes notariés précisent les origines des voitures sans pour autant mentionner le type des bois voiturés. Ainsi, le 14 avril 1687[55], puis le 13 juin 1689[56], René Leroyer dresse un « état des bois pour la fabrication et radoub des vaisseaux de Sa Majesté ». Chaque fois y est seulement précisée la province de la voiture « en cinq petits eschargeaux de la rivière de Maine pour estre conduits audit havre de Brest ». Par ailleurs, lorsque le 1er mai 1693[57], « Urbain Henry Pierre Heurteloup et Urbain Lebreton voituriers par eau faiseurs et conducteurs d'échargeaux de bois » prennent la direction du pôle Nantes-Indret, ils sont tous natifs du Maine, de Lusseau.

Au XVIIIe siècle, l'administration s'affinant, les actes émanants de son autorité donnent quelques précisions supplémentaires. De fait, Mathurin III Clavereau [des Vignes] voiture des bois du Maine chargés à Morannes[58], Guillaume Chareau voiture du bois du Perche de Montmirail[59]. En outre, 163 pièces de chênes « provenant des bois Champaitre[60] » prouvent un fret conséquent de bois de marine du Maine en direction des arsenaux du Ponant.

Le fret des bois de marine s'intensifie sur les années 1687-1693, époque de la guerre de la Ligue d'Augsbourg (1688-1697). La massivité de ce fret concorde pleinement avec la période des radoubs de vaisseaux engagés par l'État suite au plan Colbert.

La typologie des voitures fluviales

Les marchés de voiture, ressource importante pour une telle estimation donnent une dimension qualitative et quantitative du fret fluvial. Ils peuvent compléter les apports statistiques fournis par les registres des péages, une source fort précieuse mais malheureusement rare. De fait, la source des marchés de voiture présente des limites. Une étude systématique de chacun des notaires laisse apparaître la partie « émergée » du fret, mais une partie « immergée » liée aux destructions, moisissures, mauvais état, des études notariales occulte une bonne part des sources portant sur une étude du fret fluvial. Enfin, la diversité du fond et de la forme des actes de voiture oblige à simplifier leur traitement, ce qui ne facilite pas la comparaison des données.

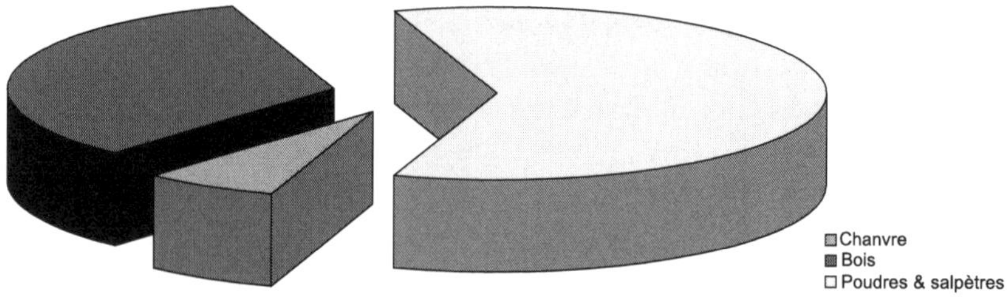

2. Typologie des voitures fluviales de « pondéreux militaires » au passage du pôle Nantes-Indret (1660-1709).

En outre, les marchandises voiturées mentionnées dans les actes de voiture sont soumises à un prix unitaire des voitures où la quantité des marchandises transportées est prise en compte comme coefficient multiplicateur. Du coup, évaluer quantitativement le trafic fluvial revêt une certaine complexité. De fait, si le fret « militaire » fait l'objet d'une attention toute particulière de la part des instances administratives, son appréciation unitaire s'avère délicate.

Les voitures fluviales de « pondéreux militaires » (graphique ci-contre), à destination des arsenaux du Ponant mettent en avant une très nette dominante des poudres et salpêtres, puis des bois de marine. La Loire et ses affluents apparaissent bien comme des axes « marchants » fédérateur des provinces au nom de l'intérêt nationaliste. Passé la Fronde, les troubles internes, le fleuve royal en plus d'offrir une capacité de fret conséquente, favorise le développement de pôles et d'infrastructures portuaires vite dépassés par un accueil si massif. Dès lors, face à cette saturation, les corps de Ville réitèrent, dès le deuxième tiers du XVIIe siècle, la nécessité de créer des structures portuaires bien adaptées[61].

Pour autant, les marchés de voitures présentent des limites. Les tonnages ne sont pas toujours mentionnés.

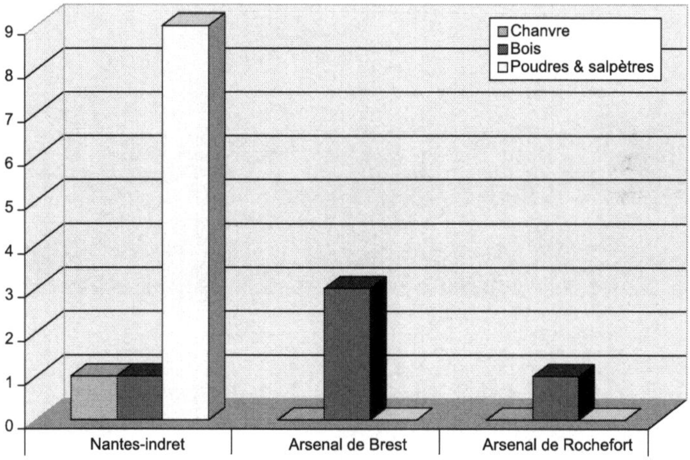

3. Destinations des voitures fluviales de « pondéreux militaires » au passage du pôle Angers - Ponts-de-Cé (1660-1709).

Le pôle Angers - Ponts-de-Cé, « pôle de redistribution » vers les arsenaux

Le pôle Angers - Ponts-de-Cé s'érige dès la fin du XVIe siècle en véritable « pôle de redistribution ». Ce rôle s'affirme progressivement dans le Grand Siècle et plus fortement encore à partir des années 1660, époque d'un fret de plus en plus massif sur la Loire et ses affluents. Port de redistribution du Maine, son arrière-pays, Angers trouve son prolongement ligérien avec Les Ponts-de-Cé, port au rôle grandissant sur le fleuve royal.

L'Allier et la Loire aux XVIIe et XVIIIe siècles sont émaillés de ports-relais, d'entrepôts, susceptibles de recevoir les frets fluviaux à destination des arsenaux. Ainsi, sur l'Allier et de ses affluents, les ports du Quéreau (Varennes-sur-Allier), de La Mothe (Brioude), de Puyguillaume (sur la Dore), sur la Loire, les ports de La Charité-sur-Loire, du Patureau (Nevers), du Porteau (Orléans), La

Riche (Tours)[62] disposent d'entrepôts recevant ancres, bois et fers à destination du pôle Nantes-Indret et de-là avalent vers les arsenaux ponantais.

4. Angers vers 1770 (Archives départementales de Maine-et-Loire, 11Fi 988).

À la même époque, Angers sur la Maine se dote d'un port au bois spécifique : le port Ligny. Ce dernier reçoit les bois du Maine et devient dès lors au XVIIe siècle et surtout au XVIIIe, le principal port de la ville.

Profitant de son « arrière-pays », du Maine et de l'amont ligérien, ce pôle approvisionne prioritairement le pôle Nantes-Indret, son débouché ligérien, l'arsenal de Brest et de manière secondaire l'arsenal de Rochefort. Les fournitures portent prioritairement sur des bois d'entraves des vaisseaux ou de radoub des frégates de la marine royale. À l'opposé, Nantes connaît un développement portuaire depuis le XVIe siècle.

Confirmé au XVIIe siècle[63], Nantes, couplé d'Indret dès la seconde moitié du Grand Siècle, monte en puissance devenant une véritable « plaque tournante ». Indret, véritable entrepôt aux capacités de stockage d'envergure, accueille grumes, artillerie et ancres.

En se dotant d'infrastructures d'accueil, de quais de déchargements, de grues, de hangars imposants, de parcs à bois, l'entrepôt d'Indret[64], confirme pleinement au XVIIIe siècle, sa position acquise au XVIIe siècle d'antichambre des arsenaux ponantais, une présence toujours d'actualité dans le paysage industriel militaire ligérien.

Le pôle Nantes-Indret, « une plaque tournante » séparée de 2 lieues...

Centralisées sur Nantes, lieu de « commandement[65] », les grumes avalent la Loire vers Indret. Arrivés sur le pôle Nantes-Indret, les bois de marine prennent majoritairement la direction de Brest de 1680 à 1709 (graphique ci-dessous), Rochefort étant une destination secondaire.

Les bois avalant massivement les fleuves et rivières vers les arsenaux supposent à l'instar des merrains sur la Dordogne[66] des lieux spécifiques d'entrepôts. Les intendants de marine établissent dès lors des ports-relais, des entrepôts d'importances secondaires avant d'expédier les pondéreux vers les arsenaux. L'Allier en est particulièrement doté[67]. Le stockage des grumes est source de multiples difficultés. Régulièrement, les grumes se déprécient dans les arsenaux à cause des insectes, des champignons, des variations climatiques et hydrologiques, générant des déperditions. D'ailleurs des « vaisseaux bâtis en bois sec étoient de beaucoup plus longue durée que les autres[68] ». Aussi, l'État « a fait bastir des hangards dans les ports pour les mettre a couvert en attendant qu'ils soient secs et en estat d'estre employes utilement[69] ».

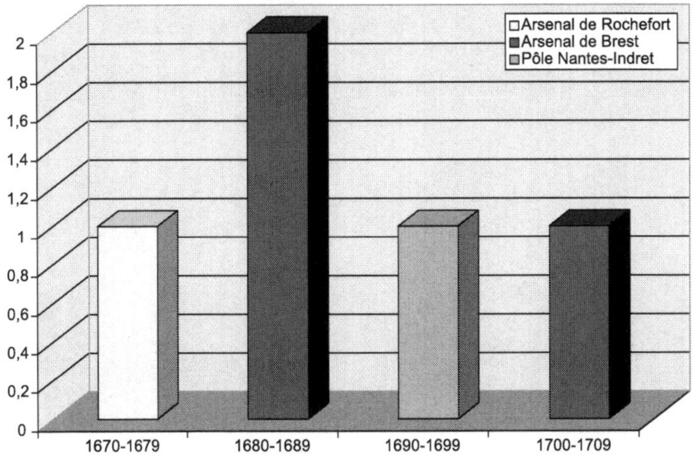

5. Destinations des voitures fluviales de bois de marine au passage du pôle Nantes-Indret (1670-1709).

Au XVIIIe siècles, l'Anjou, le Maine, l'Orléanais et le Blésois (forêt de Sologne), la Touraine, le Berry, le Bourbonnais et le Nivernais, confirment qu'ils sont devenus, depuis le siècle précédent, provinces « satellites » dépendantes des arsenaux ponantais. L'aire d'approvisionnement des arsenaux prend une extension « nationale » au travers de la centralisation[70] du fret « militaire » débouchant à Nantes. Le port nantais confirme dès lors une dimension internationale, relaye les « importations » militaires ligériennes aux arsenaux via Indret. Véritable pôle, Nantes-Indret confirme aux XVIIe-XVIIIe siècles sa dimension de port fluvio-maritime « civil » et « militaire ».

6. Jean-Jacques Delusse, *Vue de la Loire allant de Nantes à Paimboeuf, des villages de la basse Indre et de l'Indret*, musée de la Marine de Loire, Châteauneuf-sur-Loire, premier quart du XIXe siècle, inv. M2781 A 14.

7. Jean-Jacques Delusse, *Vue de la Loire inférieure, prise de l'ancien couvent des capucins à Nantes en 1806,* musée de la Marine de Loire, Châteauneuf-sur-Loire, premier quart du XIXe siècle, inv. M2781 A 5.

...vers Brest et Rochefort, arsenaux du Ponant

Généralisés sous Colbert, les intendants de marine, tels M. de Denain[71] à Rochefort ou M. des Clouzeaux[72] à Brest veillent à l'approvisionnement des arsenaux et au radoub des flottes. Ainsi, chaque année, ils réalisent un état des besoins, puis transmettent leur « rapport » à leur ministre de tutelle avant de contracter des marchés avec des marchands[73].

B. Exemples au XVIIe siècle des sommations, déclarations de voitures fluviales des bois de marine sur la basse Loire à destination des arsenaux

Dates des actes	Intermédiaire	Transporteur	Départ	Arrivée	Destinataire	Fret
2 mars 1675 Sommation	Jolly sieur de La Motte	Maurice Dureau, voiturier par eau	Angers	Arsenal de Rochefort	M. de Denain, intendant de la marine de Rochefort	2 377 pieds de bordages + 242 pièces + 122 pièces de bois
14 avril 1687 État des bois pour la fabrication et radoub des vaisseaux du roi	René Leroyer sieur de La Roche et François Saupin son associé	Prise en charge par René Leroyer, marchand	Angers	Arsenal de Brest	M. des Clouzeaux intendant de la marine de Brest	3 plançons, 8 allonges de revers 4 varangues, 3 genoux de font, 6 courbes de tillac, 3 porques, 100 bordages de 300 à 400 pouces d'épaisseur de 25 à 30 pieds de long, 2 pressintes de 30 à 35 pieds de long, 30 planches de 2 pouces d'épaisseur soit un total de 1 670 pieds cubes soit 6 680 pieds courant
13 juin 1689 État des bois pour la fabrication et radoub des vaisseaux du roi	René Leroyer sieur de La Roche et François Saupin son associé	Prise en charge par René Leroyer, marchand	Angers	Arsenal de Brest	M. des Clouzeaux intendant de la marine de Brest	55 bareaux de toutes grosseurs faisant 1 075 pieds courants réduits à 826 pieds cubes, 70 allonges de revers et autres allonges faisant 855 pieds courants réduits à 650 pieds cubes, 15 plançons faisant 290 pieds courant réduits à 241 pieds cubes, 70 bordages et tillacs faisant 1 500 pieds courant réduits à 370 pieds cubes soit 2 087 pieds courant

Comme le montre le tableau page précédente, dans les années 1680, l'arsenal de Brest est le grand bénéficiaire des approvisionnements en bois de marine issus du Maine.

L'arsenal breton doit se résoudre à « importer » du bois des provinces ligériennes[74]. Son approvisionnement dans le Maine commencé dès 1687[75], se confirme dans les années 1720[76]. *A contrario*, l'arsenal de Rochefort reçoit des bois l'Aunis, Charente, Poitou, Angoumois, Saintonge, tirés de son arrière-pays, qui compose son cœur d'approvisionnement. Mais devant faire face à l'appauvrissement de ses richesses forestières, Rochefort, commence dès 1722[77], à prospecter en Anjou, Maine et Touraine. Dès lors, à la fin du XVIIIe siècle, les provinces riveraines de la Loire deviennent un théâtre concurrentiel où les deux arsenaux ponantais « s'affrontent » dans leur approvisionnement en bois.

En 1721-1722, selon David Plouviez, 73 000 pieds cubes sont expédiés de Nantes vers les arsenaux ponantais, témoignage d'une reprise timide des voitures de bois de marine. Quelque vingt ans auparavant, 175 000 pieds cubes transitaient par le pôle Nantes-Indret[78].

Ainsi, à la Révolution, l'arsenal de Rochefort, en manque de bois de marine confirme l'extension de son aire d'approvisionnement, commencée à la veille de 1760[79], en se fournissant massivement dans le Maine grâce à la Sarthe et surtout au Loir, rivière flottable des bois de marine. 163 pièces de chênes « Loir provenant des bois Champaitre » sur le Loir soit « un cube » de 4 977 pieds sont donc évaluées dans un « état des bois de chêne et autres exploités pour le service de la Marine de la République et destinés pour le port de Rochefort appartenant à C. Baray Dupats »[80].

La Loire reçoit ainsi du Perche et du Maine et de son amont ligérien, un fret massif et régulier de bois de marine à destination des arsenaux du Ponant. Émaillés d'entrepôts, de hangars de stockage, le fleuve royal et ses affluents favorisent de développement de « pôles de redistribution » comme Angers-Ponts-de-Cé, véritable exemple de relais du « fret militaire » desservant Nantes-Indret, « plaque tournante » à destination des arsenaux du Ponant.

LA VOITURE DES BOIS DE MARINE SUR LA BASSE LOIRE ET SES AFFLUENTS

Devenant une véritable industrie, le fret des bois de marine augure la proto-industrialisation à l'échelle de la marine. Dès lors, dès la seconde moitié du XVIIe siècle, c'est véritablement un flot massif de bois de marine constant et conséquent qui anime le paysage fluvial de la basse Loire et de ses affluents. Les charpentiers de marine chargés de la sélection doivent veiller au bon roulement des productions forestières.

Le fret des bois de marine, un mode de voiture spécifique ?

Le flottage des bois crée des conflits d'intérêts. L'État se doit donc de régir les modalités du fret. L'ordonnance de 1669, âme de Colbert précise que

> « le flottage des bois ne pourra être empesché ou arresté sous quelque prétexte que de droit de travers, péages, pontonnage ou autres, par quelque particulier que ce soit, à peine de répondre de tous les dépends, dommages et interest des marchands [81] ».

Par conséquent, lorsque le 2 mars 1675, Jolly, sieur de La Motte, voiture des bois de marine à l'arsenal de Rochefort, il présente au bureau d'Angers via Maurice Dureau, marchand voiturier par eau :

> « Son brevet de laissé passer du nombre de quatorze cens quarante piedz de bordage de deux pouces par une part neuf cens vingt sept piedz de latte faisant en tout deux mil trois cens soixante dix sept piedz plus deux cens quarente deux piedz » [...] « et cent vingt deux pièces de bois d'un pouce tout ledit bois chargé dans le batteau de Maurice Dureau voicturié pour estre voicturé jusques au port de Rochefort pour la construction et radoub des vaisseaux de Sa Majesté sans payer aucuns droitz audit sieur de La Marre par ceque ledit sieur de La Motte Jolly a promis et s'est obligé de rap[p]orter à iceluy sieur de La Marre dans [pas de date] [le].Certificat dudit sieur de Denain après le débarquement desdits bois au lieu d'arsenal de Rochefort comme iceux bois y auront esté deschargez et pour servir ausdits vaisseaux de Sa Majesté [82]. »

Tout bois de marine à destination des arsenaux est donc exempté de droit de péage. Cependant, le voiturier par eau « chargé du marché », même s'il échappe totalement à la pénible et longue épreuve de vérification des cargaisons grâce à l'abonnement, doit présenter son passeport au passage de chaque péage. Malgré tout, la sommation ne présente pas de date butoir de présentation du certificat. Aussi, fort peu de marchands remettent à cette occasion « les certificats délivrés par les intendants de la marine [83] », certifiant la bonne délivrance des bois aux entrepôts des arsenaux.

Arrivés à destination, les bois sont vérifiés. Autant peuvent-ils prendre la direction des arsenaux, autant peuvent-ils être refoulés, voire recyclés dans le grand fret commercial. Toutefois, dans ce cas, ils échappent aux droits de péages, générant des contestations de la part des péagistes. Comme tout un fret massif échappe aux péagistes, produisant de facto peu de recettes, sur certains axes fluviaux tel le Rhône [84], les bois de marine avalant les fleuves et rivières sont soumis à un tarif spécifique. Pour autant, sur la Loire du XVIIe siècle, les voituriers par eau assurant le fret de bois de marine ne sont pas assujettis aux droits de péages.

Malgré tout, des arrêts trop fréquents engendrent des accidents comme des ruptures de trains de bateaux générant dès lors des avaries.

« Les chargés du fournissement des arsenaux » : marchands et marchands voituriers par eau

Les arsenaux de France ne sont pas tous approvisionnés de la même façon. Autant ce sont des professionnels extérieurs à la province qui gèrent les voitures et le flottage vers l'arsenal de Toulon[85], autant les arsenaux de Brest et de Rochefort sont approvisionnés par des voituriers spécifiques. Très souvent un abonnement régit la fourniture de bois de bateaux à destination des arsenaux. Ainsi, un forfait annuel engage les marchands, les voituriers par eau, les flotteurs à assurer ce fret. Les « fournisseurs des arsenaux », véritables négociants obtiennent le marché d'approvisionnement des arsenaux[86] et se chargent, dès lors de la voiture des grumes.

Dans certains cas – les plus nombreux d'ailleurs –, le marchand voiturier par eau[87] n'est qu'un sous-traitant du négociant contractant du marché d'approvisionnement des arsenaux. Ainsi, lorsque le 18 décembre 1749, Mathurin III Clavereau [des Vignes] prend son chargement au port de Morannes, il voiture « les bois [de marine] incessamment et sans discontinuation a l'adresse du sieur Harnouel en la ville de Nantes[88] ». De même, Jolly sieur de La Motte, marchand de Nantes, sous-traite à Maurice Dureau, voiturier par eau[89].

Et le 1er mai 1693[90], ce sont Urbain Henry, Pierre Heurteloup et Urbain Lebreton « tous voituriers par eau faiseurs et conducteurs d'échargeaux de bois » qui sont « facteurs » du sieur François Depuy Chafray « marchand fournisseur de bois pour les vaisseaux de Sa Majesté » de Nantes. Le 29 août 1753[91], Michel Bodineau le jeune déclaré « voiturier par eau » est le sous-traitant de « Charles Joseph Hanno, fournisseur des bois de marine pour les arcenaux ». Enfin, Guillaume Chareau « marchand de bois » de Montmirail, s'engage le 20 mars 1788 à livrer des bois de marine au « sieur Cruci », marchand de bois de Nantes[92]. Marchand, il assure lui-même le fret. Les Cruci issus du monde des marchands de bois, prennent une importante dimension à Nantes en s'investissant pleinement dans la construction de navires à destination de la marine[93]. Aussi, dès 1788, contractent-ils, comme l'atteste ce procès-verbal de naufrage[94], des marchés de fourniture de la marine de guerre.

Mais, parfois, les marchands voituriers par eau, eux-mêmes « contractent directement le marché de fournitures de bois de marine ». De fait, le 8 novembre 1695[95], Léonard Coutand « marchand voiturier par eau de Moulins en Bourbonnais » est déclaré « entrepreneur de la voiture des trains de mats destinés pour les vaisseaux de sa majesté par sentence royale rendue au siège royal de l'Amirauté de Nantes le sixième octobre mil six cent quatre vingt quinze ».

Le voiturier par eau désigne finalement le « professionnel de transport[96] ». À rapprocher de l'expression voiturier par terre, les voituriers voiturent du vin, des carreaux, du sucre et peuvent être nommés « marchands » dans les actes notariés. Par extension, ils peuvent assurer le balisage du fleuve, contracter des « marchés de voiture du sel » voire « entreprendre la fourniture des bois de marine ». Contracter de tels « marchés » leur permet dès lors en sous-traitant le marché à des « facteurs », de se hisser dans la hiérarchie sociale et ainsi de tendre la main au négoce[97].

Les voitures de bois de marine ; des intérêts conflictuels ?

Liés par un engagement, les voituriers par eau sous-traitants des marchands « chargés du fournissement des arsenaux » s'affrontent souvent durement pour des non-présentations de certificat de livraison de bois de marine ou bien pour des voitures impayées. Ainsi, « les voiturier[s] reclame[nt] journellement pour ce qui leur est du[98] », aussi Launay-Commendeux estime à la fin de son marché ce qui leur est dû.

Mais toutes les confrontations ne se déroulent pas simplement. De fait, le 29 août 1753[99], Michel Bodineau le jeune « voiturier par eau » affronte « Charles Joseph Hanno, fournisseur des bois de marine pour les arcenaux ». L'acte du 19 décembre 1758[100], reprend le jugement antérieur. Ce procès porte pour des impayés, quittances à l'appui « pour la voiture des bois référés dans les factures des 4 et 10 novembre 1741 concernant les quinze cent dix neufs pièces de bois de marine et trente et un mil six cent de gournables ». Bodineau doit remettre à Hanno « incessament et de jour à autorité certificat de l'écrivain du roy à Indrette de la quantité des pièces de bois » déposées « conformément aux conventions faittes entre eux », sinon il sera condamné à « payer aud Hanno une somme de 8 000 livres à laquelle il attente la valeur des bois qui n'ont pu être venus par le dit Bodineau sur la ditte isle d'Indrette… ». Finalement Bodineau doit remettre à Hanno

> « une reconnaissance du sieur Pelletier clerc du roy à indrette de la quantité de 20 989 pieds cubes de bois de construction par luy chargée dans ses batteaux faisant 1 641 pièces et 31 600 de gournables suivant ses reconnaissances des 6 et 10 novembre 1741 ».

Le 9 août 1753, Hanno livre à Bodineau 2 500 livres pour arriérés de voitures de bois de marine.

Régulièrement des voituriers par eau, ainsi Pierre Vivant d'Angers, avalent la Loire avec d'importantes quantités de bois de marine. Celui-ci est sommé le 19 juin 1749 de payer à Jouanneaux, voiturier par eau de Savennières, « le prix de voiture desdits bois[101] » effectuée à Indret.

Même si sous le Directoire, « le prix des transports sera acquitté sur des fonds affectés aux dépenses de la marine, d'après la fixation qui en sera faite par l'administration départementale, sur l'avis de celles du canton[102] », le règlement des voitures n'est pas acquitté plus rapidement.

Les voituriers par eau, les bois de marine ; un « armement » fluvial spécifique ?

Les sapines non mâtées avalent la Loire et sont déchirées à leur arrivée à Nantes. Par contre, les chalands de Loire, bateaux en chênes mâtés, à fond plat, d'une longueur moyenne de 11 à 12 toises (29 à 31 mètres) constituent la « flotte » des marchands voituriers par eau. Le 2 mars 1675 Maurice Dureau « voicture » les bois « chargé[s] dans le batteau » « jusques au port de Rochefort pour la construction et radoub des vaisseaux de Sa Majesté[103] ». À bord de son « bateau », en mars, sur un fleuve en « eau », il use de la voile, se fait porter par le courant.

Il convient de rapprocher le terme de bateau du même terme issu d'autres actes notariés traitant de voiture de marchandises. Lorsque les notaires mentionnent « bateau », l'historien à affaire à un navire de grande dimension et de grande capacité comme les chalands, bateau de Loire, les havriers, hannequins[104] ; navires affrétés sur la Sarthe, le Loir et la Mayenne. Dans ce cas présent, Dureau avale vraisemblablement la Loire à bord d'un chaland.

Tout comme l'arsenal de Toulon[105] reçoit des voitures de bois de marine sous forme de radeaux pour les plus gros frets, des radeaux de trains de bois flottés de près de 20 de long et de 4 à 5 m de large[106] regroupés en convois, avalent l'Huisne, la Sarthe, le Loir jusqu'à Indret, pôle de rassemblement avant expédition à l'arsenal de Brest.

Ainsi, les voituriers par eau agrémentés pour le service de l'État, voiturent les bois flottés sur de « petits eschargeaux de la rivière de Maine[107] », des « bacquins faisans deux eschargeaux et demy de Loire[108] ». Ces actes apportent quelques précisions sur le sens de ces embarcations. Ainsi, « 2 échargeaux et demi de Loire[109] » forment « 5 bacquins » de Maine, ce qui équivaut à une autre mention « 5 petits échargeaux de la rivière de Maine[110] ». Les voituriers par eau en sont les « faiseurs et conducteurs d'echargeaux de bois[111] ». Ces « trains » de bois assurent le fret spécifique des bois de marine entre Loire et Maine jusqu'à Nantes. En effet, le fret « civil » est assuré par des embarcations mâtées sur la Loire et ses affluents voire des sapines. Pour autant, ont-ils des dimensions standards ? Chargent-ils chacun 80 à 100 tonneaux, autant que les havriers ? Quelles sont leurs caractéristiques ?

Équipés de gaffes, les marchands voituriers poussent ainsi leurs convois de bois flottés sur les rivières du bassin de la Maine, puis sur la basse Loire. Ce sont par conséquent des convois entiers de bois de marine flottés qui croisent les voitures fluviales de fret civil.

Caractère prioritaire du fret et saisonnalité de la basse Loire et de ses affluents

Les marchands voituriers par eau doivent assurer un fret en « quatre mois prochains conformément aux ordres du roy[112] ». Les bois de marine doivent donc rejoindre rapidement le pôle Nantes-Indret, afin d'être expédiés vers les arsenaux ponantais. Certains, comme Michel Beucher de Vouvray-sur-Loir, s'engagent le 5 fructidor an IV (21 août 1796), de conduire à Nantes en 40 jours « tous les bois rendus dans les ports de La Pointe, de Coëmont et de Vaas[113] ».

Le fret des voitures de bois à destination des arsenaux est révélateur de la saisonnalité de la navigation en Loire. Le fleuve royal est capricieux. Lorsque le vent manque, la voiture des marchandises en est ralentie. À l'hiver, les glaces, les embâcles et les débâcles, les hautes eaux peuvent nuire gravement à la navigation tout comme l'étiage estival. De fait, en 1720, La Mothe à Nantes signale « Le froit continuant avec violence la rivière chariant beaucoup, la navigation est absolument interrompu[e] et comme il y a lieu de croire que la rivière prendra tout a fait[114]. » Le phénomène de basses eaux ralentit considérablement les voitures fluviales, échelonnées de fin août à septembre. Ainsi, comme l'atteste le graphique ci-dessous, seule la période printanière offre la possibilité d'un fret de bois de marine à destination de des arsenaux.

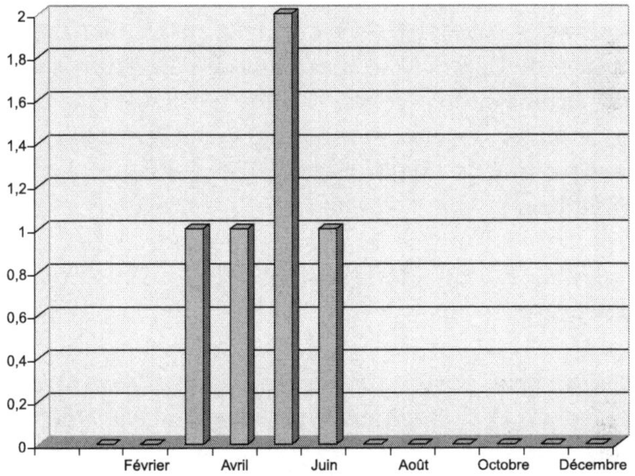

8. Saisonnalité des voitures fluviales en basse Loire des bois de marine (1675-1693).

Les avatars de la navigation sur la basse Loire et ses affluents

Le passage des portes marinières sur les affluents

Même si au XIXe siècle, les écluses à sas remplacent les portes marinières sur la Mayenne et la Sarthe, l'histoire des siècles précédents regorge de descriptions inouïes des conditions de passages de ces « sources d'entraves ». Aux XVIIe, XVIIe et XVIIIe siècles, les « seigneurs » détenteurs de droits de passages, de moulins sur la Mayenne, la Sarthe et le Loir doivent affronter les lourds entretiens des chaussées, portes marinières et portineaux.

En outre, ils doivent curer la rivière au-dessous des portes et enlever le jard afin de faciliter la montée des bateaux. Ces ouvrages obéissent à des normes strictes[115] : les portes doivent avoir 14 pieds de large et le seuil de la porte devait affleurer « le sol foncier, afin que les bateaux n'y accrochassent pas en descendant et n'éprouvassent pas de secousse en montant ». Un pieu dit « de liege » ou de liage, devait être installé « sur le solide de l'autre côté de la rive en montant pour servir d'attache aux bateaux et leur aider à passer la porte ». En outre, à chaque porte, doit se trouver « soit en aval soit en amont des pieux près la porte pour servir à attacher les bateaux lorsqu'ils arrivent à la porte, ces pieux se nomment d'attache[116] ».

Malgré tout, lors de sécheresse, les voituriers par eau recourent à l'usage du guinda, placé à l'arrière du bateau afin de « le hisser » au risque bien souvent de détruire les portes. À partir du XVIIe siècle, la concurrence quant aux usages de la Mayenne, de la Sarthe, du Loir prend de l'ampleur. Le fret civil s'intensifie, les voitures militaires croissent, les difficultés augmentent. Bateliers, voituriers par eau chargés du fret des bois de bateaux, meuniers s'affrontent rudement au passage des portes marinières, source de perte de temps pour les navigants comme pour les meuniers.

Les flotteurs de bois voiturent majoritairement sur le Loir, la Sarthe, l'Huisne et la Mayenne. Sur cette dernière, ils passent 42 portes marinières[117]. Vingt et une séparent Angers de Château-Gontier et autant séparent cette dernière de Laval. De surcroit, la navigation sur cette rivière n'est réellement praticable que 6 mois. En hiver, un mois s'avère nécessaire pour relier Angers et Laval. Sur le Loir, les voituriers par eau doivent franchir 17 portes marinières. Sur la Sarthe, le constat est identique. Ainsi, Thomas Ciret, batelier d'Angers maudit, le 14 septembre 1744[118], l'étroitesse du passage des portes marinières. Ces passages obligés ralentissent considérablement le fret « civil » comme le fret militaire d'autant que flotteurs, mariniers et meuniers doivent se partager la force motrice de l'eau.

Dans ces conditions, les portes marinières doivent être maintenues ouvertes suite à l'arrêt du 24 juin 1777 facilitant le passage des trains de bois flottés à la colère des meuniers et des seigneurs. Profitant « du flot[119] », ces voitures détériorent les portes générant des naufrages.

Marchands voituriers par eau, marchands et naufrages d'un fret prioritaire

Tout comme, les havriers, hannequins, chalands assurant « un fret civil », les trains de bois flottés subissent des avaries. Les naufrages dont les voituriers par eau et les flotteurs sont victimes, sont dus bien souvent au manque d'entretien des portes marinières trop souvent négligées par les seigneurs. Si l'entretien laisse bien souvent à désirer, parfois, au moment de les franchir, les « navigateurs » les disloquent. Comme l'atteste le témoignage de Pierre Vivant, en 1748[120]. L'entretien des portes marinières est négligé au point de provoquer de 1693 à 1699 quatre naufrages[121].

Au XVIIIe siècle, les péages seigneuriaux sur les affluents du fleuve royal sont encore très nombreux, au point que certains voituriers par eau « engravent » leurs embarcations. Pierre Vivant, marchand voiturier par eau d'Angers n'y échappe pas le 27 décembre 1760[122]. Des experts sont dépêchés. Ces voituriers par eau « indépendants » précisent les responsabilités des uns et des autres. Ils jugent sur place de manière impartiale, effectuent leurs relevés, constatent, concluent et rendent leur avis dans l'intérêt de la navigation, à charge aux seigneurs de restaurer leurs ouvrages.

Les naufrages sont également dus aux glaces. Ainsi, selon le rapport du procureur général syndic du département du Maine-et-Loire du 5 floréal an III :

> « La rigueur de l'hiver dernier, a la suitte duquel s'est oppérée une débâcle considérable… et s'en est fallu que par l'avarie d'un train de bois poussé avec force a travers les ponts et les pieux soutenant les maisons nous n'ayons pas vue le tout emporté par la rapidité des eaux[123]. »

Le nombre de bois avalant la Loire est précisé dans une séance du département de Maine-et-Loire datée du 14 pluviôse an V. Philippe Cochaux et Pierre Joseph Baudit « flotteurs de marine actuellement à Angers en date du 12 de ce mois ». Tous deux précisent s'être « rendus en cette ville avec leurs équipes de bois de marine au compte de la nation composée savoir celle de Cochaux d'environ 48 mille pieds cubes et celle de Baudit de 14 500 mille pieds cubes faisant un total de 62 500 ». Mais à cause des glaces,

> « [ils] ont pris toutes les précautions possibles pour prévenir les accidents que l'affluence des glaces pouvoient occasionner au dégel en choisissant les meilleures gares et les lians avec tous les amar[r]es et cordages qu'ils ont pu se procurer[124] ».

Les naufrages ont également pour cause de hautes eaux. La déclaration du 20 mars 1788[125] de « Guillaume Chareau marchand de bois » de Montmirail est éloquente. Partant du port de « Taillefert paroisse de Soudée » en novembre 1787 avec 2 trains de bois de marine et de charpente pour le compte du « sieur Cruci », marchand de bois de Nantes. Il déclare être

> « parti à tem[p]s puisqu'il était rendu et qu'il avait conduit ces mêmes trains jusqu'à La Flèche dès le seize février dernier mais que les eaux toujours tenues extrèmement hautes et voyant qu'il ne pourrait passer sous les ponts de cette ville [La Flèche] il avait cru devoir relacher à La Flèche pour éviter les frais plus considérables soit pour renvoyer les hommes à gages qu'il avait pris pour la conduite de ses trains soit pour les frais revenus quand les rivières seront navigables parcequ'ils sont beaucoup plus prêt de chez eux ».

Il demande l'expertise de deux voituriers par eau d'Angers, qui déclarent

> « que depuis environ depuis deux mois et demis à trois mois, l'affluance des eaux des rivières de la Sarthe et du Loir a été si grande que la Loire ayant en même tem[p]s refoulé avec abondance que la Mayenne était devenue impraticable pour les bateaux à plus forte raison pour les trains qui ne sont conduits

> qu'avec des bâtons qui ne peuvent être assez longs pour atteindre le fond que la rivière du Loir, n'est pas navigable partout pour les trains dans les moindres grands eaux qu'il a été impossible jusqu'à ce jour et qu'il l'est encore quant à présent de pouvoir faire descendre à nos trains les ponts de cette ville qu'ils ont presque toujours été au comble et que trois fois successivement la rivière a reflué jusque dans les rues et que les eaux commençant à couler bas il ne peut passer des trains sous les mêmes ponts sans courir les risques d'un péril évident et d'une avarie certaine qu'il y a trois semaines qu'il périt à Duretal par les mêmes grandes eaux un batellier ou conducteur de trains dont le train se brisa à travers les ponts ».

La durée de la navigation, le rythme des saisons, le passage des portes marinières, les glaces et les hautes eaux ralentissent nettement la navigation au point de provoquer des pertes difficilement identifiables de bois de marine, précieuse cargaison.

LE FLOTTAGE DES BOIS DE MARINE, UNE VOITURE COÛTEUSE ?

Les comptes entre les marchands, les voituriers par eau et l'administration chargée du fret du bois se précisent de plus en plus à mesure que le XVIIIe siècle avance. Aussi, à partir des actes notariés, des faillites, des procédures judiciaires des papiers administratifs de la Révolution, et enfin de quelques papiers de familles, pouvons-nous dégager les contours des coûts des voitures de bois de marine sur la Loire et ses affluents.

Lorsque le 19 décembre 1758[126], Bodineau est en procédure contre Hanno, le voiturier par eau doit 8 000 livres. Le négociant lui doit également 2 500 livres pour des arriérés de voiture. Mais initialement la voiture monte à 8 000 livres. Malheureusement, l'acte ne précise pas le trajet effectué. Il précise seulement la destination finale : Indret. À titre comparatif, sur le Rhône[127], le cout de voiture atteint 6 709 livres, dont 1 036 livres consacrées aux dépenses de radeaux de reconnaissance, à la visite des forêts, aux « cocardes et rubans pour les voituriers du premier des mâts », « petit pavillon mis sur l'amiral des mâts passant à Salins »… Le coût n'inclut pas le prix du bois, ni le coût de la voiture.

L'acte contracté par Léonard Coutand, 8 novembre 1695[128], « ne présente pas l'état » des dépenses, ni même le montant du marché contracté. Seuls les comptes administratifs de Launay-Commendeux[129] présentent au moment de la Révolution un état relativement précis de la voiture des bois de marine. Les comptes atteignent 7 714 l. 19 s. 2 d. incluant les frais d'une première voiture des bois conduits de la forêt de Beuchet à La Membrolle, située à 18 kilomètres au nord-ouest d'Angers (1 214 l. 19 s. 2 d.) et les frais d'une seconde voiture aux magasins d'Angers (1 516 l. 6 s. 8 d.). En tenant compte des voitures, ce bilan atteint un coût quasi identique sur le Rhône. Mais sur le couloir rhodanien, les radeaux, la visite des forets, les voitures ne sont pas retenues, ce qui entraîne un coût élevé.

Sur la Mayenne, le coût des voitures atteint près de 3 000 livres entre La Membrolle et Angers, coût élevé au regard de la distance entre les deux villes. Dès lors, le coût de voiture d'Angers à Nantes-Indret – non estimé – équivaut au minimum au quadruple de la voiture sur la section précédente. Si sur la Loire, le coût peut paraître peu élevé lorsque le marché est contracté entre les intendants de marine et un unique marchand, il n'en augmentera que plus si plusieurs marchés de fret de bois de marine sont contractés et que l'approvisionnement s'effectue sur l'ensemble du territoire ligérien et des provinces limitrophes. Dès lors, le coût de transbordement d'un port à un entrepôt ou un autre port devient élevé.

Il convient également de tenir compte des pertes, des frais de voiture sur les affluents, des nombreuses portes marinières à franchir, de la largeur des rivières ou du fleuve, des rivalités avec les meuniers, des mariniers avalant un fret « civil », des « priorités » d'usage de l'eau, du temps de voiture, de la saisonnalité, des intempéries, des naufrages, bref de tout un quotidien... Même si les marchands voituriers par eau avalant le bois de marine sont exemptés des droits de péage, le temps passé à la vérification des papiers est long malgré le caractère prioritaire du fret.

Malheureusement, les pièces d'archives sur cette question manquent, ne permettant pas de dresser un panorama des coûts aussi précis que possible et dès lors de ressortir pleinement la globalité de ce fret.

Pour autant, une voiture par terre, inenvisageable étant donné l'état des routes et des conditions de voiture serait d'un coût d'une tout autre envergure, extrêmement élevé qu'il en rend la voiture fluviale complètement incontournable. Dès lors le choix de ce mode de transport apparaît comme le plus économique.

Aux XVIIe et XVIIIe siècles, la monarchie désireuse de s'affirmer, souhaite étendre son contrôle sur l'ensemble du territoire français. L'État centralisateur se développe sous la haute main de Colbert. À ces fins, l'approvisionnement des arsenaux intègre progressivement les provinces dans une conscience unique et collective d'un pays en pleine constitution.

La croissance flagrante des échanges commerciaux, l'importance grandissante du fret fluvial notamment sur la Loire et ses affluents, fédère les territoires. Les besoins de l'État transcendent ainsi les frontières administratives.

Malgré des ruptures de fret, le flottage des bois de marine à destination du Ponant cohabite dans le paysage fluvial ligérien « sécurisé émaillé d'une pépinière d'entrepôts[130] » avec « le fret civil ». Long, périlleux, coûteux, ce type de fret impacte lourdement sur les paysages et l'hydrologie de la Loire et de ses affluents.

Florent GODELAINE
Historien moderniste et médiateur du patrimoine, titulaire du DEA sciences de la ville

NOTES

1. MONCHRESTIEN A. de, *Traité de l'œconomie politique*, éd. critique par BILLACOIS Fr., Les classiques de la Pensée politique, vol. 16, Droz, Genève, 1999, 452 p.
2. Antoine de Monchrestien, sieur de Vasteville, né à Falaise en 1575, est tué aux Tourailles le 7 octobre 1621. Il est poète, dramaturge, économiste, précurseur du « colbertisme ». Aux yeux de beaucoup de penseurs, il est considéré comme le père de l'économie politique.
3. GODELAINE F., « De la Loire à l'océan : Nantes, port fluvio-maritime, XVIIe-XVIIIe siècles », *Archéothema*, mai-juin 2012, n° 21, p. 78-84.
4. COCULA A.-M., « Le flottage sur la Dordogne : Ruptures et continuités », *in* CORVOL A., *Forêts et transports traditionnels*, Journées d'Études Environnement, Forêt et Société, XVIe-XXe siècles, IHMC, Paris, ENS, 2003, CNRS, Cahiers d'Études, n° 17, 2004, p. 55.
5. BRAVARD J.-P., « Le flottage du bois et le changement du paysage fluvial des montages françaises », *Médiévales*, n° 36, 1999, p. 54.
6. ACERRA M., *Rochefort et la construction navale française, 1661-1815*, Librairie de l'Inde Éditeur, Paris, thèse en 4 volumes sous la direction de Jean Meyer, 1992, 1993, 930 p., t. 3, p. 518-520.
7. POITRINEAU A., « La forêt et la navigation dans les pays hauts du bassin ligérien », *Revue d'Auvergne*, 101, 1, 1987, p. 27-40.
8. BRAVARD J.-P., *ibid.*, p. 55.
9. BRAVARD J.-P., *ibid.*, p. 55.
10. VION-DELPHIN Fr., « Un itinéraire pour les bois de mâture : de la Joux à la Loue au XVIIIe siècle », *in* CORVOL A., *Forêts et transports traditionnels*, *op. cit.*, p. 33.
11. Arch. dép. de Maine-et-Loire (ADML), 1 L 644, État des bois (7 germinal an III).
12. ADML, 1 L 644, Déclaration de l'administration départementale du Maine-et-Loire signée Villier, président (8 fructidor an IV).
13. VION-DELPHIN Fr., *ibid.*, p. 35.
14. VION-DELPHIN Fr., *ibid.*, p. 33.
15. Jérôme Phélypeaux, comte de Pontchartrain (1674-1747). Fils de Louis II Phélypeaux de Pontchartrain (1643-1727), contrôleur général des finances (à partir de 1689), secrétaire d'État de la Marine (1690-1699) et chancelier de France (169-1714), et père de Jean-Frédéric Phélypeaux de Pontchartrain, comte de Maurepas, il est secrétaire d'État de la Marine de 1699 à 1715.
16. Arch. nat., M 803, Papiers scientifiques du père Jean Truchet, carme (1657-1729). Sur la navigation fluviale : cartes, mémoires, devis d'ouvrages, inventions techniques, correspondance avec le secrétaire d'État à la marine Pontchartrain. XVIIe-XVIIIe siècles / Mémoire sur les principes de navigation. « Procès-verbal de visite des forêts et des rivières de la haute Auvergne pour la conduite des mats », 18 juillet 1705.
17. Arch. nat., M 803, *ibid.*
18. Arch. nat., M 803, lettre de Pontchartrain de mars 1708.
19. Arch. nat., M 803, lettre du père Truchet du 2 novembre 1709 en réponse à celle de Pontchartrain du 30 octobre 1709.
20. COCULA A.-M., *ibid.*, p. 55.
21. Jean-Frédéric Phélypeaux de Pontchartrain, comte de Maurepas, baron de Beyne (9 juillet 1701-9 novembre 1781), ministre d'État de 1738 à 1749.
22. ACERRA M., *ibid.*, p. 518-520.
23. Jean-Baptiste Antoine Colbert, marquis de Seignelay (1651-1690). Fils de Jean-Baptiste Colbert, il est secrétaire d'État à la marine de 1683 à 1690.
24. ADML, $5E^{36}$ 325 et 327 Portin, déclarations des 14 avril 1687 et 13 juin 1689.
25. ADML, $5E^{36}$ 309 Portin, sommation (2 mars 1675).
26. MONDANEL P., *L'ancienne batellerie de l'Allier et de la Dore (de Langeac à Nevers)*, Mémoire de l'Académie des sciences, belles lettres et arts, 1975.
27. ADML, 1 L 644, lettre du sous-ingénieur (24 brumaire an V).
28. GODELAINE F., « Le fret fluvial angevin en basse Loire de la seconde moitié du XVIIe siècle aux prémices de la Révolution française », *Études ligériennes*, 2002, n° 5, p. 18.
29. GODELAINE F., « De la Loire à l'océan : Nantes, port fluvio-maritime, XVIIe-XVIIIe siècles », *Archéothema*, mai-juin 2012, n° 21, p. 78-84.

30. ADML, 1 L 644, déclaration de l'administration départementale du Maine-et-Loire signée Villier, président (8 fructidor an IV).
31. ADML, 1 L 644, déclaration de l'administration départementale du Maine-et-Loire signée Villier, président (8 fructidor an IV).
32. ADML, 1 L 644, lettre du 2 fructidor an IV.
33. Godelaine F., « Les voituriers par eau d'Angers de la seconde moitié du XVIIe siècle aux prémices de la Révolution », *Revue de la Société archéologique et historique de Nantes et de Loire-Atlantique*, 2003, t. 138, p. 337.
34. *Ibid.*, p. 337.
35. *Ibid.*, p. 335.
36. ADML, 855, rapport de l'ingénieur des Ponts et Chaussées (19 frimaire an VII).
37. Plouviez D., « Nantes, la Loire et la marine de guerre au XVIIIe siècle », *Revue de la Société archéologique de Nantes et de la Loire-Atlantique*, 2010, t. 148, p. 169.
38. ADML, 1 L 644, déclaration de l'administration départementale du Maine-et-Loire signée Villier, président (8 fructidor an IV).
39. ADML, 1 L 644, lettre du 1er germinal an II.
40. ADML, 1 L 644, lettre du 19 fructidor an IV.
41. ADML, 1 L 644, état des bois trouvés dans la Loire (27 messidor an III).
42. ADML, 1 L 644, lettre du 21 fructidor an IV.
43. ADML, 1 L 644, lettre du 16 vendémiaire an V.
44. ADML, 1 L 644, lettre de la municipalité de Membrolle (24 pluviôse an II).
45. ADML, 1 L 644, compte Delaunay-Commendeux (24 pluviôse an II).
46. Arch. dép. de la Sarhte (ADS), S333, renseignements généraux sur le Loir, 1778, et Arch. dép. d'Indre-et-Loire (ADIL), C 262, mémoire au sujet des fréquentes inondations du Loir, 1779.
47. Plouzeau C., « Le flottage des bois de marine sur le Loir », *Moulins et rivières de la Sarthe*, janvier 2012, n° 84, p. 24.
48. *Mémoires de Maurepas.*
49. Coutard A., « Le flottage des bois de marine », *Moulins de la Sarthe*, avril 1995, n° 17, p. 13.
50. Ferrand R., « L'Huisne rivière flottable », *La vie mancelle*, décembre 1990, n° 292, p. 41.
51. ADS, S333, renseignements généraux sur le Loir, 1778, et ADIL, C 262, mémoire au sujet des fréquentes inondations du Loir, 1779.
52. Couier L. et Poussin J., « Le Loir à Vaas, une force au service de l'homme », *Cahiers fléchois*, 1991, n° 12, p. 49.
53. ADML, 5E^{36} 331 Portin, déclaration (1er mai 1693).
54. ADML, 5E^{8} 65 Brevet, procès-verbal de naufrage (20 mars 1788).
55. ADML, 5E^{36} 325 Portin, déclaration (14 avril 1687).
56. ADML, 5E^{36} 327 Portin, déclaration (13 juin 1689).
57. ADML, 5E^{36} 331 Portin, déclaration (1er mai 1693).
58. ADML, 11 B 540, procédure du jeudi 18 décembre 1749.
59. ADML, 5E^{8} 65 Brevet, procès-verbal de naufrage (20 mars 1788).
60. ADML, 1 L 644, état des bois (7 germinal an III).
61. Godelaine F., « De la Loire à l'océan : Nantes, port fluvio-maritime, XVIIe-XVIIIe siècles », *Archéothema*, mai-juin 2012, n° 21, p. 78-84.
62. Plouviez D., *ibid.*, p. 159.
63. Godelaine F., *ibid.*
64. Plouviez D., *ibid.*, p. 156-157.
65. Plouviez D., *ibid.*, p. 157 et 164.
66. Cocula A.-M., *ibid.*, p. 55.
67. Plouviez D., *ibid.*, p. 157-158.
68. *Mémoires de Maurepas.*
69. *Mémoires de Maurepas.*
70. Plouviez D., *ibid.*, p. 153. M. David Plouviez note en 1721 un flux incessant sous la surveillance de Bigot de La Mothe de bateaux de Loire à destination de Nantes-Indret.
71. ADML, 5E^{36} 309 Portin, sommation (2 mars 1675).
72. ADML, 5E^{36} 325 Portin, déclaration (14 avril 1687).

73. Arch. dép. de Loire-Atlantique (ADLA), B 4800, Amirauté de Nantes, Enquêtes, interrogations, sentences (sentence du 29 août 1753).
74. Plouviez D., *ibid.*, p. 162.
75. ADML, $5E^{36}$ 325 Portin, déclaration (14 avril 1687).
76. Plouviez D., *ibid.*, p. 165.
77. Plouviez D., *ibid.*, p. 162-163.
78. Plouviez D., *ibid.*, p. 160.
79. Plouviez D., *ibid.*, p. 165.
80. ADML, 1 L 644, état des bois (7 germinal an III).
81. Derex J.-M., *ibid.*, p. 77.
82. ADML, $5E^{36}$ 309 Portin, sommation (2 mars 1675).
83. Conchon A., « Péages et transports du bois, XVIIe-XVIIIe siècles », *in* Corvol A., *Forêts et transports traditionnels*, *op. cit.*, p. 105-106.
84. Conchon A., *ibid.*, p. 105-106.
85. Vion-Delphin Fr., *ibid.*, p. 36.
86. L'État utilise le même système pour les marchés de voiture de sel.
87. ADML, $5E^{36}$ 309 Portin, sommation (2 mars 1675).
88. ADML, 11 B 540, procédure du jeudi 18 décembre 1749.
89. ADML, $5E^{36}$ 309 Portin, sommation (2 mars 1675).
90. ADML, $5E^{36}$ 331 Portin, déclaration (1er mai 1693).
91. ADLA, B 4800, Amirauté de Nantes, sentence du 29 août 1753.
92. ADML, $5E^{8}$ 65 Brevet, procès-verbal de naufrage (20 mars 1788).
93. Plouviez D., *ibid.*, p. 174.
94. ADML, $5E^{8}$ 65 Brevet, procès-verbal de naufrage (20 mars 1788).
95. ADLA, B 4742, Amirauté de Nantes, Enquêtes, interrogations, sentences (déclaration du 8 novembre 1695).
96. Godelaine F., « Les voituriers par eau d'Angers de la seconde moitié du XVIIe siècle aux prémices de la Révolution », *Bulletin de la Société Archéologique et historique de Nantes et de la Loire-Atlantique*, 2003, t. 138, p. 324-325.
97. *Ibid.*, p. 335.
98. ADML, 1 L 644, compte Delaunay-Commendeux, an II - an III.
99. ADLA, B 4800, Amirauté de Nantes, Enquêtes, interrogations, sentences (sentence du 29 août 1753).
100. ADLA, B 4805, Amirauté de Nantes, Enquêtes, interrogations, sentences (sentence du 19 décembre 1758).
101. ADML, 11 B 540, procédure du 19 juin 1749.
102. ADML, 1 L 644, déclaration de l'administration départementale du Maine-et-Loire signée Villier, président (8 fructidor an IV).
103. ADML, $5E^{36}$ 309 Portin, sommation (2 mars 1675).
104. Godelaine F., « Les voituriers par eau d'Angers de la seconde moitié du XVIIe siècle aux prémices de la Révolution », *Bulletin de la Société Archéologique et historique de Nantes et de la Loire-Atlantique*, 2003, t. 138, p. 343
105. Vion-Delphin Fr., *ibid.*, p. 36.
106. Plouzeau C., *ibid.*, p. 24.
107. ADML, $5E^{36}$ 325 Portin, déclaration (14 avril 1687).
108. ADML, $5E^{36}$ 327 Portin, déclaration (13 juin 1689).
109. ADML, $5E^{36}$ 325 Portin, déclaration (14 avril 1687).
110. ADML, $5E^{36}$ 327 Portin, déclaration (13 juin 1689).
111. ADML, $5E^{36}$ 331 Portin, déclaration (1er mai 1693).
112. ADML, $5E^{36}$ 325 et 327 Portin, déclarations des 14 avril 1687 et 13 juin 1689.
113. Plouzeau C., « Le flottage des bois de marine sur le Loir », *Moulins et rivières de la Sarthe*, janvier 2012, n° 84, p. 24-25.
114. Plouviez D., *ibid.*, p. 159.
115. Godelaine F., « Naviguer sur la Sarthe : Histoire et perspectives d'un patrimoine à valoriser (XVIIe-XIXe siècles) », n° *Loire*, 2006, p. 65.

116. ADS, 3 S 7, mémoire sur la navigation de la Sarthe et du Loir (an XI).
117. Godelaine F., « Les voituriers par eau d'Angers de la seconde moitié du xviie siècle aux prémices de la Révolution », *Bulletin de la Société Archéologique et historique de Nantes et de la Loire-Atlantique*, 2003, t. 138, p. 339-340.
118. ADS, add. 187, expertise de Thomas Ciret (14 septembre 1744).
119. Derex J.-M., « Meuniers et flotteurs de bois en Brie, xviiie et xixe siècles », *in* Corvol A., *Forêts et transports traditionnels*, *op. cit.*, p. 79.
120. ADM, C 3, constats, 23-24 novembre 1748.
121. Étude réalisée en 2000 à partir des 22 naufrages recensés sur les xviie et xviiie siècles aussi bien dans les départements de Maine-et-Loire que de la Mayenne. Actuellement près de 200, issus de notre corpus de recherches sont en cours de traitement dans le cadre de notre doctorat.
122. ADML, 5E[8] 316 Viot, procès-verbal de naufrage (19 août 1761).
123. ADML, 1 L 905, déclaration (5 floréal an III).
124. ADML, 1 L 644, déclaration (14 pluviôse an V).
125. ADML, 5E[8] 65 Brevet, procès-verbal de naufrage (20 mars 1788).
126. ADLA, B 4805, Amirauté de Nantes, Enquêtes, interrogations, sentences (sentence du 19 décembre 1758).
127. *Vion-Delphin* Fr., *ibid.*, p. 36.
128. ADLA, B 4742, Amirauté de Nantes, Enquêtes, interrogations, sentences (déclaration du 8 novembre 1695).
129. ADML, 1 L 644, compte Delaunay-Commendeux, an II - an III.
130. Plouviez D., *ibid.*, p. 157.

Le val de Loire au péril américain

L'entrée en guerre des États-Unis en avril est un des événements majeurs de l'année 1917 et contribue notablement à expliquer l'issue finale de la guerre[1]. Le nouvel allié de la France et de la Grande-Bretagne apporte à la Triple Entente fragilisée par la révolution russe de quoi compenser la défection prochaine de cette puissance défaillante et, moyennant le temps qu'il faudra pour constituer, transporter, équiper et entraîner une armée à créer pratiquement de toutes pièces, les forces suffisantes pour faire pencher du bon côté le rapport des forces sur le front occidental en 1918[2]. On a dit et redit à quel point l'annonce de cet engagement américain avait contribué au printemps et à l'été 1917 à rétablir dans les tranchées comme à l'arrière le moral des soldats et des populations fragilisé à l'unisson par les difficultés de l'heure, de l'échec de l'offensive sur le Chemin des Dames aux mutineries sur le front, des pénuries à la hausse des prix à l'arrière. Enfin se dégage, avec l'intervention de l'oncle Sam, une perspective positive, autant dire un espoir de victoire, même si le terme en demeure éloigné.

On remplirait des volumes entiers avec les déclarations enthousiastes, sincèrement louangeuses, multipliées aux tribunes par les responsables ou à longueur de colonnes par les journalistes[3]. Tous ont bien saisi l'importance de l'événement, à court terme pour le maintien du moral, si essentiel dans cette guerre devenue totale, et à long terme pour la victoire finale, si longue soit-elle encore à se dessiner. Ces lignes n'ajouteront rien à ces litanies, mais s'attacheront plutôt à mettre en valeur un autre versant, critique celui-là, de l'intervention – de la présence pour être plus précis – américaine, sans pour autant bien entendu contester si peu que ce soit l'ampleur et le rôle de l'effort et des sacrifices américains[4]. La matière de cet article est tirée pour l'essentiel des états d'âmes et réflexions confiées par un notable angevin, Fernand Richou en août 1918 à une revue savante angevine, à la suite de l'observation de l'installation par les Américains à Villebernier d'un vaste camp proche de Saumur[5]. C'est peu de dire, nous le verrons, que notre auteur, s'il communie en admiration et gratitude envers les Américains, perçoit et déroule le catalogue vétilleux de tout ce qui nous différencie d'eux et même nous menace à travers les risques que leurs méthodes et leurs manières d'être font courir au milieu local : c'est rien moins que le val de Loire au péril américain qu'il nous décrit au cours de ces sept pages lourdes d'inquiétudes qu'il rédige en août 1918.

Il convient d'abord de bien mesurer le rôle géostratégique que joue le val de Loire dans l'économie générale de l'intervention américaine. Acheminés par voie maritime c'est essentiellement dans les ports de l'Atlantique – à l'exception notable du Havre et à un moindre degré, Marseille – que les quelque deux millions d'hommes mobilisés ont été débarqués. C'est ainsi que Saint-Nazaire a été choisi pour être la base n° 1 des « American Expeditionnary forces » (AEF)[6]. Cette base est en fait constituée de huit, puis cinq départements, où va se diffuser la présence des hommes et des services : finalement, la Loire-Atlantique, la Vendée, les Deux-Sèvres, le Maine-et-Loire et le Morbihan. C'est de là que les forces américaines vont gagner la zone de guerre en empruntant la voie ferrée, qui se glisse le long l'axe ligérien depuis Saint-Nazaire, par Nantes, Angers, Tours, puis au-delà, vers Bourges, Nevers, Dijon, pour aboutir à Is-sur-Tille où est implanté le centre de triage de soldats. Le val renoue donc à cette occasion avec le rôle géostratégique qu'il a joué à plusieurs reprises soit comme voie de pénétration (qu'on songe aux invasions normandes), soit, vainement d'ailleurs, comme fragile obstacle dans une hypothétique bataille d'arrêt (guerre de 1870 ou plus tard à l'été 1940)[7].

Toujours est-il qu'à partir de l'été et de l'automne 1917, les Américains, soit de passage en route vers le front, soit y résidant pour la mise en place de services divers, sont de plus en plus nombreux dans le val de Loire. Ils le sont à ce point qu'à Savenay et Montoir, leurs effectifs dépassent ceux de la population indigène. Suivant les périodes ont en dénombre 15 000 à 60 000 en Loire-Atlantique. Rien qu'à Angers ils sont 1 214 en février 1918 et quatre fois plus nombreux en juillet. Dans le Loir-et-Cher, on en compte jusqu'à 50 000 répartis dans trente communes différentes. Au total, 198 000 hommes ont abordé la France à Saint-Nazaire.

Pourtant, malgré ces chiffres impressionnants de flux humains, c'est surtout du matériel qui a été débarqué à Saint-Nazaire, plus encore que des soldats qui eux sont surtout arrivés par Le Havre[8]. C'est pour cette raison – et là nous nous rapprochons du texte qui nous occupe – que les Américains ont disposé le long de la Loire une série de camps destinés à accumuler, préparer, réparer le matériel débarqué, ce qu'ils appellent « *general intermediate supply depot* » (GISD). Le premier d'entre eux, établi à Montoir, à 6 kilomètres de Saint-Nazaire s'étend sur 650 hectares, comprend 138 magasins et entrepôts étendus sur 900 000 mètres carrés, destinés à 600 000 tonnes de matériels divers et est parcouru par 202 kilomètres de voies ferrées. Plus à l'est, à Gièvres, à 80 kilomètres de Tours vers Vierzon, a été établi, tout à côté de Romorantin et du Cher, un camp où l'on stocke à la fois de l'essence et de la viande. Pour conserver cette dernière on a fait pousser là rien moins que la deuxième usine frigorifique du monde, à même de fournir une ration de 500 grammes de viande à plus d'un million et demi d'habitants. Quatre citernes peuvent recevoir deux millions et demi de litres d'essence. On trouve aussi sur place, un parc d'artillerie, un dépôt de remonte, un terrain d'aviation et... un cimetière qui comptera 254 tombes.

Revenons à côté de Saumur, où notre témoin assiste à l'installation d'un millier d'hommes dans un camp dévolu à la réparation du matériel de chemin de fer sur un site proche de la Loire où se croisent plusieurs lignes de chemin de fer, vers Bordeaux et Tours[9]. Plus que le fonctionnement du camp qui pourtant a donné lieu à un mouvement de curiosité et d'intérêt considérable dans le Saumurois ce sont les moyens et les méthodes utilisées pour édifier le camp qui ont impressionné (traumatisé ?) notre indigène.

Car c'est bien en indigène qu'il introduit et justifie son témoignage, assumant pleinement un point de vue « localiste » qu'il associe à un souci d'information de son lecteur : il veut, nous dit-il « voir la France comme un Anjou agrandi » et analyser « le contrecoup des événements sur notre petite patrie[10] ». Cette posture n'est pas rare dans les écrits de l'époque, surtout dans cette *Revue de l'Anjou*, à vocation régionaliste dirait-on aujourd'hui et qui est alimentée par les écrits d'érudits locaux, qui tous plus ou moins ont très vite l'intuition que le conflit en cours implique profondément tout le pays et laissera sur les territoires et leurs habitants des marques profondes. Et, avant d'en venir à celle qui le préoccupe le plus, l'auteur rappelle furtivement quelques-unes de ces marques déjà imposées ; « l'afflux de troupes britanniques », « les dépots harassés de nos régiments frontaliers », « l'arrivée des blessés lamentables », « les tristes convois [...] des réfugiés »...

Après cette introduction de son texte, l'auteur consacre une vingtaine de lignes à ce qui peut apparaître comme un exercice obligé mais sincère : la caractérisation et l'hommage au « geste magnifique de l'Amérique ». Défilent alors dans une simple énumération, « l'immense pont de bateaux », « ces millions d'hommes », « des avions innombrables », « des canons puissants », « des obus amoncelés » constituant bien sûr un « flot invincible » et, finalement « des promesses illimitées de victoire ». Mais cette revue rapide (approximative et quelque peu exagérée on le sait bien) ne constitue qu'un préalable en forme d'hommage destiné à rendre acceptables et à légitimer de longs développements en demi-teinte, à tonalité critique des conséquences de la présence américaine en Anjou. Car le texte bascule et Richou met en scène lui-même ce tournant :

> « Nous saluerons pleinement l'effort guerrier... pour qu'on nous pardonne parfois quelques regrets mélancoliques, à nous dont l'unique souci aura été le pittoresque de notre bel Anjou et la conservation intégrale de ses sites aimés. »

Nous voilà donc installés au cœur du sujet : la présence américaine menace l'Anjou dans son identité paysagère.

Sans jamais se montrer négatif, s'efforçant même de le mettre en valeur, Richou se lance, par petites touches dans la description de l'homme (de troupe) américain, jamais perçu à travers des individualités, mais comme une force collective, un bloc humain homogène, presque une espèce en soi. Isolons de son texte les éléments de ce tableau. Les Américains sont ou ont :

- « Un peuple neuf…
- Une population jeune, légère…
- Des figures imberbes…
- Des voix rudes…
- Des gestes hardis…
- Des Grands gaillards…
- Alertes…
- Presque toujours gais…
- A jamais pleins d'entrain…
- Raides et méthodiques… »

On remarquera que les caractéristiques perçues concernent essentiellement le domaine physique : la taille, le visage, les manières d'être, comme si les personnes observées étaient dépourvues de tout caractère psychologique et sans référence morale. Des êtres frustes en somme, mais finalement profilés pour l'action et, bien sûr implicitement, la guerre. Rien d'ouvertement négatif là-dedans, sauf qu'on a l'impression d'être en présence d'une humanité quelque peu inachevée comme si la nouveauté de son monde d'origine ne lui avait pas laissé le temps d'acquérir l'épaisseur qui fait la richesse des populations de l'ancien monde. Et si les choses se gâtaient dans les relations avec nos alliés (on verra que ce fut le cas), on perçoit bien que le relevé des qualités pourrait rapidement se muer, par un simple glissement, en catalogue des défauts et constituer ainsi la base d'un réquisitoire, la jeunesse devenant de l'inexpérience, la gaîté de la superficialité, la force de la brutalité. On pourrait presque établir d'ailleurs un parallèle entre cette façon de décrire les Américains et la manière dont on parle en France à cette même époque des indigènes des colonies, éternels enfants, rieurs et superficiels, peu enclins à la réflexion et justiciables d'un solide encadrement. On objectera que l'observation de l'objet s'est opérée de loin, au moment de la construction du camp et qu'à aucun moment le texte ne fait état d'un contact direct, d'un propos tenu, de relations suivies qui auraient débouché sur un tableau plus complet et nuancé. Or, ces contacts ont bien existé ailleurs et souvent[11] : que notre Saumurois ne les ait pas recherchés ou qu'il n'en fasse pas état s'il les a vécus reste significatif. Il reste face aux Américains comme un entomologiste face à la ruche : à la fois fasciné et inquiété par la découverte qu'il fait de cette force à la fois primitive et organisée. Toutefois ce n'est pas pour ce qu'ils sont que l'auteur se donne le mal de décrire les Américains, mais plutôt pour ce qu'ils font, pour l'impact qu'ils ont sur le paysage ligérien, car nous dit-il, ils vont « révolutionner nos provinces riantes ».

En effet leurs méthodes de travail sont à l'image de leur personnalité et surtout sont appuyées sur un emploi massif de moyens mécaniques comme sans doute jamais un Angevin n'avait pu l'observer dans sa province. Les « lourds tracteurs », les « sidecars légers », les « camions immenses » l'« immense locomotive haletante, lourde et sans grâce », « les monstres cahotants couverts de graisse et de poussière », « les lourds marteaux [qui] s'abattent là bas qui font jaillir la flamme et jettent au ciel des rougeoiments sinistres » et les « pilons qui battent la terre et le béton », tels sont les forces industrielles impressionnantes que Richou voit mises en œuvre dans la construction du camp. Ils sont comme la prolongation mécanique de personnalités elles-mêmes perçues comme proches de la machine.

Au mitan de son témoignage Fernand Richou en arrive enfin à l'essentiel, la description des ravages qu'opèrent sur les paysages ligériens la présence et l'action des Américains. Il commence par la scène primitive du crime, l'état ancien du paysage, dont il renforce le caractère attractif en l'associant à l'époque bénie et sacrée de l'enfance :

> « Il nous a été donné de voir l'un de ces tout petits villages au site riant, au sol plantureux, terre légère de travailleurs rieurs, le coin où mollement s'était bercée notre enfance, et dont nous connaissions tous les sentiers, toutes les chaintres, toutes les chaumières, tous les arbres dans leurs détails familiers. »

Peu après s'inaugure la lamentation : « Pauvre coin de notre enfance ! Qu'ont-ils donc fait de ta poésie enchanteresse ? » Commence alors, pour une quinzaine de lignes, selon le même procédé utilisé lors de la description de l'homme américain, l'énumération des dommages subis par le paradis perdu : la grande haie a été « ravagée » ; la maisonnette a été « ruinée » ; les pans de mur qui « gênaient » ont disparu ; le chemin « où nos pas hésitants s'arrêtent » s'est retrouvé coupé ; le chemin creux « a perdu son ombre et sa verdure, son calme et sa poésie » ; l'ardoise « privilège de notre Anjou » n'a plus sa place ; la pierre de tuffeau saumurois « ne se verra plus rosie par le soleil couchant ».

À ce saccage des éléments identitaires du paysage ligérien s'ajoute l'effacement des éléments humains qui y étaient associés : la faune : « les grands bœufs lents et têtus », « l'insecte qui glisse » ; les bruits, « le chant du grillon », « les battements d'ailes », « le bruit d'une feuille qui tombe » et leur complément, « ce grand silence mystérieux » ; les odeurs, celle des foins par exemple, qui sont « devenues chimiques ».

Pour faire bonne mesure, quelques icônes du monde rural traditionnel font inévitablement les frais de cette révolution du milieu : le « vieux cantonnier courbé » qui « a vécu son temps », plus emblématique encore : « disparus ces moissonneurs joyeux qui revenaient en groupe, l'échine courbée, la fourche sur l'épaule, le panier d'osier avec la bouteille vide sous le bras, toujours gais, en chantant des airs de romance ». Et si quelque chose subsiste encore de ce monde qui s'efface, c'est à l'image d'une butte témoin destinée elle aussi à disparaître, comme pour prolonger par les affres de l'agonie le drame de la disparition :

> « Là une vigne a trouvé grâce ; elle pousse timide, étonnée, dans ce milieu désertique, dans cette arène de feu et de soleil ; elle se faufile entre les habitations nouvelles ; elle desséchera demain après avoir, une dernière fois, stoïquement, mûri ses fruits d'or. »

Dans une province plutôt traditionnelle d'un pays encore très rural, dans le contexte désespérant d'une guerre épuisante, et sous la plume d'un notable enraciné, il n'est pas étonnant qu'au prix d'une généralisation à peine forcée, la disparition d'un paysage typique, « cette tempête qui a soufflé sur les êtres et les choses, ces révolutions insensées » soit présentée comme le signe d'un déclin rien moins que national. Parfois allusif, Fernand Richou devient sur cette question parfaitement explicite en partant de la description du triste état d'une maisonnette dont il fait le symbole du déclin du pays :

> « Ici une masure va s'écrouler sous le poids des ans, le toit disjoint laisse filtrer la pluie ou le soleil. Quelques planches aussitôt fixées sur les chevrons branlants, une vaste toile recouvrira le tout : symbole frappant de cette aide américaine envers la France meurtrie et fatiguée, la vieille France immortelle, précieuse comme une relique qui ne doit pas disparaître, dont la faiblesse et les rides même de la vieillesse sont un titre de plus à sa gloire et au respect des autres, mais qui demande un large manteau pour la réchauffer, la voiler, la montrer éternellement jeune. »

Mais où chercher les causes de ces « révolutions insensées », qui rendre responsable de cette « tempête » ? Avec lucidité cet observateur provincial sait, de son point de vue angevin, trouver des causes générales à un phénomène dont il a sous les yeux les retombées locales. C'est bien la guerre, et même une guerre d'un type nouveau qui est à l'origine de ce qu'il observe :

> « La guerre a passé là... non plus cette guerre horrible qui ruine pour le plaisir de détruire, qui allume l'incendie, qui massacre choses et gens, mais cette autre guerre aux êtres inanimés, qui détruit par besoin, abat par nécessité, rase pour édifier et, allant droit vers le mieux, asservit la nature aux intérêts supérieurs, qui agit sans pitié parce que sans mollesse, sans art parce que sans scrupule : la guerre d'organisation en un mot, comme l'autre est la guerre de destruction. »

Si on lit bien notre auteur qui s'essaye à un tableau de l'évolution de la guerre, entre celle d'autrefois telle qu'il se la représente et l'actuelle qu'il observe à l'arrière, ce qu'il observe c'est bien l'impact de la modernité de l'ère industrielle, avec sa recherche de la ligne droite, son recours à la machine, son obsession de l'efficacité, son indifférence au passé. C'est la guerre mondialisée qui, tout le long de la Loire, a rudement mis en présence deux civilisations, l'une effaçant l'autre, sous le regard incrédule d'un observateur issu de l'ancienne et inquiet de l'irruption de la nouvelle. Sans franchement refuser cette évolution dont il espère qu'elle sera une solution à la guerre favorable à son camp[12], il avoue en guise de conclusion son déchirement et évalue de quel prix il va falloir la payer :

> « Et nous poursuivions notre promenade silencieuse dans ce village nouveau, nous suivions ce bruit, cette tempête qui a soufflé sur les êtres et les choses, ces révolutions insensées, avec une admiration profonde mêlée de regrets mélancoliques, avec une grande espérance nuancée d'étonnement et de dépit. Pauvres sites aimés, pourquoi deviez-vous, loin du feu, des obus et des balles, vous aussi, pourquoi deviez-vous vivre l'horrible guerre. »

Il est remarquable que Fernand Richou bien que choqué par l'agression des Américains sur le paysage ligérien, ne leur en fait jamais le reproche : ce serait malvenu à l'égard des alliés, surtout au moment où sur le front, leur intervention commence à porter ses fruits et alors qu'ils commencent à en payer lourdement le prix humain. Il ne verse à aucun moment dans l'antiaméricanisme. Mais tous les historiens de l'intervention américaine dans la guerre l'ont noté, la situation évolue avec la fin de la guerre. Ce qui paraissait supportable dans le contexte d'une guerre où la nécessité de l'effort militaire primait tout, devient rapidement inacceptable la paix revenue. Les inconvénients que la présence des soldats américains entraînait et qui déjà avaient été pointés pendant la guerre, deviennent insupportables et injustifiés : ils provoquent, dit-on, par leurs achats massifs, un renchérissement excessif des prix qui ajoute ses effets à la raréfaction des produits due à la guerre, leur conduite auprès des femmes – et l'attraction que l'on croit qu'ils exercent sur elles fait scandale[13] –, l'occupation de nombreux locaux par la troupe semble devenue injustifiée... Ces réactions négatives sont d'autant plus nombreuses sur les bords de la Loire que Saint-Nazaire est choisi comme port principal de rembarquement et que l'estuaire et ses abords sont saturés de troupe et font goulot d'étranglement : si 198 000 soldats sont arrivés d'Amérique par Saint-Nazaire, ils sont 478 000 à emprunter le chemin inverse.

Dans ces conditions il est à peine étonnant que malgré les efforts des autorités qui se démènent pour que cette dernière phase de la présence américaine passe aussi bien que les précédentes, les incidents, parfois sérieux se multiplient. Dès octobre 1918, le maire de Torfou, dans le sud du Maine-et-Loire, apprenant que des *sammies* vont cantonner dans sa commune en attendant le moment du retour se renseigne auprès de la préfecture sur les rapports entre « occupants et occupés » (sic !). Il précise :

> « La population devra-t-elle déférer aux nombreuses demandes qui vont lui être faites ? Certes elle est bien disposée en faveur de nos amis, mais pour que la bonne harmonie absolument nécessaire, règne et continue à régner, il faut une démarcation bien établie entre les droits de chacun. »

De multiples incidents sanglants éclatent à Angers en septembre : un soldat français est tué lors d'une rixe avec des Américains, le mois suivant, ce sont deux Américains qui trouvent la mort lors d'un incident dont le prétexte est le refus de ces derniers de donner des cigarettes à trois Français. La police doit aussi intervenir pour mettre fin au comportement très leste de soldats yankees dans des hôtels qu'ils croient être de passes. Inquiet le préfet note que ces incidents « ont beaucoup impressionné la population d'Angers ».

Lorsque quelques mois plus tard, à Versailles, lors des négociations sur les conditions de la paix, des divergences sérieuses apparaîtront entre la France et l'allié américain qui refuse les gages que la France prétend saisir sur la rive gauche du Rhin afin d'assurer sa sécurité, alors les conditions seront réunies pour que soit relancée une déjà vieille passion française, l'antiaméricanisme[14]. Le caractère essentiel sinon décisif de l'aide américaine – d'autant qu'il sera dupliqué une vingtaine d'années plus tard – va, on le sait, donner naissance à ce qu'on a joliment appelé le complexe de M. Perrichon, qui incline paradoxalement ceux qui ont bénéficié d'un coup de pouce décisif à devenir hargneux avec leur bienfaiteur et à dévaloriser son intervention[15]. Rien ne nous permet de penser que Fernand Richou y ait succombé, mais on peut raisonnablement supposer que ceux qui, comme lui, ont mal supporté certains traits du caractère et du comportement américain et ont pris leur mal en patience tant que durait la guerre, se sont sentis libérés de leur patriotique obligation de mutisme une fois celle-ci terminée.

Fernand Richou nous a donc offert une belle chronique des menaces d'effacement de l'identité locale appliquée au paysage ligérien. Cette version au petit pied de « Qu'elle était verte ma vallée » n'est guère suffisante pour soutenir que s'ébaucherait à l'occasion de ce contact sur le terrain avec l'Amérique, ses hommes et ses méthodes, une « guerre de civilisation ». Signalons néanmoins qu'en fouillant les archives on trouve bien de nouvelles occurrences de ces postures inquiètes : ainsi celle d'un élu angevin, connu pour son nationalisme, Jules Delahaye, ulcéré par les exigences des « envahisseurs » (!) et qui dénonce à deux reprises leur comportement ; dans une première lettre envoyée au préfet en septembre 1918, il les accuse d'être des « démolisseurs sans souci de l'avenir, déracineurs de vieux arbres » et récidive un mois plus tard dans une missive au secrétaire d'état Tardieu : « On dirait des buffles lâchés à travers nos villes et nos institutions[16]. » Plus raisonnablement ce texte nous permet d'envisager comment un simple civil à l'arrière loin du front, par l'observation du paysage dans le val de Loire, peut prendre conscience, à la fois des conséquences de l'irruption d'un nouveau type de conflit, la guerre industrielle, et des traductions concrètes d'une évolution géopolitique d'ampleur mondiale, l'affirmation du nouveau monde face à la vieille Europe : les camps américains prenant en somme la relève des châteaux de la Loire[17].

Alain JACOBZONE

NOTES

1. Voir Kaspi A., *Le temps des Américains*, 1917-1919, Paris, Publications de la Sorbonne, 1976.
2. Dans la phase finale de la guerre, les alliés disposent de 1 485 000 fantassins face à 885 000 Allemands.
3. On trouvera de nombreux exemples dans Nouailhat Y.-H., *Les Américains à Nantes et à Saint-Nazaire, 1917-1919*, Paris, Les Belles Lettres, 1972.
4. Les pertes américaines s'élèvent à 53 000 morts au combat auxquels il faut ajouter 63 000 décès des suites de blessures et de maladies
5. Richou F., « L'Armée américaine en Anjou », *Revue de l'Anjou*, tome soixante-dix-septième, Angers, 1918, p. 29-35. L'article est consultable aux Archives départementales de Maine-et-Loire : PER 117/123.
6. Les autres bases sont implantées à Bordeaux, Le Havre, Brest, Marseille, La Rochelle.
7. Sur le rôle géopolitique de la Loire, voir Verrière J., *La Loire et Paris, la France essentielle de Clovis à nos jours*, Paris, Flammarion, 1990.
8. Au Havre sont arrivés 791 000 hommes qui sans doute pour la plupart rejoignent l'axe de la Loire par Alençon, Le Mans, Tours ou Orléans. Pour le matériel par contre, Saint-Nazaire est loin devant les autres bases (de 340 000 tonnes à Marseille à 2 100 000 tonnes pour Bordeaux) Au total c'est la moitié du matériel américain que le port de la basse Loire prend en charge. Mais contrairement à une idée reçue, l'essentiel de l'armement des troupes américaines a été fourni par les alliés.
9. Pour plus de détails sur le camp de Villebernier on pourra consulter quelques documents issus des recherches d'érudits et témoins locaux consultables en mairie de Villebernier.
10. Les citations du texte de Fernand Richou figurent en italiques dans la suite de cet article.
11. Nombreux exemples dans les ouvrages et articles cités en référence.
12. Fernand Richou écrit son témoignage à l'été 1918, au moment où se développent les offensives qui entraînent le recul des troupes allemandes.
13. En Anjou, 22 des 79 mariages contractés pendant la guerre avec des étrangers l'ont été avec des Américains alors même que ces derniers se présentent tardivement sur le marché matrimonial.
14. Roger P., *Généalogie de l'antiaméricanisme en France*, Paris, Seuil, 2002.
15. Dans cette pièce de Labiche, M. Perrichon est sauvé d'une mort atroce par un des deux prétendants de sa fille à qui il préfère le second qui a l'habileté de feindre avoir été à son tour sauvé par lui.
16. Jules Delahaye fut jadis « l'inventeur » de l'affaire de Panama. Royaliste, il ne manque pas un prétexte de critiquer le République coupable à ses yeux d'être – entres autres – un régime faible, en l'occurrence incapable de résister aux exigences américaines.
17. Ceux du moins qui eurent une fonction militaire…

Nantes et l'armée, XIXe - XXIe siècle

Nantes, qui possède le château des Ducs de Bretagne, et qui a repoussé l'attaque vendéenne de juin 1793, est devenue dès le milieu du XVIIIe siècle une ville négociante et commerçante, puis au XIXe siècle industrielle et manufacturière, au XXe siècle ouvrière, sociale, atlantique – bref, une ville que la Loire ouvre au monde, et qui n'a pas de vocation militaire autre que médiévale et en partie moderne – contrairement à d'autres villes de la Loire : Tours avec le train, Angers avec le génie, Saumur avec la cavalerie – et La Flèche avec le Prytanée national –, par exemple[1]. Nantes n'est pas une ville frontière. L'ennemi traditionnel sur mer, l'Anglais, est devenu un ami après que le fameux mot attribué à Cambronne – un Nantais – a clos une hostilité plusieurs fois séculaire. La ville n'a pas d'histoire guerrière, si l'on place sur un autre plan, entre 1940 et 1944, les hauts faits de l'Occupation, de la Résistance et de la Libération. Pourtant, siège d'un corps d'armée pendant plus d'un siècle, marquée par le séjour durable de plusieurs régiments, et le contrecoup de l'histoire des trois guerres – 1870-1871, Première puis Seconde Guerre mondiale –, Nantes a une indéniable empreinte militaire[2].

Durant l'époque médiévale, ville de marche franco-bretonne et victime des guerres entre le roi d'Angleterre et le roi de France, Nantes se donne des murailles, se dote d'un château, devient capitale de la Bretagne et la ville de ses ducs. Devenue ville royale, elle est encore enjeu militaire dans la guerre du duc de Mercœur dans les dernières années du XVIe siècle. Après 1598, le nom de la ville devient un symbole de paix. Elle se tourne vers son fleuve, vers la mer et le grand commerce. Les murailles sont démantelées à partir de 1753[3]. Nantes conserve son château, mais il est devenu à la fin de l'Ancien Régime simple garnison de soldats invalides (29e compagnie, en garnison à Nantes de 1780 à l'an II, capitaine Challoy) et dépôt d'artillerie[4]. Il y a également à Nantes un bataillon de milice provinciale, l'un des sept bataillons de la milice de Bretagne – bataillon de garnison, puis 35e régiment provincial de Rennes dont une compagnie est déjà celle de Clemenceau – forte de six cents hommes. Au reste, la ville de Nantes voit passer régulièrement des régiments, sur la route de la Bretagne, en logement chez l'habitant. Les derniers régiments de la monarchie présents en ville ont été les dragons de Conti, puis Salm-Salm[5], puis Rohan[6] en 1789, qui, en raison des événements, s'installe de manière durable. Au début 1791, il devient le 84e de ligne, commandé par le comte d'Hervilly mal vu de la population parce qu'il a pris part au rétablissement de l'ordre lors d'une émeute le 25 mai 1790, puis le 10 avril 1791. Nantes fournit alors des volontaires. L'un d'eux est resté plus célèbre que d'autres, Pierre-Jacques Étienne Cambronne, né le 26 décembre 1770, fils d'un négociant, volontaire en 1791. Mais comme beaucoup, c'est au loin que le conduisent ses campagnes.

La ville est alors plus affectée par la nouvelle organisation militaire du royaume. En 1791, la France est divisée en 21 divisions militaires. Nantes devient le siège de la 12e division militaire, qui couvre ce qu'on appelle alors *Les Côtes de l'Ouest,* de Nantes à La Rochelle[7]. La suite des événements de la Révolution fait de Nantes, à son corps défendant, une place de guerre. La ville est en première ligne face à l'attaque des Vendéens en juin 1793. Elle voit plus tard passer les armées républicaines, celle de Westermann en décembre, puis celles de Kléber. Mais la Révolution s'apaise ici comme ailleurs. En 1800, l'explosion des munitions de la Tour des Espagnols, qui fait un grand nombre de victimes parmi les soldats présents, rappelle qu'il existe toujours une garnison au château de Nantes.

1799-1873, LA 12e DIVISION MILITAIRE, DU CONSULAT AU DÉBUT DE LA TROISIÈME RÉPUBLIQUE

Lorsque le consul, devenu l'empereur, reprend en main l'organisation militaire du royaume, Nantes est une place de l'intérieur. Restent dans la ville les autorités militaires de la division étroitement surveillées par le préfet[8] qui doit aussi faire admettre et appliquer la conscription, instituée en 1798. Le conseil de recrutement fait tirer le 20 mars chaque année, et le 5 avril un cadre de leur régiment d'affectation vient chercher les recrues pour les conduire à leur lieu d'incorporation. Ce n'est pas mieux vu que l'ancienne milice.

La journée du passage de l'empereur en juin 1808 à son retour de la frontière espagnole, est l'occasion de mettre en œuvre, avec beaucoup d'éclat, les nouveaux gardes d'honneurs, 300 jeunes gens des meilleures familles symbolisant la réconciliation entre les enfants de la Révolution et ceux de l'ancienne aristocratie. Leur habit vert à parement amarante et le chapeau à cornes et à plumet blanc font sensation. Avec un détachement de la gendarmerie sous le commandement de Piter Deurbroucq, ils accompagnent l'empereur, avec l'impératrice Joséphine, Talleyrand, Decrès, Bertrand, Duroc, Maret jusqu'à l'hôtel d'Aux, où le reçoivent le préfet de Celles, le général Travot, le vainqueur de Charette, le maire, Bertrand-Geslin, ancien officier de l'armée royale puis républicaine, maire de 1805 à 1813. L'empereur est de méchante humeur : il vient d'apprendre, à Fontenay-le-Comte, la capitulation de Dupont à Baylen. Néanmoins, il visite la ville. Le 9 août, il passe au tout nouveau Lycée impérial dont les lycéens portent alors uniforme avec bicorne[9]. Une femme vêtue de noir avec ses deux enfants, élèves au lycée, se jette à ses pieds : c'est la femme du général Gaspard Normand, détenu depuis 1804 pour avoir participé au complot du général Moreau. Elle obtient sa grâce. Le 10 août, l'empereur s'embarque sur le quai de la Fosse, et une magnifique embarcation le conduit à Indret, dont il visite la fonderie. Puis il inspecte les chantiers des frères Crucy qui livrent à l'État goélettes, bricks et cotres utilisés pour la course. À Paimbeuf, il peut voir en construction la célèbre frégate la *Méduse* – échouée en 1816, on connaît l'histoire des 143 naufragés embarqués sur le radeau improvisé.

L'Empire passe. Le nouveau régime est délibérément pacifique, la conscription est allégée. En 1820, par ordonnance, un lieutenant-général est placé à la tête de chacune des divisions. Le lieutenant-général d'Espinois prend sa fonction en 1823, en même temps que Louis XVI, dont la statue due au sculpteur Molknecht est installée au sommet longtemps inoccupé d'une colonne de vingt-huit mètres placée au centre de la place d'Armes, devenue place des États, puis place Louis XVI[10]. Ils deviennent voisins en 1828, lorsque le général occupe l'hôtel d'Aux (où il remplace le préfet), qui devient l'hôtel de la Division et siège du commandement militaire. En janvier 1839 le ministre de la Guerre, Drouet d'Erlon, en même temps qu'il annonce au préfet l'envoi de deux nouveaux escadrons de cavalerie, ajoute : « Dans les circonstances où nous nous trouvons, il ne serait peut-être pas prudent de laisser la troupe chez les habitants », et invite vivement à chercher un local spécifique[11]... Mais les années passent : en 1856, enfin, un décret déclare d'utilité publique pour l'établissement d'un quartier de cavalerie et d'un magasin de fourrages l'acquisition de six parcelles de terrain situées dans la partie basse du terrain de la Mitrie[12]. La construction de ce qui deviendra les quartiers Lamoricière et Richemont peut commencer. Elle est l'occasion de matérialiser la mainmise de l'Armée sur le nord-est de la ville, en direction de la route de Paris, alors bordée de pépinières et de productions maraichères, infiniment plus rurale encore que même banlieusarde : la profonde transformation du paysage de l'arrivée sur Nantes depuis Ancenis est la première indication de l'arrivée des soldats. En 1864, la gendarmerie s'installe à la caserne Lafayette, près du nouveau tribunal.

Mais en dehors de cette présence occasionnelle, la ville n'est pas encore ce qu'on appelle une ville de garnison[13]. La belle durée des périodes de commandement de certains généraux (La Motte-Rouge, de 1855 à 1865), l'écho des événements militaires, et bien sûr les victoires (Algérie, Crimée, Italie), les funérailles solennelles de quelques glorieux enfants du pays nourrissent ce qu'on appellerait de nos jours le lien Armée-Nation : ainsi, les funérailles de Cambronne qui a achevé sa vie dans sa ville natale, inhumé en 1842 à la Miséricorde. En 1848, une statue est inaugurée sur le cours qui reçoit son nom[14]. Mais la même année, on a surtout donné de l'éclat aux funérailles du général de Bréa, l'un des anciens chefs de l'état-major, marié à une Nantaise, assassiné dans les émeutes de juin 1848 à Paris. Lui aussi, est inhumé dans le cimetière de la Miséricorde. En 1863, ce sont les obsèques du général Bedeau, dont la carrière est entièrement attachée à la conquête de l'Algérie. En 1865, on élève à un autre ancien de la conquête, le général de Lamoricière, un cénotaphe dans la cathédrale de Nantes, qui rappelle son action en faveur du pape en 1860, en particulier l'organisation du corps des Zouaves pontificaux.

En 1858, soucieux de renforcer l'attachement de la population à l'armée en familiarisant la présence des troupes dans les villes, Napoléon III regroupe les divisions en sept corps d'armée, comportant un nombre variable de divisions militaires. En 1867, le 28e régiment d'infanterie est établi à Nantes. Mais il n'a pas le temps de s'y enraciner que la guerre éclate.

Le 10 septembre, après la capitulation de Sedan, après la proclamation de la République, c'est à la gare de Nantes le départ des Mobiles de l'Ouest. Cantonnés au Mont Valérien, ils subissent le siège de Paris. L'armée allemande déferle alors, jusque sur la Loire. Le 9 novembre Gambetta déclare « le département de Loire-Inférieure en état de guerre ». La gravité de la situation fait écarter les préoccupations politiques. Le docteur Guépin, nommé préfet, et le maire Waldeck Rousseau, unissent leurs efforts pour mettre la ville sur pied de guerre. Les armes manquent : la fonderie Voruz fabrique des canons, des mitrailleuses. Pendant ce temps, dans l'armée de la Loire de Chanzy, sous le commandement de Sonnis, se rassemblent les Volontaires de l'Ouest, parmi lesquels on retrouve d'anciens zouaves pontificaux. Ils participent aux combats de Coulmier, Orléans, Loigny, et ne déméritent pas[15]. À Nantes même, les hommes célibataires ou veufs de moins de quarante ans sont mis sous les armes, on établit un camp fortifié sur la route de Paris, à une quinzaine de kilomètres de la ville. Mais le 22 janvier, Paris capitule, et le 28 janvier est signé l'armistice de Versailles.

NANTES, VILLE DE GARNISON : LA VILLE DU 65e D'INFANTERIE, DU 3e DRAGONS, DU 51e RA…

Après la loi du 27 juillet 1872, qui modifie le recrutement en jetant les bases d'un service militaire bientôt obligatoire et universel, la loi du 12 juillet 1873 divise la France en 18 régions militaires[16]. Nantes devient alors le siège du 11e corps d'armée (Vendée, Loire-Inférieure, Morbihan, Finistère), ce qui est fièrement inscrit sur le fronton de l'hôtel d'Aux. Le général commandant le corps d'armée est désormais le responsable territorial de la garnison, du recrutement, de l'instruction, de l'entraînement, de la mobilisation des réserves. Le corps d'armée est une unité opérationnelle dont le général sera le commandant en temps de guerre. Mais l'arrivée à l'hôtel d'Aux du général Lallemand, premier commandant du 11e corps, intéresse peu : l'opinion est alors mobilisée autour du procès du maréchal Bazaine…

À moins qu'elle ne s'intéresse au développement commercial et manufacturier, qui induit à la même époque une profonde mutation sociale dans la ville.

Le fait militaire compte pourtant dans cette mutation. Les effectifs deviennent considérables. En 1873 sont affectés le 64e RI et le 25e dragons, ainsi que les 2e et 3e compagnies du 2e régiment du Train. Le 65e RI est envoyé à Ancenis. En 1899, un chassé-croisé se produit entre le 65e RI, qui devient le régiment de Nantes, et le 64e RI, envoyé à Ancenis et à Saint-Nazaire ; il occupe la caserne Cambronne, aujourd'hui Cité administrative. Peu après, le 3e dragons remplace le 25e ; il occupe le quartier Richemont. Enfin, en 1909, Nantes obtient l'installation du 51e régiment d'artillerie, alors installé à Mellinet. On trouve aussi à Nantes le 11e escadron du train des équipages militaires, caserne Lamoricière (rue d'Allonville), et encore différents services caserne Bedeau (Visitation). Au total, en permanence 6 500 à 7 000 hommes en ville. Cela ne passe pas inaperçu.

D'autant plus que la place prise dans le paysage urbain par les nouvelles casernes est considérable, en même temps que leur élévation entraîne tout le remodelage des quartiers Saint-Clément et Saint-Donatien, Toutes-Aides, Doulon. Dès 1875, commence l'agrandissement du quartier de la Mitrie : des terrains sont acquis et des travaux engagés pour la construction de magasins et hangars destinés à remiser le matériel de l'équipage militaire à la Mitrie, ce qui devient le Dépôt du matériel du train et des équipages militaires du 11e corps. Puis on élève la nouvelle caserne Cambronne, sur le modèle Séré de Rivière. Un bâtiment à trois étages pour chaque bataillon, encadrant une cour assez vaste ; à la périphérie se trouvent les bâtiments particuliers : cuisine, poste de police, bâtiments disciplinaires, infirmeries. Les procédures d'expropriation sont lancées en 1879, pour un total de 171 000 francs. La ville dévore les jardins et terres qui l'entourent[17].

Lorsque de nouveaux régiments d'artillerie sont créés par la loi du 24 juillet 1909, la Ville, dirigée par le maire Guist'hau, se démène pour obtenir la garnison. Le nouveau maire de Nantes propose une contribution de 2 millions de francs pour l'installation du régiment d'artillerie, compte non tenu des travaux nécessaires pour amener l'eau et le réseau d'égouts. Derrière sa détermination, il y a surtout l'opportunité d'occuper le couvent des Dames du Sacré-Cœur, que les religieuses avaient dû abandonner. Situé sur l'emplacement de l'ancienne seigneurie de l'Eperonnière, occupée comme prison en 1793, puis hôpital en 1794, enfin vendu comme bien national en 1798, il avait été élevé par les Dames du Sacré-Cœur en 1837, mais fermé après la loi du 27 juillet 1904 qui interdit l'enseignement congréganiste. Le domaine est effectivement acquis par la ville de Nantes. Le 1er avril 1911 arrive le premier détachement du 51e régiment d'artillerie. La caserne Mellinet n'est achevée qu'après la guerre[18].

La présence d'une caserne ne fait pas que des heureux. La ville y trouve un intérêt financier, mais il y a aussi tous ceux, inévitables, qui craignent les conséquences de l'implantation d'un corps, qui se plaignent des nuisances. Dès avril

1910, les propriétaires mitoyens dénoncent la faiblesse des clôtures du nouveau quartier :

> « Les murs de clôture n'ont que trois mètres de haut. Les terrains environnants donnent appui à des treilles de vigne qui offriront aux jeunes soldats une tentation bien forte et seront pour eux une perpétuelle invitation à la maraude. On ne saurait raisonnablement demander aux propriétaires de les arracher. »

En juillet 1911, un jardinier des environs du quartier actionne le tribunal, attendu que l'installation défectueuse des latrines du quartier est à l'origine de la pollution du ruisseau et donc de sa cressonnière. Il faut plaider, aboutir à une transaction, et payer.

Ces récriminations sont dérisoires. Le regard porté sur l'Armée est plutôt marqué par les événements politiques, et reste ambigu et contradictoire. Les tensions entre les partisans de l'une ou l'autre des anciennes monarchies et ceux de la nouvelle République sont durables. Pourtant, les années 1880-1914, paradoxalement en apparence puisqu'ils sont encasernés, mais en réalité parce qu'ils sont beaucoup plus nombreux, et plus proches sentimentalement, sont celles où les soldats occupent de la manière la plus visible le paysage humain de la ville. Ils sortent en ville, avec de beaux uniformes ; les officiers prennent position dans la société, sont présents dans les cérémonies officielles. Avec les aléas des circonstances.

Ainsi, après le 14 juillet 1880, date de remise à l'honneur de la fête de la Fédération qui devient la fête nationale, en écho de la grande revue de Longchamp, la ville de Nantes donne le 25 juillet une grande fête : trois salves de 21 coups de canons à 8 heures, 12 heures et 20 heures, feu d'artifice, retraite aux flambeaux. Sur le terrain de manœuvres du Petit-Port – qui n'est pas encore campus universitaire… –, leurs drapeaux sont remis au 64e de ligne et au 25e dragons. On associe à la fête les lycées en armes – ce sont les célèbres bataillons scolaires, qui reçoivent, dans leurs établissements une préparation militaire. Le compte-rendu de la cérémonie donné par *Le Phare de Loire* est très critique :

> « Quelques bonnes qu'aient été ses intentions, M. le général de Cissey aurait voulu froisser les sentiments patriotiques de la foule accourue de toutes parts, il eût cherché à méconnaître, en dépit de circulaires ministérielles, l'esprit civique qui devait présider à la remise des drapeaux et aux défilés de troupes, qu'il ne s'y serait pas pris autrement, qu'il n'aurait pas donné des ordres différents [19]… »

Il faut dire que c'est aussi le temps des lois Ferry qui engagent le combat contre les Congrégations non autorisées par la loi de mars 1880. Le 4 novembre 1880, il avait fallu160 dragons, 7 brigades de gendarmerie et 200 fantassins, baïonnette au fusil, pour venir à bout des Capucins de la rue Noire et de leurs défenseurs armés de cannes-épée et de gourdins plombés. Les commentaires sont allés bon train.

On se réconcilie à peu près ensuite. Le temps de l'affaire Dreyfus est marqué à Nantes par les obsèques du général Mellinet en 1894, mais plus encore la venue du président de la République Félix Faure, le 21 avril 1897, pour l'inauguration du monument des Mobiles, en bas du cours Saint-Pierre qui, pour la première fois, rappelle le souvenir de tous les « enfants de la Loire-Inférieure morts pour la patrie » (les mobiles, le fantassin, le marin, le colonial). Le monument les célèbre tous, ainsi que l'héroïsme de Gougeard stimulant les régiments décimés qui montent à l'assaut du plateau d'Auvours[20].

Catastrophe : alors que le général André, ministre de la Guerre, lance la désastreuse affaire des fiches, le ministère Waldeck-Rousseau reprend la politique de Ferry contre les Congrégations ; nouvelles batailles de rues entre moines et dragons, entre religieuses et fantassins, avec prise à partie de l'un ou l'autre camp par la population... On ne s'étonne pas, à Nantes, de l'écho des procès de 1902 et 1904, tenus en conseil de guerre au quartier du 3e dragons, qui mobilisent encore des centaines d'hommes. Cela vient nourrir le trouble des rues, et provoque les ruées de la presse. Ont eu un écho particulier en septembre 1902 l'affaire Leroy-Ladurie, commandant au 19e d'infanterie, qui a refusé de commander les trois compagnies envoyées pour vider un couvent de Landernau, et l'affaire Saint-Remy, lieutenant-colonel – condamné à un jour de prison ; puis, en avril-mai 1904, le conseil de guerre jugeant cinq officiers (du 116e régiment d'infanterie), condamnés à six mois, non pour refus d'obéissance mais pour abandon de poste[21].

L'atmosphère de plus en plus tendue et les crises internationales obligent sans doute à refonder le pacte d'Union entre l'Armée et la République. C'est ce qui se produit en 1914. Les 5 et 6 août 1914, les troupes de Nantes partent pour la guerre. La 21e division, avec le 51e régiment d'artillerie et les 65e et 64e régiments d'infanterie, franchit la frontière belge le 20 août et reçoit le baptême du feu à Marville. Les régiments de réserve, formés dans le cadre de huit subdivisions, ont également donné. La subdivision de Nantes fournit le 251e régiment d'artillerie, le 264e et 265e régiments d'infanterie, engagés dans la 61e division dès le 24 août 1914 à Bapaume. Les uns et les autres prennent part aux grands combats à suivre. Marne, Champagne, Verdun, Chemin des Dames. Le 51e RA a perdu 222 hommes, le 65e d'infanterie en a perdu 1900, et 112 officiers dont un chef de corps, le colonel Desgrées du Lou tué en 1915 à la tête de ses hommes.

Pendant la guerre, évidemment, la ville prend un nouveau visage. Accueil de blessés, d'abord, dans les hôpitaux existants, mais aussi en ouvrant de nouveaux établissements, l'hôpital militaire Baur, par exemple. Pendant la durée de la guerre, Nantes a reçu 138 000 blessés. André Breton, le père du surréalisme, est affecté à Nantes comme médecin auxiliaire en 1915 à l'hôpital de la rue du Bocage. Il écrit plus tard, dans *Nadja*, ce mot si souvent cité : « Nantes est la seule ville de France avec Paris où j'ai l'impression que quelque chose de grand peut m'arriver[22]. » Accueil des réfugiés ensuite, français et belges, italiens aussi, employés dans les 82 usines spécialisées pour l'artillerie et les obus, à

Basse-Indre, à Indret, aux chantiers navals reconvertis, dans les entreprises de fourniture de vivres et d'habillement. De nouvelles usines sont édifiées entre Chantenay et Couëron ; les Ateliers et Chantiers de Bretagne, créés en 1909, produisent des wagons de guerre, Lefèvre-Utile fabrique des biscuits de guerre, le marquis de Dion se met à la fabrication de moteurs pour véhicules militaires. Enfin, la ville voit passer dans ses cantonnements près de 240 000 hommes, dont 99 000 pour la seule caserne Cambronne ; des soldats anglais à partir de 1915, et des Hindous qui sont l'occasion d'illustrer de nombreuses cartes postales ; des alliés russes en 1916, les Américains en 1917[23].

L'annonce de l'armistice du 11 novembre 1918 entraîne un pavoisement, on voit même des drapeaux américains aux fenêtres, une fête partagée par tous – même si le préfet refuse d'assister au *Te Deum* célébré le 17 novembre dans la cathédrale par Monseigneur Le Fer de la Motte, séparation des Églises et l'État oblige ; mais on retrouve dans la cathédrale Maurice Sibille, maire de Nantes, plusieurs conseillers municipaux, des conseillers généraux, toutes les notabilités, du directeur des Archives départementales au directeur de la Manufacture des tabacs, un général américain même, accompagné de trois colonels.

En 1919, l'armée de la Grande Guerre est démobilisée. Louis XVI, du haut de sa colonne, et le général Prax en bas de la colonne, président ensemble à la prise d'armes de la victoire le 11 novembre 1919. Comme dans toutes les villes de France, les premières années de l'immédiate après-guerre se passent dans une sorte de communion permanente entre la ville et ses soldats : retour des drapeaux, retour des régiments, défilés. Plus douloureux, à partir de 1921 (le 22 mars à 19 h 37, à la gare de Nantes), c'est le retour des morts – 251 en 1921, 420 en 1922, 128 encore 1923, trop peu par rapport au nombre des disparus. On écrit déjà sur la guerre – Paul Bellamy fait paraître un premier ouvrage sur la guerre dès 1919 – vingt jours avant les élections municipales ; Émile Gabory, directeur des Archives départementales, publie en 1923 *Un département breton pendant la guerre 1914-1918. Les enfants du Pays nantais et le 11e corps d'armée*[24]. Enfin, il y a le monument aux morts que le Conseil municipal décide d'élever dès le 14 novembre 1918. Il a fallu choisir le lieu – le port Communeau, la Petite Hollande, finalement ce sera en bas du cours Saint-André ; il a fallu obtenir le financement – la ville, les particuliers, les grosses entreprises nantaises contribuent ; il a fallu constituer un Comité d'honneur : c'est plus facile. Avec Aristide Briand, le député-maire Paul Bellamy, les autorités, tout ce que la ville compte de notabilités ; il a fallu enfin adopter un projet, le choix se porte sur l'œuvre d'un architecte lui-même grand blessé de guerre, Robidat. L'inauguration a lieu au début de l'année 1927.

La ville a retrouvé différentes unités, constituant toujours le 11e corps, avec en 1924 toujours le 65e RI, qui a retrouvé la caserne Cambronne – et se trouve magnifié par le souvenir du colonel Desgrées du Lou dont le nom est donné à la caserne Bedeau ; le 51e RA, devenu 51e régiment d'artillerie de campagne, est dissous en 1924 et remplacé par le 355e régiment d'artillerie lourde portée

(355e RALP), qui devient en 1935 le 355e régiment d'artillerie automobile, toujours à Mellinet, enfin achevé aux lendemains de la guerre; Mellinet reçoit en même temps le Centre de mobilisation secondaire d'artillerie coloniale, et conserve les services des parcs d'artillerie, les services vétérinaires; le 11e escadron du train occupe Richemont abandonné par le 3e dragons qui part pour Sarrelouis, et devient en 1928 la 11e compagnie régionale du train.

Mais en vérité, l'espace moral commence à être plutôt occupé par les anciens combattants: « Ils ont des droits sur nous », a déclaré Georges Clemenceau, le Nantais, ce qui ne règle pas vraiment le retour à la vie civile de milliers de blessés, de mutilés, de corps et d'âmes irrévocablement marqués. Ils forment cette immense armée d'après-guerre incarnant la victoire et la gloire, en même temps que toutes les amertumes du choc moral en retour, et de cette étonnante démobilisation de l'esprit de défense à la veille de la Seconde Guerre[25]. Ils sont les porte-parole des 19 500 Français du département tués pendant la Grande Guerre, des quelque 7 000 Nantais dont le nom est inscrit sur le Livre d'Or de la ville, conformément à la loi du 25 octobre 1919.

Ils sont rapidement organisés en associations, amicales, unions, sections, rattachées ou non à des associations nationales – la Section nantaise de l'Union nationale des Combattants est la première, suivie de l'Amicale du 265e RI, l'Amicale de la 21e division, la société Le Poilu, la Société des Mutilés, puis l'Union nationale des Mutilés et des Réformés, souvent opposée à l'UNC. Ils entretiennent le souvenir entre eux, et sous la forme d'actions publiques – bals, tombolas, banquets; ils participent à toutes les cérémonies, qu'il est évidemment impossible d'énumérer. Citons en exemple les obsèques le 13 juin 1927 du général Buat, qui n'est pas nantais d'origine, mais un ancien du Lycée de Nantes, époux d'une Nantaise, portant les décorations de 25 pays. Un monument est élevé en son souvenir place du 51e d'artillerie, face à la caserne du 355e RALP, rue du général Buat, ci devant rue de Paris. Le général Ragueneau souligne le soutien du maire dans ce genre de circonstances. Autour des officiels, toutes les associations d'Anciens combattants sont là. Leurs effectifs n'ont cessé d'augmenter jusqu'en 1924, ont été stabilisés entre 1924 et 1930, commencent alors à diminuer: ils ne sont pas immortels. Après 1934, ils se trouvent emportés par le mouvement politique, et assistent, un peu désemparés, non pas à la manifestation du 6 février 1934, quelques centaines d'hommes rassemblés place Royale, mais aux beaucoup plus violentes manifestations ouvrières qui suivent, puis à la victoire du Front populaire, et à la montée du nazisme en Allemagne.

Pourtant, jusqu'à la Seconde Guerre mondiale, l'Armée occupe toujours une position sociale, de prestige en même temps que de lien social, qui reste incontestable – ce qu'on peut appeler une position morale. Elle fait vivre environ 7 000 hommes dans la ville, ces hommes sont très fréquemment vus par le public au cours de cérémonies, défilés, déplacements personnels même. Et malgré la démobilisation de l'esprit de défense, l'armée et ses soldats restent un repère. Aussi, en exemple, à côté des commémorations ou fêtes patriotiques, sont-ils sollicités pour d'innombrables circonstances civiles, avec, à compter du 23 novembre 1936, l'obligation de l'accord du préfet, souvent obtenu, parfois refusé. Les sollicitations, très variées, donnent une idée de l'implantation morale de l'Armée dans sa ville[26]. On retiendra que la dernière sollicitation, en août 1939, est à l'occasion de l'inauguration à La Baule du boulevard Neville Chamberlain – l'homme de Munich. Elle est prévue pour le 27 août. Mais le 23 août, le général Martin, commandant de la 11e région militaire, annonce que le président du Conseil, ministre de la Défense nationale et de la Guerre, interdit jusqu'à nouvel ordre tout déplacement de la troupe… En même temps, les réservistes sont rappelés dans les Centres mobilisateurs et les casernes. Le 31 août, le 65e RI embarque en gare de Nantes…

Avec le 355e RALP, le 65e est dirigé vers la Lorraine, puis après l'étrange épisode de la drôle de guerre – comme si une guerre pouvait être drôle –, le 11e corps, devenu la 9e armée, est engagé dans les Ardennes et participe à la bataille de la Meuse, puis à celle du Nord, avant de se dissoudre dans le secteur fortifié des Flandres…

DE LA SECONDE GUERRE MONDIALE AU DÉSERT MILITAIRE

L'histoire de la Seconde Guerre, qui ne peut être faite ici, ne serait pas entièrement hors sujet. Aucune ville de France n'échappe à son empreinte[27].

En 1939, Nantes redevient base de débarquement pour les Anglais. À partir de mai 1940, c'est l'exode : Belges, Luxembourgeois, Français, puis les soldats épuisés qui n'ont pas résisté au raz-de-marée allemand. Le 14 juin, les Anglais quittent Nantes, détruisent leurs camions et armes lourdes avant de repartir. Le 18 juin, les Allemands entrent à Nantes. Le 10 juillet, les députés de Loire-Inférieure votent la loi déléguant le pouvoir constituant au maréchal Pétain – à l'exception du vieux marquis de Dion, qui s'est abstenu.

La Feldkommandantur s'est installée à Nantes, son poste de commandement dans l'hôtel du 11e corps, ses services à Mellinet et Richemont. La Résistance a été bien vite active, d'abord autour de Léon Jost, cadre aux usines LU, plus tard l'un des 48 otages… Le premier des grands héros de la Résistance, le lieutenant de vaisseau Honoré d'Estienne d'Orves, chef du 2e bureau à Londres, établit la première liaison radio avec la France Libre : installé à Nantes, à Chantenay dans la villa *Ty Brao* où la famille Clément l'a accueilli. Du 24 décembre 1940 au 21 janvier 1941, soixante messages sont envoyés en Angleterre[28]. Dans la nuit du 21 au 22 janvier, la villa est cernée. D'Estienne d'Orves et ses compagnons, Maurice Barbier, Jean-Jacques Leprince, tous les membres du réseau Gérard, ont été trahis par Gaessler, l'opérateur radio, passé au service de la Gestapo. Fusillé au Mont-Valérien, d'Estienne d'Orves donne l'accolade à l'abbé Stock, et au colonel Keyser qui a tenté jusqu'au bout d'obtenir une commutation de peine – comme à Nantes Mme Rondeau l'épouse du maire, le colonel de Saint-Julien représentant de la Croix-Rouge, la marquise de Sesmaisons[29]. Il faudrait en citer beaucoup d'autres… Nantes porte toujours le souvenir des cinquante otages, fusillés après l'assassinat du lieutenant-colonel Hotz, Feldkommandant de Nantes, un Bavarois de 63 ans qui avant la guerre avait travaillé à Nantes en qualité d'ingénieur pour participer au percement du tunnel qui avait permis d'assécher l'Erdre en aval du pont Morand, en partie financée par les prestations de l'Allemagne au titre des réparations : il est abattu à l'entrée de la rue du Roi-Albert, par Gilbert Brunstein, le 20 octobre 1941. Hotz s'était toujours distingué des nazis par son humanité envers les Nantais. L'on sait que 50 otages sont arrêtés et fusillés, l'on connaît les efforts déployés pour empêcher cette vengeance, pour empêcher qu'il y ait plus de victimes aussi, du préfet Bonnefoy, du maire Gaétan Rondeau, de l'évêque monseigneur Villepelet[30], de la marquise de Sesmaisons encore. Il faudrait également évoquer les 1 500 morts des bombardements des 16 et 23 septembre 1943, la rue du Calvaire, la place Royale rasées, la préfecture, la bourse, la psalette durement touchées[31].

En 1944, avec l'arrivée des Américains, le général Reinhart et la Kommandantur quittent Nantes le 3 août pour se replier au sud de la Loire, reviennent le lendemain, partent définitivement le 12 août. Les FFI avec des hommes du colonel Rémy arrivent tout de suite. Les FFI occupent les bâtiments publics dès le 12 juin, mais la guerre ici dure jusqu'à la libération de la poche de Saint-Nazaire. En janvier 1945, alors que restent encore à l'ouest les réduits de Saint-Nazaire et de Royan-La Rochelle, le général de Gaulle décerne à la ville de Nantes la croix de la Libération en présence du nouveau maire, Clovis Constant, de Michel Debré, commissaire régional de la République, et du préfet Alexandre Vincent.

Après la guerre, lentement, mais inexorablement, tout change.

L'Armée devient de moins en moins visible, dans une ville qui grandit, qui s'élargit, qui engloutit le pays proche, dont les activités se multiplient, dont les paysages urbains changent, dont les vieilles casernes, qui n'étaient plus aux normes – cette extraordinaire invention de notre temps – disparaissent : Cambronne, renvoyée à la vie civile ; Bedeau, disparue ; Lamoricière, démolie et rebâtie pour la gendarmerie mobile en 1980. Plus la population augmente – en particulier la population jeune, après la résurrection de l'Université – et plus les effectifs militaires diminuent, moins les soldats prennent de place dans le paysage nantais. L'histoire de la présence militaire à Nantes devient celle de la disparition de l'armée.

Les régions militaires sont réorganisées le 21 octobre 1944, puis le 26 juin 1946. La 3e région militaire remplace la 11e, au sein de laquelle, de 1945 à 1966, Nantes devient ville de garnison de troupes, antérieurement coloniales, devenues troupes de marine, familièrement les marsouins. On retiendra en 1951 l'arrivée à Mellinet du 8e bataillon d'infanterie coloniale (8e BIC), remplacé en

1954 par le 2e régiment d'infanterie coloniale (2e RIC), remplacé de 1960 à 1964 par le 9e régiment d'infanterie de Marine (9e RIMA), installé à Richemont. Les unités nantaises sont largement engagées dans les opérations de la décolonisation. Le 2e RIC a été engagé au complet en Algérie, dans le secteur de Khenchela, El Kantara et Batna de 1954 à 1959, puis Orléansville et la vallée de la Soummam en 1959-1962. De 1951 à 1971, 1 386 soldats tués en Indochine et Afrique du Nord, originaires de l'Ouest, reçoivent les honneurs militaires dans la chapelle de l'Oratoire transformée en chapelle ardente, avant d'être rendus à leurs familles. Jacques Floch, secrétaire d'État aux Anciens Combattants, maire de Rezé, leur a porté la parole de tous les Nantais :

> « À la mémoire des 343 soldats de Loire-Atlantique morts à la guerre d'Algérie et lors des combats au Maroc et en Tunisie. Je les salue avec respect et fraternité. »

En 1966, c'est la création de nouvelles divisions militaires territoriales : Nantes devient le siège de la 33e division militaire territoriale (33e DMT), dont l'extension correspond à la nouvelle région des Pays de la Loire. À la même date, le 65e d'infanterie qui avait été dissous en 1946, est reconstitué avec le Centre mobilisateur (CM 65). Mais il disparaît définitivement en 1986. Les forces conventionnelles sont alors une nouvelle fois réorganisées. Le 1er juillet 1986, le 9e régiment de commandement et de soutien (9e RCS) de Dinan s'installe à Nantes, avec l'état-major de la 9e division d'infanterie de Marine (9e DIMa), l'une des divisions d'intervention de la Force d'Action Rapide. Il fusionne avec l'état-major de la 33e DMT, et s'installe à Richemont. La FAR est dissoute en 1999, les forces sont regroupées dans la Force Terrestre, l'état-major de Force no 2 s'installe également à Richemont – son premier commandant est le général Thomann ; l'état-major de la 9e brigade légère blindée d'infanterie de Marine (9e BLBMa, ci-devant 9e DIMa), est toujours à Richemont, et le 22e BIMa à Mellinet, dernière troupe visible à Nantes. En même temps, la conscription est supprimée – suspendue. Les derniers appelés disparaissent entre 1996 et 2001. Leur succède une JAPD, ouverte aux filles, mais qui ne peut remplacer en 24 heures ce qu'apportait auparavant – à ceux qui le faisaient encore – l'ancien service national.

Les soldats ne sont plus visibles. Les opérations non plus. Elles se déroulent désormais sur des fronts lointains, qu'on appelle désormais les « théâtres d'opérations extérieures », alors même que la 9e DIMa, puis la 9e BLBMa, sont engagées à l'échelle du monde entier, ces opérations se déroulent sur des théâtres aux noms bien lointains, qui ne font plus rêver, qui ne suscitent plus toujours l'adhésion – Côte d'Ivoire, Congo, Sénégal, Tchad, Timor et Cambodge, Liban et Ukraine, Macédoine et Kossovo. Comme beaucoup de Français, les Nantais réduisent ces opérations à deux minutes d'informations télévisées chaque soir, entre les faits-divers et la page sportive…

Le grand départ de 2010 était-il inéluctable ? On doit seulement constater qu'il a eu lieu. Dans le cadre de la réduction massive de ses effectifs alors imposée à l'Armée, Nantes a tout perdu. En juin 2010, la cérémonie de dissolution de la 9e BLBMa est le dernier événement de l'histoire militaire de Nantes, avec, aussitôt après, le départ du général Marengo, commandant l'état-major de Forces no 2, qui quitte la ville, très affecté[32]. Il ne reste plus, dans la ville, et dans le département de la Loire-Atlantique, qu'une soixantaine de marins sous l'autorité du commandant de la marine à Nantes Saint-Nazaire, et, assez logiquement, une Préparation militaire marine, et ce volet particulier de la mémoire nantaise qui touche à la mer militaire, et non commerciale. Les Nantais n'ont pas oublié les Chantiers Navals Dubigeon qui ont sorti tant d'unités depuis la Seconde Guerre mondiale, jusqu'au Bougainville, le dernier bâtiment militaire, lancé en 1986. Ils ont confié, à partir de 1988, l'escorteur *Maillé-Brézé* aux soins de l'Association Nantes Marine Tradition, sur les quais de la Fosse, là même où, au XVIIIe siècle déjà, des milliers d'hommes construisaient pour la mer, et où, au XXe siècle, la population assistait en foule au lancement des navires. Les Nantais se souviennent aussi qu'ils ont donné des marins à la France, leurs noms sont précieusement conservés – Cassard, mort en 1740, un peu marin du roi, un peu corsaire ; du Chaffault, mort en 1794, l'amiral Halgan mort en 1852, l'amiral de Cornulier, maire de Nantes pour peu de temps d'ailleurs, en 1874, mort en 1886, plus près de nous Éric Tabarly, Nantais de naissance, et officier de marine, disparu en mer en 1998. Les Nantais conservent aussi la mémoire de ses héros de l'air – Didier Lecour Grandmaison, pilote en 1915, tué en 1917, Alfred Heurtaux, as de l'escadrille des Cigognes avec 21 victoires homologuées, résistant, déporté à Buchenwald, compagnon de la Libération, mort en 1985 à 92 ans. À cette date, la base aérienne 740 de Château-Bougon n'était plus qu'un souvenir lointain, les installations de l'Armée de l'Air à Richemont elles-mêmes étaient fermées depuis 1967.

Jean-Pierre Bois
Professeur émérite de l'université de Nantes

NOTES

1. Bibliographie générale : Bois P., *Histoire de Nantes*, Toulouse, Privat, 1977 ; Pétré-Grenouilleau O. (dir.), *Nantes*, Palantines, 2003. Nous nous limitons ici à quelques ouvrages effectivement utiles, et à des références d'archives.
2. Cette communication résulte d'une conférence faite à Nantes le 21 mai 2010, château des Ducs de Bretagne, à l'occasion des cérémonies du départ de l'Armée de Nantes : « Nantes et ses soldats », Nantes, Conseil général de Loire-Atlantique, 2010.
3. Voir Perréon St., *L'Armée en Bretagne au XVIIIe siècle*, Rennes, PUR, 2005.
4. Service Historique de la Défense, Vincennes, 12 Yc49, vol. 3897, Contrôle de la compagnie d'invalides détachés au château de Nantes.

5. Archives départementales de Loire-Atlantique (ADLA), C 268, régiment de Salm-Salm, infanterie allemande, et C 275, régiment de Salm-Salm, 62e régiment d'infanterie.
6. Service Historique de la Défense, 1 Yc 760, contrôles de troupes. Rohan-Soubise, 2 bataillons.
7. Arch. dép. de Loire-Atlantique, L 1041, délibérations du conseil de district, 1791. Son premier commandant est Dumouriez, qui reçoit à Nantes l'annonce de la fuite du roi à Varennes.
8. Cette surveillance dure jusqu'au Second Empire, et se trouve particulièrement rigoureuse sous la Restauration. Voir, aux ADLA, les États nominatifs d'officiers licenciés (1816), et Surveillance des officiers en non-activité (1817).
9. *Lycée de Nantes. Livre d'Or du Centenaire (1808-1908)*, Nantes, Impr. du Commerce, 1909, Alcide de Caumont, visite de Napoléon au Lycée, p. 103-109.
10. ADLA, 1 M 223, *Statues et monuments commémoratifs*, 1814-1824.
11. ADLA, 2 R 70, *Abonnement pour une caserne bourgeoise, janvier 1835*. Lettre du maire de Nantes au préfet de Loire-Inférieure, 26 janvier 1835.
12. ADLA, 2 R 70, Acquisition des terrains nécessaires pour la construction des magasins et hangars à la Mitrie. Décret du 7 août 1856, déclaration d'utilité publique.
13. Launay M., Kahn Cl. et *al.*, *La Noblesse nantaise au XIXe siècle*, Nantes, Ouest-Éditions, 2001, p. 89-100, sur la noblesse nantaise et le métier des armes au XIXe siècle, très suggestif.
14. ADLA, 1 J 351, Souscription pour le monument de Cambronne.
15. Nouaille-Degorce P., *Les volontaires de l'Ouest. Histoire et souvenir de la guerre de 1870-1871 à nos jours*, doctorat, université de Nantes, 2005.
16. Colonel Perchet M., *L'Armée de Terre dans l'Ouest, 1873-1978*, université de Rennes, 1978.
17. ADLA, 2 R 69. Quartier Barbin, 1879-1882. Expropriations, descriptifs.
18. ADLA, 2 R 73, Génie. Caserne Mellinet (1919-1924).
19. *Phare de Loire*, mardi 27 juillet 1880.
20. ADLA, 2 R 95, Monuments aux morts des guerres de 1870 et 1871.
21. ADLA, 2R 81, Incidents politiques mettant en cause des officiers, 1900-1904.
22. Debaène V., *Nadja*, Paris, Hatier, 2002, donne les clés pour comprendre cette œuvre d'André Breton.
23. Nouailhat Y.-H., *Les Américains à Nantes et Saint-Nazaire, 1917-1919*, Nantes, Coiffard, 2009.
24. Gabory É., *Un département breton pendant la guerre 1914-1918. Les enfants du Pays nantais et le 11e corps d'armée*, Nantes, Impr. du Commerce, 1923.
25. Boucault P., *Les Anciens combattants à Nantes durant l'entre-deux-guerres, 1919-1939*, mémoire de maîtrise, sous la direction du professeur Jean-Pierre Bois, université de Nantes, 2001.
26. ADLA, 2 R 78, Fêtes et commémorations, 1918-1939.
27. Scheid M., *Nantes, 1940-1944. La guerre, l'occupation, la libération*, Ouest-France, Mémorial de Caen, 1994.
28. Honoré-d'Estienne d'Orves R. et Ph., *Honoré d'Estienne d'Orves, pionnier de la Résistance*, Paris, France-Empire, 1999. Voir aussi Montety É. de, *Honoré d'Estienne d'Orves*, Paris, Perrin, coll. « Tempus », 2001.
29. Sesmaisons Y. de, *Une Nantaise dans la Résistance, Yolaine de Sesmaisons, 1940-1945*, Nantes, Coiffard, 2003.
30. Launay M., *Un évêque dans la guerre. Carnets de Mgr. Villepelet, évêque de Nantes, 1940-1945*, Nantes, Opéra, 2006.
31. *Témoignages sur les bombardements des 16 et 23 septembre 1943 à Nantes*, par Luc Douillard et les élèves du lycée professionnel Michelet, Ville de Nantes, Nantes, 2005.
32. Patrick Marengo, commandant l'état-major de force n° 2, laisse un adieu émouvant. « Ce retrait de l'armée de terre de Nantes est difficile, voire douloureux [...] Il est douloureux de quitter une ville de garnison éclectique et séduisante où le lien entre la Nation et son armée s'avère harmonieux et respectueux [...] Car Nantes est une terre de soldats, la lecture des tables mémoriales nous rappelle le lourd tribut payé lors des derniers conflits ». Jean-Marc Ayrault, alors maire de Nantes, évoque « cette longue histoire qui a uni et continuera à unir Nantes à ses soldats » (Marengo P. [dir.], *Nantes et ses soldats*, Conseil général de Loire-Atlantique, Ville de Nantes et 11e corps d'armée, 2010, p. 2).

Conclusion

Jean-Pierre Bois, en ouvrant ce colloque, en rappelait l'objectif : « Offrir l'occasion d'une prise de conscience des dimensions de la culture et du patrimoine ligériens et permettre de porter un autre regard sur ce fleuve majeur. » Les communications ici réunies, qui ont couvert une période très large, des époques gauloises et romaines à nos jours, nous ont permis de mieux comprendre l'importance économique et stratégique du premier fleuve de France.

L'importance stratégique tout d'abord. Aujourd'hui, l'automobiliste qui franchit la Loire en empruntant des ponts modernes aux Ponts-de-Cé, à Saumur ou à Tours, pour ne citer que les principaux, peut-il imaginer les problèmes posés autrefois à ceux qui voulaient franchir le fleuve ? Même si dans la vie quotidienne la Loire se franchissait relativement facilement, elle apparaissait souvent comme une frontière naturelle entre le Nord et le Sud du pays. Pour les armées, les gués étaient trop aléatoires pour franchir le fleuve et les petites barques insuffisantes. Il fallait construire des ponts. Maxime Mortreau et Anne-Marie Dumont ont rappelé que dès les premières opérations de la conquête romaine de la Gaule, le problème de la traversée de la Loire par les soldats s'est posé. Aujourd'hui, la recherche archéologique a permis de retrouver les traces de treize ouvrages de cette époque. Construire des ponts était pour les Romains une manifestation de puissance politique et militaire. Le contrôle de ces ponts lors des périodes de conflits était une nécessité pour le chef qui voulait faire passer ses armées. L'importance stratégique de la Loire se marque par la construction, souvent près de ces ponts pour les contrôler et contrôler aussi la navigation sur le fleuve, de nombreuses forteresses. Plusieurs communications ont rappelé l'ancienneté de ces constructions, nombreuses sur la Loire et sur les rivières affluentes. François Comte a montré l'importance des enceintes et des ponts d'Angers, la Maine constituant un secteur particulièrement difficile à défendre. Louis Barrault et Monique Chevreul ont évoqué les nombreuses forteresses construites par Foulques Nerra entre l'embouchure de la Maine et Champtocé. Celle de La Roche-aux-Moines construite plus tard, entre 1206 et 1212, par Guillaume des Roches, sur un site géographique et stratégique de premier plan, a été le théâtre d'une grande victoire des armées royales, déterminante pour le renforcement du pouvoir royal de Philippe Auguste. Durant les guerres de Religion, les forteresses de la Loire armoricaine de Rochefort à Ancenis ont permis aux Ligueurs soutenus par le duc de Mercœur de contrôler la navigation sur le fleuve et de mener de nombreuses opérations contre les troupes royales, comme l'a montré Bertrand Bloquien. Au XIXe siècle, la Loire est à nouveau un lieu privilégié de la guerre en 1870-1871, elle donne son nom à l'armée de Chanzy. Francine Fellrath-Bacart nous a présenté comment les Prussiens ont découvert Tours et la Loire, éblouis par les paysages qui se présentaient à eux. Toutes ces communications nous montrent donc l'importance de la présence militaire sur la Loire, au cours des temps, une présence militaire qui est toutefois moins affirmée aujourd'hui. L'exemple de Nantes, étudié par Jean-Pierre Bois, est caractéristique de cette évolution. La ville, devenue ville de garnison au XIXe siècle, où l'armée jouit d'une certaine popularité et contribue au développement urbain grâce à la construction de casernes autour desquelles s'organisent de nouveaux quartiers, a vu disparaître aujourd'hui ses casernes et toute vie militaire.

Quatre des communications ont été consacrées au rôle stratégique de la Loire à l'époque des guerres de Vendée, de 1793 à 1795. En cette période troublée et en l'absence d'une véritable police fluviale, la Loire était loin d'être infranchissable et les passages des Vendéens d'une rive à l'autre étaient réguliers, comme l'a montré Claude Petitfrère. À deux reprises l'armée vendéenne a passé le fleuve sans grands problèmes. En juin 1793 après la prise de Saumur l'Armée catholique traverse le fleuve et, par la rive droite, va occuper Angers avant d'échouer devant Nantes. En octobre 1793, cette armée vendéenne battue à Cholet franchit le fleuve une deuxième fois, de Saint-Florent à Varades, un passage évoqué par Jacques Boislève. L'importance stratégique de la Loire pour les armées de la République durant ces années explique l'envoi de dizaines de membres de la Convention nationale dans la région ligérienne, représentants du peuple pour des missions destinées à réprimer le soulèvement, dont Michel Biard nous a décrit le fonctionnement. Lieu de batailles sanglantes, lieu de noyade des Bleus qui se précipitent du haut de La Roche-de-Mûrs le 26 juillet 1793 ou de noyades des Blancs ordonnées à Nantes par Carrier durant l'hiver 1793-1794, la Loire peut être aussi un lieu de pacification. Anne Rolland-Boulestreau a montré comment la Convention a mandaté quelques officiers pour descendre la Loire en bateau afin de rencontrer les responsables des troupes vendéennes qui combattent encore autour des rives du fleuve. C'est un aspect méconnu des guerres de Vendée qui nous est ainsi présenté à partir des Archives militaires de Vincennes.

Enfin, dernier et important thème abordé par de nombreuses communications, l'importance économique de la Loire. Dès l'époque gallo-romaine, la Loire est un axe majeur du commerce, nous rappelle Maxime Mortreau. Des produits variés y sont transportés, des vins italiens, de l'huile d'olives et beaucoup d'autres, qui alimentent un commerce lucratif. Ce rôle économique de la Loire est renforcé au XVIIe siècle par la politique de Colbert. Les communications de Florent Godelaine, Philippe Cayla et David Plouvier nous montrent la mise en place autour de la Loire et de ses affluents d'un vaste et puissant complexe industriel lié aux nécessités de la guerre. Il faut approvisionner les arsenaux militaires de la côte atlantique en bois, chanvre ou toiles à voiles pour les navires. La Loire sert à leur transport, comme elle sert au transport des produits coloniaux arrivés dans le port de Nantes, comme le sucre des Antilles. Ainsi sur les bords de la Loire se multiplient les ports nécessaires à ce commerce. Ce qui explique l'importance des bateliers au sein des populations des rives du fleuve. Des bateliers réquisitionnés durant la guerre d'Indépendance américaine pour servir sur les vaisseaux du roi. L'exemple des mariniers d'Orléans présenté par Patrick Villiers est particulièrement instructif de la place tenue par les hommes du fleuve au cours de ces combats. Au XIXe siècle, encore, la Loire est utilisée pour transport de nombreuses marchandises. En 1917-1918, le val de Loire a été un axe essentiel de l'acheminement de l'aide américaine. La communication d'Alain Jacobzone nous a montré que cela a entraîné la construction le long du fleuve de vastes camps destinés à concentrer et à réparer du matériel.

C'est donc une Loire très différente de l'image qui lui est trop souvent donnée de nos jours qui nous a été présentée aujourd'hui. Nous avons été bien loin de la Loire des rois, de la cour et des châteaux de la Renaissance ou des siècles suivants. C'est une Loire frontière entre le nord et le sud du pays, lieu d'affrontements sanglants de l'invasion de la Gaule par les Romains à l'époque de la Révolution, terre de constructions de puissantes forteresses chargées de contrôler les ponts et les grandes voies de commerce, terrestres et fluviales, que nous avons découverte. Une Loire axe indispensable pour le commerce et au cœur de la construction d'un puissant ensemble industriel et militaire. Ce colloque n'a donc pas été inutile. Il en appelle d'autres.

Jacques MAILLARD

Résumés

Paix romaine, guerres gauloises

Maxime Mortreau

La Loire n'a pas toujours été ce fleuve paisible propice au commerce et aux échanges dans l'Antiquité, reliant l'Atlantique à la Méditerranée. Même navigable et franchie par de rares ponts, elle a également constitué une limite naturelle voire une barrière ethnique ou culturelle. L'irruption de la guerre de conquête menée par César touche une Gaule prospère en voie de préurbanisation dont on découvre maintenant les axes principaux qui la parcouraient. Facilitée par des contacts avec les marchands romains, et les liens tissés avec des peuples gaulois voisins de la Province, l'impact de cette influence romaine se mesure à l'aulne des amphores et des rares mobiliers militaires découverts dans les lieux mentionnés dans le récit de la guerre des Gaules, seul témoignage écrit laissé par le vainqueur. Dans la réalité, la chronologie des différents séjours des légions est difficile à mettre en évidence ainsi que la preuve de leur stationnement. L'épisode malheureux de la révolte du chef ande Dumnacus montre que la conquête a exacerbé les tensions préexistantes pour le contrôle du commerce sur la Loire entre les peuples qui y vivaient. Le cas d'Angers illustre une ville atypique située en retrait de la Loire, avec une implantation gauloise préexistante à l'arrivée de la 7e légion venue y hiverner en 57-56 av. notre ère et qui se révolte après le départ de celle-ci cinq ans plus tard. Pour des raisons stratégiques et économiques, le lieu devient la capitale de cité, montrant une continuité rare de lieu de pouvoir dans cette vaste vallée de la Loire.

Les ponts de la Loire à l'époque gallo-romaine

Annie Dumont

Des prospections archéologiques subaquatiques et des sondages menés dans les chenaux de la Loire depuis 2003 ont permis de pointer, entre Candes-Saint-Martin, à la confluence de la Vienne, et Avrilly, au sud de Digoin, cinq nouveaux ponts gallo-romains et un aménagement de berge daté de la fin de la guerre des Gaules. Cet enrichissement du corpus tend à démontrer que les ponts étaient des constructions relativement fréquentes dans le nord de la Gaule et qu'ils n'étaient pas uniquement liés aux voies principales.

Ces découvertes renouvellent également la vision que l'on avait des ponts en apportant des informations inédites sur les techniques de construction.

Le siège de La Roche-aux-Moines en 1214

Monique Clavreul, Louis Barrault, Denis Mercier

En 1214, Savennières est rentré dans l'histoire avec un événement de grande importance, tant pour l'Angleterre que pour la France : il s'agit de la fuite de Jean sans Terre à La Roche-aux-Moines, quelques jours seulement avant Bouvines, abandonné par ses barons, devant l'arrivée de l'armée du prince Louis de France, fils de Philippe Auguste. Sur la Loire, axe central pour la communication et le transport dans l'État angevin, près d'Angers et de la confluence Loire et Maine, La Roche-aux-Moines est un site géographique et stratégique de premier plan où, entre 1206 et 1212, a été construite une puissante place forte. La construction est attribuée à Guillaume des Roches, sénéchal d'Anjou. Indissociables l'une de l'autre, les batailles de La Roche-aux-Moines et de Bouvines sont deux faits historiques sont déterminantes dans le renforcement du pouvoir de Philippe Auguste.

La défense d'Angers sur la Maine (XIIIe-XVe siècle)

François Comte

La Maine constitue un secteur particulièrement difficile à défendre. La vieille enceinte gallo-romaine de la Cité d'Angers, dominant l'ouvrage de franchissement et le port, a été jusqu'au XIIIe siècle le principal élément de protection de la ville. Lorsque le château et l'enceinte sont établis à partir de 1230, la muraille de la Cité avec sa porte de Fer ouvrant sur le port et l'enceinte du bourg d'Angers (Xe siècle) sont partiellement conservées. La porte Chapelière est même restaurée pour servir d'ouvrage de tête de pont. Par la suite le cours de la rivière est réduit par des pieux. Un système de murailles sur arches se terminant par une tour est attesté sur la rive droite. Plusieurs lignes de défense sont mises en place dont l'une se sert de la chaussée des Treilles qui sera fortifiée au XVe siècle. Au-delà du redan fait par l'enceinte en amont pour éviter îles et prairies inondables, des chaînes complètent le dispositif avant la fin du XIVe siècle. Les comptes de la cloison conservés aux Archives municipales permettent de connaître l'entretien de l'enceinte et la construction de tous les nouveaux ouvrages du XVe siècle, en particulier les « bouleverds » qui sont de grosses tours d'artillerie pour défendre l'entrée de la ville par la rivière. De tout cet important système de défense démantelé au XIXe siècle, il ne reste en dehors de quelques gravures dont celle de Sanfront vers 1589 que la tour de la Haute Chaîne dite des Anglais.

Les places fortes de la Loire armoricaine pendant les guerres de Religion et au début du XVIIe siècle

Bertrand Boquien

Au cours du Moyen Âge, de nombreux châteaux ont été construits directement en bordure de la Loire, contrôlant ainsi la circulation des hommes et des marchandises. Entre Les Ponts-de-Cé, aux portes d'Angers, et la ville de Nantes, quelques-uns de ces châteaux ont gardé très tard leur importance stratégique. Ils jouent un grand rôle dans l'histoire agitée de la fin du XVIe siècle et du début du XVIIe. De 1589 à 1598, la rébellion ligueuse du duc de Mercœur, gouverneur de Bretagne, touche aussi le Maine et l'Anjou voisins. L'assassinat d'Henri IV en 1610 ouvre une période de troubles, marquée par les incessantes agitations des « Grands ». Les progrès continus de l'artillerie à poudre ont rendu obsolètes, en théorie, les anciennes fortifications. Pourtant ces défenses dépassées se montrent encore efficaces. D'autant que les forces en présence disposent rarement de moyens d'assaut suffisants. On le verra principalement à partir des exemples des châteaux de Rochefort et d'Ancenis. Le soin mis à démanteler certaines de ces forteresses montre bien qu'elles n'avaient pas perdu toute valeur.

La bataille des Tourelles, 7 mai 1429

Olivier Bouzy

Assiégée depuis octobre 1428 par les Anglais, la ville d'Orléans est en passe de se rendre quand Jeanne d'Arc y entra le 29 avril 1429. Pour dégager la ville, les Français prirent alors le parti de grignoter les positions anglaises en profitant des difficultés de communication entre les différentes bastilles (petits bastions) fermant le siège. En s'attaquant à des positions de plus en plus fortes, et en profitant du retour à Orléans d'une armée française qui dispose dès lors de la supériorité numérique, Jeanne d'Arc réussit à galvaniser à nouveau des hommes qui avaient été durement éprouvés par leur défaite à la bataille des Harengs au mois de février précédent. De plus en plus confiants en leurs forces et en leur meneuse, les Français finirent par rejeter l'armée anglaise loin de la ville après huit jours de durs combats.

Les mariniers de la Loire, marins du roi pendant la guerre d'Indépendance, la généralisation du système des classes aux paroisses fluviales, l'exemple d'Orléans, 1778-1783 d'après les sources des Archives nationales

Patrick Villiers

On l'oublie trop souvent mais la guerre d'Indépendance américaine a été gagnée par la marine française qui avec 60 vaisseaux a réussi, avec l'aide la marine espagnole à tenir en échec et souvent à battre la *Royal Navy* pourtant forte de plus de 110 vaisseaux. Si à cette date, les vaisseaux français ont atteint un point de perfection reconnu par tous les historiens, le rôle des marins fut tout aussi essentiel. Reprenant une mesure édictée par Pontchartrain mais qui n'avait plus été appliquée après 1712, les secrétaires d'État à la Marine et aux Colonies de Louis XVI, Sartine puis Castries, réquisitionnent les mariniers de la Garonne, de la Seine et de la Loire. Les Archives nationales contiennent un certain nombre de documents qui permettent d'analyser cette réquisition notamment pour la Loire. L'exemple des mariniers d'Orléans est particulièrement instructif et peut probablement être généralisé à la Loire. Le fleuve fut soumis au système des classes et divisé en départements : Nevers, Orléans, Tours, Saumur, Île Bouchard, Angers, Ingrandes et Nantes. Combien d'inscrits, combien de mobilisables, combien de mobilisés, quelles affectations, telles sont les questions à qui nous tenterons de répondre.

Les représentants du peuple en mission et la Loire (1793-1795)

Michel Biard

En 1793, la Loire représente un enjeu stratégique fondamental pour les armées de la République sitôt ouvert le soulèvement « vendéen ». Ainsi, là où la défense des côtes occidentales était confiée à trois armées (l'armée des côtes de Cherbourg, celle des côtes de Brest, celle des côtes de La Rochelle) qui n'étaient pas destinées à affronter un ennemi intérieur, l'une d'elles se retrouve vite concernée par les troubles. L'augmentation soudaine et spectaculaire du nombre des représentants du peuple qui y sont envoyés en mission l'atteste. Symbole évident du rôle qui lui est désormais réservé, cette armée des côtes de La Rochelle change de nom le 1er octobre 1793 pour devenir armée de l'Ouest. Deux siècles après les faits, la Loire continue d'être perçue avant tout à travers quelques représentations majeures, le plus souvent liées à la « Vendée » : celle du fleuve permettant d'abord de barrer la route aux « rebelles » maintenus au sud dans l'espace communément nommé « Vendée militaire » ; celle du cours d'eau franchi au moment de la virée de Galerne et qui, au retour de celle-ci, sépare les morts, blessés et captifs, des survivants qui parviennent à franchir le cours d'eau transformé en véritable barrière ; celle, souvent aujourd'hui la plus connue en raison de ses aspects sinistres, du « torrent révolutionnaire » destiné à engloutir les « brigands » exécutés sur les ordres de Carrier. La présente communication entend sortir de ces visions traditionnelles pour proposer une réflexion sur les logiques ayant présidé à la succession et à la géographie des missions des représentants du peuple envoyés près des rives du fleuve.

La Loire et la guerre de Vendée (1793)

Claude Petitfrère

Quel rôle a joué la Loire dans la « Grande Guerre » de Vendée ? Le fleuve ne constitue pas une véritable frontière politique. En mars 1793, ses deux rives connurent les mêmes mouvements insurrectionnels, mais en la quasi-absence de troupes régulières, ils prospérèrent au sud en une révolte de masse, tandis que les forces présentes dans les villes du nord purent mener une répression efficace dans toute cette zone qui ne connaîtra que la Chouannerie. La Loire ne fut pas davantage une frontière militaire. En l'absence d'une véritable police fluviale, des groupes d'insurgés la traversèrent sans coup férir à plusieurs reprises, menaçant voire entravant la liberté de la navigation. Après la prise de Saumur, le 9 juin, c'est le gros de l'Armée catholique et royale qui put, par deux fois, traverser le fleuve sans grand mal, d'abord dans sa marche victorieuse vers Nantes, puis lors de l'expédition désespérée vers les côtes normandes, la « virée de Galerne ». L'importance de la Loire pour la mémoire de la guerre de Vendée est surtout de l'ordre du symbole, celui d'un double échec stratégique, les tentatives de juin et d'octobre pour élargir le conflit à la Bretagne, au Maine, voire à la Normandie, celui de l'échec final de décembre, où le rêve de retourner au pays se mua en cauchemar, ouvrant la voie à une répression massive dont les noyades en Loire, celles de Nantes ou des Ponts-de-Cé, furent les éléments précurseurs.

Passer la Loire : « La Vendée pouvait tout, exceptée cette enjambée »

Jacques Boislève

Octobre 1793 : la Vendée passe la Loire. La bataille de Cholet perdue par elle le 17 octobre précipite l'armée vendéenne sur la Loire, avec à sa suite des milliers d'hommes, femmes et enfants. Ce « grand choc » de Cholet, la course à la Loire, le franchissement du fleuve à Saint-Florent-le-Vieil, la virée de Galerne qui débute sur l'autre rive où la Vendée en déroute s'aventure en pays chouan : ces heures sombres, illuminées pourtant par le pardon de Bonchamps graciant les prisonniers républicains, ont connu un grand retentissement. C'est l'enchaînement de ces événements que cette communication retrace à travers le récit de témoins des deux camps et sous le regard croisé des historiens et des écrivains, nombreux à les avoir relatés ou évoqués.

La Loire : une frontière et un lieu de pacification

Anne Rolland-Boulestreau

Après les colonnes infernales de Turreau, la Convention et le Comité de salut public nomment le général Vimeux, chargé de mettre fin à la guerre civile. Certains de ses officiers subalternes sont mandatés pour descendre la Loire en bateau et rencontrer les troupes vendéennes qui combattent encore autour des rives du fleuve. La Loire devient un lieu de rencontre et, parfois, de petits traités de pacification y sont signés. C'est une histoire méconnue de la guerre de Vendée, celui du rôle de la Loire, dernier lieu de contact possible avec les Vendéens insurgés. À partir des Archives militaires de Vincennes essentiellement, il s'agira de montrer comment s'écrit la pacification, un an et demi après le début de la guerre de Vendée.

Tours et la Loire : un spectacle éblouissant pour les officiers prussiens (1870-1871)

Francine Fellrath-Bacart

Cette communication est une présentation de l'ouvrage d'Ingo Fellrath, *La guerre de 1870-1871 en Touraine un nouvel éclairage*, achevé et publié par Francine Fellrath-Bacart après la disparition d'Ingo Fellrath.

La guerre de 1870-1871 en Touraine nous offre un nouvel éclairage sur le conflit franco-prussien et notamment sur la cohabitation imposée aux Tourangeaux par les occupants prussiens. Les sources de l'ouvrage, jusqu'ici inédites en France, se composent de mémoires, journaux intimes, anecdotes rédigées par des témoins oculaires, et enfin, de lettres. Elles permettent notamment de découvrir des faits inattendus, de rétablir des vérités parfois occultées sans toutefois nier des comportements brutaux et grossiers, de mettre en lumière l'attitude courtoise et bienveillante des officiers envers les habitants qu'ils fréquentaient et aussi d'attirer l'attention des lecteurs sur le véritable engouement des Prussiens, du plus haut gradé au simple soldat, pour la Touraine, ses habitants

« aimables », ses paysages, ses châteaux, pour Tours la belle, ses environs et le magnifique spectacle que leur offrit la Loire. Certains officiers, tel le général Hartmann, iront jusqu'à tisser des liens amicaux avec des familles tourangelles. C'est ainsi que le livre rectifie quelques lieux communs sur une guerre plutôt délaissée, voire oubliée, dans notre province.

La Loire arsenal du XVIIe au XXe siècle

Philippe Cayla

La « Loire arsenal » est à la confluence de trois fonctionnalités techniques spatiotemporelles relativement indépendantes l'une de l'autre jusqu'au milieu du XVIIe siècle et qui vont s'intégrer au cours du XVIIIe siècle : une marine de Loire, roulier du fleuve, outil d'un véritable « géosystème marinier » technique et marchand, drainant le bassin au rythme des saisons ; une économie rurale et proto-industrielle de bassin atteignant le niveau d'organisation moderne de la forge et de la manufacture du XVIIIe siècle, puis le niveau de production des usines de la révolution industrielle ; un dispositif naval d'arsenaux maritimes, de chantiers navals civils, de ports et flottes de commerce et de guerre, structurant le littoral atlantique de Rochefort à Brest, en passant par Lorient et l'estuaire de la Loire et Nantes. Ces trois entités fonctionnelles s'articulent et se développent avec effet de synergie en un vaste ensemble relationnel comprenant le bassin fluvial ligérien plus des régions périphériques (Maine, Bourgogne...), son aval maritime et sa façade atlantique. Nous apportons quelques éclairages et données pour cette époque, dont la navigation ligérienne, vecteur continental de ces approvisionnements, qui a permis la confluence des productions du bassin de la Loire vers les arsenaux atlantiques.
Une rupture se produit dans les années 1850-1880, celle de la révolution industrielle dans le bassin de la Loire, qui rompt le géosystème marinier ligérien. Ce glissement vers une économie industrielle d'approvisionnements navals d'échelle nationale, s'exprime aujourd'hui dans l'horizon géographique des établissements de la DCNS (Direction des Constructions Navales Systèmes et Services) où le bassin de la Loire reste encore bien représenté d'Indret à Imphy. Les héritages patrimoniaux d'aujourd'hui, forges à Guérigny, Cosne..., musées et ports de Loire, arsenal, cales et corderie, musées à Rochefort, Brest, Lorient, expriment ces anciennes fonctionnalités productives et leur espace structuré jadis.

La Loire et son bassin dans la stratégie d'armement naval de la France, XVIIIe-XIXe siècles

David Plouviez

Construire une marine de guerre nécessite d'importantes quantités de matières premières (bois de construction, chanvre, métaux) et les arsenaux atlantiques français ont dû tisser des réseaux d'approvisionnement efficaces pour répondre à leurs besoins. Cette communication entend montrer le rôle spécifique de la Loire et de ses affluents dans la politique de construction navale militaire. Tout au long du XVIIIe siècle, le bassin ligérien est sollicité pour ses matières premières tandis que de nombreuses fonderies et manufactures de toiles y sont fondées. Mais en dehors des ponctions effectuées par la marine, le bassin de la Loire bénéficie de la construction de lieux de stockage en des points stratégiques imposant de fait cette administration à une importante portion du territoire. Ce sont ces aspects qui permettent de qualifier la Loire comme un « axe guerrier ».

Du Maine à l'Océan. L'approvisionnement en bois de marine des arsenaux du Ponant. Une aire, un fret, un mode de voiture (XVIIe-XVIIIe siècle)

Florent Godelaine

À partir de la seconde moitié du XVIIe siècle, Colbert, lance un plan de « reconstruction » de la flotte royale. Dès lors, pendant près de 150 ans, les provinces ligériennes puis éloignées devenues « satellites », contribuent à la fourniture des arsenaux du Ponant.

Les intendants de marine des arsenaux ponantais, « importent » depuis la fin du XVIIe siècle, depuis le Maine. Ils bénéficient d'un réseau fluvial dense, fondé sur la Sarthe et sur le Loir, artère avalant les bois de marine en quantité massive.
La spécificité et prioritaire de la voiture fluviale des bois de marine encourage des professionnels du fret à la prendre en charge. Charroyant considérablement, au prix de nombreuses difficultés, la voiture des grumes sur la Loire et ses affluents, prise en charge par des voituriers par eau, des marchands, s'avère être du XVIIe siècle au début du XIXe, l'unique mode de transport susceptible de répondre pleinement à une demande de plus en plus massive.

Le val de Loire au péril américain

Alain Jacobzone

Le val de Loire a été un axe essentiel de l'acheminement de l'aide américaine. À cette occasion ont été construits le long de la Loire, d'énormes camps surtout destinés à concentrer et réparer du matériel. Assistant ébahi à la construction de l'un d'entre eux à côté de Saumur, un témoin a décrit les méthodes américaines sans cacher la profonde inquiétude qu'il éprouvait à voir s'effacer les paysages ligériens, allant jusqu'à y voir le signe du déclin de la France.

Nantes et l'armée, XIXe-XXIe siècle

Jean-Pierre Bois

La ville de Nantes se découvre au XVIIIe siècle une vocation maritime, commerçante et négociante, qui fait d'elle une ville ouverte sur l'Atlantique et marque ses relations avec l'armée. Elle devient à partir du XIXe siècle une ville de garnison, où l'armée jouit d'une certaine popularité avec le 64e, puis le fameux 65e de ligne. L'armée contribue aussi au développement de la ville, en particulier grâce à la construction de ses casernes, autour desquelles s'organisent de nouveaux quartiers. Après le moment fort de la Première Guerre, l'après-guerre est dominée par les anciens combattants, mais la ville tient un grand rôle dans la Résistance, qui lui vaut le titre de Compagnon de la Libération. Après 1945, l'évolution de l'armée, engagée sur les théâtres coloniaux puis extérieurs, et de la conscription suspendue en 1996, semble distendre le lien qui unissait Nantes et son armée. En 2010, elle disparaît d'une ville qui n'a fait beaucoup d'effort pour la retenir.

Abstracts

Roman Peace, Gallic wars: traces of the Caesarean conquest in the Loire Valley (Maine-et-Loire)

Maxime Mortreau

The Loire was not always the peaceful river of commerce and trade of Antiquity, linking the Atlantic Ocean to the Mediterranean Sea. Although navigable and crossed by few bridges it remained a natural –and even an ethnic and cultural– barrier. The outbreak of Caesar's war of conquest touched a prosperous pre-urban Gaul, of which major roads are now being discovered. Made easier by contacts with Roman merchants and relations with Gaulish people neighbouring the *Provincia*, the impact of the Roman influence can be measured with the help of amphora and the rare military objects discovered in the loci mentioned in the Gallic War, the only written testimony left by the conqueror. In fact, the chronology of the legion numerous deployments, as well as the proof of their stationing, remain difficult to establish. The unhappy episode of the Andes' tribe chief *Dumnacus* shows that the Roman conquest exacerbated existing tensions between groups of local inhabitants nearby over the control of trade. The case of Angers illustrates an atypical town set back from the river Loire with a Gaulish settlement which existed before the Legio VII took up winter quarters in 57-56 BC and which rebelled five years later after the Legio's departure. For strategic and economic reasons, the area became the capital of the settlement area in a show of remarkable power continuity in the Loire Valley.

The bridges on the river Loire during the Gallo-Roman period

Annie Dumont

Since 2003, some under water archaelogical exploration and probing in the channels of the river Loire have led to the discovery, between Candes Saint-Martin at the confluence with the river Vienne, and Avrilly, south of Digoin, of five new Gallo-Roman bridges and an embankment work dating back to the end of the Gallic wars. These additions to the corpus tend to demonstrate that the bridges were fairly frequents features in the Northern part of Gaul, and not only along the main routes. These discoveries also shed a new light on our conceptions of bridges, as they bring new information on the techniques of building.

The siege of La Roche-aux-Moines in 1214

Monique Clavreul, Louis Barrault, Denis Mercier

In 1214, Savennières made its entry in history with an event important for both England and France: the flight of King John at La Roche-aux-Moines, only a few days before the battles of Bouvines, abandoned by his barons at the arrival of the army of Prince Louis of France, Philippe Augustes's son. La Roche-aux-Moines, situated on the main communication and transport line of the Angevin state, near Angers and the rivers Maine and Loire confluence, is a key geographical and strategic place, where a powerful fortress was built between 1206 and 1212. The works is attribued to Guillaume des Roches, seneschal of Anjou. The two battles of La Roche-aux-Moines and Bouvines are in separable historical facts of similar importance for the strengthening of Philippe Augustes's power.

The defence of the Maine (13th-15th centuries)

François Comte

The Maine is an area particularly difficult to defend. The old Gallo-Roman surrounding wall ot the City of Angers, which dominates the crossing work and the harbour was the main part of the urban protection until the 13th century. The highwall of the City with its Iron gate opening up on the harbour and the surrounding wall of "bourg d'Angers" (10th century) are partly preserved when the castle and the surrounding wall are set up from 1230. The Chapelière gate is even restored to be used as front work of the bridge. The river stream is reduced by stakes. On the right bank is attested a system of highwalls on arches ending with a tower. Several defend lines are installed, one of them will be fortified in the 15th century. Beyond the redan made by surrouding wall upstream to avoid flooding islands and meadows, chains are completing the system before the end of the 14th century. The "comptes de la cloison" keep in the municipal archives allowed to know the maintenance of the surrounding wall and the construction of all the new works of the 15th century particulary the "bouleverds" which are two big artillery towers to defend the City's entrance by the river. Apart from several engravings of whom Sanfront around 1589, there is only the tower of the High Chain also named of English left of all the major defend system took down in the 19th century.

The role of the fortified castles in the Loire valley at the end of 16th and beginning of the 17th century

Bertrand Boquien

During the Middle Ages many castles were built directly on the banks of the river Loire, in a position which allowed them to control the traffic of men and goods. Between Les Ponts-de-Cé, close to Angers, and Nantes, some of these castles kept a strategic role for a long time later. They played an important part in the eventful history at the end of the 17th and the beginning of the 18th century. Frome 1589 to 1698, the rebellious League of the Duke of Mercœur, governor of the Brittany, had consequences in the neighbouring Maine and Anjou as well. The assassination ok king Henri IV in 1610 opens a troubled period of ceaseless agitation stirred by the "Grands". In theory, the old fortifications were made obsolete by the constant improvement of artillery. But these out-of-date defenses were still of some use, partly because the assailants lacked proper equipment, as we shall examine in the case of Rochefort and Ancenis castles. The methodical dismantlement of some of these fortresses shows that they were still efficient.

The battle of the Tourelles, 7th of May 1429

Olivier Bouzy

Orléans, besieged by the English since October 1428, was on the brink of capitulation when Joan of Arc entered the town on the 29th of April 1429. In order to break the siege, the French decided to nibble at the English positions by taking advantage of the communication problems between the several "bastilles" (little bastions) wich surrounded the town. By storming stronger and stronger positions and taking advantage of the arrival of a new French army gave her the superiority in numbers, Joan of Arc managed to re-motivate her men, whose spirit had been tampered after the defeat in the "battle of the herrings" in the previous month of February. More and more confident in their strength and in their leader, the French managed to push back the English army further.

The river Loire bargemen, king's sailors during the war of independance, the extension of the class system to the riversides parishes, the case of Orléans, 1778-1783, from the National Archives sources

Patrick Villiers

It is too oft forgotten that the American war of Independence was won by the French Navy which, with 60 ships of the line and the help of the Spanish Navy, was able not only to hold its own but to defeat the Royal Navy, 110 ships strong. Two facts explain this success: the top quality of both the French ships and of their crew. Using an old edict of Pontchartrain, fallen into oblivion since 1711, Louis XVI's Secretaries of State for the navy and the colonies, Sartine and then Castries, enrolled the bargemen of the rivers Garonne, Seine and Loire. Some documents in the Archives nationales contain information about this enrolment, especially for the river Loire. The case of the Orléans bargemen is of special interest and can probably be extented to the whole of the river Loire. The river was submitted to the class system and divided into departments: Nevers, Orléans, Tours, Saumur, Île Bouchard, Angers, Ingrandes and Nantes. How many men were inscribed, how many eligible, how many recruited, and where the were sent: this is what we study in this communication.

The People's Representatives in mission and the river Loire (1793-1795)

Michel Biard

In 1793, the river Loire is a key strategic line for the Republican armies with the beginning of the uprising in Vendée. Although thee armies were devoted to coastal defence against a foreign enemy (the coastal armies of Cherbourg, Brest and La Rochelle), one of them is now concerned with the home troubles, as the sudden and spectacular increase of the number of people's representatives sent in this area illustrate. Significant of this mission, the coastal army of La Rochelle is renamed "the army of the West". on the 1st of October 1793. Two centuries later, the river Loire is still perceived through some representations linked to the "Vendée": the river is the major obstacle containing the "rebels" on the South bank, in the area known as the "military Vendée"; the river crossed during the expedition called "la virée de Galerne", and which only the valid survivors managed to cross on the return, leaving the wounded and prisoners on the other side; the sinister image of the "revolutionary torrent" swallowing the "brigands" executed on Carriers's orders. This communication intends to get out of these traditional images, to suggest a reflection on the logic presiding to the mission imparted to the people's representatives sent to the banks of the river Loire.

The river Loire and the war in Vendée, 1793

Claude Petitfrère

What part played the river Loire in the "Great War" in Vendée? The river is not au real political frontier. In March 1793, both sides of the river were affected by same rebellions, but on the Southern side, in the absence of regular troops, the movement developed into a mass upheaval, whilst on the Northern side the strong garrisons stationed in the towns managed to crush the revolt, and in these part developed a form of guerilla warfare, the "Chouannerie". The river Loire was not a military frontier either. Taking advantage of the absence of a river police, the insurgents crossed the river several times unhampered, threatening or even halting the free traffic. After taking Saumur, on the 9th of June, the bulk of the Catholic and Royal army itself managed to cross twice the river without difficulty; first in its victorious advance towards Nantes, and then during the hopeless expedition towards the Norman coast, the "virée de Galerne". If the river Loire had any significance in the memory of the war in Vendée, it is as a symbol of a dual strategic failure: the June and October attempts to spread the rebellion to Brittany, Maine or even Normandy, and also the final December failure, when the hope get back to the homeland turned into a nightmare, followed by a massive repression, starting with the collective drowning in the river, in Nantes and the Ponts-de-Cé.

Crossing the river Loire: "The Vendée could do everything, except this stride..."

Jacques Boislève

October 1793 : the "Vendée" rebellion crosses the river Loire. After the defeat on Cholet on the 17th of October, the army of Vendée is pushed back on th banks of the river Loire, followed by thousands of pmen, women and children. The "Great Clash" of Cholet, the race to the river Loire, the crossing the river at Saint-Florent-le-Vieil, the start of the "virée de Galerne" on other bank, where the disarrayed army of Vendée ventures into chouan territory: these dark hours, although brightened by the pardon of Bonchamps, reprieving the republican prisoners, had a tremendous impact. This communication relates these events through the testimony of two eye witnesses and the cross-interpretation of the numerous historians and writers who have studied them.

The river Loire: a frontier and a pacification zone

Anne Rolland-Boulestreau

After the passage of Turreau's "infernal columns", the Convention assembly and the Committee of Public Safety appoint general Vimeux with the mission of ending the civil war. Some of this subordinate officers are sent by boat down the river Loire to meet the scattered troops of Vendéens who are still fighting along the river banks. The river Loire becomes a meeting line, and sometimes even petty pacification treaties are signed on th spot. This aspect of the war in Vendée has been largely overlooked to this day: the river Loire as the last possible contact with the rebels of Vendée. Based mainly on the military archives of Vincennes, this communication is an attempt to study the process of pacification, eighteen months after the start of the war in Vendée.

Tours and the river Loire: a dazzling view for the Prussian officers (1870-1871)

Francine Fellrath-Bacart

The 1870-1871 war in Touraine sheds new light on the franco-prussian conflict in Touraine and particularly on a cohabitation imposed upon the French population by the occupying army in the area. Our sources, which have hitherto never been translated into French, consist of memoirs, diaries, accounts written by eyewitnesses and also letters, all of which enable the readers to discover invaluable facts, and re-establish some truths about the Prussian field officers, most of whom behaved in a courteous, kind way towards the people in Touraine, without denying the acts of violence perpetrated by the Prussian soldiers in the countryside. Two chapters of the book are devoted to the enthusiastic feelings, indeed, the real passion experienced by the Prussian officers, General Hartmann among others, for our province, notably, its beautiful landscapes, its châteaux, the river Loire and, last but not least, the beautiful city of Tours and its amiable inhabitants. All in all, the book gives the readers a well-balanced view upon a war which has been somewhat neglected, even forgotten, in our region so far.

Loire Arsenal, from the 17th to the 20th century

Philippe Cayla

The "Loire arsenal" dwell at the confluence of three technical spatio-temporal practicalities rather independent between them until mid 17th century and which will merge in the course of the 18th century: a Loire marine, the tool of a true technical and commercial "geographic marine system", draining the basin at of the seasons' rate; a rural and proto-industrial economy of the basin reaching the modern level of organisation of the ironworks and the factory, then the production level of plants in the industrial revolution; a naval arrangement of maritime arsenals and civil shipyard, harbours and merchant and war fleets, organising the atlantic coastline from Rochefort to Brest, going by Lorient, the Loire estuary and Nantes.

These three functional entities articulate and are developping with a synergetic action within a large relational aggregate including the fluvial basin of the Loire and the peripherical districts (Maine, Burgundy...), its maritime downstream and its atlantic front. We intend to bring some enlightenment and data for this time, of which the Loire navigation, continental medium of the supply, which allowed the convergence of the productions of the Loire basin towards the atlantic arsenals.
A break occurred during the years 1850-1880, that of the industrial revolution in the Loire basin, which breaks the marine geo-system of the Loire. However, the revolution of the French industrial map will result in a shifting of the supplies for the arsenals towards North and East, at the expense of the Loire basin of which the industrial centres will decline a lot and then etiolate after WW1, and in conclusion partly vanish during the second half of the 20th century.
This shift to an industrial economy of naval supply on a national scale is visible today with the geographic scope of the DCNS (Direction des Constructions Navales Systèmes et Services) enterprise for which the Loire basin is well represented from Indret to Imphy. The today patrimonial heritages, ironworks in Guérigny, Cosnes... museums and Loire ports, arsenal, holds and rope factories, museums in Rochefort, Brest, Lorient, are showing these old functionalites of production and their formerly structured space.

Loire and its basin in the strategy of naval armament of France, 18th and 19th centuries

David Plouviez

Building a navy requires large quantities of raw materials (timber, hemp, iron...) and French Atlantic dockyards had to build efficient supply networks to meet their needs. This paper (communication) aims to show the specific role of the Loire and its tributaries in the politics of military shipbuilding. Throughout the 18th century, the basin of the Loire is sought for its raw materials while many factories to manufacture metals or sails are based. In addition, the basin of the Loire been building warehouses in strategic locations of the river, showing that the administration of the navy appropriates territory. All these elements allow to affirm that the Loire is a warrior axis.

From the Maine at the Ocean. The supply of wood for the navy in the Ponant arsenals. An area, a freight, a type of transport (17th-18th centuries)

Florent Godelaine

From the second half of 17th century, Colbert launches a plan of reconstitution for the French royal navy. During nearly 150 years, the Loire provinces, the progressively the more and more distants areas, considered as "satellites", participate to the provision of the Ponant (western) dockyards. The maritime administrators of the Ponan dockyards import the raw material from the province of Maine since the end of the 17th century. They are able to use dense river net centred on the rivers Sarthe and Loir, which are the main arteries down which the wood for shipbuilding flows. The specific techniques of this type of river transport require the intervention of professionals. Heavily loaded and facing numerous obstacles, the barges carrying the rough timber, operated by merchant bargemen, are the only possible type of transport capable to cope with the growing demand from the Seventeenth to the beginning of the 19th century.

The Loire Valley faced by the American threat (1917-1926)

Alain Jacobzone

The Loire's valley has been used after april 1917 by the american forces as an essential way to convey military assistance. For this purpose, they built huge camps where they could concentrated or fix any necessary matériel. A whitness who could observe one of those camp being constructed near Saumur described american methods: he couldn't prevent expressing how disturb he was to see the ligerian landscape so easily devastated; a first indication, to him, of France's decay.

Nantes and the army, 19th-21th centuries

Jean-Pierre Bois

During the 18th century, Nantes awakes to its maritime and trading vocation, which turn it into an oipen gate on the Atlantic and has an impact on its relationship with the army. From the 19th century on, it becomes a garrison town, where the army enjoy some degree of popularity, with ten 64th and then the prestigious 65th foot regiment. The army also contributes tin the town development, especially with the building of barracks, which become then centre of new urbanised areas. Following the crucial time of the first World War, the life of the city is dominated by the veterans, then Nantes plays an important part in the Resistance movement during the second World War, and is rewarded with the official title of "Compagnon de la Libération". After 1945, the ties between Nantes and the army loosen: the new fighting grounds for the troops are in the colonies and in foreign territories, and in 1996 ends the national military service. Finally, in 2010, the last garrison leaves the town, without any serious attempt from the local authorities to keep it.

Les auteurs

■ Louis Barrault, Monique Clavreul, Denis Mercier

L'association Histoire des Coteaux de Loire et de Maine, depuis 1983, a pour objectif d'entreprendre et de poursuivre toutes actions pour établir un inventaire et contribuer à la sauvegarde du patrimoine archéologique, historique, folklorique et naturel des communes du Maine-et-Loire que sont Béhuard, Bouchemaine, Chalonnes, La Possonnière, Saint-Georges-sur-Loire, Saint-Martin-du-Fouilloux, Savennières ainsi qu'éventuellement les communes environnantes. Elle participe également à la protection et à la mise en valeur de ce patrimoine en liaison avec les élus locaux ou d'autres associations locales. Elle fait connaître ses recherches et actions au travers d'une communication, à l'occasion de son assemblée générale annuelle, et par deux bulletins semestriels ; organise également pour ses adhérents et leurs amis une promenade-découverte annuelle dans une commune environnante ; participe, sur demande, à des animations culturelles locales. Louis Barrault, Monique Clavreul, Denis Mercier, trois membres du bureau, ont ensemble élaboré, construit, monté la vidéocommunication sur « L'histoire de la bataille de La Roche-aux-Moines » (site de Savennières), sujet qui présente un intérêt militaire et politique à la fois local et national.

■ Michel Biard

Agrégé d'histoire, Michel Biard est professeur d'histoire du monde moderne et de la Révolution française à l'université de Rouen. Il a été secrétaire de rédaction puis directeur des *Annales historiques de la Révolution française*, de 1999 à 2011. Parmi ses ouvrages : *Missionnaires de la République. Les représentants du peuple en mission (1793-1795)*, Paris, Éditions du CTHS, 2002 ; *Les Lilliputiens de la centralisation. Des intendants aux préfets : les hésitations d'un « modèle français »*, Seyssel, Champ Vallon, 2007 ; *Parlez-vous sans-culotte ? Les mots du père Duchesne (1790-1794)*, Paris, Tallandier, 2009 ; *Révolution, Consulat et Empire (1789-1815)*, Paris, Belin, coll. « Histoire de France », 2009 (avec Ph. Bourdin et S. Marzagalli) ; *Procès-verbaux de la Société populaire de Honfleur (1791-1795)*, Paris, Éditions du CTHS, 2011.

■ Jean-Pierre Bois

Professeur émérite de l'université de Nantes et vice-président de l'Association du musée du Génie, Angers, Jean-Pierre Bois est spécialiste d'histoire militaire et des relations internationales à l'époque moderne. Président d'honneur de l'Association régionale des auditeurs de l'IHEDN des Pays de la Loire, il a souvent eu à se pencher sur des questions contemporaines de géostratégie et de défense. Parmi ses ouvrages, plusieurs biographies : *Maurice de Saxe* (Fayard, 1992), *Bugeaud* (Fayard 1997), *Dumouriez* (Perrin, 2005) ; la publication des *Rêveries* de Maurice de Saxe (Economica, 2002) et des traités du comte de Guibert (Economica, 2004 et 2005) ; et différentes études : *Les guerres en Europe, 1494-1792* (Belin 1993), *L'Europe à l'époque moderne. Origines, utopies et réalités de l'idée d'Europe* (Colin, 1999), et plus récemment *La paix. Histoire politique et militaire, 1435-1878* (Perrin, 2012).

■ **Jacques Boislève**

Historien, Jacques Boislève, parallèlement à son métier de journaliste, a poursuivi un travail de recherche en littérature et d'écriture plus personnel, axé plus particulièrement sur le monde de la Loire et le Bocage, qui a donné lieu à l'organisation de promenades littéraires, à des conférences, à des communications, à la publication de nombreux articles et d'une quinzaine de livres, pour plusieurs d'entre eux avec des photographes. Très engagé et de longue date dans la vie associative et le développement culturel et participant aux travaux de plusieurs conseils scientifiques, il est membre de l'Académie de Bretagne, des Lyriades de la langue française et du Conseil économique, social et environnemental des Pays de la Loire.

■ **Bertrand Boquien**

Historien, Bertrand Boquien travaille sur l'histoire de la ville et du château d'Ancenis, et sur les villes et villages fortifiés de la Gascogne gersoise. Il prépare également une histoire de l'industrie de la chaussure choletaise.

■ **Olivier Bouzy**

Directeur scientifique du Centre Jeanne-d'Arc à Orléans, Olivier Bouzy est docteur en histoire médiévale. Après une thèse soutenue en 1993 à l'université Paris IV - Sorbonne sous la direction de Philippe Contamine (*Épées, lances et enseignes dans l'espace franc du milieu du VIII*e *siècle à la fin du XII*e), il a publié : *Jeanne d'Arc. Mythes et réalités*, Orléans, L'atelier de l'archer, 1999 ; *La Révolte des nobles du Berry contre Louis XI. Guerre et économie en 1465*, Paris, L'Harmattan, 2006 ; *Jeanne d'Arc, l'Histoire à l'endroit*, Angers, CLD, 2009 ; *Jeanne d'Arc, histoire et dictionnaire*, Philippe Contamine (dir.), Paris, Robert Laffont, 2012.

■ **Philippe Cayla**

Agrégé de géographie, enseignant chercheur honoraire à l'université d'Angers, président de l'Association Patrimoine Culturel Loire, il a développé de 1979 à 1998 l'écomusée de Montjean Loire Angevine.

■ **François Comte**

Archéologue, il est conservateur du Patrimoine au service Patrimoine historique de la ville d'Angers.

■ **Annie Dumont**

Ingénieur de recherche au ministère de la Culture depuis 2001, Annie Dumont est rattachée au département de Recherches archéologiques subaquatiques et sous-marines. Ses travaux portent sur l'étude des vestiges conservés dans les lits mineurs actuels des cours d'eau (gué, bacs, ponts, moulins, pêcheries, aménagement des berges). Elle conduit des recherches sur les modes d'exploitation des cours d'eau et l'impact des installations humaines sur la dynamique fluviale, l'analyse des cartes anciennes, des archives militaires et des archives des Ponts et Chaussées relatives aux cours d'eau. À côté de très nombreux articles et participations à des colloque (*Archaelogy of bridges*, à Regensburg en 2009 ; *International Medieval Congress*, à Leeds en 2010), ses principales publications sont : *Les passages à gué de la Grande Saône. Approche archéologique et historique d'un espace fluvial (de Verdun-sur-le-Doubs à Lyon),* suppl. à la *Revue Archéologie de l'Est*, Dijon, 2002, la publication de sa thèse soutenue en 1997 à l'université Lumière - Lyon 2, et la direction de la publication *L'Archéologie des lacs et cours d'eau*, Paris, Édition Errance, 2006.

■ **Ingo Fellrath (†) et Francine Fellrath-Bacart**

Ingo Fellrath (1944-2010), agrégé d'allemand, docteur ès lettres (*Les orientations littéraires de Georg Herwegh*, thèse d'état soutenue en 1991), était maître de conférences honoraire à l'université du Maine. Il s'est particulièrement attaché à l'histoire des trois guerres franco-allemandes de 1870-1871, 1914-1918 et 1939-1945, dont il a étudié les différents aspects en Touraine où il s'était fixé et qu'il aimait profondément. Il a laissé de nombreux travaux, rédigés en allemand ou en français, parmi lesquels *Le Dieu de l'Amitié : Zu einer Schülerschrift Georg Büchners* ; *Adalbert von Bornstedt, Georg Herwegh und Wilhelm von Löwenfels über das Ende der Deutschen demokratischen Legion* ; une traduction en allemand de l'ouvrage de l'abbé

Payon, *Maillé village martyr : Maillé Martyrium eines Dorfes ;* et, coécrits avec Francine Fellrath-Baccart, *Plaques et stèles commémoratives (1939-1945) en Indre-et-Loire*, Éditions La Simarre (2007), et *La guerre de 1870-1871 en Touraine. Un nouvel éclairage* (L'Harmattan, 2011), publié après sa disparition. Francine Fellrath-Bacart, professeur agrégé d'anglais, a elle-même publié plusieurs ouvrages de caractère autobiographiques. Ingo Fellrath à titre posthume, conjointement avec son épouse Francine Fellrath-Bacart, ont reçu en 2011 le prix de l'Académie des sciences, arts et belles-lettres de Touraine pour leurs travaux historiques.

■ Pierre Garnier de Labareyre

Le lieutenant-colonel Pierre Garnier de Labareyre est conservateur et directeur du musée du Génie, ouvert à Angers en 2009.

■ Florent Godelaine

Spécialiste d'histoire économique de l'époque contemporaine, travaillant actuellement sur le commerce sur la Loire et ses affluents d'Angers à Nantes, Florent Godelaine est médiateur du Patrimoine en Vendée. Commissaire de l'exposition sur le patrimoine fluvial, industriel et archéologique ligérien, il est l'auteur de plusieurs articles édités depuis 2000 dans les grandes revues régionales et départementales, parmi lesquelles « Les conditions de navigation sur la Loire et la Mayenne (fin XVIIe siècle à la Révolution) », *Archives d'Anjou*, 2000, « Les voituriers par eau d'Angers ou la redécouverte d'un patrimoine méconnu, XVIIe siècle, prémices de la Révolution », Société Archéologique et Historique de Nantes et de Loire-Atlantique, 2003, « De la Loire à l'Océan : Nantes, port fluviomaritime (XVIIe-XVIIIe siècles) », Archéo-Théma, 2012.

■ Alain Jacobzone

Ancien professeur agrégé d'histoire au lycée Bergson à Angers, spécialiste de l'histoire politique de la France d'une guerre à l'autre, auteur de plusieurs ouvrages et articles sur l'Anjou, la Loire, et la déportation, Alain Jacobzone est actuellement président de l'Université angevine du temps libre.

■ Jacques Maillard

Professeur émérite d'histoire moderne à l'université d'Angers où il a enseigné pendant plus de trente ans, et président de l'Association des Amis des Archives d'Anjou, il a publié une trentaine d'articles et d'ouvrages concernant l'histoire de l'Anjou sous l'Ancien Régime, depuis sa thèse, *Le pouvoir municipal à Angers de 1657 à 1789* (Presses de l'Université d'Angers, 1984), jusqu'à *Histoire de l'Anjou. 3. L'Ancien Régime et le Révolution en Anjou* (Paris, A. et J. Picard, 2011). Il dirige la revue annuelle *Archives d'Anjou*.

■ Maxime Mortreau

Maxime Mortreau est archéologue-spécialiste (céramologue) à l'Institut national de recherches archéologiques préventives (Inrap). Tout en suivant un cursus d'études supérieures en histoire à l'université d'Angers puis de Nantes, il participe activement à des fouilles de sauvetage puis des missions d'archéologie préventive sur Angers et le Grand Ouest depuis 1985 et intervient également dans le cadre des fouilles programmées menées sur la ville romaine de Jublains (Mayenne) depuis 1997. Membre de l'UMR 6566 de Rennes depuis 2004, ses thèmes de recherches portent sur les débuts de la romanisation dans la Gaule de l'Ouest à travers l'étude des mobiliers céramiques et des petits objets liés aux militaires romains : les *militaria*. Il a participé à la réalisation d'expositions, a également publié de nombreux articles dans les revues archéologiques nationales et a collaboré à plusieurs monographies de sites. Il travaille actuellement sur les études liées à la fouille du *mithraeum* d'Angers découvert en 2010.

■ Claude Petitfrère

Claude Petitfrère, professeur honoraire d'histoire moderne à l'université de Tours, a consacré sa thèse, soutenue en 1977, à l'Anjou pendant la Révolution, qui a été publiée en deux ouvrages : *Les Vendéens d'Anjou (1793)*, Paris, Bibliothèque nationale, 1981 ; *Les Bleus d'Anjou (1789-1792)*, Paris, CTHS, 1985. Par la suite, il a surtout consacré ses recherches à l'histoire sociale puis à l'histoire urbaine sous l'Ancien Régime.

■ David Plouviez

David Plouviez est maître de conférences en histoire moderne à l'université de Nantes, au Centre de Recherche en Histoire Internationale et Atlantique (CRHIA). Après une thèse intitulée *De la terre à la mer. La construction navale militaire française et ses réseaux économiques au XVIIIe siècle* (à paraître aux Indes Savantes courant 2013), il poursuit ses travaux sur l'histoire des marines de guerre européennes, en étudiant en particulier les conditions économiques, sociales et techniques de leur construction. Par ailleurs, il anime un cycle de journées d'études dont le thème est « Défense et colonies dans le monde atlantique, XVe-XXe siècle » qui entend remettre en perspective les aspects militaires et stratégiques dans le contexte colonial.

■ Anne Rolland-Boulestreau

Maître de conférences en histoire moderne à l'Université Catholique de l'Ouest (Angers), Anne Rolland-Boulestreau a publié *Cathelineau, généralissime de l'armée vendéenne (1759-1793), en 30 questions*, Geste Éditions, 2001, et *Les notables des Mauges. Communautés rurales et Révolution, 1750-1830*, Presses Universitaires de Rennes, 2004. À noter parmi ses derniers articles : « Taire, occulter et condamner les massacres : interprétations de la Terreur menée par Huché en Vendée militaire (1794) », colloque *L'absence, du cas de l'absent à la théorie de l'absence*, Centre d'Histoire du Droit européen, Institut d'Anthropologie juridique de Limoges, XXXe Journées d'Histoire du Droit, Limoges ; et « La nuit contre-révolutionnaire : l'armée républicaine face à l'expérience de la nuit vendéenne (1794-1795) », *Les nuits de la Révolution française*, Société des études robespierristes, et Institut d'Histoire de la Révolution française. La guerre de Vendée, et plus précisément le problème de la guerre civile, des violences et des massacres, de la guerre civile et de la pacification sont ses thèmes de recherches principaux.

■ Patrick Villiers

Patrick Villiers est professeur des universités en histoire moderne à l'université du Littoral - côte d'Opale.

Impression & brochage sepec - France
Numéro d'impression : N05045140228 - Achevé d'imprimer en mars 2014

IMPRIM'VERT®

PEFC 10-31-1470 / Certifié PEFC / Ce produit est issu de forêts gérées durablement et de sources contrôlées. / pefc-france.org